土木工程专业研究生系列教材

混凝土结构非线性分析

(第二版)

梁兴文　叶艳霞　编著

中国建筑工业出版社

图书在版编目（CIP）数据

混凝土结构非线性分析/梁兴文，叶艳霞编著．—2版．
北京：中国建筑工业出版社，2015.1（2024.7重印）
（土木工程专业研究生系列教材）
ISBN 978-7-112-17634-2

Ⅰ.①混… Ⅱ.①梁…②叶… Ⅲ.①混凝土结构-非线性-结构分析-研究生-教材 Ⅳ.①TU37

中国版本图书馆CIP数据核字（2015）第001581号

土木工程专业研究生系列教材
混凝土结构非线性分析
（第二版）
梁兴文 叶艳霞 编著

*

中国建筑工业出版社出版、发行（北京西郊百万庄）
各地新华书店、建筑书店经销
北京鸿文瀚海文化传媒有限公司制版
建工社（河北）印刷有限公司印刷

*

开本：787×1092毫米 1/16 印张：14½ 字数：348千字
2015年2月第二版 2024年7月第三次印刷
定价：**49.00**元
ISBN 978-7-112-17634-2
（43207）

本书是土木工程专业研究生系列教材之一，第二版主要阐述了混凝土结构的非线性全过程分析以及塑性极限分析方法。内容包括非线性分析基础、混凝土强度准则、材料本构模型、混凝土结构非线性全过程分析、混凝土杆系结构有限元分析、静力弹塑性分析、动力弹塑性分析和混凝土结构极限分析等。

本书对混凝土强度准则和本构关系有较详细的论述，力图使读者掌握这两个问题的基本研究方法；较全面地介绍了静力和动力弹塑性分析方法，有利于读者掌握其基本概念和方法；对混凝土和钢筋混凝土构件塑性极限分析的基本原理和方法，通过较多实例分析予以阐述，有利于读者理解基本原理和掌握分析方法。

本书可作为土木工程专业研究生教材及本科高年级学生的选修课教材，也可供相关专业的科研及设计人员参考。

* * *

责任编辑：岳建光
责任校对：陈晶晶　党　蕾

第二版前言

这次再版修订工作，除了对第一版的不妥之处进行修订之外，主要补充了以下内容：

（1）补充了“关于屈服条件和本构关系的进一步说明（1.2.5 节）”，以便加深读者对这两个基本概念的理解。

（2）补充了我国《混凝土结构设计规范》推荐的混凝土受压、受拉损伤本构关系。

（3）由于在混凝土结构非线性分析中，约束混凝土的本构关系应用较多，故补充了“约束混凝土的应力－应变关系（3.8 节）”。

（4）补充了“第 7 章　动力弹塑性分析”，原第 7 章改为第 8 章。内容包括一般的动力弹塑性分析、增量动力分析以及基于增量动力分析的地震易损性分析方法。

西安建筑科技大学梁兴文和长安大学叶艳霞对本书进行修订。研究生陆婷婷、梁丹、党争、邢朋涛、王英俊、党王祯等做了部分计算或绘制了部分插图，在此对他们表示衷心的感谢！

鉴于作者水平有限，书中难免有错误或不妥之处，敬请读者批评指正。

第一版前言

混凝土结构非线性分析在土木工程的各个领域广泛应用，尤其是在结构工程、防灾减灾及防护工程等学科领域内应用更广。因此，对于从事这些领域学习与研究的研究生和本科高年级学生，掌握和了解一些混凝土结构非线性方法是非常必要的。

本书是根据作者10余年来为结构工程和防灾减灾及防护工程硕士研究生讲授“混凝土结构非线性分析”的讲稿，经补充编写而成的，主要阐述了混凝土结构的非线性全过程分析以及塑性极限分析方法。本课程的教学目的，是使学生从原理上和问题的本质上去认识混凝土结构的受力和变形性能，为从事研究工作打下理论基础，并掌握基本的研究方法。

全书共分7章。第1章简要介绍了混凝土结构非线性分析中涉及的一些塑性力学基本概念；第2、3、4章介绍了混凝土结构非线性全过程分析的基本原理和方法；第5、6章介绍了混凝土杆系结构非线性全过程分析及静力弹塑性分析方法；第7章介绍了混凝土结构塑性极限分析的基本原理和方法。

为了培养学生分析问题、解决问题的能力及创新能力，本书不追求相关问题的全面性，而是举一反三，尽可能地将问题的来龙去脉叙述清楚，使学生掌握相关问题的研究思路和方法。例如，关于混凝土的强度准则和本构关系，目前可供选用的有好多种，如全面论述，则将占用较大篇幅，本书在选材时，仅选取其中有代表性的一些，对其建立的思路和方法进行了较详细的论述。

关于混凝土结构极限分析的专著很多，但大多数是关于结构整体的极限分析，对于混凝土及钢筋混凝土构件的极限分析很少，而后者在研究构件性能及建立承载力计算公式时是非常有用的，本书在这方面为读者提供了一种分析方法。

目前，在基于结构性能的抗震设计理论与方法研究方面，静力弹塑性分析方法是一个有力的工具。但此法尚处于研究阶段，还没有出版有关专著。为了使学生对这一方法有所了解，本书专列一章，对有影响的几种方法予以介绍。

本书由西安建筑科技大学梁兴文（第1、2、3、6、7章）和长安大学叶艳霞（第4、5章）编写。资深教授童岳生先生主审本书，并提出了许多宝贵的意见。研究生文保军、陶松平、刘袒宏和赵风雷为本书绘制了部分插图。特在此对他们表示诚挚的谢意。

本书在编写过程中参考了大量的国内外文献，引用了一些学者的资料，这在每章的参考文献中已列出，特在此向其作者表示感谢。

希望本书能为读者的学习和工作提供帮助。鉴于作者水平有限，书中难免有错误及不妥之处，敬请读者批评指正。

目　录

第 1 章　非线性分析基础 …… 1
1.1　应力与应变分析 …… 1
1.1.1　物体内任意一点的应力状态 …… 1
1.1.2　应力不变量 …… 1
1.1.3　主应力求解 …… 3
1.1.4　八面体正应力和剪应力 …… 4
1.1.5　应变张量及其分解 …… 4
1.2　塑性理论中几个基本概念 …… 5
1.2.1　基本概念 …… 5
1.2.2　实例分析 …… 6
1.2.3　屈服条件 …… 7
1.2.4　本构方程 …… 8
1.2.5　关于屈服条件和本构关系的进一步说明 …… 9
1.3　混凝土结构非线性分析的意义及特点 …… 10
1.3.1　混凝土结构非线性分析的意义 …… 10
1.3.2　混凝土结构非线性分析的主要方法及其特点 …… 10
参考文献 …… 11
第 2 章　混凝土强度准则 …… 12
2.1　混凝土破坏曲面的特点及表述 …… 12
2.1.1　混凝土的破坏类型及其特点 …… 12
2.1.2　混凝土破坏曲面的特点及其表述 …… 12
2.2　古典强度理论 …… 14
2.2.1　最大拉应力强度准则（Maximum-Tensile-Stress Criterion（Rankine，1876）） …… 14
2.2.2　最大拉应变强度准则（Maximum-Tensile-Strain Criterion（Mariotto，1682）） …… 15
2.2.3　最大剪应力强度准则（Shearing-Stress Criteria） …… 15
2.3　混凝土强度准则 …… 16
2.3.1　二参数强度准则 …… 16
2.3.2　三参数强度准则 …… 20
2.3.3　四参数强度准则 …… 21
2.3.4　五参数强度准则 …… 24
参考文献 …… 37
第 3 章　材料本构模型 …… 38
3.1　一般说明 …… 38
3.2　混凝土单轴受力应力－应变关系 …… 38
3.2.1　混凝土单向受压应力－应变关系 …… 38
3.2.2　混凝土单向受拉应力－应变关系 …… 40

3.3 混凝土非线性弹性本构模型 …… 40
3.3.1 混凝土线弹性应力－应变关系 …… 40
3.3.2 混凝土非线性弹性全量型本构模型 …… 43
3.3.3 混凝土非线性弹性增量型本构模型 …… 45
3.4 混凝土弹塑性本构模型 …… 52
3.4.1 混凝土弹塑性增量理论 …… 52
3.4.2 混凝土弹塑性全量理论 …… 54
3.5 混凝土损伤本构模型 …… 56
3.5.1 损伤力学的基本概念 …… 56
3.5.2 单轴受力状态下混凝土损伤本构模型 …… 58
3.5.3 多轴受力状态下混凝土损伤本构模型 …… 62
3.5.4 混凝土动态损伤本构模型 …… 66
3.6 钢筋的本构模型 …… 69
3.6.1 单向加载下钢筋的应力－应变关系模型 …… 69
3.6.2 反复加载下钢筋的应力－应变关系模型 …… 69
3.7 钢筋与混凝土的粘结－滑移本构模型 …… 71
3.7.1 钢筋与混凝土的粘结 …… 71
3.7.2 粘结强度的计算 …… 72
3.7.3 单调荷载下粘结应力－滑移本构模型 …… 76
3.7.4 反复荷载下粘结－滑移本构模型 …… 80
3.8 约束混凝土的应力－应变关系 …… 82
参考文献 …… 85
第4章 混凝土结构非线性全过程分析 …… 88
4.1 有限元分析模型 …… 88
4.1.1 整体式模型 …… 88
4.1.2 分离式模型 …… 89
4.1.3 组合式模型 …… 89
4.1.4 嵌入式滑移模型 …… 92
4.2 钢筋与混凝土之间的联结单元 …… 95
4.2.1 双弹簧联结单元 …… 96
4.2.2 四边形滑移单元 …… 97
4.3 单元开裂和屈服后的处理 …… 99
4.3.1 裂缝的模拟 …… 99
4.3.2 混凝土开裂、破坏后的处理 …… 102
4.3.3 钢筋单元达到屈服条件后的处理 …… 104
4.3.4 联结单元破坏后的处理 …… 104
4.4 非线性问题的基本解法 …… 105
4.4.1 非线性问题的基本解法 …… 105
4.4.2 考虑结构负刚度的一些算法 …… 107
4.4.3 考虑时间效应的非线性解法 …… 108
4.4.4 非线性分析步骤 …… 109
参考文献 …… 110

第5章　混凝土杆系结构有限元分析 …… 112
5.1　混凝土构件截面分析 …… 112
5.1.1　纤维截面分析模型 …… 112
5.1.2　屈服面模型 …… 116
5.1.3　多弹簧截面模型 …… 118
5.2　混凝土构件分析 …… 121
5.2.1　一般杆件非线性有限元分析 …… 121
5.2.2　钢筋混凝土杆件非线性分析 …… 123
5.3　混凝土杆系结构有限元分析 …… 124
5.3.1　一般说明 …… 124
5.3.2　层模型的刚度矩阵 …… 127
5.3.3　杆系模型的刚度矩阵 …… 129
5.3.4　杆系-层模型的刚度矩阵 …… 138
5.3.5　结构动力非线性有限元分析 …… 139
5.4　杆系结构非线性分析实例 …… 142
5.4.1　SRC框架结构非线性分析 …… 142
5.4.2　复杂高层建筑结构整体非线性分析 …… 142
参考文献 …… 145
第6章　静力弹塑性分析 …… 147
6.1　基本原理和方法 …… 147
6.1.1　静力弹塑性分析方法的基本假定 …… 147
6.1.2　等效单自由度体系 …… 147
6.1.3　目标位移 …… 150
6.1.4　水平荷载的加载模式 …… 154
6.1.5　实施步骤 …… 155
6.2　适应谱 Pushover 分析方法 …… 156
6.3　振型 Pushover 分析方法 …… 157
6.3.1　单自由度弹性体系的地震反应 …… 157
6.3.2　多自由度弹性体系的地震反应及 Pushover 分析 …… 158
6.3.3　多自由度非弹性体系的地震反应及 Pushover 分析 …… 159
6.3.4　对振型 Pushover 分析方法的几点改进 …… 161
参考文献 …… 165
第7章　动力弹塑性分析 …… 167
7.1　动力弹塑性分析 …… 167
7.1.1　恢复力模型 …… 167
7.1.2　地震波的选取 …… 171
7.1.3　地震动强度指标的选取 …… 176
7.1.4　动力弹塑性分析实例 …… 176
7.2　增量动力分析 …… 179
7.2.1　增量动力分析的基本原理与方法 …… 179
7.2.2　基于增量动力分析的结构地震易损性分析 …… 182
7.2.3　结构地震易损性分析实例 …… 184

参考文献 …… 188
第 8 章　混凝土结构极限分析 …… 190
8.1　结构极限分析的基本原理及方法 …… 190
8.1.1　结构极限分析必须满足的三个条件 …… 190
8.1.2　结构极限分析的基本假设 …… 190
8.1.3　极限定理 …… 190
8.1.4　求极限荷载的具体方法 …… 191
8.1.5　结构的极限分析与极限设计 …… 191
8.2　混凝土构件极限分析 …… 192
8.2.1　塑流变形 …… 192
8.2.2　内功计算 …… 193
8.2.3　应用实例 …… 195
8.3　钢筋混凝土构件极限分析 …… 198
8.3.1　钢筋混凝土隔板（Diaphragm）的受剪强度 …… 199
8.3.2　钢筋混凝土梁的受剪强度 …… 201
8.4　钢筋混凝土板的极限分析 …… 203
8.4.1　上限解法 …… 203
8.4.2　下限解法 …… 214
参考文献 …… 219

第 1 章　非线性分析基础

混凝土结构非线性分析涉及塑性力学中的一些基本概念。为了便于自学及后续各章节引用，本章对其中的一些主要概念作简要介绍。

1.1　应力与应变分析

1.1.1　物体内任意一点的应力状态

为了分析物体内任意一点的应力状态，在其内取出包含该点在内的一个微元六面体，其边长分别为 Δx，Δy 和 Δz，并选取三个坐标轴分别与六面体的各面平行，如图 1.1.1 所示。将六面体每个面上的总应力沿坐标轴方向分解为 3 个应力分量，即分解为一个正应力和两个剪应力，这样 6 个面共有 18 个应力分量。对于六面体的两对面，即平行于同一坐标面的两对面，当相应的边长趋近于零时，实际上变为同一截面的两对面，但外法线方向相反，因而这两对面上的应力或应力分量必然大小相等而方向相反。这样，一点的应力状态可以用 3 个相邻面上的 9 个应力分量来表示，即

$$\sigma_{ij}=\begin{bmatrix}\sigma_{x} & \tau_{xy} & \tau_{xz}\\ \tau_{yx} & \sigma_{y} & \tau_{yz}\\ \tau_{zx} & \tau_{zy} & \sigma_{z}\end{bmatrix} \tag{1.1.1}$$

式中，σ_{ij} 表示应力张量（stress tensor）；σ_x，σ_y，σ_z，τ_{xy}，… 表示应力张量的分量。其中第一个下标表示应力所在平面，第二个下标表示应力平行于哪个坐标轴。为简洁起见，在式（1.1.1）中将 σ_{xx}，σ_{yy}，σ_{zz} 简写为 σ_x，σ_y，σ_z。

在张量运算中，常用同一个字母表示同一物理量，这一物理量的不同分量则用不同的下标表示。所以，应力张量也可用下式表示

$$\sigma_{ij}=\begin{bmatrix}\sigma_{11} & \sigma_{12} & \sigma_{13}\\ \sigma_{21} & \sigma_{22} & \sigma_{23}\\ \sigma_{31} & \sigma_{32} & \sigma_{33}\end{bmatrix} \tag{1.1.2}$$

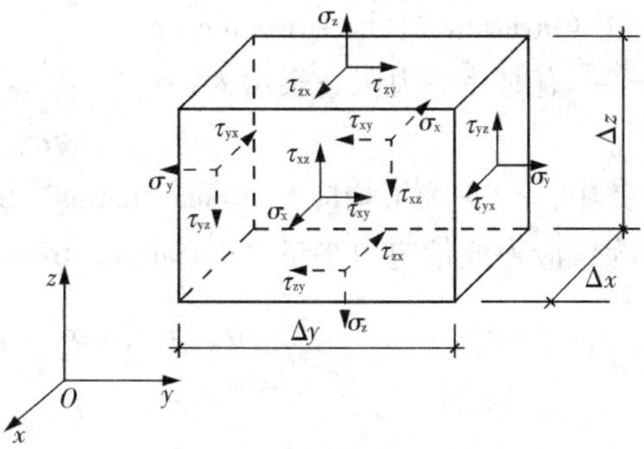

图 1.1.1　一点的应力分量

1.1.2　应力不变量

如上所述，混凝土材料单元内部任一点的应力状态完全由应力张量 σ_{ij} 的分量确定。而经过同一点的不同斜面上的应力是随斜面的方向而变化的，当斜面变化到某一方向，其法线方向余弦为 n_1，n_2，n_3 时，该斜面上的剪应力分量都等于零，则该斜面称为主平面（principal plane），其法线方向 n_j 称为主方向（principal direction），该斜面上的正应力称为主应力（principal stress）。在主方向 n_j 上，有下列

关系[1.6]

$$(\sigma_{ij} - \sigma\delta_{ij})n_j = 0 \tag{1.1.3}$$

式中，$\delta_{ij} = \delta_{ji}$ 为 Kronecher 符号，并满足 $i = j$，$\delta_{ij} = 1$；$i \neq j$，$\delta_{ij} = 0$。其矩阵表达式为

$$\delta_{ij} = \begin{bmatrix} 1 & 0 & 0 \\ 0 & 1 & 0 \\ 0 & 0 & 1 \end{bmatrix} \tag{1.1.4}$$

式（1.1.3）是关于（n_1, n_2, n_3）的三个线性齐次方程的方程组，当且仅当系数行列式等于零时这一方程组才有解，即

$$|\sigma_{ij} - \sigma\delta_{ij}| = 0 \tag{1.1.5}$$

上式展开后可得到关于 σ 的一个三次方程

$$\sigma^3 - I_1\sigma^2 + I_2\sigma - I_3 = 0 \tag{1.1.6}$$

其中

$$I_1 = \sigma_x + \sigma_y + \sigma_z = \sigma_{ii} \tag{1.1.7}$$

$$\begin{aligned} I_2 &= (\sigma_x\sigma_y + \sigma_y\sigma_z + \sigma_z\sigma_x) - (\tau_{xy}^2 + \tau_{yz}^2 + \tau_{zx}^2) \\ &= \frac{1}{2}(I_1^2 - \sigma_{ij}\sigma_{ij}) \end{aligned} \tag{1.1.8}$$

$$I_3 = \begin{vmatrix} \sigma_x & \tau_{xy} & \tau_{xz} \\ \tau_{yx} & \sigma_y & \tau_{yz} \\ \tau_{zx} & \tau_{zy} & \sigma_z \end{vmatrix} = \frac{1}{3}\sigma_{ij}\sigma_{jk}\sigma_{ki} - \frac{1}{2}I_1\sigma_{ij}\sigma_{ji} + \frac{1}{6}I_1^3 \tag{1.1.9}$$

如用主应力 $\sigma_1, \sigma_2, \sigma_3$ 表达，则有

$$\begin{aligned} I_1 &= \sigma_1 + \sigma_2 + \sigma_3 \\ I_2 &= \sigma_1\sigma_2 + \sigma_2\sigma_3 + \sigma_3\sigma_1 \\ I_3 &= \sigma_1\sigma_2\sigma_3 \end{aligned} \tag{1.1.10}$$

方程（1.1.6）有三个实根，也即可以求出三个主应力 $\sigma_1, \sigma_2, \sigma_3$。对于给定的应力状态，其主应力是确定的，即其大小和方向与坐标轴的选取无关。由此可以推断，I_1, I_2 和 I_3 也必定是与坐标轴的选择无关的量。这三个量分别称为应力张量的第一、第二和第三不变量（invariant of the stress tensor）。

有时将应力张量表示为

$$\sigma_{ij} = s_{ij} + \sigma_m\delta_{ij} \tag{1.1.11}$$

其中，σ_m 称为平均应力（mean normal stress）或纯静水应力（pure hydrostatic stress）；s_{ij} 称为偏应力或偏应力张量（deviatoric stress tensor），表示纯剪状态。σ_m 和 s_{ij} 的表达式分别为

$$\sigma_m = \frac{1}{3}(\sigma_x + \sigma_y + \sigma_z) = \frac{1}{3}\sigma_{ii} = \frac{1}{3}I_1 \tag{1.1.12}$$

$$s_{ij} = \sigma_{ij} - \sigma_m\delta_{ij} \tag{1.1.13}$$

与方程（1.1.5）类似，可得方程为

$$|s_{ij} - s\delta_{ij}| = 0 \tag{1.1.14}$$

展开后可得

$$s^3 - J_1s^2 - J_2s - J_3 = 0 \tag{1.1.15}$$

其中

$$J_1 = s_{ii} = s_x + s_y + s_z = 0 \tag{1.1.16}$$

$$
\begin{aligned}
J_2 &= \frac{1}{2}s_{ij}s_{ji} \\
&= \frac{1}{6}[(\sigma_x-\sigma_y)^2+(\sigma_y-\sigma_z)^2+(\sigma_z-\sigma_x)^2]+\tau_{xy}^2+\tau_{yz}^2+\tau_{zx}^2
\end{aligned} \tag{1.1.17}
$$

$$
J_3 = \frac{1}{3}s_{ij}s_{jk}s_{ki} = \begin{vmatrix} s_x & \tau_{xy} & \tau_{xz} \\ \tau_{yx} & s_y & \tau_{yz} \\ \tau_{zx} & \tau_{zy} & s_z \end{vmatrix} \tag{1.1.18}
$$

当用主应力表达时，则有

$$
J_1 = s_1+s_2+s_3 = 0 \tag{1.1.19}
$$

$$
J_2 = \frac{1}{2}(s_1^2+s_2^2+s_3^2) = \frac{1}{6}[(\sigma_1-\sigma_2)^2+(\sigma_2-\sigma_3)^2+(\sigma_3-\sigma_1)^2] \tag{1.1.20}
$$

$$
J_3 = \frac{1}{3}(s_1^3+s_2^3+s_3^3) = s_1s_2s_3 \tag{1.1.21}
$$

J_1,J_2 和 J_3 分别称为应力偏量的第一、第二和第三不变量（invariant of the deviatoric stress tensor）。

应当强调，σ_1,σ_2,σ_3,I_1,I_2,I_3,J_2,J_3 都是与参考轴的坐标系选择无关的标量不变量。而三个独立不变量 I_1,J_2 和 J_3 分别为应力的一次量、二次量和三次量，其中 I_1 表示与纯静水应力有关的量，而 J_2,J_3 表示纯剪状态的不变量。

1.1.3 主应力求解

由于 $J_1=0$，所以方程（1.1.15）可写成

$$
s^3 - J_2 s - J_3 = 0 \tag{1.1.22}
$$

令

$$
s = \rho\cos\theta \tag{1.1.23}
$$

将式（1.2.23）代入式（1.2.22），可得

$$
\cos^3\theta - \frac{J_2}{\rho^2}\cos\theta - \frac{J_3}{\rho^3} = 0
$$

将上式与三角恒等式

$$
\cos^3\theta - \frac{3}{4}\cos\theta - \frac{1}{4}\cos 3\theta = 0
$$

比较后可得

$$
\rho = \frac{2}{\sqrt{3}}\sqrt{J_2} \tag{1.1.24}
$$

$$
\cos 3\theta = \frac{4J_3}{\rho^3} = \frac{3\sqrt{3}}{2}\frac{J_3}{J_2^{3/2}} \tag{1.1.25}
$$

则

$$
\theta = \frac{1}{3}\arccos\left(\frac{4J_3}{\rho^3}\right) \tag{1.1.26}
$$

对于主应力 $\sigma_1 \geqslant \sigma_2 \geqslant \sigma_3$，$\theta$ 的变化范围为 $0 \leqslant \theta \leqslant \pi/3$，相应的 $\cos\theta$ 值为

$$
\cos\theta \quad \cos\left(\theta-\frac{2}{3}\pi\right) \quad \cos\left(\theta+\frac{2}{3}\pi\right) \tag{1.1.27}
$$

将式（1.1.23）、式（1.1.24）和式（1.1.27）代入式（1.1.15），得到主应力的计算公式

$$\begin{Bmatrix}\sigma_1\\ \sigma_2\\ \sigma_3\end{Bmatrix}=\begin{Bmatrix}s_1\\ s_2\\ s_3\end{Bmatrix}+\sigma_{\mathrm{m}}\begin{Bmatrix}1\\1\\1\end{Bmatrix}=\frac{2\sqrt{J_2}}{\sqrt{3}}\begin{Bmatrix}\cos\theta\\ \cos\left(\theta-\frac{2}{3}\pi\right)\\ \cos\left(\theta+\frac{2}{3}\pi\right)\end{Bmatrix}+\frac{I_1}{3}\begin{Bmatrix}1\\1\\1\end{Bmatrix} \tag{1.1.28}$$

由上式可见，求解主应力的问题现在转化为不变量 I_1, J_2 和 θ 的求值。

1.1.4 八面体正应力和剪应力

设物体内某点的主应力方向及大小均为已知，通过该点作一特殊斜面，使斜面的法线与三个主应力方向均具有相等的夹角，该斜面称为八面体平面（octahedral plane）。设 x_1, x_2, x_3 为主应力轴，则八面体平面的法线 n_i 有

$$n_i=[n_1\quad n_2\quad n_3]=\frac{1}{\sqrt{3}}[1\quad 1\quad 1] \tag{1.1.29}$$

八面体平面上的法向应力 σ_{n} 可表示为

$$\sigma_{\mathrm{oct}}=\sigma_{\mathrm{n}}=\sigma_{ij}n_in_j=\sigma_1n_1^2+\sigma_2n_2^2+\sigma_3n_3^2 \tag{1.1.30}$$

将式（1.1.29）代入上式，得

$$\sigma_{\mathrm{oct}}=\frac{1}{3}(\sigma_1+\sigma_2+\sigma_3)=\frac{1}{3}I_1=\sigma_{\mathrm{m}} \tag{1.1.31}$$

可见，八面体正应力等于平均应力，且与应力张量第一不变量有关。

根据八面体总应力、正应力及剪应力之间的关系，可得

$$\begin{aligned}\tau_{\mathrm{oct}}^2&=(\sigma_1n_1)^2+(\sigma_2n_2)^2+(\sigma_3n_3)^2-\sigma_{\mathrm{oct}}^2\\&=\frac{1}{3}(\sigma_1^2+\sigma_2^2+\sigma_3^2)-\frac{1}{9}(\sigma_1+\sigma_2+\sigma_3)^2\end{aligned}$$

上式经整理后得

$$\tau_{\mathrm{oct}}=\frac{1}{3}[(\sigma_1-\sigma_2)^2+(\sigma_2-\sigma_3)^2+(\sigma_3-\sigma_1)^2]^{1/2}=\left(\frac{2}{3}J_2\right)^{1/2} \tag{1.1.32}$$

可见，八面体剪应力与应力张量的第二不变量密切相关。

1.1.5 应变张量及其分解

在小变形条件下，应变与位移的关系为

$$\begin{aligned}\varepsilon_{\mathrm{x}}&=\frac{\partial u}{\partial x}, &\gamma_{\mathrm{xy}}&=\frac{\partial u}{\partial y}+\frac{\partial \nu}{\partial x}\\ \varepsilon_{\mathrm{y}}&=\frac{\partial \nu}{\partial y}, &\gamma_{\mathrm{yz}}&=\frac{\partial \nu}{\partial z}+\frac{\partial u}{\partial y}\\ \varepsilon_{\mathrm{z}}&=\frac{\partial w}{\partial z}, &\gamma_{\mathrm{zx}}&=\frac{\partial w}{\partial x}+\frac{\partial u}{\partial z}\end{aligned}$$

式中，$\varepsilon_{\mathrm{x}}, \varepsilon_{\mathrm{y}}, \varepsilon_{\mathrm{z}}, \gamma_{\mathrm{xy}}, \gamma_{\mathrm{yz}}, \gamma_{\mathrm{zx}}$ 表示工程应变分量。如令

$$\varepsilon_{\mathrm{xy}}=\frac{1}{2}\gamma_{\mathrm{xy}},\qquad \varepsilon_{\mathrm{yz}}=\frac{1}{2}\gamma_{\mathrm{yz}},\qquad \varepsilon_{\mathrm{zx}}=\frac{1}{2}\gamma_{\mathrm{zx}}$$

且有

$$\varepsilon_{\mathrm{xy}}=\varepsilon_{\mathrm{yx}},\qquad \varepsilon_{\mathrm{yz}}=\varepsilon_{\mathrm{zy}},\qquad \varepsilon_{\mathrm{zx}}=\varepsilon_{\mathrm{xz}}$$

则一点的应变分量组成一个对称应变张量，即

$$\varepsilon_{ij} = \begin{bmatrix} \varepsilon_x & \varepsilon_{xy} & \varepsilon_{xz} \\ \varepsilon_{xy} & \varepsilon_y & \varepsilon_{yz} \\ \varepsilon_{xz} & \varepsilon_{yz} & \varepsilon_z \end{bmatrix} = \begin{bmatrix} \varepsilon_x & \frac{1}{2}\gamma_{xy} & \frac{1}{2}\gamma_{xz} \\ \frac{1}{2}\gamma_{xy} & \varepsilon_y & \frac{1}{2}\gamma_{yz} \\ \frac{1}{2}\gamma_{xz} & \frac{1}{2}\gamma_{yz} & \varepsilon_z \end{bmatrix} \tag{1.1.33}$$

与应力张量相似，应变张量也可分解为应变球张量与应变偏张量，即

$$\varepsilon_{ij} = \begin{bmatrix} \varepsilon_x & \varepsilon_{xy} & \varepsilon_{xz} \\ \varepsilon_{xy} & \varepsilon_y & \varepsilon_{yz} \\ \varepsilon_{xz} & \varepsilon_{yz} & \varepsilon_z \end{bmatrix} = \begin{bmatrix} \varepsilon_m & 0 & 0 \\ 0 & \varepsilon_m & 0 \\ 0 & 0 & \varepsilon_m \end{bmatrix} + \begin{bmatrix} \varepsilon_x - \varepsilon_m & \frac{1}{2}\gamma_{xy} & \frac{1}{2}\gamma_{xz} \\ \frac{1}{2}\gamma_{xy} & \varepsilon_y - \varepsilon_m & \frac{1}{2}\gamma_{yz} \\ \frac{1}{2}\gamma_{xz} & \frac{1}{2}\gamma_{yz} & \varepsilon_z - \varepsilon_m \end{bmatrix} \tag{1.1.34}$$

$$\varepsilon_m = (\varepsilon_x + \varepsilon_y + \varepsilon_z)/3$$

式中，ε_m 为平均应变。

式（1.1.34）右边第一项为应变球张量，第二项为应变偏张量，以 e_{ij} 表示，即

$$e_{ij} = \begin{bmatrix} e_x & e_{xy} & e_{xz} \\ e_{xy} & e_y & e_{yz} \\ e_{xz} & e_{yz} & e_z \end{bmatrix} = \begin{bmatrix} \varepsilon_x - \varepsilon_m & \frac{1}{2}\gamma_{xy} & \frac{1}{2}\gamma_{xz} \\ \frac{1}{2}\gamma_{xy} & \varepsilon_y - \varepsilon_m & \frac{1}{2}\gamma_{yz} \\ \frac{1}{2}\gamma_{xz} & \frac{1}{2}\gamma_{yz} & \varepsilon_z - \varepsilon_m \end{bmatrix} \tag{1.1.35}$$

则应变张量可简写为

$$\varepsilon_{ij} = \varepsilon_m \delta_{ij} + e_{ij} \tag{1.1.36}$$

应变球张量具有各方向相同的正应变，它代表体积的改变。应变偏张量的 3 个正应变之和为零，说明它没有体积变形，只反映形状的改变。

应变偏张量的 3 个不变量分别以 J'_1, J'_2, J'_3 表示为

$$\begin{aligned} J'_1 &= e_x + e_y + e_z = 0 \\ J'_2 &= \frac{1}{6}[(e_x - e_y)^2 + (e_y - e_z)^2 + (e_z - e_x)^2 + 6(e_{xy}^2 + e_{yz}^2 + e_{zx}^2)] \\ J'_3 &= e_x e_y e_z + 2e_{xy}e_{yz}e_{zx} - e_x e_{yz}^2 - e_y e_{zx}^2 - e_z e_{xy}^2 \end{aligned} \tag{1.1.37}$$

1.2 塑性理论中几个基本概念

1.2.1 基本概念

1. 屈服条件

物体内某一点或构件某一截面开始出现塑性变形时所受的应力或内力应满足的条件，称为屈服条件，有时也称为屈服准则或塑性条件。表示屈服条件的函数关系称为屈服函数。屈服函数是弹性与塑性阶段之间的界限，应力或内力落在屈服面以内的状态称为弹性状态，应力或内力落在屈服面上的状态称为塑性状态。屈服面是由达到屈服条件

的各种应力或内力状态点集合而成的，在简单拉伸情况下，它相当于拉伸曲线上的屈服点。

2. 本构关系

在研究材料的力学性能时，材料在各种作用下的应力–应变关系即材料的本构关系。当材料处于弹性状态时，其本构关系就是广义虎克定律；当材料处于弹塑性或塑性状态时，其本构关系即为非线性的应力–应变关系。

1.2.2 实例分析

由刚塑性材料组成的梁，截面承受拉力 N 和弯矩 M，如图 1.2.1 所示。试分析该梁达到塑性状态时内力与变形的关系。

1. 平衡条件

梁达到塑性状态时，截面应力分布如图 1.2.1（b）所示。由截面的平衡条件可得

$$N=(h-2y_0)bf_y \qquad (1.2.1)$$

$$M=by_0f_y(h-y_0) \qquad (1.2.2)$$

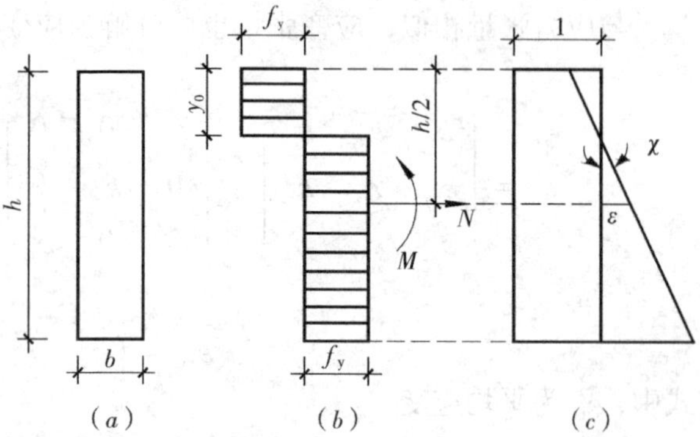

图 1.2.1 梁截面上的应力–应变分布

另外，单轴受拉及纯弯时梁截面的承载力可分别表示为

$$N_u=bhf_y \qquad (1.2.3)$$

$$M_u=\frac{1}{4}bh^2f_y \qquad (1.2.4)$$

由式（1.2.1）和式（1.2.3）可得

$$\frac{y_0}{h}=\frac{1}{2}\left(1-\frac{N}{N_u}\right) \qquad (1.2.5)$$

将上式代入式（1.2.2）得

$$M=\frac{1}{4}bh^2f_y\left[1-\left(\frac{N}{N_u}\right)^2\right]=M_u\left[1-\left(\frac{N}{N_u}\right)^2\right] \qquad (1.2.6)$$

由上式可得

$$\frac{M}{M_u}=1-\left(\frac{N}{N_u}\right)^2 \qquad (1.2.7)$$

令 $m=M/M_u$，$n=N/N_u$，则式（1.2.7）可写成

$$m+n^2-1=0 \qquad (1.2.7a)$$

式（1.2.7）就是该梁截面的屈服条件，因为它反映了梁截面屈服时截面上的内力应满足的条件。由上述分析过程来看，梁截面的屈服条件就是截面屈服时的平衡条件或称强度条件。

在式（1.2.7a）中，如令 $n=0$，则 $m-1=0$，即 $M=M_u$，这是纯弯曲时截面的屈服条件；如令 $m=0$，则 $n^2-1=0$，即 $N=N_u$，这是轴心受拉时截面的屈服条件。

将式（1.2.7a）绘成几何图形，如图 1.2.2 所示。当 m，n 均为正值时，则为第一象限的曲线，其对应的截面应力状态为图 1.2.1（b）。如 m，n 采用不同的正负号，则得整

个曲线，图 1.2.2 所示即为屈服曲线。如 M 与 N 的组合点落在曲线内部，则截面是安全的；如 M 与 N 的组合点落在曲线上，则截面处于屈服状态。

2. 截面的塑性变形

如果截面应变符合平截面假定，则其应变图如图 1.2.1（c）所示。由几何关系得

$$\varepsilon = \chi\left(\frac{h}{2} - y_0\right) \quad (1.2.8)$$

式中，ε 表示截面形心轴处的线应变；χ 表示截面的曲率。将式（1.2.5）代入上式得

$$\varepsilon = \frac{1}{2}\chi hn \quad (1.2.9)$$

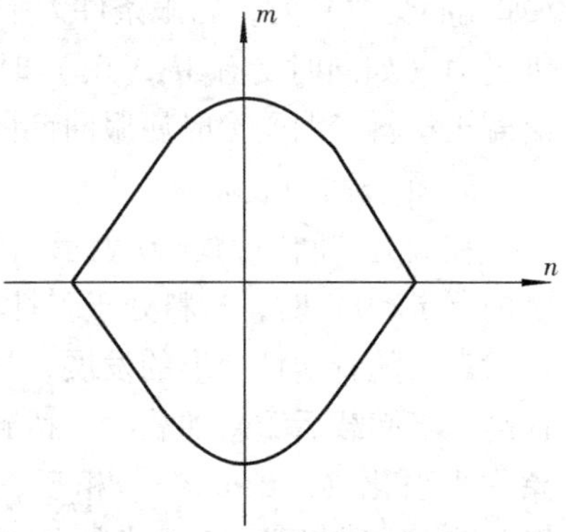

图 1.2.2　偏心受力截面的屈服曲线

注意，因截面已处于塑性状态而不是弹性状态，故上式中的 ε 不等于 N/EA，同样 χ 也不等于 M/EI，其中 A，I 为梁截面面积和惯性矩。

由式（1.2.3）和式（1.2.4）可得 $h = 4M_u/N_u$，将其代入式（1.2.9），并令

$$E = \varepsilon N_u \qquad k = \chi M_u \quad (1.2.10)$$

则得

$$E = 2kn \quad (1.2.11)$$

上式表示极限状态时，截面上的复合变形 ε 和 χ 与内力之间的关系，一般称为本构关系。由于有两个未知变形 ε 和 χ，而只有一个方程，故只能求出两个变形之间的相对关系，或假定一个变形而得另一个变形。

1.2.3　屈服条件

1. 普遍公式

令 Q_1，Q_2，…，Q_n，…表示广义应力（例如法向应力、剪应力等或轴力、弯矩和剪力等），则屈服条件可表示为

$$f(Q_1, Q_2, \cdots, Q_n, \cdots) = 0 \quad (1.2.12)$$

式中，$f(Q_1, Q_2, \cdots, Q_n, \cdots)$ 表示屈服函数。

在上例中，如用式（1.2.12）的形式表示屈服条件，则式（1.2.7a）可写为

$$f(m, n) = m + n^2 - 1 = 0 \quad (1.2.7b)$$

在用应力表示的屈服函数中，由于六个应力分量的数值与所选取的坐标方向有关，采用不同的坐标方向，就会得到不同数值的应力分量，使用极不方便。因此，如果材料是各向同性的，则可用与坐标方向无关的量来表示屈服函数。一般选用主应力 $\sigma_1, \sigma_2, \sigma_3$、应力（偏）张量的不变量 I_1, J_2, J_3 来表达，或采用圆柱坐标系（ξ, r, θ）、八面体应力坐标轴来表示，即

$$f(\sigma_1, \sigma_2, \sigma_3, c) = 0 \quad (1.2.13)$$

$$f(I_1, J_2, J_3, c) = 0 \quad (1.2.14)$$

$$f(\xi, r, \theta, c) = 0 \quad (1.2.15)$$

$$f(\sigma_{oct}, \tau_{oct}, \theta, c) = 0 \quad (1.2.16)$$

式中，c 是与材料有关的常数。

2. 屈服条件的几何表示

当为一维受力（如单轴受拉）时，屈服条件可用数轴上的一点表示。当为二维受力（如偏心受力）时，屈服条件为平面曲线，如图 1.2.2 所示的偏心受力屈服曲线。当为三维受力（如同时受有 M,N,V）时，屈服条件为几何空间中的曲面，称为屈服曲面。关于混凝土材料三向受力时屈服曲面的性状及特点将在后面的章节中介绍。

3. 屈服面与破坏面

在应力空间中，$f=0$ 表示一个曲面，称为屈服面（yield surface）。当应力点在屈服面之内（$f<0$）时，材料处于弹性状态；应力点在屈服面上（$f=0$）时，材料开始进入塑性状态。随着塑性变形的发展，材料反应会有所不同。材料屈服极限随塑性变形的发展而提高，当卸载后重新加载时，达到这一提高值才屈服，才开始出现新的塑性变形，这种现象称为强化（stiffening）。相反，随着塑性变形的发展材料屈服极限降低的现象称为软化（softening）。如果材料塑性变形发展而屈服极限保持不变，这种性质称为理想弹塑性，当塑性变形或总变形达到某一极限值时，这种材料才发生破坏。对于强化（软化）材料，在一定的应力状态下，首先进入初始屈服面（initial yield surface）；随着塑性变形增加，进入后继屈服面（subsequent loading surface），又称加载面；最后达到破坏面（failure surface），如图 1.2.3 所示。所以屈服曲面一般不等于破坏曲面。在工程上，有时也将屈服面称为破坏面。这是因为，工程结构不允许有很大的塑性变形，因而将屈服极限定为破坏的标准；另外，有些材料如岩石、混凝土等没有明显的屈服点，但破坏点却很明显。

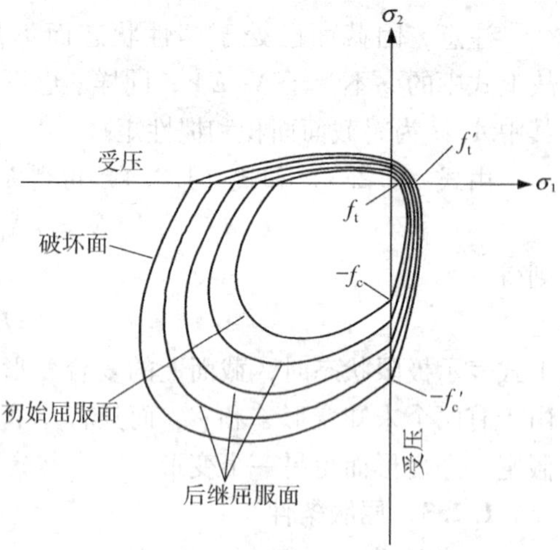

图 1.2.3　二轴应力状态下的屈服面与破坏面

1.2.4　本构方程

由于理想弹塑性材料在屈服后的应力-应变规律类似于流体的流动，故可用流体力学中的流动法则研究这种材料的应力-应变关系。

设 Q_1，Q_2，…为满足屈服条件的广义应力，q_1，q_2，…为相应的广义应变，则功的方程为

$$D=\int_v (Q_1q_1+Q_2q_2+\cdots)\mathrm{d}\nu=\int_v W\mathrm{d}\nu$$

式中，W 表示单位体积的功，可表示为

$$W=(Q_1q_1+Q_2q_2+\cdots)=\vec{\sigma}\cdot\vec{\varepsilon}$$

其中，$\vec{\sigma}$ 表示主应力矢量，$\vec{\sigma}=(Q_1,Q_2\cdots,Q_n)$；$\vec{\varepsilon}$ 表示主应变矢量，$\vec{\varepsilon}=(q_1,q_2,\cdots,q_n)$。

由以上两式可见，欲使功 D 最大，则 W 为最大。而 W 为最大的条件是它的一阶变分为零，即

$$\delta W=\delta Q_1\cdot q_1+\delta Q_2\cdot q_2+\cdots=0 \tag{1.2.17}$$

当应力场在屈服面上变化时，应力场 $Q_1+\delta Q_1$，…也满足屈服条件（1.2.12），即

$f = 0$。由式（1.2.12）可得

$$\frac{\partial f}{\partial Q_1}\delta Q_1 + \frac{\partial f}{\partial Q_2}\delta Q_2 + \cdots = 0 \tag{1.2.18}$$

设 λ 为不定系数，对式（1.2.18）中的各项同乘 λ，并与式（1.2.17）的相应项对比后可得

$$q_i = \lambda \frac{\partial f}{\partial Q_i} \tag{1.2.19}$$

上式称为流动法则或本构方程，它表达了材料处于塑性状态（应力点在屈服面上，满足 $f=0$）时，其变形与内力之间的关系。

前面实例分析中的屈服函数为

$$f(m,n) = m + n^2 - 1 = \frac{M}{M_u} + \left(\frac{N}{N_u}\right)^2 - 1$$

由流动法则式（1.2.19）可得

$$q_M = \chi = \lambda \frac{\partial f}{\partial M} = \frac{\lambda}{M_u}, \qquad q_N = \varepsilon = \lambda \frac{\partial f}{\partial N} = \frac{2n\lambda}{N_u}$$

$$\frac{\chi}{\varepsilon} = \left(\frac{N_u}{M_u}\right)\left(\frac{1}{2n}\right)$$

则

$$\varepsilon N_u = 2n\chi M_u$$
$$E = 2kn$$

前面的式（1.2.11）是根据几何关系得出的，上式是根据本构方程得出的，二者结果相同。可见，本构方程或流动法则揭示了材料达到塑流状态时其变形与内力之间的普遍规律。另外，式（1.2.19）将塑性变形规律与屈服条件联系起来，故又称为与屈服条件相关联的流动法则（associated flow rule）。

1.2.5 关于屈服条件和本构关系的进一步说明

结构分析时，无论采用解析法或有限元法均需将整体结构离散化，分解成各种计算单元。例如，二、三维结构的解析法取为二维或三维应力状态的点（微体），有限元法取为形状和尺寸不同的块体；杆系结构可取为各杆件的截面，或其一段，或其全长；结构整体分析可取其局部，如高层建筑的一层可作为基本计算单元。因此，针对不同的结构计算单元，应建立不同的屈服条件和本构关系，即这两者可建立在结构的不同层次和分析尺度上。

屈服条件可建立在材料、构件截面和结构层间三个层次上。材料的屈服条件是指物体内某一点开始出现塑性变形时所受的应力应满足的条件，有时也称为屈服准则或塑性条件；塑性力学中所论述的屈服条件一般指材料的屈服条件；当采用有限元法分析二维或三维结构，并将结构划分为形状和尺寸不同的二维或三维单元时，一般采用基于材料的屈服条件判断单元是否屈服。构件截面的屈服条件是指构件某一截面开始出现塑性变形时所受的应力或内力应满足的条件，或称为构件截面的强度准则；当采用有限元法分析杆系结构，并将整体结构离散为杆单元时，一般采用基于构件截面的屈服条件判断该截面是否屈服。结构层间的屈服条件是指结构的某一层达到屈服时的条件，当整体结构采用层模型进

行分析时，一般采用基于结构层间的屈服条件判断该层是否屈服。

本构关系也可建立在材料、构件截面和结构层间三个层次上。材料在各种作用下的应力-应变关系即材料的本构关系；混凝土的单轴、多轴应力-应变关系是最基本的本构关系，一般用于板系或块体结构的有限元分析中。构件截面的本构关系是指构件截面上的内力与变形之间的关系，如受弯构件在单调荷载作用下的弯矩-曲率关系，在反复荷载作用下的弯矩-曲率恢复力模型等。结构层间本构关系是指结构层间剪力-层间位移关系，以结构的一层作为计算单元。

1.3 混凝土结构非线性分析的意义及特点

1.3.1 混凝土结构非线性分析的意义

混凝土结构是土木工程中应用最广泛的一种结构。这种结构在建造和使用过程中的安全性、经济性和技术合理性有着重要的社会和经济意义。然而，由于钢筋混凝土是由两种力学性能差别较大的材料组成，受力极为复杂，因而目前除少数结构（如钢筋混凝土连续梁、框架等）外，人们仍用线弹性理论来分析钢筋混凝土结构的内力，而以极限状态设计法确定构件的承载能力，使结构内力分析和构件截面承载力计算结果均不能反映结构的实际受力状态。

由于钢筋与混凝土的抗拉强度相差较大，在正常使用阶段，大部分钢筋混凝土拉、弯构件的受拉区已存在裂缝而进入非弹性状态，这时用线弹性方法求得的结构内力和变形就不能反映结构的实际工作状态。另外，混凝土和钢筋共同工作的前提是二者之间的变形协调，没有相对变形，但在一些情况下，钢筋与混凝土之间的粘结遭到破坏，导致二者之间滑移并使结构或构件变形过大，而线弹性理论不能反映这种现象。在荷载长期作用下，混凝土产生徐变，使结构的内力和变形发生变化，而线弹性方法求得的内力和变形就不能反映这种情况。

由此可见，用线弹性理论分析钢筋混凝土结构的内力和变形是不合适的，而应采用考虑钢筋混凝土实际受力情况的非线性分析方法。

1.3.2 混凝土结构非线性分析的主要方法及其特点

考虑塑性变形的结构非线性分析方法可分为两类：非线性全过程分析和塑性极限分析方法。

非线性全过程分析方法是研究随着荷载的逐渐增加，结构如何由弹性状态过渡到弹塑性状态，最后达到塑性极限状态而丧失承载能力。用传统的解析方法只能对简单的结构或构件进行非线性全过程分析，对比较复杂的钢筋混凝土结构一般用数值方法解决，近期发展起来的钢筋混凝土非线性有限元分析是一种很有效的非线性全过程分析方法。

简单地讲，非线性有限元分析是先对结构或构件施加一荷载增量，求解非线性平衡方程组，得到各节点的位移增量以及各单元的应力和应变增量，累加得到当前荷载步时的位移、应力和应变值；然后根据各单元的应力和应变值，用材料破坏准则判别各单元所处的状态（弹性、开裂、屈服或破坏等），并对处于非弹性状态的单元进行处理；根据各单元的应力状态和材料本构关系，重新建立各受损单元的刚度矩阵并形成结构或构件的总刚度矩阵；再对结构或构件施加新一级的荷载增量，重复上述步骤，直至结构或构件破坏为止。

由于钢筋混凝土材料的复杂性，钢筋混凝土结构非线性全过程分析比其他固体力学有限元分析需要考虑更多的问题。这主要表现在：(1) 随着荷载的增加，钢筋混凝土结构的裂缝是逐渐开展的，因此需要模拟混凝土开裂和裂缝发展过程，特别是反复荷载作用下裂缝的开展和闭合过程。(2) 有限元分析模型中，应反映出钢筋与混凝土之间的粘结-滑移机理。(3) 因为一个部位的混凝土达到最大应力并不说明整个结构达到极限状态，所以需要模拟混凝土材料达到最大应力后的性能。同样，也要模拟钢筋屈服后的性能。(4) 对于复杂的钢筋混凝土结构，材料非线性和几何非线性问题同时存在，考虑这些问题将使计算分析更加复杂。(5) 分析中需要用到混凝土和钢筋材料各自的本构关系和破坏准则，也要用到钢筋与混凝土之间粘结-滑移的本构关系。正是由于这些特点，钢筋混凝土非线性有限元分析作为一个相对独立的研究领域，受到土木工程界越来越广泛的重视。

在混凝土结构的非线性地震反应分析中，一般采用动力弹塑性分析方法。在基于结构性能的抗震设计中，静力弹塑性分析方法因其应用方便等优点，又重新受到研究人员的关注。此法实际上是非线性全过程分析方法，只是在计算过程中引入了反应谱理论。

塑性极限分析方法假定材料为刚塑性，按塑性变形规律研究结构达到塑性极限状态时的性能，在分析中忽略弹性性质和强化效应。用此法可求得钢筋混凝土结构或构件的极限荷载，其结果与试验值很接近，故而可对钢筋混凝土结构或构件的实际承载能力及其可靠性做出正确评价。但是，用极限分析方法得不到结构或构件从加载到破坏全过程的应力和应变状态以及发展规律。

本书主要讨论钢筋混凝土结构非线性有限元分析方法和塑性极限分析方法，同时对静力和弹塑性分析方法也作简要介绍。

参考文献

[1.1] 沈聚敏，王传志，江见鲸 编著．钢筋混凝土有限元与板壳极限分析 [M]．北京：清华大学出版社，1993

[1.2] 江见鲸著．钢筋混凝土结构非线性有限元分析 [M]．西安：陕西科技出版社，1994

[1.3] 吕西林，金国芳，吴晓涵 编著．钢筋混凝土结构非线性有限元理论与应用 [M]．上海：同济大学出版社，1997

[1.4] 宋启根，单炳梓，金芷生，朱万福 编著．钢筋混凝土力学 [M]．南京：南京工学院出版社，1986

[1.5] 江见鲸，陆新征 编著．混凝土结构有限元分析（第 2 版）[M]．北京：清华大学出版社，2013

[1.6] Chen W F. Plasticity in Reinforced Concrete [M]. McGran-Hill Book Company, New York, 1982

[1.7] Nielsen M P. Limit Analysis and Concrete Plasticity [M]. Prentic-Hall Inc. , Englewood Cliffs, New Jersey, 1984

第2章　混凝土强度准则

2.1　混凝土破坏曲面的特点及表述

2.1.1　混凝土的破坏类型及其特点

混凝土在复杂应力状态下的破坏比较复杂，如果从混凝土受力破坏机理来看，有两种最基本的破坏形态，即受拉型和受压型。受拉型破坏以直接产生横向拉断裂缝为特征，混凝土在裂缝的法向丧失强度而破坏。受压型破坏以混凝土中产生纵向劈裂裂缝、几乎在所有方向都丧失强度而破坏。无论何种破坏，均是以混凝土单元达到极限承载力为标志。

判别混凝土材料是否已达破坏的准则，称为混凝土的破坏准则（failure criteria of concrete）。从塑性理论的观点来看，混凝土的破坏准则就是混凝土的屈服条件或强度理论。由于混凝土材料的特殊、复杂而多变，至今还没有一个完善的混凝土强度理论，可以概括、分析和论证混凝土在各种条件下的真实强度。因此，必须考虑用较简单的准则去反映问题的主要方面。目前仍把混凝土近似看成匀质、各向同性的连续介质，如此可用连续介质力学来分析。如果以主应力来表示，混凝土的破坏曲面可以用式（1.2.13）表示。由于混凝土的受拉强度和受压强度相差颇大，其破坏与静水压力关系很大，所以其破坏曲面是以 $\sigma_1 = \sigma_2 = \sigma_3$ 为轴线的锥面，如图2.1.1（a）。

2.1.2　混凝土破坏曲面的特点及其表述

图2.1.1（a）为主应力坐标系中混凝土破坏曲面的示意图。三个坐标轴分别代表主应力 σ_1，σ_2 和 σ_3，取拉应力为正，压应力为负。空间中与各坐标轴保持等距离的各点连线，称为静水压力轴（hydrostatic axis）。静水压力轴上任意点的应力状态满足 $\sigma_1 = \sigma_2 = \sigma_3$，且任意点至坐标原点的距离均为 $\sqrt{3}\sigma_1$（或 $\sqrt{3}\sigma_2$，$\sqrt{3}\sigma_3$）。静水压力轴通过坐标原点，且与各坐标轴的夹角相等，均为 $\alpha = \cos^{-1}(1/\sqrt{3})$。

混凝土破坏曲面的三维立体图不易绘制，更不便于分析和应用，所以通常用偏平面或拉压子午面上的平面图形来表示［图2.1.1（b），（c）］。与静水压力轴垂直的平面称为偏平面（deviatoric planes）。三个主应力轴在偏平面上的投影各成120°角，不同静水压力下的偏平面包络线构成一组封闭曲线，形状呈有规律的变化［图2.1.1（b）］。与静水压力轴垂直且通过坐标原点的偏平面称为π平面，π平面上的应力状态表示纯剪状态，无静水压力分量。拉压子午面（meridian planes）为静水压力轴和一个主应力轴［如图2.1.1（a）中的 σ_3 轴］组成的平面，同时通过另两轴（σ_1轴和 σ_2 轴）的等分线。拉压子午面与破坏曲面的交线分别称为拉、压子午线（meridians），如图2.1.1（c）所示。

拉子午线：$\theta = 0°$，$\sigma_1 \geqslant \sigma_2 = \sigma_3$；静水压力与轴向拉应力组合，单轴受拉及二轴等压的应力状态均位于拉子午线上。

压子午线：$\theta = 60°$，$\sigma_1 = \sigma_2 \geqslant \sigma_3$；单轴受压及二轴等拉的应力状态均位于压子午线上。

拉、压子午线与静水压力轴相交于同一点，即三轴等拉点。

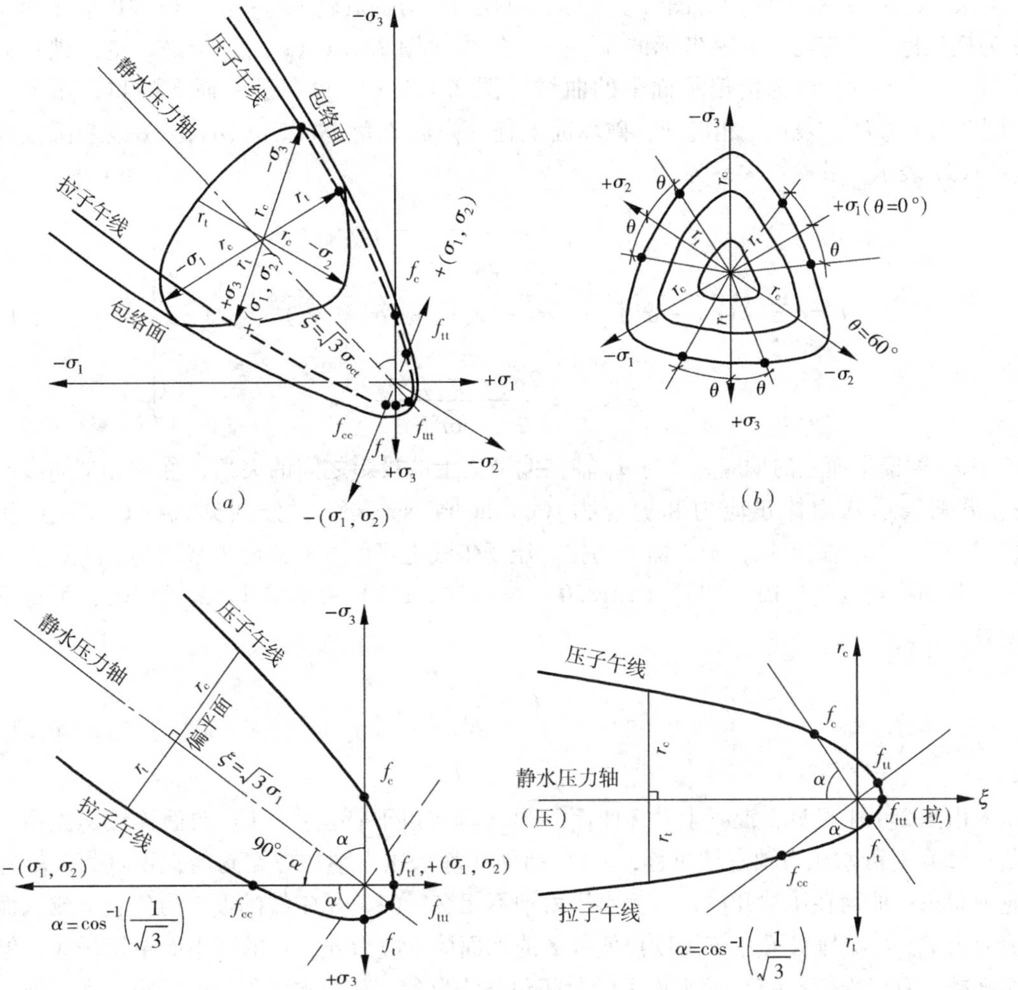

图 2.1.1　混凝土破坏曲面及其表达方法[2.1]

（a）破坏包络面；（b）偏平面；（c）拉压子午面；（d）$\xi - r$ 平面

应当指出，上述拉、压子午线的命名，并非指应力状态的拉或压，而是相应于三轴试验过程。若试件先施加静水压力 $\sigma_1 = \sigma_2 = \sigma_3$，后在 σ_1 轴施加拉力，得 $\sigma_1 \geqslant \sigma_2 = \sigma_3$，称拉子午线；若在 σ_3 轴上施加压力，得 $\sigma_1 = \sigma_2 \geqslant \sigma_3$，则为压子午线。

除拉、压子午线外，还有剪力子午线，其特征为 $\theta = 30°$。当应力状态为 $\left\{\sigma_1, \dfrac{\sigma_1 + \sigma_3}{2}, \sigma_3\right\}$（纯剪应力状态），以及 $\dfrac{1}{2}(\sigma_1 - \sigma_3, 0, \sigma_3 - \sigma_1)$ 与静水压力 $\dfrac{1}{2}(\sigma_1 + \sigma_3)$ 组合时，其应力状态均位于剪力子午线上。

偏平面上的破坏曲线是三重对称的，如图 2.1.1（b）所示。如能获得 $\theta = 0° \sim 60°$ 范围的曲线，则可得整个曲线。曲线上一点至坐标原点，即静水压力轴的距离，称为偏应力 r 。偏应力在拉子午线（ $\theta=0°$ ）处为最小值 r_t ，随 θ 而逐渐增大，至压子午线处（ $\theta=60°$ ）为最大值 r_c 。

如果将图 2.1.1（c）的图形绕坐标原点反时针方向旋转 $90°-\alpha$ ，得到以静水压力轴 ξ 为横坐标，偏应力 r 为纵坐标的拉、压子午线［图 2.1.1（d）］。于是，空间破坏曲面［图 2.1.1（a）］改为由偏平面上的曲线［图 2.1.1（b）］和子午面上的拉、压子午线［图 2.1.1（d）］表示。相应地，破坏面上任一点的直角坐标 $(\sigma_1,\sigma_2,\sigma_3)$ 改为圆柱坐标 (ξ,r,θ) 表示，其换算关系为

$$\left.\begin{aligned}\xi &= \frac{1}{\sqrt{3}}(\sigma_1+\sigma_2+\sigma_3)=\sqrt{3}\sigma_{oct}\\ r &= \frac{1}{\sqrt{3}}\sqrt{(\sigma_1-\sigma_2)^2+(\sigma_2-\sigma_3)^2+(\sigma_3-\sigma_1)^2}=\sqrt{3}\tau_{oct}\\ \cos\theta &= \frac{2\sigma_1-\sigma_2-\sigma_3}{\sqrt{6}r}\end{aligned}\right\} \tag{2.1.1}$$

式中，θ 为偏平面上的偏应力 r 与 σ_1 轴在偏平面上的投影之间的夹角，称为相似角；σ_{oct} ，τ_{oct} 分别表示八面体正应力和剪应力（octahedral stresses），分别见式（1.1.31）和式（1.1.32）。由上式可见，子午面上的拉、压子午线也可用八面体应力来表述。

分别将式（1.1.10）和式（1.1.20）与式（2.1.1）中的第 1、2 式比较，可得下列换算关系

$$\begin{aligned}\xi &= \frac{I_1}{\sqrt{3}}\\ r &= \sqrt{2J_2}\end{aligned} \tag{2.1.2}$$

由图 2.1.1 可见，混凝土破坏曲面的形状具有以下特点：（1）曲面连续、光滑、外凸；（2）对静水压力轴三轴对称；（3）曲面在静水压力轴的拉端封闭，顶点为三轴等拉应力状态；曲面在压端开口，与静水压力轴不相交；（4）子午线的偏应力值（ r 或八面体剪应力 τ_{oct} ）随静水压力（代数）值（ ξ 或八面体正应力 σ_{oct} ）的减小而单调增大，但斜率渐减，有极限值；（5）偏平面上的封闭包络线形状，随静水压力值的减小，由近似三角形渐变为外凸、饱满，过渡为一圆。

2.2 古典强度理论

古典强度理论因其力学概念清楚，计算公式简明，破坏曲面的几何形状简单，而在混凝土结构的强度分析中得到了一些应用。本节简要介绍其中的三种。

2.2.1 最大拉应力强度准则（Maximum-Tensile-Stress Criterion（Rankine，1876））

当混凝土材料承受的任一方向主拉应力达到混凝土轴心受拉强度 f_t 时，混凝土破坏。其表达式为

$$\sigma_1=f_t \qquad \sigma_2=f_t \qquad \sigma_3=f_t \tag{2.2.1}$$

当 $0°\leqslant\theta\leqslant60°$ ，且 $\sigma_1\geqslant\sigma_2\geqslant\sigma_3$ 时，破坏准则为 $\sigma_1=f_t$ ，则由式（1.1.28）得

$$f_t - \frac{I_1}{3} = \frac{2}{\sqrt{3}}\sqrt{J_2}\cos\theta$$

由此可得用应力不变量表达的破坏准则

$$f(I_1, J_2, \theta) = 2\sqrt{3J_2}\cos\theta + I_1 - 3f_t = 0 \tag{2.2.2}$$

将式（2.1.2）代入上式可得用圆柱坐标系表达的破坏准则

$$f(\xi, r, \theta) = \sqrt{2}r\cos\theta + \xi - \sqrt{3}f_t = 0 \tag{2.2.3}$$

最大拉应力准则的破坏面为以静水压力轴为中心的正三角锥，包络面压端开口，拉端与静水压力轴相交。将 $r = 0$ 代入式（2.2.3），可得正三角锥顶点距坐标原点的距离为 $\sqrt{3}f_t$；而将 $\xi = 0$ 代入式（2.2.3），可得拉子午线与纵坐标轴的交点 $r_{t0} = \sqrt{3/2}f_t$（$\theta = 0°$），以及压子午线与纵坐标轴的交点 $r_{c0} = \sqrt{6}f_t$（$\theta = 60°$）。

这一强度准则中仅含有一个材料参数 f_t，故称为一参数强度准则。它适用于混凝土的单轴、二轴和三轴受拉应力状态，但不能解释二轴、三轴压/拉应力状态的强度降低，以及多轴受压应力状态的破坏[2.1]。

2.2.2 最大拉应变强度准则（Maximum-Tensile-Strain Criterion（Mariotto，1682））

当材料某方向的最大拉应变达到其极限拉应变 ε_{tu} 时发生破坏。其表达式为

$$\varepsilon_t = \frac{1}{E}[\sigma_1 - \nu(\sigma_2 + \sigma_3)] = \varepsilon_{tu}$$

或

$$\sigma_1 - \nu(\sigma_2 + \sigma_3) = f_t \tag{2.2.4}$$

式中，E，f_t，ε_{tu}，ν 分别表示材料的弹性模量、受拉强度、极限拉应变和泊松比。

将式（1.1.28）代入式（2.2.4），可得用应力（偏应力）不变量表达的强度准则

$$2\sqrt{3}(1+\nu)\sqrt{J_2}\cos\theta + (1-2\nu)I_1 - 3f_t = 0 \tag{2.2.5}$$

将式（2.1.2）代入上式可得用圆柱坐标系表达的破坏准则

$$\sqrt{6}(1+\nu)r\cos\theta + \sqrt{3}(1-2\nu)\xi - 3f_t = 0 \tag{2.2.6}$$

该准则的破坏面为以静水压力轴为中心的角锥。将 $r = 0$ 代入式（2.2.6）可得角锥的顶点距坐标原点的距离为 $\sqrt{3}f_t/(1-2\nu)$；而将 $\xi = 0$ 代入式（2.2.6），可得拉子午线与纵坐标轴的交点 $r_{t0} = \sqrt{3}f_t/[\sqrt{2}(1+\nu)]$（$\theta = 0°$），以及压子午线与纵坐标轴的交点 $r_{c0} = \sqrt{6}f_t/(1+\nu)$（$\theta = 60°$）。

这一强度准则中含有二个材料参数 ν 和 f_t，故称为二参数强度准则。它适用于混凝土二轴和三轴拉/压的部分应力状态。但是在多轴受拉应力状态时会得出强度提高的错误结论[2.1]。

2.2.3 最大剪应力强度准则（Shearing-Stress Criteria）

1. Tresca 强度准则（Tresca yield criterion，1864）

当混凝土材料中任一点的最大剪应力达到临界值 k 时，混凝土材料屈服。其表达式为

$$\max\left(\frac{1}{2}|\sigma_1 - \sigma_2|, \frac{1}{2}|\sigma_2 - \sigma_3|, \frac{1}{2}|\sigma_3 - \sigma_1|\right) = k \tag{2.2.7}$$

式中，k 表示纯剪时的屈服应力。当 $0° \leqslant \theta \leqslant 60°$，且 $\sigma_1 \geqslant \sigma_2 \geqslant \sigma_3$ 时，最大剪应力为 $\frac{1}{2}(\sigma_1 - \sigma_3)$，将式（1.1.28）代入后得

$$\frac{1}{2}(\sigma_1-\sigma_3)=\frac{\sqrt{J_2}}{\sqrt{3}}\left[\cos\theta-\cos\left(\theta+\frac{2}{3}\pi\right)\right]=k$$

上式经整理后可得用偏应力不变量表达的 Tresca 强度准则

$$f(J_2,\theta)=\sqrt{J_2}\sin\left(\theta+\frac{\pi}{3}\right)-k=0 \tag{2.2.8}$$

将式（2.1.2）代入上式可得用圆柱坐标表达的 Tresca 强度准则

$$f(r,\theta)=r\sin\left(\theta+\frac{\pi}{3}\right)-\sqrt{2}k=0 \tag{2.2.9}$$

该准则是以静水压力轴为中心的正六角棱柱面，表面不连续，不光滑。包络面在拉、压端均开口，与静水压力轴无交点；偏应力与静水压力无关，且拉、压子午线相同，$r_{t0}=r_{c0}=2\sqrt{2/3}k$。

2. Von Mises 强度准则（Von Mises Yield Criterion，1913）

当八面体剪应力达到临界值 $\sqrt{2/3}k$ 时，材料屈服。由式（1.1.32）可得[2.2]

$$\sqrt{\frac{2}{3}J_2}=\sqrt{\frac{2}{3}}k$$

由此可得用偏应力不变量表达的强度准则

$$f(J_2)=J_2-k^2=0 \tag{2.2.10}$$

将式（2.1.2）代入上式，可得用圆柱坐标表达的强度准则

$$f(r)=r-\sqrt{2}k=0 \tag{2.2.11}$$

将式（1.1.20）代入式（2.2.10），可得用主应力表达的强度准则

$$[(\sigma_1-\sigma_2)^2+(\sigma_2-\sigma_3)^2+(\sigma_3-\sigma_1)^2]^{1/2}-\sqrt{6}k=0 \tag{2.2.12}$$

该准则的破坏面为与静水压力轴平行的圆柱体，子午线为与静水压力轴平行的直线，偏平面为半径等于 $\sqrt{2}k$ 的圆。

最大剪应力强度准则为一参数强度准则，它适用于拉压强度相同的塑性材料，不适用于拉压强度不等的脆性材料。

2.3 混凝土强度准则

迄今为止，各国学者所提出的混凝土在复杂应力状态下的强度准则有数十种，其中有一参数、二参数、三参数、四参数和五参数准则。2.2 节介绍的最大拉应力和最大剪应力强度准则属一参数准则，而最大拉应变强度准则属二参数准则。本节不再介绍一参数准则，而重点介绍二、三、四和五参数准则中有代表性的几个准则。

2.3.1 二参数强度准则

由前述可知，混凝土的破坏与静水压力有关，且混凝土的抗拉和抗压强度不相等。Mohr-Coulomb 强度准则和 Drucker-Prager 强度准则考虑了混凝土的这个特性，且均为二参数强度准则。

1. Mohr-Coulomb 强度准则

Mohr 提出，当代表某点应力状态的最大应力圆恰好与包络线相切时，材料达到极限强度，即

$$|\tau| = f(\sigma)$$

式中，$f(\sigma)$ 表示 Mohr 圆的破坏包络线。

Mohr 包络线的最简单形式是直线，直线方程由 Coulomb 提出，如图 2.3.1 所示，即

$$|\tau| = c - \sigma\tan\phi \tag{2.3.1}$$

式中，c 和 ϕ 分别代表材料的内聚力和内摩擦角，由试验确定，故它为二参数强度准则。

把 Mohr 提出的准则与 Coulomb 方程式组合起来，即为 Mohr-Coulomb 强度准则。式（2.3.1）是以破坏面上的法向应力 σ 和剪应力 τ 表达的强度准则，有时应用不方便。下面给出以主应力 σ_1，σ_2 和 σ_3 表达的强度准则。

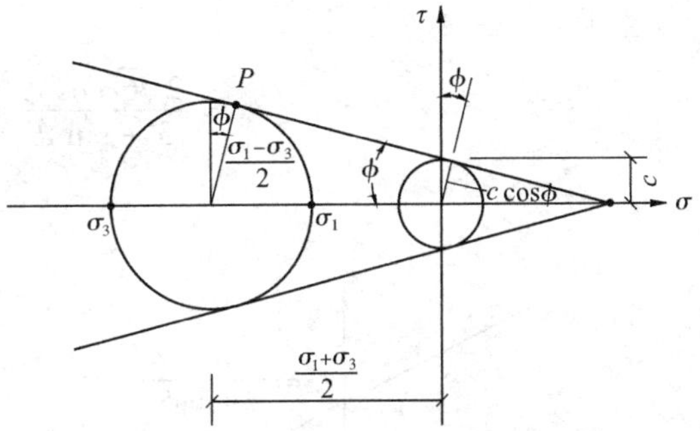

图 2.3.1　Mohr-Coulomb 准则[2.2]

图 2.3.1 中的切点 P 处于破坏面上，其应力为

$$\left.\begin{aligned}\tau &= \frac{1}{2}(\sigma_1-\sigma_3)\cos\phi \\ \sigma &= \frac{1}{2}(\sigma_1+\sigma_3)+\frac{1}{2}(\sigma_1-\sigma_3)\sin\phi\end{aligned}\right\} \tag{2.3.2}$$

将式（2.3.2）代入式（2.3.1）得

$$\sigma_1\frac{1+\sin\phi}{1-\sin\phi}-\sigma_3 = \frac{2c\cdot\cos\phi}{1-\sin\phi} \tag{2.3.3}$$

令

$$m = \frac{1+\sin\phi}{1-\sin\phi} \tag{2.3.4}$$

则 $\dfrac{\cos\phi}{1-\sin\phi} = \sqrt{m}$，故式（2.3.3）变为

$$m\sigma_1 - \sigma_3 = 2c\sqrt{m} \tag{2.3.5}$$

当为单向受压时，则一方向为压应力，其他两方向的应力为零，因无剪应力，故所研究的面为主应力面。根据 $\sigma_1 > \sigma_2 > \sigma_3$ 的规定，此时 $\sigma_1 = \sigma_2 = 0$，$\sigma_3 = -f'_c$（达到极限承载力），代入式（2.3.5）得 $c = f'_c/2\sqrt{m}$，则式（2.3.5）可表示为

$$m\sigma_1 - \sigma_3 = f'_c \tag{2.3.6}$$

这就是用主应力 σ_1 和 σ_3 表达的 Mohr-Coulomb 强度准则。

将式（1.1.28）代入式（2.3.6）可得用应力（偏应力）不变量表达的强度准则

$$f(I_1,J_2,\theta) = \frac{1}{3}I_1\sin\phi + \sqrt{J_2}\sin\left(\theta+\frac{\pi}{3}\right) + \sqrt{\frac{J_2}{3}}\cos\left(\theta+\frac{\pi}{3}\right)\sin\phi - c\cos\phi = 0 \tag{2.3.7}$$

将式（2.1.2）代入上式，可得用圆柱坐标表达的强度准则

$$f(\xi,r,\theta) = \sqrt{2}\xi\sin\phi + \sqrt{3}r\sin\left(\theta+\frac{\pi}{3}\right) + r\cos\left(\theta+\frac{\pi}{3}\right)\sin\phi - \sqrt{6}c\cos\phi = 0$$

$$0° \leqslant \theta \leqslant \frac{\pi}{3} \qquad (2.3.8)$$

在主应力 σ_1，σ_2，σ_3 坐标系中，式（2.3.8）所表示的破坏曲面为非正六边形锥体，其在子午面上的拉、压子午线如图 2.3.2（*a*）所示，而在 π 平面上的破坏线如图 2.3.2（*b*）所示。图中的几个特征点按下述方法确定：当 $\xi = 0$，$\theta = 0$ 时（π 平面上，拉子午线），由式（2.3.8）得

$$r_{t0} = \frac{2\sqrt{6}c\cos\phi}{3+\sin\phi} = \frac{\sqrt{6}f'_c(1-\sin\phi)}{3+\sin\phi}$$

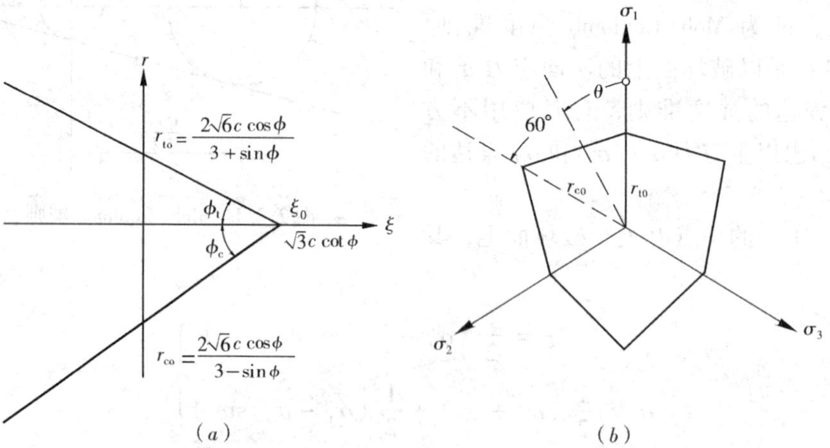

图 2.3.2　Mohr-Coulomb 准则的拉、压子午线及π平面

当 $\xi = 0$，$\theta = 60°$（π 平面上，压子午线），由式（2.3.8）得

$$r_{c0} = \frac{2\sqrt{6}c\cos\phi}{3-\sin\phi} = \frac{\sqrt{6}f'_c(1-\sin\phi)}{3-\sin\phi}$$

将 $r = 0$ 代入式（2.3.8），得拉、压子午线的交点 $\xi = \xi_0$，即

$$\xi_0 = \sqrt{3}c \cdot \cot\phi$$

Mohr-Coulomb 强度准则的二轴强度（$\sigma_2 = 0$）曲线为一不规则的六边形，如图 2.3.3 中的实线所示。现对图中的 f'_t 和 f'_c 予以说明。将式（2.3.3）稍经变换，并令

$$f'_t = \frac{2c\cos\phi}{1+\sin\phi}, \quad f'_c = \frac{2c\cos\phi}{1-\sin\phi}, \quad m = \frac{f'_c}{f'_t} = \frac{1+\sin\phi}{1-\sin\phi} \qquad (2.3.9)$$

则可得式（2.3.6）。f'_t 和 f'_c 分别表示混凝土发生剪切滑移破坏时对应的抗拉强度和抗压强度，如取 $\phi = 37°$，m 约等于 4.0，则 $f'_t = f'_c/4$。而混凝土的实际受拉强度约为 $f'_c/10$，亦即混凝土的受拉破坏不是沿破坏面的剪切滑移破坏，而是拉断破坏。因此，当有拉力时，可将 Mohr-Coulomb 准则与最大拉应力强度准则结合起来，即得修正的 Mohr-Coulomb 强度准则，其在 $\sigma - \tau$ 坐标系中的表达式为

$$\left.\begin{aligned} \tau &= c - \sigma\tan\phi \\ \sigma &= f_t \end{aligned}\right\} \qquad (2.3.10)$$

式中，f_t 为混凝土的单轴抗拉强度。

当材料中某点的应力 σ，τ 满足式（2.3.10）的第一式时，发生剪切滑移破坏［图

2.3.4 (a)]；当应力满足第二式时，发生拉断破坏[图2.3.4 (b)]。另外，图2.3.3中虚线就是对Mohr-Coulomb准则的修正，其中f_t，f_{bt}，f_{tc}分别表示混凝土的单轴抗拉强度、双轴等拉强度和拉、压复合受力强度。

Mohr-Coulomb强度准则的优点是数学表达式较简单，能部分解释破坏模式，特别是修正的Mohr-Coulomb准则，能在受压情况下反映剪切滑移破坏，在受拉情况下反映拉断破坏。其缺点是没有考虑中间应力的影响，即认为混凝土双向受压强度与单轴受压强度相等（图2.3.3)，这与试验结果不符合；子午线为直线，在静水压力较高时，与子午线的曲线性质[图2.1.1 (d)] 相差较大；在不同静水压力下，各偏平面上的图形相似，不符合低静水压力时接近三角形、高静水压力时接近圆形的规律；破坏锥面不连续、不光滑，难以进行数值分析。

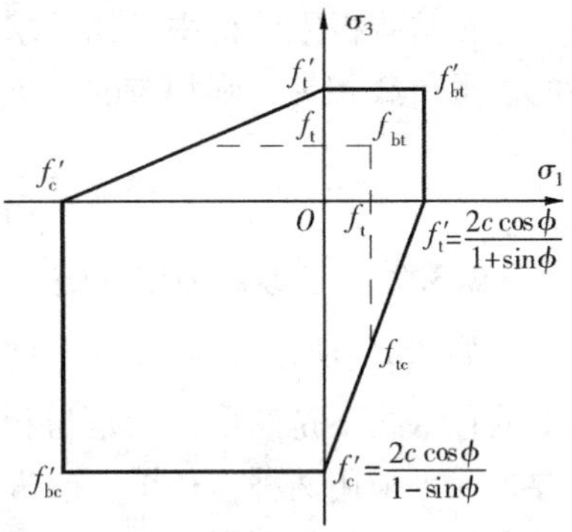

图2.3.3 Mohr-Coulomb准则（二轴强度）曲线

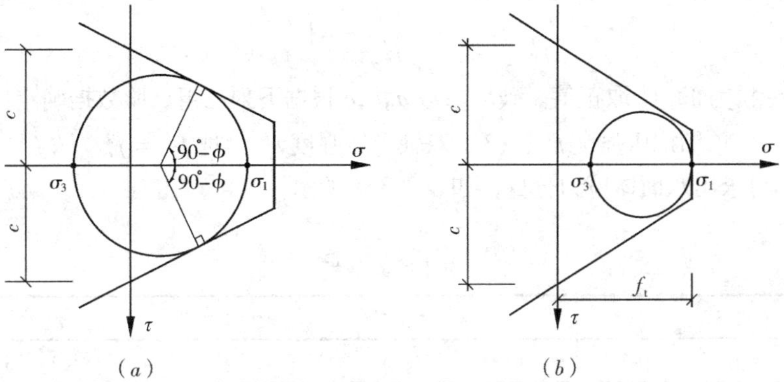

图2.3.4 修正的Mohr-Coulomb准则

2. Drucker-Prager强度准则

如上所述，Mohr-Coulomb强度准则的破坏锥面不连续、不光滑，难以进行数值分析。Drucker-Prager对此进行了改进，采用圆形偏平面代替六边形偏平面。其表达式为

$$f(I_1, J_2) = \alpha I_1 + \sqrt{J_2} - k = 0 \tag{2.3.11}$$

将式（2.1.2）代入上式，可得

$$f(\xi, r) = \sqrt{6}\alpha\xi + r - \sqrt{2}k = 0 \tag{2.3.12}$$

式中，α, k是正常数。当$\alpha = 0$时，式（2.3.11）就变成Von Mises强度准则。

圆锥体的尺寸用参数α, k来调整。当$\theta = 60°$时，圆锥面与Mohr受压子午线相外接，相应的α, k分别为

$$\alpha = \frac{2\sin\phi}{\sqrt{3}(3-\sin\phi)} \qquad k = \frac{6c\cos\phi}{\sqrt{3}(3-\sin\phi)} \tag{2.3.13}$$

当$\theta = 0°$时，圆锥面与Mohr受拉子午线相吻合，相应的α, k分别为

$$\alpha = \frac{2\sin\phi}{\sqrt{3}(3+\sin\phi)} \qquad k = \frac{6c\cos\phi}{\sqrt{3}(3+\sin\phi)} \tag{2.3.14}$$

在结构极限分析中，如要求由 Drucker-Prager 强度准则与 Mohr-Coulomb 强度准则所得的极限荷载相等，则相应的 α, k 应分别为[2.2]

$$\alpha = \frac{\tan\phi}{\sqrt{9 + 12\tan^2\phi}} \quad k = \frac{3c}{\sqrt{9 + 12\tan^2\phi}} \tag{2.3.15}$$

2.3.2 三参数强度准则

如2.1节所述，对混凝土材料而言，I_1 和 $\sqrt{J_2}$（或 ξ 和 r）之间为非线性关系，偏平面上的包络线不是圆形，而是与相似角 θ 有关。上述的 Drucker-Prager 强度准则不满足这些要求，可采用两种途径予以改进：一是假设 r 与 ξ（或 τ_{oct} 与 σ_{oct}）为抛物线关系，但偏平面上包络线保持圆形，即与 θ 无关；二是假设 r 与 ξ（或 τ_{oct} 与 σ_{oct}）为线性关系，但偏平面上包络线取决于 θ。如此可导出下述的三参数模型。

1. Bresler-Pister 强度准则（1958 年）

根据上述第一种途径，Bresler 和 Pister 提出了一个 τ_{oct} 与 σ_{oct}（或 r 与 ξ）为抛物线关系且具有圆形偏平面的三参数强度准则。其中 $\tau_{oct} - \sigma_{oct}$ 关系如下：

$$\frac{\tau_{oct}}{f'_c} = a - b\frac{\sigma_{oct}}{f'_c} + c\left(\frac{\sigma_{oct}}{f'_c}\right)^2 \tag{2.3.16}$$

式中，σ_{oct} 以受拉为正；f'_c 取正值。破坏参数 a, b, c 根据下列三组试验数据确定：(1) 单轴抗拉强度 f'_t；(2) 单轴抗压强度 f'_c；(3) 双轴等压强度 f'_{bc}。取 $\bar{f}'_t = f'_t/f'_c$，$\bar{f}'_{bc} = f'_{bc}/f'_c$，用三组试验数据可求出八面体应力分量，如表 2.3.1 所示。

三组试验数据　　表 2.3.1

应力状态	σ_{oct}/f'_c	τ_{oct}/f'_c
$\sigma_1 = f'_t$	$\bar{f}'_t/3$	$\sqrt{2}\bar{f}'_t/3$
$\sigma_3 = -f'_c$	$-1/3$	$\sqrt{2}/3$
$\sigma_2 = \sigma_3 = -f'_{bc}$	$-2\bar{f}'_{bc}/3$	$\sqrt{2}\bar{f}'_{bc}/3$

将表 2.3.1 中的三组试验数据代入式（2.3.16），即可确定三个破坏参数。Bresler 和 Pister 根据试验结果，取 $\bar{f}'_t = 0.1$，$\bar{f}'_{bc} = 1.28$，用上述方法求出的三个破坏参数为：$a = 0.097, b = 1.4613, c = -1.0144$。

该准则首次采用曲线形子午线，是对古典强度理论的重大改进；表达形式简单，主要是用于二轴应力状态。但是，该准则不适用于静水压力较高的应力状态，偏平面为圆形包络线（拉、压子午线相同）也带来较大误差。

2. William-Warnke 三参数强度准则

根据上述第二种途径，William 和 Warnke 建立了在受拉和低压应力区域内混凝土的三参数强度准则。该准则破坏面的子午线为直线，偏平面为椭圆形包络线。其表达式为

$$f(\sigma_m, \tau_m, \theta) = \frac{1}{\rho}\frac{\sigma_m}{f'_c} + \frac{1}{r(\theta)}\frac{\tau_m}{f'_c} - 1 = 0 \tag{2.3.17}$$

或

$$\frac{\tau_m}{f'_c} = r(\theta)\left(1 - \frac{1}{\rho}\frac{\sigma_m}{f'_c}\right) \tag{2.3.18}$$

式中，ρ 为常数；$r(\theta)$ 表示偏平面中在 $0 \leqslant \theta \leqslant 60°$ 包络线的椭圆曲线，见式（2.3.48）；σ_m, τ_m 分别表示平均正应力和平均剪应力，按下式确定：

$$\sigma_m = \frac{1}{3}(\sigma_1 + \sigma_2 + \sigma_3)$$
$$\tau_m = \frac{1}{\sqrt{15}}[(\sigma_1 - \sigma_2)^2 + (\sigma_2 - \sigma_3)^2 + (\sigma_3 - \sigma_1)^2]^{1/2} \tag{2.3.19}$$

式（2.3.17）及式（2.3.48）中的三个参数为 ρ 以及 $r(\theta)$ 中的 r_t, r_c，可由单轴抗拉强度 f'_t、单轴抗压强度 f'_c 和双轴等压强度 f'_{bc} 确定。

2.3.3 四参数强度准则

1. Ottosen 强度准则

Ottosen（1977）[2.3]提出了以三角函数为基础的四参数强度准则，该准则以应力不变量 I_1，J_2 和 $\cos 3\theta$ 表达，即

$$f(I_1, J_2, \cos3\theta) = a\frac{J_2}{f'^2_c} + \lambda\frac{\sqrt{J_2}}{f'_c} + b\frac{I_1}{f'_c} - 1 = 0 \tag{2.3.20}$$

式中，$\lambda = \lambda(\cos 3\theta) > 0$，表示用于确定偏平面形状的函数；$a$ 和 b 是待定参数，用于确定子午线曲线。下面先讨论函数 λ 的确定问题。

由于混凝土破坏曲面在偏平面上的封闭包络线形状，应随静水压力值的减小（代数值），由近似三角形渐变为外凸、饱满，过渡为一圆，而等边三角形薄膜在均匀重力荷载作用下的竖向变形曲面正好符合上述要求，如图 2.3.5 所示。其竖向位移 z 服从 Poisson 方程：

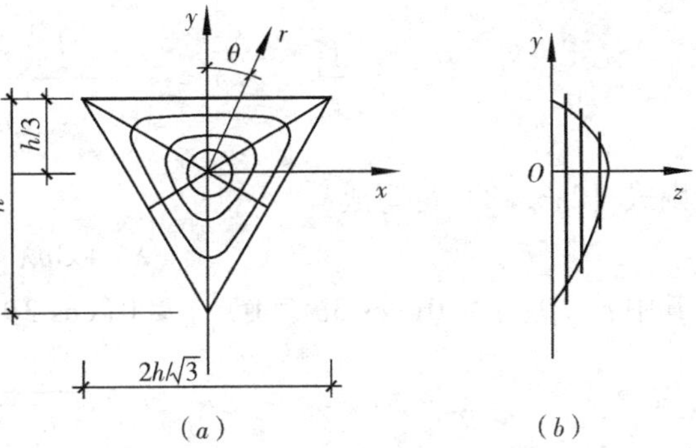

图 2.3.5　偏平面的薄膜比拟

$$\frac{\partial^2 z}{\partial x^2} + \frac{\partial^2 z}{\partial y^2} = -k \tag{2.3.21}$$

式中，k 是常数；z 在三角形边缘处等于零。

位移函数可表示为

$$z = m\left(\sqrt{3}x + y + \frac{2}{3}h\right)\left(\sqrt{3}x - y - \frac{2}{3}h\right)\left(y - \frac{1}{3}h\right) \tag{2.3.22}$$

上式是图 2.3.5 所示高度为 h 的三角形三个边的方程的乘积。将式（2.3.22）代入式（2.3.21），可得

$$m = \frac{k}{4h} \tag{2.3.23}$$

如果取 $m = 1/(2h)$，相应于 $k = 2$，则竖向位移 z 可写成

$$z = \frac{1}{2h}\left(\frac{h}{3} - y\right)\left[\left(y + \frac{2}{3}h\right)^2 - 3x^2\right] \tag{2.3.24}$$

式（2.3.24）是在直角坐标系中建立的薄膜曲面方程，需将其转化为极坐标系中的方

程才能与式（2.3.20）相配套。引入极坐标（r,θ），则

$$x = r\sin\theta \qquad y = r\cos\theta \tag{2.3.25}$$

将式（2.3.25）代入式（2.3.24），可得

$$z = \frac{1}{2h}\left(\frac{4}{27}h^3 - hr^2 - r^3\cos 3\theta\right) \tag{2.3.26}$$

亦可写成

$$r^3\cos 3\theta + hr^2 - \frac{4}{27}h^3 + 2hz = 0 \tag{2.3.27}$$

由于 $r \neq 0$，相当于 $2hz - \frac{4}{27}h^3 \neq 0$，故可用 $r^3\left(2hz - \frac{4}{27}h^3\right)$ 遍除上式各项，得

$$\frac{1}{r^3} + \frac{h}{2hz - \frac{4}{27}h^3}\frac{1}{r} + \frac{\cos 3\theta}{2hz - \frac{4}{27}h^3} = 0 \tag{2.3.28}$$

对于任意常数 z 值 $\left(0 \leqslant z \leqslant \frac{2}{27}h^2\right)$，由式（2.3.28）可确定相应的偏平面曲线。为简化起见，定义

$$\lambda = \frac{1}{r} \qquad p = \frac{1}{3\left(2z - \frac{4}{27}h^2\right)} \qquad q = \frac{\cos 3\theta}{2h\left(2z - \frac{4}{27}h^2\right)} \tag{2.3.29}$$

则式（2.3.28）可写成

$$\lambda^3 + 3p\lambda + 2q = 0 \tag{2.3.30}$$

其中 $p < 0, q \geqslant 0(\cos 3\theta \leqslant 0), q \leqslant 0(\cos 3\theta \geqslant 0)$，$|p|^3 > q^2$。定义

$$\left.\begin{aligned} k_1 &= \frac{2}{\sqrt{3\left(\frac{4}{27}h^2 - 2z\right)}} \\ k_2 &= \frac{3}{2h\sqrt{3\left(\frac{4}{27}h^2 - 2z\right)}} = \frac{3k_1}{4h} \end{aligned}\right\} \tag{2.3.31}$$

如果 $\cos 3\theta \geqslant 0(q \leqslant 0)$，则

$$\lambda = \frac{1}{r} = k_1\cos\left[\frac{1}{3}\cos^{-1}(k_2\cos 3\theta)\right] \tag{2.3.32}$$

如果 $\cos 3\theta \leqslant 0(q \geqslant 0)$，则

$$\lambda = \frac{1}{r} = k_1\cos\left[\frac{\pi}{3} - \frac{1}{3}\cos^{-1}(-k_2\cos 3\theta)\right] \tag{2.3.33}$$

式（2.3.32）和式（2.3.33）给出了用 $\cos 3\theta$ 和参数 k_1、k_2 表达的 λ 函数。

式（2.3.20），式（2.3.32）和式（2.3.33）是 Ottosen 强度准则的全部表达式，式中共四个参数，其中 a 和 b 决定了子午线的形状，k_1 和 k_2 分别决定偏平面包线（r 或 τ_{oct}）的大小和形状。确定这些参数选用的四个强度特征值为：单轴抗压强度 $f'_c(\theta = 60°)$；单轴抗拉强度 $f'_t(\theta = 0°)$；双轴抗压强度（$\theta = 0°$，$f'_{bc} = -1.16f'_c$）和三轴抗压强度（$\theta = 60°$，$I_1/f'_c = -5.0$，$\sqrt{J_2}/f'_c = 2\sqrt{2}$）。根据上述数据，当 f'_t/f'_c 取不同数值时，参数 a，b，k_1，

k_2 以及相应的 λ_t 和 λ_c 如表 2.3.2 所示

参数值随 f'_t/f'_c 的变化 **表 2.3.2**

f'_t/f'_c	a	b	k_1	k_2	$\lambda_t = 1/r_t$	$\lambda_c = 1/r_c$	λ_c/λ_t
0.08	1.8076	4.0962	14.4863	0.9914	14.4725	7.7834	0.5378
0.10	1.2759	3.1962	11.7365	0.9801	11.7109	6.5315	0.5577
0.12	0.9218	2.5969	9.9110	0.9647	9.8720	5.6979	0.5772

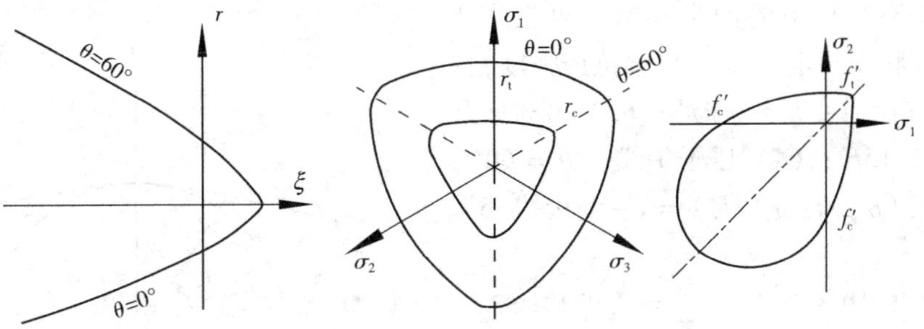

图 2.3.6 Ottosen 强度准则的拉、压子午线及偏平面

Ottosen 强度准则的破坏曲面为光滑外凸的抛物面，其拉、压子午线、偏平面及二轴面上的曲线形状见图 2.3.6。可见，它们完全符合混凝土包络面的特征。因此，该准则目前在工程上应用较广，是 1982 年欧洲混凝土协会 CEB-FIP 规范推荐的两个强度准则之一。

2. Reimann 强度准则

Reimann（1965 年）提出的四参数强度准则，其受压子午线 r_c 用下列抛物线方程表达，即

$$\frac{\xi}{f'_c} = a\left(\frac{r_c}{f'_c}\right)^2 + b\left(\frac{r_c}{f'_c}\right) + c \tag{2.3.34}$$

假定其他子午线与受压子午线 r_c 有下列关系：

$$r = \phi(\theta_0) r_c \tag{2.3.35}$$

其中，角度 $\theta_0 = 60° - \theta$，是从 $-\sigma_3$ 轴量起，如图 2.3.7。当 $-60° \leqslant \theta_0 \leqslant 60°$ 时，函数 $\phi(\theta_0)$ 的表达式如下：

$$\phi(\theta_0) = \begin{cases} \dfrac{r_t}{r_c} & \cos\theta_0 \leqslant r_t/r_c \\ \dfrac{1}{\cos\theta_0 + \sqrt{[(r_c^2/r_t^2) - 1](1 - \cos^2\theta_0)}} & \cos\theta_0 > r_t/r_c \end{cases} \tag{2.3.36}$$

该准则的偏平面曲线由直线部分（式（2.3.36）的第一式）和曲线部分（式（2.3.36）的第二式）组成。其中，直线与半径为 r_t 的圆相切，而曲线在 $\cos\theta_0 = r_t/r_c$ 处与直线相切，如图 2.3.7 所示。当 $r_t/r_c = 0.635$ 时，$\theta_0 \approx 50°$。

Reimann 破坏面的拉、压子午线为曲线，且沿拉子午线的破坏面是光滑的。其主要缺点是 r_t/r_c 为常数，且沿压子午线的破坏面有棱角。

3. Hsieh-Ting-Chen 强度准则

Hsieh 等人（1979 年）提出的四参数强度准则，是用应力不变量 I_1, J_2 和最大主应力 σ_1 表达的，即

$$f(I_1, J_2, \sigma_1) = a\frac{J_2}{f_c'^2} + b\frac{\sqrt{J_2}}{f_c'} + c\frac{\sigma_1}{f_c'} + d\frac{I_1}{f_c'} - 1 = 0 \tag{2.3.37}$$

在式（2.3.37）中，当参数 $a = c = 0$ 时，该准则就变为 Drucker-Prager 强度准则；当参数 $a = c = d = 0$ 时，为 Von Mises 强度准则；当参数 $a = b = d = 0, c = f_c'/f_t'$ 时，为 Reimann 强度准则。

式（2.3.37）中的四个参数，可根据下述四种破坏状态确定：（1）单轴抗压强度 f_c'；（2）单轴抗拉强度 $f_t' = 0.1f_c'$；（3）双轴等压强度 $f_{bc}' = 1.15f_c'$；（4）压子午线（$\theta = 60°$）上的应力点 $(\sigma_{oct}/f_c', \tau_{oct}/f_c') = (-1.95, 1.6)$。由此可得

$a = 2.0108$　　　$b = 0.9714$

$c = 9.1412$　　　$d = 0.2312$

该准则的子午线为曲线，偏平面为非圆曲线。

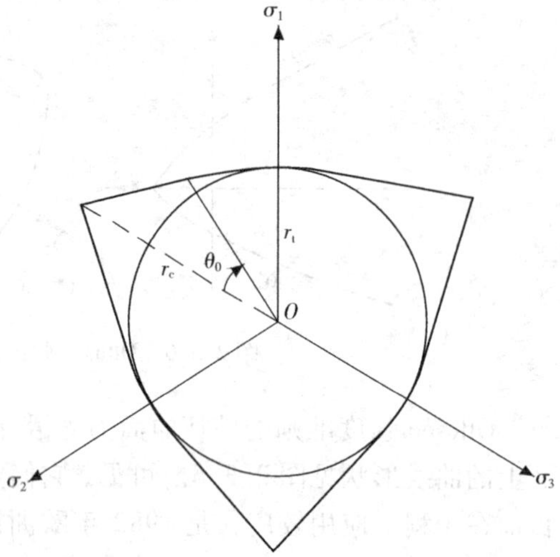

图 2.3.7　Reimann 强度准则的偏平面（$r_t/r_c = 0.635$）

2.3.4　五参数强度准则

1. William-Warnke 五参数强度准则

William-Warnke 五参数强度准则[2.4]用二次抛物线表达拉、压子午线，对偏平面上每个 $0° \leq \theta \leq 60°$ 范围内的曲线用椭圆曲线表达，并将拉、压子午线用偏平面曲线为基准面的椭球面连接起来。

（1）椭圆形偏平面曲线

图 2.3.8 表示破坏曲面的典型偏平面形状，由于偏平面曲线三重对称，所以只需考虑 $0° \leq \theta \leq 60°$ 的部分。因为椭圆曲线满足对称、光滑和外凸的要求，所以可用它来表达这部分曲线。长、短半轴分别为 a 和 b 的椭圆标准形式可表示如下：

$$f(x, y) = \frac{x^2}{a^2} + \frac{y^2}{b^2} - 1 = 0 \tag{2.3.38}$$

图 2.3.9 表达了四分之一椭圆 $P_1PP_2P_3$ 在直角坐标系（x, y）和极坐标系（r, θ）中的关系，其中 P_1PP_2 表示 $0° \leq \theta \leq 60°$ 部分的偏平面曲线。在 $\theta = 0°$ 和 $\theta = 60°$ 处的对称条件要求位置矢量 r_t 和 r_c 必须分别在点 $P_1(0, b)$ 和 $P_2(m, n)$ 与椭圆正交。为满足在 P_1 点的正交条件，选取 y 轴与位置矢量 r_t 重合。在 $P_2(m, n)$ 点与椭圆正交的外单位矢量由式（2.3.38）的偏微分求得，即

$$\boldsymbol{n} = \frac{(\partial f/\partial x, \partial f/\partial y)}{[(\partial f/\partial x)^2 + (\partial f/\partial y)^2]^{1/2}} = \frac{(m/a^2, n/b^2)}{[(m^2/a^4) + (n^2/b^4)]^{1/2}} \tag{2.3.39}$$

这一矢量也可从图 2.3.9 找到，即

$$\boldsymbol{n} = \left(\frac{\sqrt{3}}{2}, \frac{1}{2}\right) \tag{2.3.40}$$

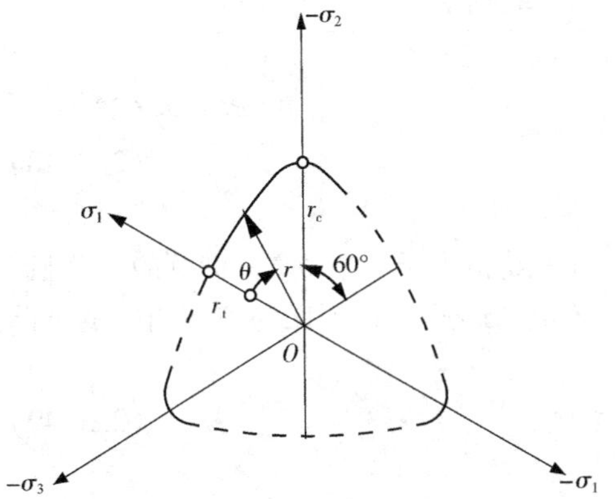

图 2.3.8　破坏曲面的典型偏平面[2.4]

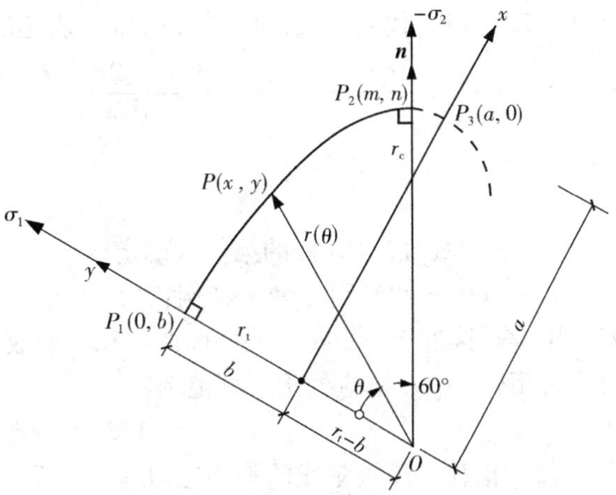

图 2.3.9　0°≤θ≤60°部分破坏面的椭圆线[2.4]

由椭圆轨迹必须通过点 $P_2(m,n)$ 的条件，可得

$$\frac{m^2}{a^2} + \frac{n^2}{b^2} = 1 \tag{2.3.41}$$

根据点 $P_2(m,n)$ 上的正交矢量必须满足式（2.3.40）的条件，即由式（2.3.39）与式（2.3.40）两式中正交矢量的相应分量分别相等，可得到 a 与 b 之间的关系如下：

$$a^2 = \frac{m}{\sqrt{3}n}b^2 \tag{2.3.42}$$

$P_2(m,n)$ 点的坐标可用 r_t、r_c 和 b 表示为

$$m = \frac{\sqrt{3}}{2}r_c \qquad n = b - (r_t - r_c/2) \tag{2.3.43}$$

将式（2.3.42）和式（2.3.43）代入式（2.3.41），可得

$$\left.\begin{aligned} a^2 &= \frac{r_c(r_t - 2r_c)^2}{5r_c - 4r_t} \\ b &= \frac{2r_t^2 - 5r_t r_c + 2r_c^2}{4r_t - 5r_c} \end{aligned}\right\} \tag{2.3.44}$$

为了将破坏曲线用半径 r 作为 θ 的函数描述，需将直角坐标变换为以 O 为原点的极坐标，即

$$x = r\sin\theta \qquad y = r\cos\theta - (r_t - b) \tag{2.3.45}$$

将上式代入式（2.3.38）得

$$\frac{r^2\sin^2\theta}{a^2} + \frac{[r\cos\theta - (r_t - b)]^2}{b^2} = 1 \tag{2.3.46}$$

由上式可得

$$r(\theta)=\frac{a^2(r_t-b)\cos\theta+ab\left[2br_t\sin^2\theta-r_t^2\sin^2\theta+a^2\cos^2\theta\right]^{1/2}}{a^2\cos^2\theta+b^2\sin^2\theta}\quad(0^\circ\leqslant\theta\leqslant60^\circ)\tag{2.3.47}$$

将式（2.3.44）代入上式，得到以 r_t 和 r_c 表达的 $r(\theta)$，即

$$r(\theta)=\frac{2r_c(r_c^2-r_t^2)\cos\theta+r_c(2r_t-r_c)\left[4(r_c^2-r_t^2)\cos^2\theta+5r_t^2-4r_tr_c\right]^{1/2}}{4(r_c^2-r_t^2)\cos^2\theta+(r_c-2r_t)^2}\quad(0^\circ\leqslant\theta\leqslant60^\circ)\tag{2.3.48}$$

其中 $\cos\theta$ 由式（2.1.1）的第三式确定。

由式（2.3.48）可得两个特例：1）当 $r_t/r_c=1$（或相当于 $a=b$），椭圆蜕变为圆；2）当 r_t/r_c 接近于1/2时，偏平面曲线几乎变成三角形。因此，为了保证破坏曲线的外凸性和光滑性，r_t/r_c 值应处于下列范围：

$$1/2<r_t/r_c\leqslant1\tag{2.3.49}$$

（2）沿拉、压子午线的平均应力

将沿拉子午线（$\theta=0^\circ$）和压子午线（$\theta=60^\circ$）的平均剪应力 τ_{mt} 和 τ_{mc} 分别表示如下：

$$\frac{\tau_{mt}}{f'_c}=\frac{r_t}{\sqrt{5}f'_c}=a_0+a_1\frac{\sigma_m}{f'_c}+a_2\left(\frac{\sigma_m}{f'_c}\right)^2\quad 在\ \theta=0^\circ\ 处\tag{2.3.50}$$

$$\frac{\tau_{mc}}{f'_c}=\frac{r_c}{\sqrt{5}f'_c}=b_0+b_1\frac{\sigma_m}{f'_c}+b_2\left(\frac{\sigma_m}{f'_c}\right)^2\quad 在\ \theta=60^\circ\ 处\tag{2.3.51}$$

式中，τ_{mt} 和 τ_{mc} 分别表示 $\theta=0^\circ$ 和 $\theta=60^\circ$ 时的平均剪应力；σ_m 表示平均正应力。式（2.3.50）和式（2.3.51）共含六个待定参数，根据拉、压子午线必须在同一点与静水压力轴相交的条件，可将参数个数减少为五个。

式（2.3.48）、式（2.3.50）和式（2.3.51）是 William-Warnke 五参数强度准则的全部表达式。其中式（2.3.50）和式（2.3.51）分别描述了在 $\theta=0^\circ$ 和 $\theta=60^\circ$ 处的拉、压子午线，它们随 σ_m/f'_c 改变而按抛物线变化；式（2.3.48）则描述了当 σ_m/f'_c 一定时，在 $0^\circ\leqslant\theta\leqslant60^\circ$ 范围内偏平面曲线按椭圆轨迹的变化规律，如图2.3.9所示。

（3）模型参数的确定

式（2.3.50）和式（2.3.51）共含六个待定参数，根据拉、压子午线必须在同一点与静水压力轴相交的条件，即

$$r_t(\xi_0)=r_c(\xi_0)=0\qquad \xi_0=\sigma_{m0}/f'_c>0\tag{2.3.52}$$

可确定一个待定参数，其余五个参数由下述的五个条件确定：

（a）单轴抗压强度 $f'_c(\theta=60^\circ, f'_c>0)$；

（b）单轴抗拉强度 $f'_t(\theta=0^\circ)$ 和强度比 $\bar{f}'_t=f'_t/f'_c$；

（c）双轴等压强度 $f'_{bc}(\theta=0^\circ, f'_{bc}>0)$ 和强度比 $\bar{f}'_{bc}=f'_{bc}/f'_c$；

（d）在拉子午曲线（$\theta=0^\circ, \xi_1>0$）上高压应力点 $(\sigma_m/f'_c, \tau_m/f'_c)=(-\xi_1, r_1)$；

（e）在压子午曲线（$\theta=60^\circ, \xi_2>0$）上高压应力点 $(\sigma_m/f'_c, \tau_m/f'_c)=(-\xi_2, r_2)$。

上述五种试验的应力状态如图2.3.10所示，具体数据见表2.3.3，表中包括拉、压子午线在相交点的约束条件式（2.3.52）。

模型参数的确定 **表 2.3.3**

应力状态	σ_m/f'_c	τ_m/f'_c	θ，deg	$r(\sigma_m,\theta)$
$\sigma_1 = f'_t$	$\frac{1}{3}\bar{f}'_t$	$\sqrt{\frac{2}{15}}\bar{f}'_t$	0°	$r_t = \sqrt{\frac{2}{3}}f'_t$
$\sigma_2 = \sigma_3 = -f'_{bc}$	$-\frac{2}{3}\bar{f}'_{bc}$	$\sqrt{\frac{2}{15}}\bar{f}'_{bc}$	0°	$r_t = \sqrt{\frac{2}{3}}f'_{bc}$
$(-\xi_1, r_1)$	$-\xi_1$	r_1	0°	$r_t = \sqrt{5}r_1 f'_c$
$\sigma_3 = -f'_c$	$-\frac{1}{3}$	$\sqrt{\frac{2}{15}}$	60°	$r_c = \sqrt{\frac{2}{3}}f'_c$
$(-\xi_2, r_2)$	$-\xi_2$	r_2	60°	$r_c = \sqrt{5}r_2 f'_c$
$\xi_0 = \sigma_{m0}/f'_c > 0$	ξ_0	0	0°，60°	$r_t = r_c = 0$

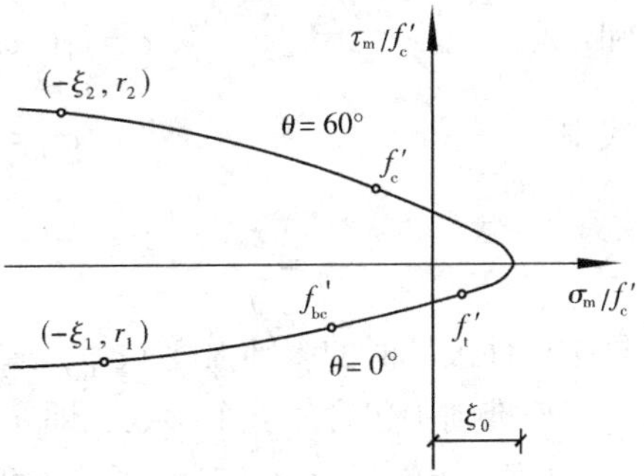

图 2.3.10 William-Warnke 五参数模型中参数的试验应力状态

将表 2.3.3 中前三个强度值代入式（2.3.50），可得

$$\sqrt{\frac{2}{15}}\bar{f}'_t = a_0 + a_1\left(\frac{1}{3}\bar{f}'_t\right) + a_2\left(\frac{1}{3}\bar{f}'_t\right)^2$$

$$\sqrt{\frac{2}{15}}\bar{f}'_{bc} = a_0 + a_1\left(-\frac{2}{3}\bar{f}'_{bc}\right) + a_2\left(-\frac{2}{3}\bar{f}'_{bc}\right)^2$$

$$r_1 = a_0 + a_1(-\xi_1) + a_2(-\xi_1)^2 \tag{2.3.53}$$

由上式可得拉子午线上的三个参数如下：

$$a_0 = \frac{2}{3}\bar{f}'_{bc}a_1 - \left(\frac{2}{3}\bar{f}'_{bc}\right)^2 a_2 + \sqrt{\frac{2}{15}}\bar{f}'_{bc}$$

$$a_1 = \frac{1}{3}(2\bar{f}'_{bc} - \bar{f}'_t)a_2 + \sqrt{\frac{6}{5}}\frac{\bar{f}'_t - \bar{f}'_{bc}}{2\bar{f}'_{bc} + \bar{f}'_t} \tag{2.3.54}$$

$$a_2 = \frac{\sqrt{\frac{6}{5}}\xi_1(\bar{f}'_t - \bar{f}'_{bc}) - \sqrt{\frac{6}{5}}\bar{f}'_t\bar{f}'_{bc} + r_1(2\bar{f}'_{bc} + \bar{f}'_t)}{(2\bar{f}'_{bc} + \bar{f}'_t)\left(\xi_1^2 - \frac{2}{3}\bar{f}'_{bc}\xi_1 + \frac{1}{3}\bar{f}'_t\xi_1 - \frac{2}{9}\bar{f}'_t\bar{f}'_{bc}\right)}$$

破坏面的顶点 ξ_0 用表 2.3.3 中的最后一个条件 $r_t(\xi_0) = 0$ 得：

$$a_0 + a_1\xi_0 + a_2\xi_0^2 = 0$$

从而可得

$$\xi_0 = \frac{-a_1 - \sqrt{a_1^2 - 4a_0a_2}}{2a_2} \tag{2.3.55}$$

将表 2.3.3 中的后三个强度值代入式（2.3.51）得压子午线上的三个参数如下：

$$b_0 = -\xi_0 b_1 - \xi_0^2 b_2$$

$$
b_1=\left(\frac{1}{3}+\xi_2\right)b_2+\frac{\sqrt{\frac{6}{5}}-3r_2}{3\xi_2-1}
$$

$$
b_2=\frac{r_2\left(\frac{1}{3}+\xi_0\right)-\sqrt{\frac{2}{15}}(\xi_0+\xi_2)}{(\xi_0+\xi_2)\left(\xi_2-\frac{1}{3}\right)\left(\xi_0+\frac{1}{3}\right)} \tag{2.3.56}
$$

2. 五参数幂函数准则

(1) 准则的表达式

清华大学过镇海（1990年）[2.5] 提出用幂函数数学模型作为混凝土强度准则，其表达式为

$$
\tau_0=a\left(\frac{b-\sigma_0}{c-\sigma_0}\right)^{d} \tag{2.3.57}
$$

和

$$
c=c_t(\cos 1.5\theta)^{\alpha}+c_c(\sin 1.5\theta)^{\beta} \tag{2.3.58}
$$

式中

$$
\sigma_0=\frac{\sigma_{oct}}{f_c}=\frac{\sigma_{1f}+\sigma_{2f}+\sigma_{3f}}{3f_c} \tag{2.3.59}
$$

$$
\tau_0=\frac{\tau_{oct}}{f_c}=\frac{1}{3f_c}\sqrt{(\sigma_{1f}-\sigma_{2f})^2+(\sigma_{2f}-\sigma_{3f})^2+(\sigma_{3f}-\sigma_{1f})^2} \tag{2.3.60}
$$

是按试件破坏时的多轴强度（σ_{1f}，σ_{2f}，σ_{3f}）计算的八面体正应力和剪应力的相对值。

该准则中包含的五个参数，即 a，b，c_t，c_c 和 d，都有明确的几何和物理意义：

b 值：由式（2.3.57），当 $\tau_0=0$ 时 $\sigma_0=b$，即子午线在静水压力轴上的交点，故 b 值为混凝土三轴等拉强度 f_{ttt} 与单轴抗压强度 f_c 的比值，$b=f_{ttt}/f_c$。

d 值：当 $1.0>d>0$ 时，式（2.3.57）的导数在 $\sigma_0=b$ 处的数值为无穷大，即切线垂直于横坐标，拉、压子午线在此处连续，破坏包络面在顶点处光滑、外凸。

a 值：当 $\sigma_0=-\infty$ 时，式（2.3.57）给出 τ_0 的极限值为 $a=\tau_{0,\max}$，即拉、压子午线与静水压力轴平行且等距（$r_t=r_c$），偏平面上的包络线为一半径为 a 的圆，破坏包络面趋于圆柱形。

c_t 和 c_c 值：c 按式（2.3.58）计算，对应于不同的 θ 角，可得不同的 c 值：当 $\theta=0°$ 时，$c=c_t$，得拉子午线；$\theta=60°$ 时，$c=c_c$，得压子午线；$0°\leqslant\theta\leqslant 60°$ 时，$c_t\geqslant c\geqslant c_c$，得相应的子午线。

上述五个参数值可以用破坏曲面或拉、压子午线上任意的五个特征强度值通过计算予以确定。根据已有的试验结果，建议选用的特征强度值如表 2.3.4。

式（2.3.58）中的数值经过试算对比后选定 $\alpha=1.5$，$\beta=2.0$。

将表 2.3.4 中的五个特征强度的 σ_0，τ_0 和 θ 值分别代入式（2.3.57）和式（2.3.58）的联立超越方程，用迭代法进行数值计算，解得参数值 $a=6.9638$，$b=0.09$，$d=0.9297$，$c_t=12.2445$，$c_c=7.3319$。最后得到混凝土破坏准则的一般表达式：

$$
\tau_0=6.9638\left(\frac{0.09-\sigma_0}{c-\sigma_0}\right)^{0.9297} \tag{2.3.61}
$$

$$
c=12.2445(\cos 1.5\theta)^{1.5}+7.3319(\sin 1.5\theta)^{2} \tag{2.3.62}
$$

确定破坏准则的五个特征强度　　**表 2.3.4**

特征强度	强度值	σ_0	τ_0	θ
单轴抗压	$-f_c$	$-\frac{1}{3}$	$\frac{\sqrt{2}}{3}$	60°
单轴抗拉	$f_t = 0.1f_c$	$\frac{0.1}{3}$	$\frac{0.1\sqrt{2}}{3}$	0°
二轴等压	$f_{cc} = -1.28f_c$	$\frac{-2.56}{3}$	$\frac{1.28\sqrt{2}}{3}$	0°
三轴抗压	$\sigma_{1f} = \sigma_{2f} > \sigma_{3f}$	-4.0	2.7	60°
三轴等拉	$f_{ttt} = 0.9f_t$	0.09	0	0° ~ 60°

按上式计算混凝土的多轴强度理论值，并绘制不同 θ 角的子午线［图 2.3.11（a）］及偏平面包络线［图 2.3.11（b）］，图中还给出了国内外的试验结果，可见理论值与试验值符合较好。另外，当 $\theta = 0°$ 和 60° 时，由式（2.3.61）和式（2.3.62）可得相应的拉、压子午线方程。

由上述分析可见，该强度准则及相应的参数值确定方法具有以下特点：给出的空间破坏包络曲面的形状符合试验曲面的几何特征；参数有明确的几何和物理意义，便于标定。适用的三轴应力状态，范围不受限制，且计算精度较高；改变参数值可很方便地应用于不同种类和强度等级的混凝土；计算式简明，便于运算。因此，该强度准则为我国《混凝土结构设计规范》所推荐的混凝土多轴强度准则。

（2）混凝土多轴强度的简化计算[2.1]

在混凝土结构非线性有限元分析中，可根据式（2.3.61）和式（2.3.62）编制子程序纳入有限元分析总程序，在二维或三维结构的计算过程中，判断各临界点是否已达到强度极限。

在进行结构工程设计或作承载力验算时，通常只要求对结构或构件的个别位置，判断混凝土是否已达到破坏条件；或者需要引入个别应力状态下的强度值（如局部承压、箍筋约束混凝土）等。而且大多数结构主要承受二轴应力状态，因而混凝土强度的计算方法可以简化。

1）按准则式的计算方法

已知混凝土中一点的主应力为 σ_1,σ_2 和 σ_3，要求按强度准则式（2.3.61）和式（2.3.62）计算相应比例下的多轴强度值 $\sigma_{1f},\sigma_{2f},\sigma_{3f}$。方法如下

首先计算应力比

$$R_1 = \frac{\sigma_1}{\sigma_3}, R_2 = \frac{\sigma_2}{\sigma_3}, R_3 = 1 \tag{2.3.63}$$

假定多轴强度值为

$$\sigma_{3f} = xf_c \tag{2.3.64}$$

相应地

$$\sigma_{1f} = R_1 xf_c \tag{2.3.65}$$

$$\sigma_{2f} = R_2 xf_c \tag{2.3.66}$$

其中 x 为待定值。

计算八面体正应力、剪应力和偏平面夹角

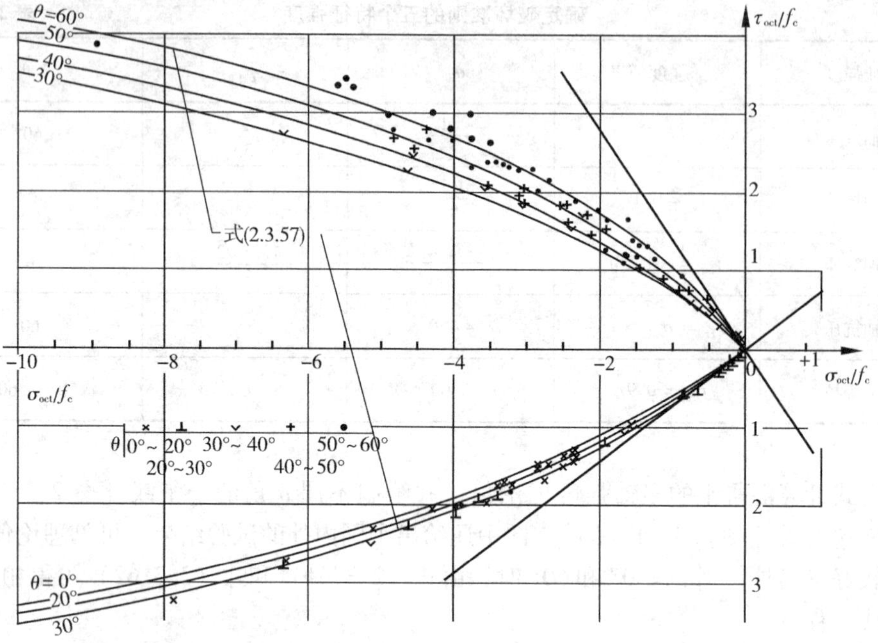

(a)

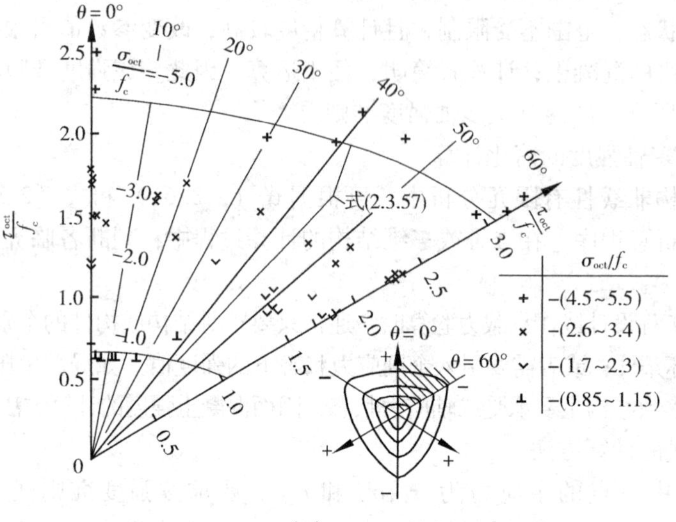

(b)

图 2.3.11　子午线和偏平面包络线[2.6]

(a) 子午三轴线；(b) 偏平面

$$\sigma_0 = \frac{1}{3}(1 + R_1 + R_2)x \tag{2.3.67}$$

$$\tau_0 = \frac{1}{3}x\sqrt{(1 - R_1)^2 + (R_1 - R_2)^2 + (1 - R_2)^2} \tag{2.3.68}$$

$$\theta = \cos^{-1}\left(\frac{2R_1 - R_2 - 1}{3\sqrt{2}\,\tau_0/x}\right) \tag{2.3.69}$$

将上述各式代入式（2.3.61）和式（2.3.62），得到只含一个未知数 x 的复杂超越方程，可用迭代法求出 x。将求得的 x 值代回上述的 $\sigma_{1f},\sigma_{2f},\sigma_{3f}$ 表达式，即得混凝土多轴强度的理论值。

2）三轴抗压强度

混凝土的三轴抗压强度按上述方法计算后，可以绘制以应力比表示的理论曲线，如图2.3.12中虚线所示。图中给出了不同应力比（σ_{1f}/σ_{3f}）下，三轴抗压强度 σ_{3f}/f_c 随第二主应力 σ_{2f}/σ_{3f} 的变化规律，以及拉、压子午线的位置。

已知混凝土的主应力比（$\sigma_1:\sigma_2:\sigma_3$），就可以在图2.3.12用插入法确定三轴抗压强度，避免前述复杂计算，也可用下列近似公式计算。

压、拉子午线上的混凝土三轴抗压强度只与应力比 σ_1/σ_3 有关，取近似计算式

压子午线（$\sigma_2=\sigma_1$）

$$\left(\frac{\sigma_{3f}}{f_c}\right)_c=1+55\left(\frac{\sigma_1}{\sigma_3}\right)^{1.6} \tag{2.3.70}$$

拉子午线（$\sigma_2=\sigma_3$）

$$\left(\frac{\sigma_{3f}}{f_c}\right)_t=1.28+44\left(\frac{\sigma_1}{\sigma_3}\right)^{1.64} \tag{2.3.71}$$

上式在图2.3.12上用实线表示，与强度准则的理论曲线（图中虚线）的差别很小。

混凝土的三轴抗压强度还随第二主应力 σ_2/σ_3 而变化。出现最大三轴抗压强度的应力比和强度值，可近似取为

$$\left(\frac{\sigma_2}{\sigma_3}\right)_p=\frac{\sigma_1}{\sigma_3}+0.2 \tag{2.3.72}$$

$$\left(\frac{\sigma_{3f}}{f_c}\right)_p=0.35+50\left(\frac{\sigma_1}{\sigma_3}+0.2\right)^{2.4} \tag{2.3.73}$$

于是，任意应力比下混凝土的三轴抗压强度可用简单的直线插入法进行计算

当 $\frac{\sigma_1}{\sigma_3}\leqslant\frac{\sigma_2}{\sigma_3}<\left(\frac{\sigma_1}{\sigma_3}+0.2\right)$

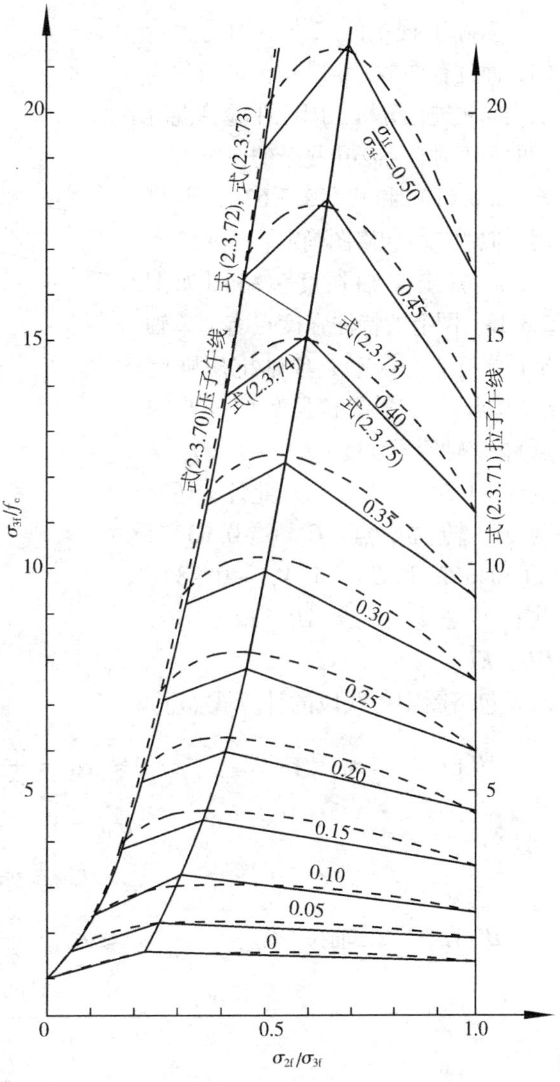

图2.3.12　三轴抗压强度设计值[2.1]

$$\frac{\sigma_{3f}}{f_c} = \left(\frac{\sigma_{3f}}{f_c}\right)_c + \left[\frac{(\sigma_2/\sigma_3) - (\sigma_1/\sigma_3)}{0.2}\right]\left[\left(\frac{\sigma_{3f}}{f_c}\right)_P - \left(\frac{\sigma_{3f}}{f_c}\right)_c\right] \tag{2.3.74}$$

当 $\left(\frac{\sigma_1}{\sigma_3} + 0.2\right) \leqslant \frac{\sigma_2}{\sigma_3} \leqslant 1.0$

$$\frac{\sigma_{3f}}{f_c} = \left(\frac{\sigma_{3f}}{f_c}\right)_t + \left(\frac{1 - \dfrac{\sigma_2}{\sigma_3}}{0.8 - \dfrac{\sigma_1}{\sigma_3}}\right)\left[\left(\frac{\sigma_{3f}}{f_c}\right)_P - \left(\frac{\sigma_{3f}}{f_c}\right)_t\right] \tag{2.3.75}$$

计算结果以实线（折线）绘于图 2.3.12，与准则的理论曲线（虚线）相比，接近而略低，比较合理。

3）二轴强度包络图

实际工程中的二维结构是大量的，而且有许多三维结构也可简化为二维问题进行分析。因此在验算混凝土的强度时，不必用复杂的三维准则式（2.3.61）和式（2.3.62），而可用近似的二轴包络图确定。

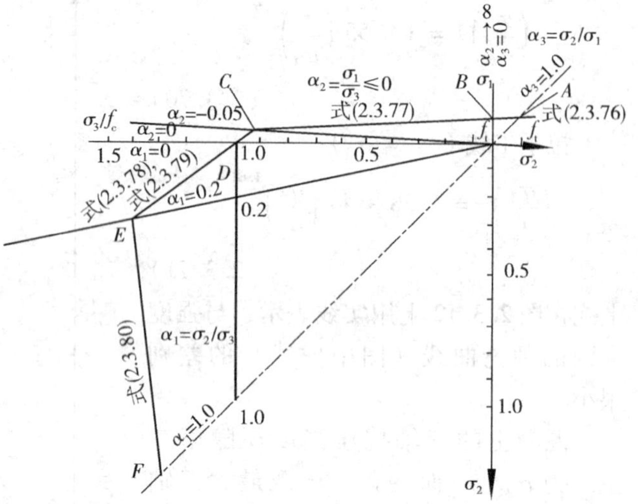

图 2.3.13 二轴强度包络线[2.1]

混凝土二轴强度包络图如图 2.3.13。图上的特征强度点有：单轴抗拉强度 f_t（B 点）；单轴抗压强度 f_c（D 点）；二轴等拉强度 $f_{tt} = f_t$（A 点）；二轴等压强度 $f_{cc} = -1.28f_c$ [F 点（-1.28，-1.28）]。此外，还有两个转折点 C（-0.9333，$+0.04667$）和 E（-1.4，-0.28），共构成五段折线 AB，BC，CD，DE，EF。

包络图中各线段的计算式如下

AB 段　　二轴受拉　　　　$0 \leqslant \alpha_3 = \frac{\sigma_2}{\sigma_1} \leqslant 1.0$

$$\left.\begin{aligned} \sigma_{1f} &= f_t = \text{const} \\ \sigma_{2f} &= \alpha_3 f_t \end{aligned}\right\} \tag{2.3.76}$$

BC 段　　二轴拉/压　　　　$-\infty \leqslant \alpha_2 = \frac{\sigma_1}{\sigma_3} \leqslant -0.05$

$$\left.\begin{aligned} \frac{\sigma_{3f}}{f_c} &= \frac{f_t/f_c}{\alpha_2 + 0.05 - 1.07143 f_t/f_c} \\ \frac{\sigma_{1f}}{f_c} &= \frac{\alpha_2}{\alpha_2 + 0.05 - 1.07143 f_t/f_c} \end{aligned}\right\} \tag{2.3.77}$$

CD 段　　二轴拉/压　　$-0.05 \leqslant \alpha_2 = \dfrac{\sigma_1}{\sigma_3} \leqslant 0$

$$\left.\begin{aligned}\frac{\sigma_{3f}}{f_c} &= \frac{0.7}{\alpha_2 - 0.7}\\ \frac{\sigma_{1f}}{f_t} &= \frac{0.7\alpha_2}{\alpha_2 - 0.7}\frac{f_c}{f_t}\end{aligned}\right\} \tag{2.3.78}$$

DE 段　　二轴受压　　$0 \leqslant \alpha_1 = \dfrac{\sigma_2}{\sigma_3} \leqslant 0.2$

$$\left.\begin{aligned}\frac{\sigma_{3f}}{f_c} &= \frac{0.7}{\alpha_1 - 0.7}\\ \frac{\sigma_{2f}}{f_c} &= \frac{0.7\alpha_1}{\alpha_1 - 0.7}\end{aligned}\right\} \tag{2.3.79}$$

EF 段　　二轴受压　　$0.2 \leqslant \alpha_1 = \dfrac{\sigma_2}{\sigma_3} \leqslant 1$

$$\left.\begin{aligned}\frac{\sigma_{3f}}{f_c} &= \frac{-1.4336}{1 + 0.12\alpha_1}\\ \frac{\sigma_{2f}}{f_c} &= \frac{-1.4336\alpha_1}{1 + 0.12\alpha_1}\end{aligned}\right\} \tag{2.3.80}$$

对于不同的应力状态，可以用图 2.3.13 或式（2.3.76）~式（2.3.80）确定二轴强度。

上述关于混凝土的二轴强度及三轴强度的简化计算方法，为我国《混凝土结构设计规范》(GB 50010—2002)[2.9]所采用。

3. 江见鲸五参数强度准则

清华大学江见鲸教授提出的五参数强度准则，其拉、压子午线为二次抛物线，偏平面包络线为非圆曲线。其准则表达式如下

$$\left.\begin{aligned}A_2\left(\frac{r_c}{f_c}\right)^2 + A_1\left(\frac{r_c}{f_c}\right) + \frac{\xi}{f_c} - A_0 = 0 \qquad & \theta = 60^\circ\\ B_2\left(\frac{r_t}{f_c}\right)^2 + B_1\left(\frac{r_t}{f_c}\right) + \frac{\xi}{f_c} - B_0 = 0 \qquad & \theta = 0^\circ\\ r(\theta) = r_t + (r_c - r_t)\sin^4\frac{3\theta}{2} \qquad &\end{aligned}\right\} \tag{2.3.81}$$

式（2.3.81）共含六个待定参数，根据拉、压子午线必须在同一点与静水压力轴相交的条件，即

$$\frac{\xi_0}{f_c} - A_0 = \frac{\xi_0}{f_f} - B_0 = 0$$

可得 $A_0 = B_0$，故将独立参数个数减少为五个。若取三轴抗拉强度 $\sigma_1 = \sigma_2 = \sigma_3 = f_{ttt} = f_t$，则可得 $\xi_0 = \sqrt{3}f_t$，从而有 $A_0 = B_0 = \sqrt{3}f_t/f_c$。这样式（2.3.81）只有四个独立参数。用 f_t，f_c，f_{bc} 及一组 $(\bar{\xi}, \bar{r}_1) = (-5, 4)$，$\theta = 60^\circ$ 标定参数，可得如下参数表达式

$$\left.\begin{aligned}
A_1 &= \frac{\sqrt{2/3}\,(\sqrt{3}\bar{f}_{t}-\bar{\xi}_1)-\bar{r}_1\,(\sqrt{3}\bar{f}_{t}+1/\sqrt{3})}{\sqrt{2/3}\,\bar{r}_1^2-\dfrac{2}{3}\bar{r}_1}\\
A_2 &= \frac{\dfrac{2}{3}(\sqrt{3}\bar{f}_{t}-1/\sqrt{3})\,\bar{r}_1^2(\sqrt{3}\bar{f}_{t}-\bar{\xi}_1)}{\sqrt{2/3}\,\bar{r}_1^2-\dfrac{2}{3}\bar{r}_1^2}\\
B_1 &= \frac{2\bar{f}_{bc}-3\bar{f}_{t}^2/\bar{f}_{bc}-2\bar{f}_{t}}{\sqrt{2}\,(\bar{f}_{bc}-\bar{f}_{t})}\\
B_2 &= \frac{3\sqrt{3}\bar{f}_{t}}{2\bar{f}_{bc}\,(\bar{f}_{bc}-\bar{f}_{t})}
\end{aligned}\right\}\tag{2.3.82}$$

式中，$\bar{f}_{t}=f_{t}/f_{c}$，$\bar{f}_{bc}=f_{bc}/f_{c}$，$\bar{\xi}_1=-5$，$\bar{r}_1=4$。

4. 大连理工大学强度准则

该准则用八面体应力表达如下[2.10]：

拉子午线

$$\frac{\tau_{ot}}{f_c}=0.05073-0.8816\frac{\sigma_{oct}}{f_c}-0.06426\left(\frac{\sigma_{oct}}{f_c}\right)^2\qquad(\theta=0^\circ)\tag{2.3.83}$$

压子午线

$$\frac{\tau_{oc}}{f_c}=0.0688-1.072\frac{\sigma_{oct}}{f_c}-0.0699\left(\frac{\sigma_{oct}}{f_c}\right)^2\qquad(\theta=60^\circ)\tag{2.3.84}$$

偏平面上的相似角 $0^\circ\leqslant\theta\leqslant60^\circ$ 的强度表达式为

$$\tau_{oct}(\theta)=\tau_{ot}-(\tau_{ot}-\tau_{oc})\sin^2 1.5\theta\tag{2.3.85}$$

$$\theta=\text{acr}\cos\frac{2\sigma_1-\sigma_2-\sigma_3}{3\sqrt{2}\,\tau_{oct}}\tag{2.3.86}$$

该准则不仅符合混凝土破坏曲面的一般特性，并具有以下特点：(1) 满足边界条件。由式（2.3.85）可知，当 $\theta=0^\circ$ 时，$\tau_{oct}(0^\circ)=\tau_{ot}$，为拉子午线对应的剪切强度；当 $\theta=60^\circ$ 时，$\tau_{oct}(60^\circ)=\tau_{oc}$，为压子午线对应的剪切强度；当 θ 由 0° 增加到 60° 时，$\tau_{oct}(\theta)$ 也由 τ_{ot} 逐渐增加至 τ_{oc}，符合光滑、外凸的特性；当 $\tau_{ot}=\tau_{oc}$ 时，$\tau_{oct}(\theta)$ 为常数，这发生在 τ_{oct} 很大，即高压应力状态，符合偏平面上的包络线随 σ_{oct} 的增大由近似三角形向圆形过渡的特性。(2) 考虑了中间应力（罗德角）对破坏曲面的影响。(3) 适用于平面应力、平面应变、三向受压、三向拉压及三向受拉等多种应力状态。(4) 在中、高静水压力区及拉压区和三轴等拉应力状态均与试验值符合较好。

5. 双剪应力强度准则

该准则为西安交通大学俞茂宏[2.7]于1961年提出。

(1) 应力表达式

图2.3.14为三向应力圆，由图可得三个主剪应力 τ_{13}，τ_{12}，τ_{23} 和主剪应力作用面上的正应力 σ_{13}，σ_{12}，σ_{23} 与主应力的关系[2.8]：

$$\left.\begin{aligned}\tau_{13}&=\frac{1}{2}(\sigma_1-\sigma_3),\quad &\sigma_{13}&=\frac{1}{2}(\sigma_1+\sigma_3)\\\tau_{12}&=\frac{1}{2}(\sigma_1-\sigma_2),\quad &\sigma_{12}&=\frac{1}{2}(\sigma_1+\sigma_2)\\\tau_{23}&=\frac{1}{2}(\sigma_2-\sigma_3),\quad &\sigma_{23}&=\frac{1}{2}(\sigma_2+\sigma_3)\end{aligned}\right\}\tag{2.3.87}$$

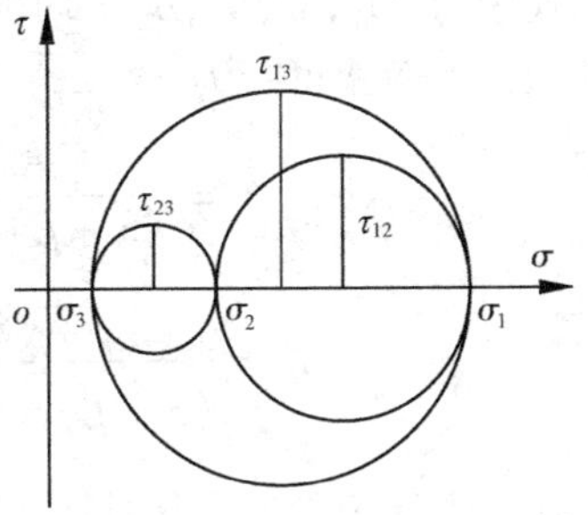

图 2.3.14　三向应力图

式中，σ_1，σ_2，σ_3 为主应力，$\sigma_1>\sigma_2>\sigma_3$。

（2）双剪应力强度准则的斜面应力表达式

由式（2.3.87）可见，$\tau_{13}=\tau_{12}+\tau_{23}$，故它们中只有两个独立量。如以两个较大主剪应力为依据，并考虑到这两个较大主剪应力作用面上的正应力以及它们对材料屈服和破坏的不同作用，可建立广义双剪应力强度理论。其定义为：当作用于单元体上的两个较大主剪应力以及相应的正应力函数达到某一极限值时，材料发生破坏。其数学表达式为

当 $(\tau_{12}+\beta\sigma_{12})\geqslant(\tau_{23}+\beta\sigma_{23})$ 时

$$F=\tau_{13}+b\,\tau_{12}+\beta(\sigma_{13}+b\sigma_{12})=c\tag{2.3.88}$$

当 $(\tau_{12}+\beta\sigma_{12})\leqslant(\tau_{23}+\beta\sigma_{23})$ 时

$$F'=\tau_{13}+b\,\tau_{23}+\beta(\sigma_{13}+b\sigma_{23})=c\tag{2.3.88a}$$

式中，b，c，β 为三个材料特性参数，其中 $0\leqslant b\leqslant 1$，$0\leqslant\beta<1$，$0<c<2\sigma_t$，σ_t 为材料的拉伸极限应力。可见该准则为三参数准则。

（3）双剪应力强度准则的主应力表达式

将式（2.3.87）代入式（2.3.88）及式（2.3.88a），并经简化后可得主应力表达式：

$$\left.\begin{aligned}&\text{当 }\sigma_2\leqslant\frac{\sigma_1+\alpha\sigma_3}{1+\alpha}\text{ 时，}\quad F=\sigma_1-\frac{\alpha}{1+b}(b\sigma_2+\sigma_3)=\sigma_t\\&\text{当 }\sigma_2\geqslant\frac{\sigma_1+\alpha\sigma_3}{1+\alpha}\text{ 时，}\quad F'=\frac{1}{1+b}(\sigma_1+b\sigma_2)-\alpha\sigma_3=\sigma_t\end{aligned}\right\}\tag{2.3.89}$$

式中，α 为材料拉、压特性系数，$\alpha=\sigma_t/\sigma_c$，σ_c 为材料压缩极限应力。

在式（2.3.89）中，如取 $\alpha=1$，$b=0$，可得单剪应力屈服准则或 Tresca 屈服准则 $\sigma_1-\sigma_3=\sigma_t$；如取 $\alpha=0$，$b=0$，可得最大拉应力准则 $\sigma_1=\sigma_t$；如取 $b=0$，则得 $\sigma_1-\alpha\sigma_3=\sigma_t$，且取 $\sigma_t=f_t'$，$\sigma_c=f_c'$，$m=\dfrac{1}{\alpha}=\dfrac{f_c'}{f_t'}$，这就是 Mohr-Coulomb 强度准则，因此，该强度准则也称为统一强度理论。

（4）双剪应力五参数准则

该准则可用主应力形式表示为

$$\left.\begin{aligned}F&=\sigma_1-\frac{\sigma_2+\sigma_3}{2}+\frac{\beta}{2}\sigma_1+\left(A_1+\frac{3\beta}{2}\right)\sigma_m+B_1\sigma_m^2=c\quad\text{（广义拉伸）}\\F&=\frac{\sigma_1+\sigma_2}{2}-\sigma_3+\frac{\beta}{2}\sigma_3+\left(A_2+\frac{3\beta}{2}\right)\sigma_m+B_2\sigma_m^2=c\quad\text{（广义压缩）}\end{aligned}\right\}\tag{2.3.90}$$

式中，$\beta, A_1, A_2, B_1, B_2, c$ 均可由试验确定；σ_m 为三个主应力的平均值。如用坐标 (ξ, r, θ) 表示，上两式可写为

$$\left.\begin{aligned} r &= \frac{\sqrt{6}c}{(3+\beta)\cos\theta}\left[1-\frac{(A_1+2\beta)}{\sqrt{3}c}\xi+\frac{B_1}{3}\xi^2\right] \quad 0^\circ \leqslant \theta \leqslant \theta_b \\ r' &= \frac{\sqrt{6}c}{(3-\beta)\cos\left(\theta-\frac{\pi}{3}\right)}\left[1-\frac{A_2+2\beta}{\sqrt{3}c}\xi+\frac{B_2}{3}\xi^2\right] \quad \theta_b < \theta \leqslant 60^\circ \end{aligned}\right\} \tag{2.3.91}$$

在上二式中令 $\xi = 0$ 且使 $r = r'$，则得

$$\theta_b = \tan^{-1}\left[\frac{\sqrt{3}(1+\beta)}{3-\beta}\right] \tag{2.3.92}$$

θ_b 反映了 π 平面上极限迹线的角点位置。

在式（2.3.91）中分别代入 $\theta = 0^\circ$ 和 $\theta = 60^\circ$，并合并常数，得拉、压子午线方程为

$$\left.\begin{aligned} r_t &= a_0 + a_1\xi + a_2\xi^2 \quad (\theta = 0^\circ) \\ r_c &= b_0 + b_1\xi + b_2\xi^2 \quad (\theta = 60^\circ) \end{aligned}\right\} \tag{2.3.93}$$

式中的系数 $a_0, a_1, a_2, b_0, b_1, b_2$ 由五个试验点确定[2.7]：单轴抗压强度（$\theta = 60^\circ$）；单轴抗拉强度（$\theta = 0^\circ$）；双轴抗压强度（$\theta = 0^\circ$，$\sigma_{cc} > 0$）；拉子午线上的高静水应力点及压子午线上的高静水应力点。把上述五个试验点代入式（2.3.93），可得各系数的表达式。于是，方程（2.3.91）可表示为

$$\left.\begin{aligned} r &= \frac{r_t}{\cos\theta} \quad 0^\circ \leqslant \theta \leqslant \theta_b \\ r' &= \frac{r_c}{\cos\left(\theta-\frac{\pi}{3}\right)} \quad \theta_b < \theta \leqslant 60^\circ \end{aligned}\right\} \tag{2.3.94}$$

上式称为双剪应力五参数准则。

双剪应力五参数准则的拉、压子午线为抛物线［图 2.3.15（a）］，它在 π 平面上的图形在低静水压力范围内接近三角形，随静水压力的升高，它向正六边形过渡，当静水压力足够高时，图形变为正六边形，如图 2.3.15（b）所示。为了使图形角隅光滑化，俞茂宏还提出了双剪应力五参数准则角隅模型[2.7]。

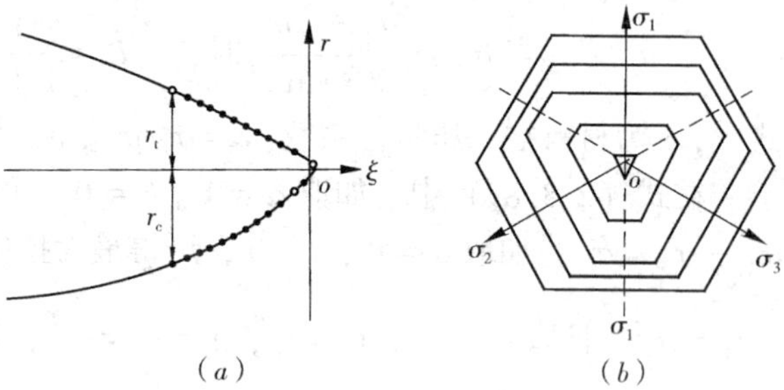

图 2.3.15　双剪应力五参数准则

在混凝土结构非线性有限元分析中，一般需针对具体问题，选用合适的混凝土强度准则。目前用于混凝土的强度准则较多，本书不一一介绍，应用时可参阅有关文献。

参考文献

[2.1] 过镇海著．混凝土的强度及变形（试验基础和本构关系）[M]．北京：清华大学出版社，1997

[2.2] Chen W F. Plasticity in Reinforced Concrete [M]. McGran-Hill Book Company, New Yok, 1982

[2.3] N. S. Ottosen. A Failure Criterion for Concrete [J]. ASCE, 1977, 103 (EM4): 527~535

[2.4] Willam W k, Warnke E P. Constitutive Models for the Triaxial Behavior of Concrete [C]. IABSE Proceeding, 1975, 19: 1~30

[2.5] 过镇海，王传志．多轴应力下混凝土的强度和破坏准则研究 [J]．土木工程学报，1991，24 (3)：1~14

[2.6] 过镇海，时旭东 编著．钢筋混凝土原理和分析 [M]．北京：清华大学出版社，2003

[2.7] 俞茂宏．一个新的普遍形式的强度理论 [J]．土木工程学报，1990，23 (1)

[2.8] 俞茂宏．强度理论新体系 [M]．西安：西安交通大学出版社，1992

[2.9] 混凝土结构设计规范（GB 50010-2002）[S]．北京：中国建筑工业出版社，2002

[2.10] 赵国藩主编．高等钢筋混凝土结构学 [M]．北京：机械工业出版社，2005

第3章 材料本构模型

3.1 一般说明

在混凝土结构非线性分析中，所采用的材料本构模型合理与否对分析结果有重大影响。因此从混凝土结构非线性分析研究一开始，材料本构模型，包括钢筋的本构模型、混凝土的本构模型和钢筋与混凝土的粘结-滑移本构模型，一直是人们致力于研究的关键科学问题。

在建立混凝土本构模型时，通常利用已有的弹性、塑性、断裂、损伤等连续体力学理论框架，并根据混凝土在各种应力状态下的试验数据，确定本构模型中的各种参数，从而获得混凝土本构模型。按照力学理论基础的不同，已有的本构模型大致可分为以下几种类型：以弹性理论为基础的线弹性和非线性弹性本构模型；以经典塑性理论为基础的弹全塑性和弹塑性硬化本构模型；采用断裂理论和塑性理论组合的塑性断裂理论，并考虑用应变空间建立的本构模型；用内时理论描述的混凝土本构模型[3.1][3.2]等。此外，还有塑性-损伤模型[3.3][3.4]、内时-损伤模型[3.5]，以及基于流变学的粘弹性和粘塑性模型，基于模糊集的塑性理论本构模型[3.6]，基于知识库的具有神经网络的本构模型[3.7]等等。由于问题的复杂性，目前还没有一个大家公认的唯一的混凝土本构模型。一般根据所分析结构的受力特点、应力范围和计算精度的要求等选择合适的本构模型。

本章首先简要介绍混凝土单轴受力应力-应变关系（3.2节），然后论述混凝土非线性弹性本构模型（3.3节）、弹塑性本构模型（3.4节）和损伤模型（3.5节）。钢筋在单调加载和反复加载下的本构模型将在3.6节中介绍。钢筋与混凝土的粘结强度和粘结-滑移本构模型在3.7节介绍。

3.2 混凝土单轴受力应力-应变关系

3.2.1 混凝土单向受压应力-应变关系

1. Saenz等人的表达式

Saenz等人（1964年）所提出的应力-应变关系为[3.8]

$$\sigma = \frac{E\varepsilon}{a + b\left(\frac{\varepsilon}{\varepsilon_0}\right) + c\left(\frac{\varepsilon}{\varepsilon_0}\right)^2 + d\left(\frac{\varepsilon}{\varepsilon_0}\right)^3} \tag{3.2.1}$$

式中，σ 为相应于应变 ε 的应力；ε_0 为相应于峰值应力 σ_0 的应变，一般近似地取0.002；E 为混凝土弹性模量；a,b,c,d 为常数，由下列条件确定（图3.2.1）：

（1）在原点，$\varepsilon = 0, \frac{d\sigma}{d\varepsilon} = E_0$，$E_0$ 为原点切线模量；

（2）在应力峰值点，$\varepsilon = \varepsilon_0, \sigma = \sigma_0$；

（3）在应力峰值点，$\varepsilon = \varepsilon_0, \frac{d\sigma}{d\varepsilon} = 0$；

（4）在极限应变点，$\varepsilon = \varepsilon_u, \sigma = \sigma_u$。

由上述条件确定 a,b,c,d 后，可得

$$\sigma = \frac{E_0\varepsilon}{1 + \left(\alpha + \frac{E_0}{E_s} - 2\right)\frac{\varepsilon}{\varepsilon_0} - (2\alpha - 1)\left(\frac{\varepsilon}{\varepsilon_0}\right)^2 + \alpha\left(\frac{\varepsilon}{\varepsilon_0}\right)^3} \quad (3.2.2)$$

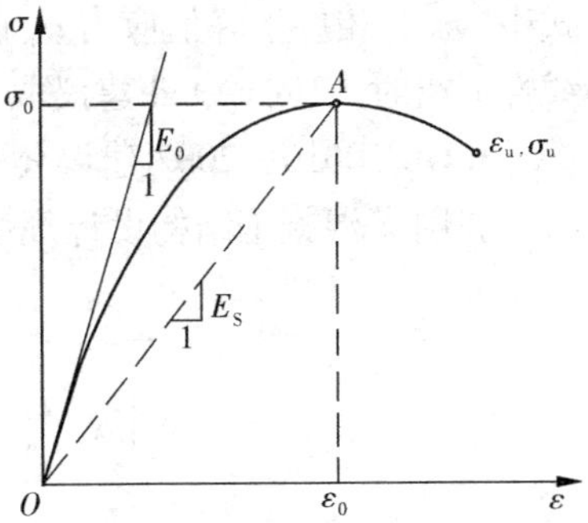

图 3.2.1　混凝土单轴受压应力－应变关系

式中，E_s 为最大应力点的割线模量，$E_s = \sigma_0/\varepsilon_0$，可近似取 $E_s = 0.5E_0$；α 为系数，按下式确定：

$$\alpha = \frac{E_0/E_s\,(\sigma_0/\sigma_u - 1)}{(\varepsilon_u/\varepsilon_0 - 1)^2} - \frac{\varepsilon_0}{\varepsilon_u} \quad (3.2.3)$$

如果忽略条件（4），即忽略曲线下降段，则有

$$\sigma = \frac{E_0\varepsilon}{1 + \left(\frac{E_0}{E_s} - 2\right)\frac{\varepsilon}{\varepsilon_0} + \left(\frac{\varepsilon}{\varepsilon_0}\right)^2} \quad (3.2.4)$$

在全量分析法中，需要任意应力时的割线模量 E'_s，E'_s 按下式确定：

$$E'_s = \frac{\sigma}{\varepsilon} = \frac{E_0}{1 + \left(\frac{E_0}{E_s} - 2\right)\frac{\varepsilon}{\varepsilon_0} + \left(\frac{\varepsilon}{\varepsilon_0}\right)^2} \quad (3.2.5)$$

在增量分析法中，需用任意应力时的切线模量 E，对式（3.2.4）进行微分得

$$E = \frac{d\sigma}{d\varepsilon} = \frac{E_0\left[1 - \left(\frac{\varepsilon}{\varepsilon_0}\right)^2\right]}{\left[1 + \left(\frac{E_0}{E_s} - 2\right)\frac{\varepsilon}{\varepsilon_0} + \left(\frac{\varepsilon}{\varepsilon_0}\right)^2\right]^2} \quad (3.2.6)$$

该应力－应变关系在混凝土结构有限元分析中应用较多，大型有限元分析程序 ADINA 也采用这一公式。

2. Hognestad 的表达式

Hognestad 建议的模型，其应力－应变曲线的上升段为二次抛物线，下降段为斜直线，如图 3.2.2 所示。表达式为

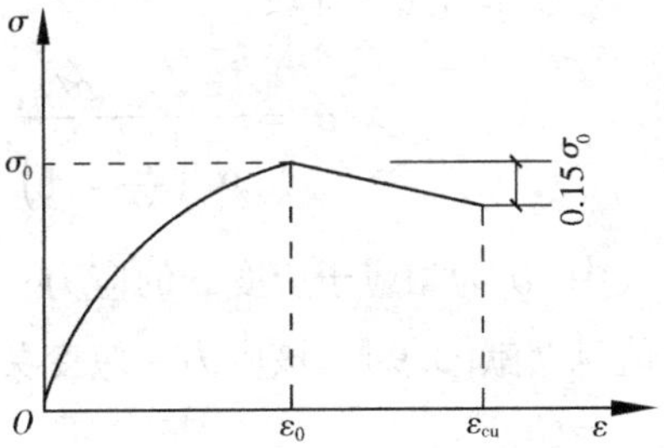

图 3.2.2　Hognestad 建议的应力－应变曲线

$$\left.\begin{aligned} \sigma &= \left[2\frac{\varepsilon}{\varepsilon_0} - \left(\frac{\varepsilon}{\varepsilon_0}\right)^2\right]\sigma_0 & \varepsilon &\leqslant \varepsilon_0 \\ \sigma &= \left[1 - 0.15\left(\frac{\varepsilon - \varepsilon_0}{\varepsilon_{cu} - \varepsilon_0}\right)\right]\sigma_0 & \varepsilon_0 &\leqslant \varepsilon \leqslant \varepsilon_{cu} \end{aligned}\right\} \quad (3.2.7)$$

式中，ε_0 为相应于峰值应力 σ_0 的应变；ε_{cu} 表示混凝土的极限压应变，当用于混凝土结构非线性分析时，Hognestad 建议取 $\varepsilon_{cu}=0.0038$。

3. GB 50010—2002 建议公式

我国《混凝土结构设计规范》[3.9]所推荐的混凝土轴心受压应力－应变关系为

$\frac{\varepsilon}{\varepsilon_0}\leqslant 1$（上升段）

$$\sigma=\left[\alpha_a\frac{\varepsilon}{\varepsilon_0}+(3-2\alpha_a)\left(\frac{\varepsilon}{\varepsilon_0}\right)^2+(\alpha_a-2)\left(\frac{\varepsilon}{\varepsilon_0}\right)^3\right]\sigma_0 \quad (3.2.8)$$

$\frac{\varepsilon}{\varepsilon_0}>1$（下降段）

$$\sigma=\frac{\varepsilon/\varepsilon_0}{\alpha_c\left(\frac{\varepsilon}{\varepsilon_0}-1\right)^2+\frac{\varepsilon}{\varepsilon_0}}\sigma_0 \quad (3.2.9)$$

式中，α_a 表示应力－应变曲线的上升段参数；α_c 为下降段参数；α_a，α_c 的取值见文献［3.9］。其余符号意义同前。

式（3.2.8）和（3.2.9）适用于从 C10～C80 的所有等级的混凝土，且包括了应力－应变曲线的上升段和下降段。

4. CEB—FIP 建议公式

CEB—FIP 模式规范建议的单轴受压应力－应变关系为

$$\sigma=\frac{k(\varepsilon/\varepsilon_0)-(\varepsilon/\varepsilon_0)^2}{1+(k-2)(\varepsilon/\varepsilon_0)}\sigma_0 \quad (3.2.10)$$

式中，k 为系数，$k=(1.1E_c)(\varepsilon_0/\sigma_0)$，$E_c$ 为混凝土纵向弹性模量。

3.2.2 混凝土单向受拉应力－应变关系

混凝土轴心受拉应力－应变曲线的试验研究较少。清华大学过镇海等根据实验研究结果，提出的混凝土轴心受拉应力－应变曲线（图 3.2.3）为

$\frac{\varepsilon}{\varepsilon_t}\leqslant 1$（上升段）

$$\sigma=\left[1.2\left(\frac{\varepsilon}{\varepsilon_t}\right)-0.2\left(\frac{\varepsilon}{\varepsilon_t}\right)^6\right]\sigma_t \quad (3.2.11)$$

$\frac{\varepsilon}{\varepsilon_t}\geqslant 1$（下降段）

$$\sigma=\frac{\varepsilon/\varepsilon_t}{\alpha_t\left(\frac{\varepsilon}{\varepsilon_t}-1\right)^{1.7}+\frac{\varepsilon}{\varepsilon_t}}\sigma_t \quad (3.2.12)$$

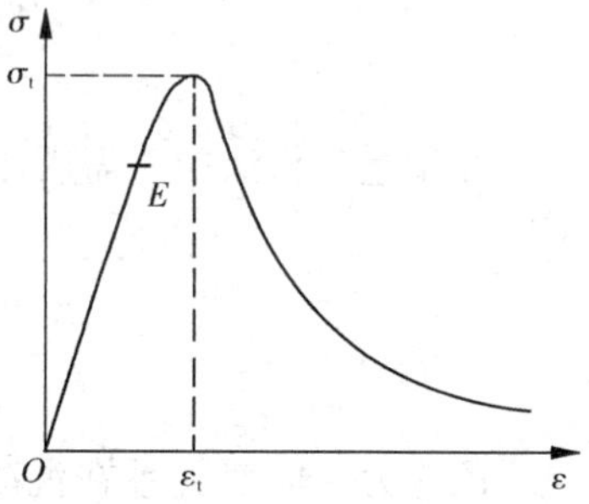

图 3.2.3 轴心受拉应力－应变全曲线

式中，σ 为相应于应变 ε 的应力；ε_t 为相应于峰值应力 σ_t 的应变；α_t 为下降段参数，α_t 的取值见文献［3.9］。该应力－应变关系为我国《混凝土结构设计规范》[3.9]所采用。

3.3 混凝土非线性弹性本构模型

3.3.1 混凝土线弹性应力－应变关系

1. 张量表达式

对于未开裂混凝土，如假定其为各向同性线弹性材料，则应力－应变关系可表示为

$$\sigma_{ij} = C_{ijkl}\varepsilon_{kl} \tag{3.3.1}$$

式中，σ_{ij}，ε_{kl} 分别表示应力和应变张量，均是二阶对称张量；C_{ijkl} 表示弹性材料常数，为四阶张量。

对于各向同性材料，其各方向的弹性常数相同，则张量 C_{ijkl} 必然是各向同性的四阶张量，即

$$C_{ijkl} = \lambda\delta_{ij}\delta_{kl} + \mu\,(\delta_{ik}\delta_{jl} + \delta_{il}\delta_{jk}) \tag{3.3.2}$$

于是式（3.3.1）可表示为

$$\sigma_{ij} = 2\mu\varepsilon_{ij} + \lambda\varepsilon_{kk}\delta_{ij} \tag{3.3.3}$$

反之，应变 ε_{ij} 可用应力 σ_{ij} 表示为

$$\varepsilon_{ij} = \frac{1}{2\mu}\sigma_{ij} - \frac{\lambda\delta_{ij}}{2\mu(3\lambda + 2\mu)}\sigma_{kk} \tag{3.3.4}$$

式中，δ_{ij} 是 Kronecker 符号；λ，μ 是两个独立材料常数，它们与弹性模量 E 和泊松比 ν 有下列关系

$$\lambda = \frac{\nu E}{(1+\nu)(1-2\nu)}, \qquad \mu = \frac{E}{2(1+\nu)} \tag{3.3.5}$$

将式（3.3.5）分别代入式（3.3.3）和式（3.3.4），可得用材料弹性模量 E 和泊松比 ν 表达的应力－应变关系

$$\sigma_{ij} = \frac{E}{1+\nu}\varepsilon_{ij} + \frac{\nu E}{(1+\nu)(1-2\nu)}\varepsilon_{kk}\delta_{ij} \tag{3.3.6}$$

$$\varepsilon_{ij} = \frac{1+\nu}{E}\sigma_{ij} - \frac{\nu}{E}\sigma_{kk}\delta_{ij} \tag{3.3.7}$$

引入材料体积模量 K（bulk modulus）和剪变模量 G（shear modulus），二者与弹性模量 E 和泊松比 ν 的关系如下

$$\left.\begin{aligned} K &= \frac{E}{3(1-2\nu)} \qquad & G &= \frac{E}{2(1+\nu)} \\ E &= \frac{9KG}{3K+G} \qquad & \nu &= \frac{3K-2G}{2(3K+G)} \end{aligned}\right\} \tag{3.3.8}$$

由式（1.1.11）和式（1.1.36），应力张量 σ_{ij} 和应变张量 ε_{ij} 可分别表示为

$$\sigma_{ij} = s_{ij} + \frac{1}{3}\sigma_{kk}\delta_{ij} \tag{3.3.9}$$

$$\varepsilon_{ij} = e_{ij} + \frac{1}{3}\varepsilon_{kk}\delta_{ij} \tag{3.3.10}$$

将式（3.3.9）和式（3.3.10）代入式（3.3.7），并注意到式（3.3.8）的关系，可得

$$s_{ij} = \frac{E}{1+\nu}e_{ij} = 2Ge_{ij} \tag{3.3.11}$$

$$\sigma_{\mathrm{m}} = \frac{1}{3}\sigma_{kk} = K\varepsilon_{kk} = K\varepsilon_{\mathrm{v}} \tag{3.3.12}$$

式中，ε_{v} 表示体积变形，$\varepsilon_{\mathrm{v}} = \varepsilon_{\mathrm{x}} + \varepsilon_{\mathrm{y}} + \varepsilon_{\mathrm{z}}$；$e_{ij}$ 为应变偏张量。

将式（3.3.11）和式（3.3.12）先后代入式（3.3.9）和式（3.3.10），可得用材料体积模量 K 和剪变模量 G 表达的应力－应变关系

$$\sigma_{ij} = 2Ge_{ij} + K\varepsilon_{kk}\delta_{ij} \tag{3.3.13}$$

$$\varepsilon_{ij} = \frac{1}{2G}s_{ij} + \frac{\sigma_{kk}}{9K}\delta_{ij} \tag{3.3.14}$$

综上所述，对于未开裂混凝土，其线弹性应力－应变关系可用不同的材料常数表达。其中用材料弹性模量 E 和泊松比 ν 表达的应力－应变关系［式（3.3.6）或式（3.3.7）］较为常用。

2. 矩阵表达式

上述线弹性应力－应变关系可用矩阵表达如下

$$\{\sigma\} = [D]\{\varepsilon\} \tag{3.3.15}$$

式中，$\{\sigma\}$，$\{\varepsilon\}$ 分别表示应力和应变矢量，即

$$\left.\begin{aligned}\{\sigma\} &= \{\sigma_x \quad \sigma_y \quad \sigma_z \quad \tau_{xy} \quad \tau_{yz} \quad \tau_{zx}\}^T \\ \{\varepsilon\} &= \{\varepsilon_x \quad \varepsilon_y \quad \varepsilon_z \quad \gamma_{xy} \quad \gamma_{yz} \quad \gamma_{zx}\}^T\end{aligned}\right\} \tag{3.3.16}$$

$[D]$ 表示材料弹性刚度矩阵（elastic material-stiffness matrix），如用材料弹性模量 E 和泊松比 ν 表达，则为

$$[D] = \frac{E}{(1+\nu)(1-2\nu)}\begin{bmatrix} 1-\nu & \nu & \nu & 0 & 0 & 0 \\ \nu & 1-\nu & \nu & 0 & 0 & 0 \\ \nu & \nu & 1-\nu & 0 & 0 & 0 \\ 0 & 0 & 0 & \frac{1-2\nu}{2} & 0 & 0 \\ 0 & 0 & 0 & 0 & \frac{1-2\nu}{2} & 0 \\ 0 & 0 & 0 & 0 & 0 & \frac{1-2\nu}{2} \end{bmatrix} \tag{3.3.17}$$

如用材料体积模量 K 和剪变模量 G 表达，则为

$$[D] = \begin{bmatrix} K+\frac{4}{3}G & K-\frac{2}{3}G & K-\frac{2}{3}G & 0 & 0 & 0 \\ K-\frac{2}{3}G & K+\frac{4}{3}G & K-\frac{2}{3}G & 0 & 0 & 0 \\ K-\frac{2}{3}G & K-\frac{2}{3}G & K+\frac{4}{3}G & 0 & 0 & 0 \\ 0 & 0 & 0 & G & 0 & 0 \\ 0 & 0 & 0 & 0 & G & 0 \\ 0 & 0 & 0 & 0 & 0 & G \end{bmatrix} \tag{3.3.18}$$

对于平面应力问题，$\sigma_z = \tau_{yz} = \tau_{zx} = 0$，则方程（3.3.15）变为

$$\begin{Bmatrix}\sigma_x \\ \sigma_y \\ \tau_{xy}\end{Bmatrix} = \frac{E}{1-\nu^2}\begin{bmatrix} 1 & \nu & 0 \\ \nu & 1 & 0 \\ 0 & 0 & \frac{1-\nu}{2} \end{bmatrix}\begin{Bmatrix}\varepsilon_x \\ \varepsilon_y \\ \gamma_{xy}\end{Bmatrix} \tag{3.3.19}$$

对于平面应变问题，$\varepsilon_z = \gamma_{yz} = \gamma_{zx} = 0$，则方程（3.3.15）变为

$$\begin{Bmatrix} \sigma_x \\ \sigma_y \\ \tau_{xy} \end{Bmatrix} = \frac{E}{(1+\nu)(1-2\nu)} \begin{bmatrix} 1-\nu & \nu & 0 \\ \nu & 1-\nu & 0 \\ 0 & 0 & \frac{1-2\nu}{2} \end{bmatrix} \begin{Bmatrix} \varepsilon_x \\ \varepsilon_y \\ \gamma_{xy} \end{Bmatrix} \tag{3.3.20}$$

上述各式中的 E 和 ν（或 K 和 G）值，可根据简单应力状态的试验测定。如将 E 和 ν（或 K 和 G）取为随应力状态而变化的参数，则式（3.3.15）可变为非线性弹性本构模型。基于这种思路的非线性弹性本构模型可分为两种：全量型和增量型。在全量型的本构模型中，采用割线模量，模型较简单，但仅适用按比例一次加载。在增量型的本构模型中，采用切线模量，模型较复杂，但适用范围较广。

3.3.2 混凝土非线性弹性全量型本构模型

在式（3.3.15）中，如材料刚度矩阵 [D] 采用式（3.3.17），则为全量 $E-\nu$ 型；如材料刚度矩阵 [D] 采用式（3.3.18），则为全量 $K-G$ 型。本节仅介绍全量 $E-\nu$ 型。

在全量本构模型中，关键是要合理确定材料参数 E 和 ν 随应力状态变化的规律。由于混凝土材料的变异性很大，用三轴应力下的强度试验确定材料参数随应力状态变化的规律比较困难。Ottosen 提出用单轴试验数据确定混凝土在不同应力状态下的割线模量和泊松比，使这个问题得到了很好解决。

Ottosen 本构模型[3.11]的建立过程可分为四个步骤：建立强度和开裂准则；定义非线性指标 β；建议采用的割线模量 E_s；建议采用的泊松比 ν_s。

（1）强度和开裂准则

采用 Ottosen 强度准则式（2.3.20），式（2.3.32）和式（2.3.33），也可采用其他强度准则。

（2）非线性指标 β

非线性指标 β，表示当前应力状态 $(\sigma_1, \sigma_2, \sigma_3)$ 接近混凝土破坏面（包络面）的程度，也即塑性变形发展的程度。假定 σ_1，σ_2 保持不变，压应力 σ_3 增大至 σ_{3f} 时混凝土破坏，则

$$\beta = \frac{\sigma_3}{\sigma_{3f}}$$

式中，σ_{3f} 为根据混凝土强度准则得到的破坏面上的应力，例如单轴受压时取受压强度 f'_c。

（3）割线模量 E_s

混凝土的多轴应力－应变关系采用 Sargin 的单轴应力－应变全曲线形式[3.12]：

$$-\frac{\sigma}{\sigma_c} = \frac{-A\left(\frac{\varepsilon}{\varepsilon_c}\right) + (D-1)\left(\frac{\varepsilon}{\varepsilon_c}\right)^2}{1-(A-2)\left(\frac{\varepsilon}{\varepsilon_c}\right) + D\left(\frac{\varepsilon}{\varepsilon_c}\right)^2} \tag{3.3.21}$$

式中，σ，ε 取拉应力和伸长为正；σ_c，ε_c 分别为单轴受压时的破坏应力和相应的应变。

将上式各参数以多轴应力状态的相应值代替，即

$$\left.\begin{aligned} -\frac{\sigma}{\sigma_c} = \frac{\sigma}{\sigma_{3f}} = \beta, \qquad A = \frac{E_0}{E_p} = \frac{E_i}{E_f} \\ \frac{\varepsilon}{\varepsilon_c} = \frac{\varepsilon}{\varepsilon_f} = \frac{\sigma/E_s}{\sigma_f/E_f} = \beta\frac{E_f}{E_s} \end{aligned}\right\} \tag{3.3.22}$$

式中各符号意义见图 3.3.1 (*a*)，(*b*)。将式 (3.3.22) 代入式 (3.3.21) 得一元二次方程，解之得割线模量 E_s：

$$E_s = \frac{E_i}{2} - \beta\left(\frac{E_i}{2} - E_f\right) \pm \sqrt{\left[\frac{E_i}{2} - \beta\left(\frac{E_i}{2} - E_f\right)\right]^2 + \beta E_f^2\left[D(1-\beta) - 1\right]} \tag{3.3.23}$$

式中根号前取正号适用于应力－应变曲线的上升段，取负号则适用于下降段。

由于混凝土在多轴应力状态下的应力－应变曲线与单轴应力－应变曲线有相同的特征 [图 3.3.1 (*a*)，(*b*)]，因而式 (3.3.23) 中的多轴初始弹性模量 E_i 可取单轴时的 E_0。但随着侧向压力增加，混凝土的塑性变形增大，峰值应变也随之增大，故式 (3.3.23) 中的多轴割线模量 E_f 应取多轴应力状态下混凝土破坏时的割线模量。Ottosen 建议取

$$E_f = \frac{E_p}{1 + 4(A-1)x} \quad (x \geqslant 0) \tag{3.3.24}$$

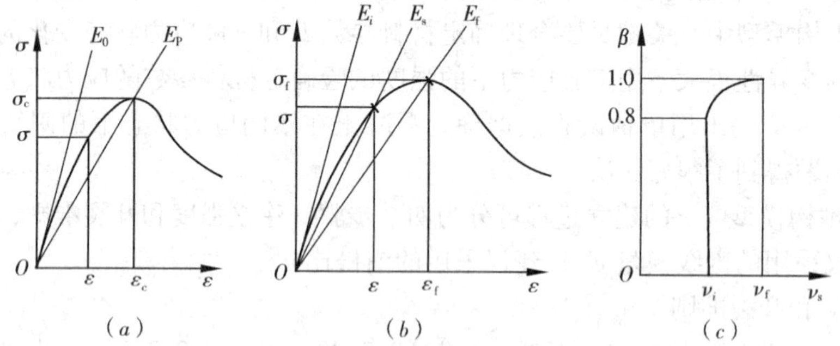

图 3.3.1 Ottosen 本构模型

(*a*) 单轴受压应力－应变曲线；(*b*) 多轴应力－应变曲线；(*c*) 泊松比

式中，E_p 为混凝土单轴受压时的峰值割线模量 [图 3.3.1 (*a*)]，$E_p = \sigma_c/\varepsilon_c$；$A$ 为多轴受压时的初始弹性模量 E_i 与峰值割线模量 E_f 之比值，$A = E_i/E_f$；x 与实际加载有关，其表达式为

$$x = (\sqrt{J_2}/\sigma_c)_f - \frac{1}{\sqrt{3}} \quad (x < 0\text{ 时，取 } x = 0) \tag{3.3.25}$$

其中 $(\sqrt{J_2}/\sigma_c)_f$ 为不变量 $(\sqrt{J_2}/\sigma_c)$ 的破坏值。

当有拉应力时，$x<0$，取 $E_f = E_p$。式 (3.3.23) 中的参数 D，当 $A \leqslant 2$ 时，取

$$(1 - A/2)^2 \leqslant D \leqslant 1 + A(A-2)$$

当 $A>2$ 时，取 $0 \leqslant D \leqslant 1$。

(4) 割线泊松比 ν_s

混凝土的泊松比很难从试验中精确测定。Ottosen 模型取割线泊松比 ν_s 随非线性指标 β 的变化如图 3.3.1 (*c*) 所示，计算公式为

$$\left.\begin{array}{ll} \beta < 0.8\text{ 时} & \nu_s = \nu_i = \text{const} \\ 0.8 < \beta < 1.0\text{ 时} & \nu_s = \nu_f - (\nu_f - \nu_i)\sqrt{1 - \left(\dfrac{\beta - 0.8}{0.2}\right)^2} \end{array}\right\} \tag{3.3.26}$$

式中可取，$\nu_i = 0.16 \sim 0.20$，$\nu_f = 0.36$。

将不同应力值β下的E_s和ν_s代替式(3.3.17)中的弹性常数E和ν，即得不同加载下混凝土的非线性弹性本构关系。

由上述分析可见，Ottosen模型是以非线性弹性理论为基础的，仅仅适当地改变了割线模量E_s和泊松比ν_s；所采用的参数仅采用单轴试验数据便可确定；给出的与单轴受压应力－应变全曲线特征相同的一般三轴受压应力－应变曲线，以及峰值应力点和软化段，使计算简单。该模型是CEB-FIP模式规范推荐使用的两个本构模型之一。

3.3.3 混凝土非线性弹性增量型本构模型

1. 各向同性增量本构模型

(1) 含一个可变模量E_t的各向同性模型

在式（3.3.6）中，假定泊松比ν为不随应力状态变化的常数，而用随应力状态变化的变切线模量E_t取代弹性常数E，并采用应力和应变增量，则可得下列增量应力－应变关系：

$$d\sigma_{ij} = \frac{E_t}{1+\nu}d\varepsilon_{ij} + \frac{\nu E_t}{(1+\nu)(1-2\nu)}d\varepsilon_{kk}\delta_{ij} \tag{3.3.27}$$

式中，$d\sigma_{ij}$,$d\varepsilon_{ij}$分别表示应力和应变增量张量;E_t为应力－应变曲线上任一点的切线模量，对多轴应力状态下混凝土，可根据等效单轴应力－应变关系确定，见式（3.3.37）。

式（3.3.27）亦可表达为矩阵式（3.3.15），其中切线刚度矩阵的形式与式（3.3.17）相同，仅需将E用E_t代换。此模型的优点是形式简洁，且所需数据可从混凝土单轴受压试验得到，其缺点是泊松比ν仍为常量。

(2) 含两个可变模量K_t和G_t的各向同性模型

在式（3.3.11）和式（3.3.12）中，如用随应力状态变化的变切线体积模量K_t和切线剪变模量G_t取代K和G，并采用偏应力和偏应变增量，则可得下列增量应力－应变关系：

$$ds_{ij} = 2G_t de_{ij} \tag{3.3.28}$$

$$d\sigma_m = K_t d\varepsilon_{kk} \tag{3.3.29}$$

式中，ds_{ij},de_{ij}分别表示偏应力和偏应变增量张量;$d\sigma_m$,$d\varepsilon_{kk}$分别表示平均应力和体积应变增量张量;K_t,G_t分别表示切线体积模量和切线剪变模量,即

$$K_t = \frac{1}{3}\frac{d\sigma_{oct}}{d\varepsilon_{oct}} \qquad G_t = \frac{d\tau_{oct}}{d\gamma_{oct}} \tag{3.3.30}$$

式中,$d\sigma_{oct}$,$d\tau_{oct}$,$d\varepsilon_{oct}$,$d\gamma_{oct}$,分别表示八面体正应力、剪应力、正应变和剪应变增量。

Kupfer等根据混凝土双轴加载试验数据，提出了下列切线剪变模量G_t和切线体积模量K_t的计算公式：

$$\frac{G_t}{G_0} = \frac{[1 - a(\tau_{oct}/f'_c)^m]^2}{1 + a(m-1)(\tau_{oct}/f'_c)^m} \tag{3.3.31}$$

$$\frac{K_t}{K_0} = \frac{G_t/G_0}{\exp[-(c\gamma_{oct})^p][1 - p(c\gamma_{oct})^p]} \tag{3.3.32}$$

式中，初始模量K_0和G_0以及材料参数a,m,c,p均取决于混凝土单轴受压强度f'_c。例如，对于$f'_c = 32.4\text{MPa}$，相应地有：$G_0/f'_c = 425, a = 3.5, m = 2.4, K_0/f'_c = 556, c = 210, p = 2.2$。

将式（3.3.28）和式（3.3.29）相加，并考虑式（3.3.31）和式（3.3.32），则得增量应力－应变关系

$$d\sigma_{ij} = 2G_t d\varepsilon_{ij} + (3K_t - 2G_t)d\varepsilon_{oct}\delta_{ij} \tag{3.3.33}$$

上式亦可表达为矩阵式（3.3.15），其中切线刚度矩阵的形式与式（3.3.18）相同，仅需用 K_t 和 G_t 代换其中的 K 和 G。

2. 双轴正交各向异性增量本构模型

混凝土在开裂，尤其是接近破坏时，不再表现出各向同性性质，而呈现出明显的各向异性性质。因此，用各向异性描述混凝土开裂后的性能更为合理。

（1）正交各向异性本构关系

试验研究表明，混凝土双轴受压时，由于泊松效应及混凝土内部微裂缝受到约束，其强度和刚度均可提高。Darwin 和 Pecknold 模式[3.10]考虑了这种影响，在有限元分析中应用较多。该模式假定：混凝土为正交各向异性材料，并且在各级荷载增量内应力－应变呈线弹性关系，其应力增量与应变增量关系式为

$$\begin{Bmatrix} d\sigma_1 \\ d\sigma_2 \\ d\tau_{12} \end{Bmatrix} = \frac{1}{1-\nu_1\nu_2}\begin{bmatrix} E_1 & \nu_2 E_1 & 0 \\ \nu_1 E_2 & E_2 & 0 \\ 0 & 0 & (1-\nu_1\nu_2)G \end{bmatrix}\begin{Bmatrix} d\varepsilon_1 \\ d\varepsilon_2 \\ d\gamma_{12} \end{Bmatrix} \tag{3.3.34}$$

式中，E_1, E_2 为每级加载后沿相应主应力方向的切线模量；ν_1, ν_2 为在方向 1，2 受力而方向 2，1 所产生影响的泊松比值。可见，上式考虑了泊松效应的影响。

各向异性体弹性力学的基本关系为

$$\nu_1 E_2 = \nu_2 E_1$$

近似取

$$\nu^2 = \nu_1 \nu_2$$

并将剪切模量 G 与 E_1, E_2 值的关系式取为

$$(1-\nu^2)G = \frac{1}{4}(E_1 + E_2 - 2\nu\sqrt{E_1 E_2})$$

则式（3.3.34）可变为

$$\begin{Bmatrix} d\sigma_1 \\ d\sigma_2 \\ d\tau_{12} \end{Bmatrix} = \frac{1}{1-\nu^2}\begin{bmatrix} E_1 & \nu\sqrt{E_1 E_2} & 0 \\ \nu\sqrt{E_1 E_2} & E_2 & 0 \\ 0 & 0 & \frac{1}{4}(E_1 + E_2 - 2\nu\sqrt{E_1 E_2}) \end{bmatrix}\begin{Bmatrix} d\varepsilon_1 \\ d\varepsilon_2 \\ d\gamma_{12} \end{Bmatrix} \tag{3.3.35}$$

泊松比 ν 值可由试验确定，一般在 0.15 ~ 0.20 之间，ν 值的大小对计算结果影响相对较小。Darwin 和 Pecknold 建议泊松比取下列值

双向受压时： $\nu = 0.2$

一向受压、一向受拉时：$\nu = 0.2 + 0.6\left(\frac{\sigma_2}{f'_c}\right)^4 + 0.4\left(\frac{\sigma_1}{f'_c}\right)^4$

式中，f'_c 为混凝土圆柱体轴心受压强度。

（2）等效单轴应力－应变关系

E_1 和 E_2 值可由双轴受力的应力－应变关系求得，但由于这种应力－应变关系包含了泊松比和微裂缝的影响，而在式（3.3.35）中已考虑了泊松比，因此必须在双轴受力的应力－应变关系中消除泊松比的影响。

线弹性材料在单轴受压和双轴受压时的应力－应变曲线如图 3.3.2 所示，可见，由于

泊松比的影响，在双轴受压状态下材料刚度增大了。如假定单轴受压的混凝土弹性模量为 E_0，则双轴受压下在 σ_2 方向的弹性模量变化为 $E_0/(1-\alpha\nu)$，其中 $\alpha(=\sigma_1/\sigma_2)$ 为双轴应力比值，ν 为泊松比。从理论上讲，在 σ_2 方向的应力可以从双轴受力的应力－应变关系，由应变 ε_2 及相应的弹性模量 $E_0/(1-\alpha\nu)$ 求得，即 $\sigma_2=E_0\varepsilon_2/(1-\alpha\nu)$。但在实用上，也可由等效单轴受力应变 ε_{2u} 及相应的单轴受压弹性模量 E_0 求得，即 $\sigma_2=E_0\varepsilon_{2u}$。

对于混凝土这样的非弹性材料，在双轴受力时刚度增大，除了泊松比的影响外，还有其内部微裂缝开展的影响。消除泊松比影响并考虑微裂缝影响的单轴应力－应变关系，称为等效单轴应力－应变关系，如图3.3.3所示，其曲线形状随应力比 $\alpha(=\sigma_1/\sigma_2)$ 变化。这样，式(3.3.35)中的切线模量 E_i，就可用等效单轴应力－应变关系确定。

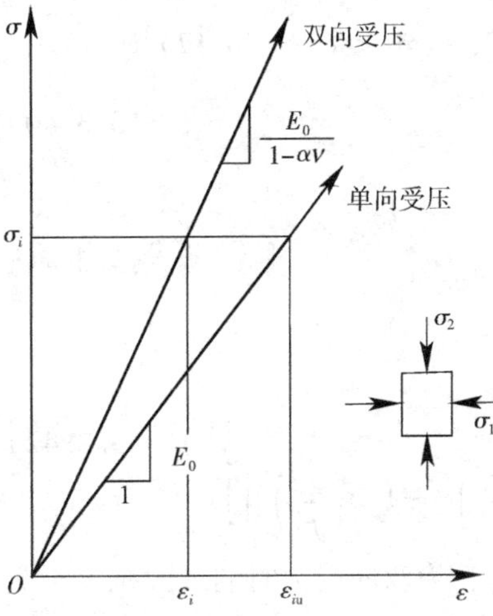

图 3.3.2　线弹性材料的等效单轴应变

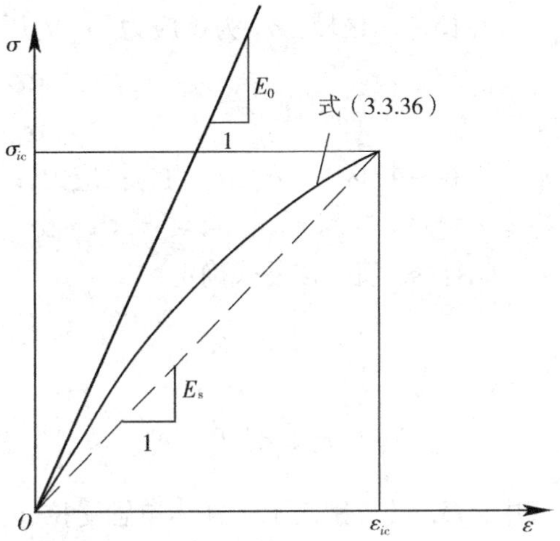

图 3.3.3　等效单轴受力应力－应变曲线

根据 Darwin 和 Pecknold 所作的分析，从双轴受力应力－应变关系中消除泊松比影响后，所得的等效单轴受压应力－应变关系（图 3.3.3）仍可用 Saenz 的公式（3.2.4），将其改为等效形式则为

$$\sigma_i=\frac{E_0\varepsilon_{iu}}{1+\left(\frac{E_0}{E_s}-2\right)\left(\frac{\varepsilon_{iu}}{\varepsilon_{ic}}\right)+\left(\frac{\varepsilon_{iu}}{\varepsilon_{ic}}\right)^2}\tag{3.3.36}$$

式中，i 表示主应力方向（$i=1,2$）；ε_{ic} 为相应于最大压应力 σ_{ic} 的等效单轴受力应变；ε_{iu} 为等效单轴受力应变，即 $\varepsilon_{iu}=\sum\frac{\Delta\sigma_i}{E_i}$；$E_s$ 为相应于最大压应力 σ_{ic} 的割线模量，$E_s=\frac{\sigma_{ic}}{\varepsilon_{ic}}$；$E_0$ 为原点切线模量，取单轴受力时的 E_0 值。

对式（3.3.36）求导，可得任意应力时的切线模量 E_i：

$$E_i=\frac{d\sigma_i}{d\varepsilon_i}=\frac{E_0\left[1-\left(\frac{\varepsilon_{iu}}{\varepsilon_{ic}}\right)^2\right]}{\left[1+\left(\frac{E_0}{E_s}-2\right)\left(\frac{\varepsilon_{iu}}{\varepsilon_{ic}}\right)+\left(\frac{\varepsilon_{iu}}{\varepsilon_{ic}}\right)^2\right]^2}\tag{3.3.37}$$

(3) σ_{ic} 和 ε_{ic} 的计算

关于 σ_{ic} 的计算，Darwin 和 Pecknold 建议采用 Kupfer 和 Gerstle 所提出的公式，将这些公式作适当修正后的计算式为：

在压－压区域（σ_1,σ_2 均为压应力，$\alpha=\sigma_1/\sigma_2, 0\leqslant\alpha\leqslant 1$）

$$\left.\begin{aligned}\sigma_{2c}&=\frac{1+3.65\alpha}{(1+\alpha)^2}f_c'\\ \sigma_{1c}&=\alpha\sigma_{2c}\end{aligned}\right\}\tag{3.3.38}$$

在压－拉区域（σ_1 为拉应力，σ_2 为压应力，$\alpha=\sigma_1/\sigma_2$，$-0.17\leqslant\alpha\leqslant 0$）

$$\left.\begin{aligned}\sigma_{2c}&=\frac{1+3.28\alpha}{(1+\alpha)^2}f_c'\\ \sigma_{1t}&=\alpha\sigma_{2c}\end{aligned}\right\}\tag{3.3.39}$$

在拉－压区域（σ_1 为拉应力，σ_2 为压应力，$\alpha=\sigma_1/\sigma_2$，$-\infty<\alpha<-0.17$）

$$\left.\begin{aligned}\sigma_{2c}&\leqslant 0.65f_t'\\ \sigma_{1t}&=f_t'\end{aligned}\right\}\tag{3.3.40}$$

在拉－拉区域（σ_1,σ_2 均为拉应力，$\alpha=\sigma_1/\sigma_2, 1<\alpha<\infty$）

$$\sigma_{1t}=\sigma_{2t}=f_t'\tag{3.3.41}$$

对于 ε_{ic} 值，按下式确定：

$$\left.\begin{aligned}&|\sigma_{ic}|>|f_c'|,\quad \varepsilon_{ic}=\varepsilon_u\left[3\left(\frac{\sigma_{ic}}{f_c'}\right)-2\right]\\ &|\sigma_{ic}|<|f_c'|,\varepsilon_{ic}=\varepsilon_u\left[0.35\left(\frac{\sigma_{ic}}{f_c'}\right)+2.25\left(\frac{\sigma_{ic}}{f_c'}\right)^2-1.6\left(\frac{\sigma_{ic}}{f_c'}\right)^3\right]\end{aligned}\right\}\tag{3.3.42}$$

式中，f_t'，f_c' 分别表示圆柱体单轴受拉、受压强度；σ_{it}，σ_{ic}，为双向受力时的最大拉、压应力；ε_u 为单轴受压时的极限压缩应变。

在计算过程中，等效单轴受力应变 ε_{iu} 由加载过程中累计求得，即

$$\varepsilon_{iu}=\sum\frac{\Delta\sigma_i}{E_i}$$

式中，$\Delta\sigma_i$ 为每一级荷载增量在主应力方向 i 所引起的应力增量；E_i 为上一级荷载增量施加后在主应力方向的切线模量值。

上述切线模量值可用在双向受压、一向受拉一向受压时的受压方向。对于双向受拉、一向受拉一向受压时的受拉方向，其切线模量值取原点的切线模量值（图 3.2.1）。

该模型的特点是：(1) 考虑了混凝土在双轴受力下微裂缝的发展受到限制的影响，把混凝土视为正交异性材料；(2) 模型采用增量形式，在增量范围内近似把材料视为线弹性体；(3) 可用于卸载及反复加载等复杂情况。该模型是 CEB-FIP 模式规范所推荐的两个本构模型之一。

Darwin 和 Pecknold 模式属于非线性弹性本构关系，在这类本构关系中，还有 Liu，Nilson 和 Slate 模式以及 Kupfer 和 Gerstle 模式等，被广泛应用于非线性分析中。

3. 轴对称正交各向异性增量本构模型

下面介绍的三维（轴对称）正交各向异性非线性模型，其中各个参数都可利用材料单轴试验资料确定。由于采用了等效单轴应变的概念，所以这个模型不仅可用于简单加载，

还可用于循环加载的情况。

（1）正交各向异性本构模型

考虑轴对称三维结构，对于正交异性主轴，有下列应力增量与应变增量关系

$$\begin{Bmatrix} d\varepsilon_1 \\ d\varepsilon_2 \\ d\varepsilon_3 \\ d\gamma_{12} \end{Bmatrix} = \begin{bmatrix} E_1^{-1} & -\nu_{12}E_2^{-1} & -\nu_{13}E_3^{-1} & 0 \\ -\nu_{21}E_1^{-1} & E_2^{-1} & -\nu_{23}E_3^{-1} & 0 \\ -\nu_{31}E_1^{-1} & -\nu_{32}E_2^{-1} & E_3^{-1} & 0 \\ 0 & 0 & 0 & G_{12}^{-1} \end{bmatrix} \begin{Bmatrix} d\sigma_1 \\ d\sigma_2 \\ d\sigma_3 \\ d\tau_{12} \end{Bmatrix} \tag{3.3.43}$$

式中，下标 1，2，3 表示正交异性主轴。

由于对称，要求满足下列条件：

$$\nu_{12}E_1 = \nu_{21}E_2,\quad \nu_{13}E_1 = \nu_{31}E_3,\quad \nu_{23}E_2 = \nu_{32}E_3 \tag{3.3.44}$$

将上式代入式（3.3.43），得到下列对称关系式

$$\begin{Bmatrix} d\varepsilon_1 \\ d\varepsilon_2 \\ d\varepsilon_3 \\ d\gamma_{12} \end{Bmatrix} = \begin{bmatrix} \dfrac{1}{E_1} & \dfrac{-\mu_{12}}{\sqrt{E_1E_2}} & \dfrac{-\mu_{13}}{\sqrt{E_1E_3}} & 0 \\ & \dfrac{1}{E_2} & \dfrac{-\mu_{23}}{\sqrt{E_2E_3}} & 0 \\ \text{对} & & \dfrac{1}{E_3} & 0 \\ & \text{称} & & \dfrac{1}{G_{12}} \end{bmatrix} \begin{Bmatrix} d\sigma_1 \\ d\sigma_2 \\ d\sigma_3 \\ d\tau_{12} \end{Bmatrix} \tag{3.3.45}$$

对式（3.3.45）求逆后，得到

$$\{d\sigma\} = [C_t]\{d\varepsilon\} \tag{3.3.46}$$

式中 $\{d\sigma\}$，$\{d\varepsilon\}$ 分别表示应力增量和应变增量矢量；$[C_t]$ 为切线刚度矩阵，由下式给出

$$[C_t] = \frac{1}{\phi}\begin{bmatrix} E_1(1-\mu_{32}^2) & \sqrt{E_1E_2}(\mu_{13}\mu_{32}+\mu_{12}) & \sqrt{E_1E_3}(\mu_{12}\mu_{32}+\mu_{13}) & 0 \\ & E_2(1-\mu_{13}^2) & \sqrt{E_2E_3}(\mu_{12}\mu_{13}+\mu_{32}) & 0 \\ \text{对} & & E_3(1-\mu_{12}^2) & 0 \\ & \text{称} & & \phi G_{12} \end{bmatrix} \tag{3.3.47}$$

式中

$$\left.\begin{aligned} &\mu_{12}^2 = \nu_{12}\nu_{21}\quad \mu_{23}^2 = \nu_{23}\nu_{32}\quad \mu_{13}^2 = \nu_{13}\nu_{31} \\ &\phi = 1-\mu_{12}^2-\mu_{23}^2-\mu_{13}^2-2\mu_{12}\mu_{23}\mu_{13} \end{aligned}\right\} \tag{3.3.48}$$

如果把矩阵 $[C_t]$ 变换到非正交主轴（1′，2′，3′），并要求变换后剪变模量不变，则有

$$G_{12} = \frac{1}{4\phi}\left[E_1+E_2-2\mu_{12}\sqrt{E_1E_2}-(\sqrt{E_1}\mu_{23}+\sqrt{E_2}\mu_{31})^2\right] \tag{3.3.49}$$

对于平面应力问题，只需在式（3.3.43）和式（3.3.45）中令 $d\sigma_3 = 0$，并去掉第 3 行和第 3 列，则得

$$\begin{Bmatrix} d\sigma_1 \\ d\sigma_2 \\ d\tau_{12} \end{Bmatrix} = \frac{1}{1-\mu_{12}^2}\begin{bmatrix} E_1 & \mu_{12}\sqrt{E_1E_2} & 0 \\ 对 & E_2 & 0 \\ & 称 & \frac{1}{4}(E_1+E_2-2\mu_{12}\sqrt{E_1E_2}) \end{bmatrix}\begin{Bmatrix} d\varepsilon_1 \\ d\varepsilon_2 \\ d\gamma_{12} \end{Bmatrix} \tag{3.3.50}$$

而式（3.3.49）此时成为

$$(1-\mu_{12}^2)G = \frac{1}{4}(E_1+E_2-2\mu_{12}\sqrt{E_1E_2}) \tag{3.3.51}$$

上面讨论的轴对称三维问题，可推广到一般的三维问题，这时只需对 G_{23}，G_{31} 采取与 G_{12} 类似的处理方法即可。

（2）等效单轴应变

式（3.3.47）中共有7个材料常数。为了确定 E_i 随应力的变化，文献[3.10]引入了等效单轴应变的概念，将式（3.3.46）写成如下形式

$$\begin{Bmatrix} d\sigma_1 \\ d\sigma_2 \\ d\sigma_3 \\ d\tau_{12} \end{Bmatrix} = \begin{bmatrix} E_1B_{11} & E_1B_{12} & E_1B_{13} & 0 \\ E_2B_{21} & E_2B_{22} & E_2B_{23} & 0 \\ E_3B_{31} & E_3B_{32} & E_3B_{33} & 0 \\ 0 & 0 & 0 & G_{12} \end{bmatrix}\begin{Bmatrix} d\varepsilon_1 \\ d\varepsilon_2 \\ d\varepsilon_3 \\ d\gamma_{12} \end{Bmatrix} \tag{3.3.52}$$

令式（3.3.47）矩阵中的各项等于式（3.3.52）中相应项，就可得到式（3.3.52）中的系数 B_{ij}。例如

$$B_{11} = (1-\mu_{32}^2)/\phi, B_{12} = \sqrt{E_2/E_1}(\mu_{13}\mu_{32}+\mu_{12}), B_{13} = \sqrt{E_3/E_1}(\mu_{12}\mu_{32}+\mu_{13})/\phi$$

由式（3.3.52）得

$$\left.\begin{aligned} d\sigma_1 &= E_1(B_{11}d\varepsilon_1 + B_{12}d\varepsilon_2 + B_{13}d\varepsilon_3) \\ d\sigma_2 &= E_2(B_{21}d\varepsilon_1 + B_{22}d\varepsilon_2 + B_{23}d\varepsilon_3) \\ d\sigma_3 &= E_3(B_{31}d\varepsilon_1 + B_{32}d\varepsilon_2 + B_{33}d\varepsilon_3) \\ d\tau_{12} &= G_{12}d\gamma_{12} \end{aligned}\right\} \tag{3.3.53}$$

令

$$d\varepsilon_{iu} = B_{i1}d\varepsilon_1 + B_{i2}d\varepsilon_2 + B_{i3}d\varepsilon_3 \quad (i=1,2,3) \tag{3.3.54}$$

则式（3.3.53）可写成

$$\begin{Bmatrix} d\sigma_1 \\ d\sigma_2 \\ d\sigma_3 \\ d\tau_{12} \end{Bmatrix} = \begin{bmatrix} E_1 & 0 & 0 & 0 \\ 0 & E_2 & 0 & 0 \\ 0 & 0 & E_3 & 0 \\ 0 & 0 & 0 & G_{12} \end{bmatrix}\begin{Bmatrix} d\varepsilon_{1u} \\ d\varepsilon_{2u} \\ d\varepsilon_{3u} \\ d\gamma_{12} \end{Bmatrix} \tag{3.3.55}$$

式（3.3.55）等号右侧的向量可定义为等效单轴应变增量矢量，其分量由式（3.3.54）确定。由式（3.3.55）可知，等效单轴应变增量 $d\varepsilon_{iu}$ 可由下式计算

$$d\varepsilon_{iu} = \frac{d\sigma_i}{E_i} \quad (i=1,2,3) \tag{3.3.56}$$

上式在形式上与单轴应力状态相同，故将 $d\varepsilon_{iu}$ 称为等效单轴应变增量（equivalent incremental uniaxial strain)，其数值可为正值也可为负值，取决于应力状态的变化。对式（3.3.56）积分，可得等效单轴应变

$$\varepsilon_{iu} = \int \frac{\mathrm{d}\sigma_i}{E_i} \tag{3.3.57}$$

由式（3.3.43）可知，按式（3.3.56）确定的应变增量 $\mathrm{d}\varepsilon_{iu}$，相当于正交各向异性材料在 i 方向承受单轴应力增量 $\mathrm{d}\sigma_i$ 而其他方向的应力增量为零时的应变增量。但是 $\mathrm{d}\varepsilon_{iu}$ 取决于当时的应力比，而且 ε_{iu} 和 $\mathrm{d}\varepsilon_{iu}$ 在坐标变换时并不与应力状态同样变换，它们是虚构的量（单轴受力状态除外），主要用于确定材料参数。

下面以线弹性正交各向异性材料为例，进一步解释等效单轴应变的概念。这时材料参数为常数，故等效单轴应变为 $\varepsilon_{iu} = \sigma_i / E_i$。如 $\varepsilon_{1u} = \sigma_1 / E_1$，表示没有泊松比影响时单独由于应力 σ_1 而产生的应变。类似的解释也可用于非线性弹性材料，即等效单轴应变增量 $\mathrm{d}\varepsilon_{iu}$ 相当于 $\mathrm{d}\sigma_i$ 单独作用时产生的应变增量。另由式（3.3.57）可知，等效单轴应变是根据主应力增量积分得到的，但在一般加载条件下，主应力方向是不断变化的。如 ε_{lu} 并不代表在固定方向 1 的变形历史，而是对方向不断变化的主应变增量 $\mathrm{d}\sigma_i / E_i$ 积分的结果。

采用等效单轴应变的概念，目的在于将复杂应力状态下的应力－应变关系表达为单轴应力－应变关系的形式，以便利用类似于单轴试验的应力－应变曲线计算材料参数。

（3）三向受力状态下的等效单轴应力－应变关系

Elwi 和 Murray[3.27]将双轴加载的等效单轴应力－应变关系［式（3.3.36）］推广到三轴受力的情况，得到三轴受力的等效单轴应力－应变关系

$$\sigma_i = \frac{E_0 \varepsilon_{iu}}{1 + \left(\alpha + \dfrac{E_0}{E_s} - 2\right)\dfrac{\varepsilon_{iu}}{\varepsilon_{ic}} - (2\alpha - 1)\left(\dfrac{\varepsilon_{iu}}{\varepsilon_{ic}}\right)^2 + \alpha\left(\dfrac{\varepsilon_{iu}}{\varepsilon_{ic}}\right)^3} \tag{3.3.58}$$

其中

$$\alpha = \frac{E_0/E_s(\sigma_{ic}/\sigma_{if} - 1)}{(\varepsilon_{if}/\varepsilon_{ic} - 1)^2} - \frac{\varepsilon_{ic}}{\varepsilon_{if}} \tag{3.3.59}$$

式中，E_0 为原点切线模量，取单轴受力时的弹性模量 E_0 值；ε_{ic} 为相应于最大压应力 σ_{ic} 的等效单轴受力应变；ε_{iu} 为等效单轴受力应变；E_s 为相应于最大压应力 σ_{ic} 的割线模量，$E_s = \sigma_{ic}/\varepsilon_{ic}$；$\sigma_{if}$，$\varepsilon_{if}$ 分别为等效单轴应力－应变曲线下降段上某点的应力和应变值，如图 3.3.4 所示。

将式（3.3.58）对 ε_{iu} 求一阶导数，可得

$$E_i = \frac{\mathrm{d}\sigma_i}{\mathrm{d}\varepsilon_{iu}} = \frac{\left[1 + (2\alpha - 1)(\varepsilon_{iu}/\varepsilon_{ic})^2 - 2\alpha(\varepsilon_{iu}/\varepsilon_{ic})^3\right]E_0}{\left[1 + \left(\alpha + \dfrac{E_0}{E_s} - 2\right)\dfrac{\varepsilon_{iu}}{\varepsilon_{ic}} - (2\alpha - 1)\left(\dfrac{\varepsilon_{iu}}{\varepsilon_{ic}}\right) + \alpha\left(\dfrac{\varepsilon_{iu}}{\varepsilon_{ic}}\right)^3\right]^2} \tag{3.3.60}$$

即可按式（3.3.60）计算本构关系中的切线模量。

（4）泊松比

根据 Kupfer 等人的试验资料[3.26]，Elwi 和 Murray[3.27]提出按下式计算泊松比

$$\nu = \nu_0\left[1.0 + 1.3763\frac{\varepsilon}{\varepsilon_u} - 5.3600\left(\frac{\varepsilon}{\varepsilon_u}\right)^2 + 8.586\left(\frac{\varepsilon}{\varepsilon_u}\right)^3\right] \tag{3.3.61}$$

式中，ν_0 为初始泊松比；ε 为单轴加载时的应变；ε_u 为单轴试验中的 ε_{ic}。

由于应力路径不同，三个不同方向的泊松比也不同。仿照式（3.3.61），假定不同方向的泊松比可按下式计算

$$\nu_i = \nu_0\left[1.0 + 1.3763\frac{\varepsilon_{iu}}{\varepsilon_{ic}} - 5.3600\left(\frac{\varepsilon_{iu}}{\varepsilon_{ic}}\right)^2 + 8.586\left(\frac{\varepsilon_{iu}}{\varepsilon_{ic}}\right)^3\right] \tag{3.3.62}$$

于是式（3.3.48）可写成

$$\mu_{12}^2 = \nu_1\nu_2 \quad \mu_{23}^2 = \nu_2\nu_3 \quad \mu_{31}^2 = \nu_3\nu_1 \tag{3.3.63}$$

应当指出，由式（3.3.48）确定的 ϕ 必须是非负的，对由式（3.3.62）确定的 ν_i 应给予上限不超过0.5的限制。当 ν_i 达到0.5时，体积增量为零。

（5）σ_{ic}，ε_{ic}和σ_{if}，ε_{if}

对于式（3.3.59）中的 σ_{ic}，ε_{ic}，和 σ_{if}，ε_{if}，可采用下述方法确定。

σ_{ic}表示混凝土的极限强度，可根据不同的应力比，利用2.3节中的混凝土强度准则确定相应于3个主应力的3个 σ_{ic}，例如，可采用式（2.3.63）～式（2.3.69）及相应的方法计算。为了确定与 σ_{ic}相应的等效单轴应变 ε_{iu}值，假定在等效单轴应变空间有一曲面，其形状与应力空间的极限强度曲面相同。在极限强度曲面的公式中，用 ε_{1u}，ε_{2u}，ε_{3u}代换 σ_1，σ_2，σ_3，用与求应力的相同方法可求出 ε_{1c}，ε_{2c}，ε_{3c}。

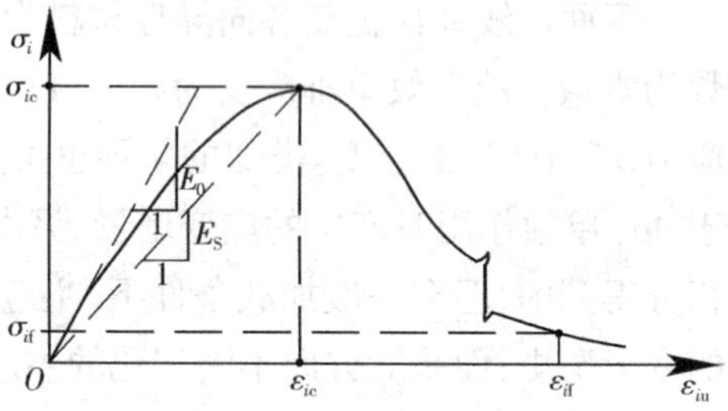

图3.3.4　混凝土压应力－等效单轴应变曲型曲线

3.4　混凝土弹塑性本构模型

目前采用的弹塑性本构关系可分为两种：全量理论和增量理论。全量理论是塑性小变形理论的简称，适用于简单加载情况，在按比例加载的情况下一般可获得比较满意的结果。增量理论又称流动理论，是描述材料在塑性状态时应力与应变速度或应变增量之间关系的理论。增量理论在有限元分析中需要按加载过程进行积分，计算比较复杂，但随着计算机技术和计算方法的发展，这一理论几乎完全替代了全量理论而得到广泛应用。

3.4.1　混凝土弹塑性增量理论

弹塑性增量理论需要对屈服准则、流动法则和硬化法则做出假定。设屈服条件用下式表示

$$f(\sigma_{ij}, K) = 0 \tag{3.4.1}$$

式中，σ_{ij} 表示应力状态；K 表示硬化函数。

在增量理论中，材料进入塑性阶段后的应变增量由弹性应变增量和塑性应变增量组成，即

$$\mathrm{d}\{\varepsilon\} = \mathrm{d}\{\varepsilon\}^{e} + \mathrm{d}\{\varepsilon\}^{p} \tag{3.4.2}$$

其中弹性应变增量与应力增量之间仍符合胡克定律，即

$$\mathrm{d}\{\sigma\} = [D]\mathrm{d}\{\varepsilon\}^{e} \tag{3.4.3}$$

式中，$[D]$ 为弹性矩阵。

式（3.4.2）中的塑性应变增量，可采用与屈服条件相关联的流动法则确定，即

$$\mathrm{d}\{\varepsilon\}^{p} = \lambda\frac{\partial f}{\partial\{\sigma\}} \tag{3.4.4}$$

将式（3.4.3）和式（3.4.4）代入式（3.4.2），可得

$$d\{\varepsilon\} = [D]^{-1}d\{\sigma\} + \lambda \frac{\partial f}{\partial\{\sigma\}} \tag{3.4.5}$$

由全微分法则可知

$$df = \frac{\partial f}{\partial\sigma_1}d\sigma_1 + \frac{\partial f}{\partial\sigma_2}d\sigma_2 + \cdots + \frac{\partial f}{\partial K}dK = 0 \tag{3.4.6}$$

或

$$\left[\frac{\partial f}{\partial\{\sigma\}}\right]^T d\{\sigma\} - A\lambda = 0 \tag{3.4.7}$$

式中

$$A = -\frac{\partial f}{\partial K}dK\frac{1}{\lambda} \tag{3.4.8}$$

将 $\left[\frac{\partial f}{\partial\{\sigma\}}\right]^T[D]$ 前乘式（3.4.5），并利用式（3.4.7）消去 d $\{\sigma\}$，可得

$$\left[\frac{\partial f}{\partial\{\sigma\}}\right]^T[D]d\{\varepsilon\} = A\lambda + \left[\frac{\partial f}{\partial\{\sigma\}}\right]^T[D]\left[\frac{\partial f}{\partial\{\sigma\}}\right]\lambda$$

由此可得

$$\lambda = \frac{\left[\frac{\partial f}{\partial\{\sigma\}}\right]^T[D]}{A + \left[\frac{\partial f}{\partial\{\sigma\}}\right]^T[D]\left[\frac{\partial f}{\partial\{\sigma\}}\right]}d\{\varepsilon\} \tag{3.4.9}$$

用 $[D]$ 前乘式（3.4.5），经整理后的

$$d\{\sigma\} = [D]d\{\varepsilon\} - [D]\frac{\partial f}{\partial\{\sigma\}}\lambda \tag{3.4.10}$$

将式（3.4.9）代入式（3.4.10），可得

$$d\{\sigma\} = \left[[D] - \frac{[D]\left[\frac{\partial f}{\partial\{\sigma\}}\right]\left[\frac{\partial f}{\partial\{\sigma\}}\right]^T[D]}{A + \left[\frac{\partial f}{\partial\{\sigma\}}\right]^T[D]\left[\frac{\partial f}{\partial\{\sigma\}}\right]}\right]d\{\varepsilon\} \tag{3.4.11}$$

令

$$[D_{ep}] = [D] - \frac{[D]\left[\frac{\partial f}{\partial\{\sigma\}}\right]\left[\frac{\partial f}{\partial\{\sigma\}}\right]^T[D]}{A + \left[\frac{\partial f}{\partial\{\sigma\}}\right]^T[D]\left[\frac{\partial f}{\partial\{\sigma\}}\right]} \tag{3.4.12}$$

上式即为增量理论的弹塑性本构矩阵的一般表达式。

式（3.4.12）中的 A 表示硬化参数，其值由材料试验确定。对于“做功硬化”材料，参数 A 等于在产生塑性变形过程中所作的塑性功，则

$$dK = d\int W^p = \sigma_1 d\varepsilon_1^p + \sigma_2 d\varepsilon_2^p + \cdots = \{\sigma\}^T d\{\varepsilon\}^p \tag{3.4.13}$$

将式（3.4.13），式（3.4.4）代入式（3.4.8），可得

$$A = -\frac{\partial f}{\partial K}\{\sigma\}^T\left[\frac{\partial f}{\partial\{\sigma\}}\right] \tag{3.4.14}$$

在单向应力条件下，屈服条件可简化为

$$f(\sigma_{ij}, K) = \sigma - \sigma_y = 0 \tag{3.4.15}$$

由式（3.4.13）得

$$dK = \sigma_y d\varepsilon^p \tag{3.4.16}$$

由式（3.4.15），式（3.4.16）可得

$$\frac{\partial f}{\partial \sigma} = 1 \tag{3.4.17}$$

$$\frac{\partial f}{\partial K} = \frac{\partial f}{\partial \sigma_y} \cdot \frac{\partial \sigma_y}{\partial \varepsilon^p} \cdot \frac{\partial \varepsilon^p}{\partial K} = -1 \cdot H' \cdot \frac{1}{\sigma_y} = -\frac{H'}{\sigma_y} \tag{3.4.18}$$

式中，$H' = \dfrac{d\sigma_y}{d\varepsilon^p}$，为应力与塑性变形曲线上的斜率［图 3.4.1（*a*）］，其值可由试验确定。将式（3.4.17），式（3.4.18）代入式（3.4.14）得

$$A = \frac{H'}{\sigma_y} \cdot \sigma_y \cdot 1 = H' \tag{3.4.19}$$

上式表明，反映硬化条件的参数 A 可以从单向应力与塑性变形曲线上获得。工程中常用的两种硬化条件的硬化参数为

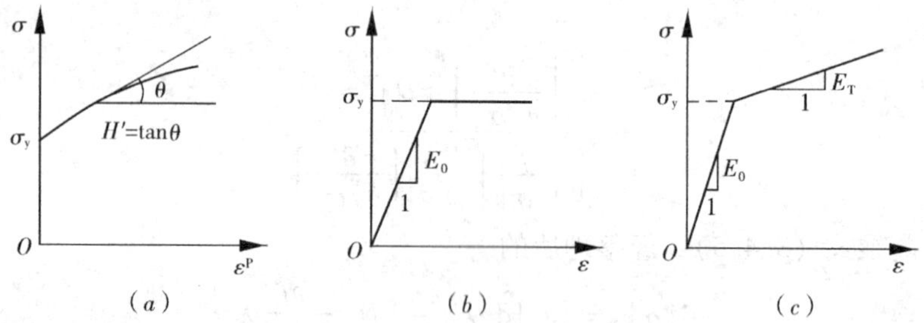

图 3.4.1　三种硬化条件的硬化参数

理想弹塑性［图 3.4.1（*b*）］：　　　$A = 0$

线性强化弹塑性［图 3.4.1（*c*）］：

$$A = \frac{E_T}{1 - E_T/E_0} \tag{3.4.20}$$

式中，E_0 为初始弹性模量；E_T 为屈服后的模量。

为了便于程序编制，还需将式（3.4.12）具体化。通常有两种方法：一是将具体的屈服函数代入式（3.4.12）求出矩阵表达式；另一种是由计算机程序进行矩阵运算，直接求出矩阵中的数值。

3.4.2　混凝土弹塑性全量理论

1. 全量理论的基本假设

（1）假设体积的改变是弹性的，且与平均应力成正比，而塑性变形时体积不可压缩，即

$$\left.\begin{aligned} \varepsilon_m^e &= \frac{\sigma_m}{3K} = \frac{1-2\nu}{E}\sigma_m \\ \varepsilon_m^p &= 0 \end{aligned}\right\} \tag{3.4.21}$$

式中，ε_m^e，ε_m^p 分别表示弹性平均应变和塑性平均应变；σ_m 表示平均应力。

（2）假设应变偏量 e_{ij} 和应力偏量 s_{ij} 相似且同轴，即

$$e_{ij} = \eta s_{ij} \tag{3.4.22}$$

式中，η 表示比例因子。

（3）单一曲线假设：对于同一种材料，无论应力状态如何，其等效应力与等效应变之间有确定的关系，即

$$\sigma_i = E(\varepsilon_i)\varepsilon_i \tag{3.4.23}$$

式中，$E(\varepsilon_i)$ 是表示材料特征的函数，可由单轴试验得到；σ_i，ε_i 分别表示等效应力和等效应变，按下式计算

$$\sigma_i = \frac{1}{\sqrt{2}}[(\sigma_1 - \sigma_2)^2 + (\sigma_2 - \sigma_3)^2 + (\sigma_3 - \sigma_1)^2]^{1/2} \tag{3.4.24}$$

$$\varepsilon_i = \frac{\sqrt{2}}{3}[(\varepsilon_1 - \varepsilon_2)^2 + (\varepsilon_2 - \varepsilon_3)^2 + (\varepsilon_3 - \varepsilon_1)^2]^{1/2} \tag{3.4.25}$$

对于强化材料，单轴受力时的应力－应变关系可写成

$$\sigma = E[1 - \omega(\varepsilon)]\varepsilon$$

根据单一曲线假设，在复杂应力状态时，上述关系成为

$$\sigma_i = E[1 - \omega(\varepsilon)]\varepsilon_i \tag{3.4.26}$$

式中，$\omega(\varepsilon)$ 表示应力－应变关系偏离线性关系的程度，其值是应变 ε 的函数。

2. 应力－应变关系

弹塑性应力－应变关系采用如下形式

弹性阶段 $$e_{ij} = \frac{s_{ij}}{2G} \tag{3.4.27}$$

塑性阶段 $$e_{ij} = \frac{s_{ij}}{2G'} \tag{3.4.28}$$

式中，G 为剪变模量；G'为等效应变 ε_i 的函数。

将式（3.4.27）与式（3.4.28）相乘，求和后再开方，得

$$2G' = \sqrt{\frac{s_{ij}s_{ij}}{e_{kl}e_{kl}}} = \sqrt{\frac{J_2}{J'_2}} = \sqrt{\frac{\sigma_i^2/3}{3\varepsilon_i^2/4}} = \frac{2\sigma_i}{3\varepsilon_i}$$

将上式代入式（3.4.28），得全量理论的应力－应变关系

$$e_{ij} = \frac{3\varepsilon_i}{2\sigma_i}s_{ij} \tag{3.4.29}$$

将上式与式（3.4.22）比较可知

$$\eta = \frac{3\varepsilon_i}{2\sigma_i} \tag{3.4.30}$$

以 $E = 2G(1 + \nu)$ 和 $\nu = 1/2$ 代入式（3.4.26），得

$$\frac{\sigma_i}{\varepsilon_i} = 2G(1 + \nu)[1 - \omega(\varepsilon)] = 3G[1 - \omega(\varepsilon)]$$

对于强化材料，得到另一种形式的应力－应变关系表达式

$$s_{ij} = 2G[1 - \omega(\varepsilon)]e_{ij} \tag{3.4.31}$$

3. 全量理论的弹塑性矩阵

根据式（3.4.21）和式（3.4.31），应力－应变关系可写成如下形式

$$
\left.\begin{aligned}
\{s\} &= \frac{3}{2}E[1-\omega(\varepsilon)]\{e\} \\
\sigma_m &= 3K\varepsilon_m = \frac{E}{1-2\nu}\varepsilon_m
\end{aligned}\right\} \tag{3.4.32}
$$

式中，$\{s\}$，$\{e\}$ 分别表示应力偏量和应变偏量的列向量。由上式可得应力－应变关系的矩阵表达式

$$
\{\sigma\} = [D_{ep}]\{\varepsilon\} \tag{3.4.33}
$$

其中 $[D_{ep}]$，为弹塑性矩阵，其表达式为

$$
[D_{ep}] = \frac{E}{3(1-2\nu)}\begin{bmatrix}
1+2\beta & 1-\beta & 1-\beta & 0 & 0 & 0 \\
 & 1+2\beta & 1-\beta & 0 & 0 & 0 \\
 & & 1+2\beta & 0 & 0 & 0 \\
 & \text{对} & & \frac{3\beta}{2} & 0 & 0 \\
 & & & & \frac{3\beta}{2} & 0 \\
 & & \text{称} & & & \frac{3\beta}{2}
\end{bmatrix} \tag{3.4.34}
$$

其中，$\beta = \frac{2}{3}(1-2\nu)[1-\omega(\varepsilon)]$。

3.5 混凝土损伤本构模型

3.5.1 损伤力学的基本概念

在外荷载和环境作用下，由于细观结构缺陷（如微裂缝、微空洞等）引起的材料和结构的劣化过程，称为损伤（damage）。损伤力学是研究含损伤介质材料的性质，以及在变形过程中损伤的演化发展直至破坏的力学过程的学科。它是材料和结构的变形与破坏理论的重要组成部分。

混凝土是一种三相混合材料，在制作过程中就存在微裂缝、微空洞等缺陷。从混凝土材料的宏观力学性质来看，其单向受压和受拉的应力－应变曲线均出现下降段，受压应力－应变曲线的上升段呈现显著的刚度退化现象。这表明，混凝土材料和结构的受力和破坏过程，本质上也是由于内部缺陷引起的材料和结构的劣化过程。因此，可以用损伤力学来考虑混凝土材料在未受力时内部微裂缝的存在，并反映在受力过程中因损伤累积而产生的裂缝扩展直至破坏的过程。

近年来，许多学者将损伤力学用于混凝土材料，建立了混凝土损伤本构关系。本节对这一理论作简要介绍。

在连续损伤力学中，所有的微缺陷被连续化，它们对材料的影响用一个或几个连续的内部场变量来表示，这种变量称为损伤变量。下面以单向受拉构件为例，说明损伤变量的概念。

考虑一均匀受拉直杆（图 3.5.1），认为材料劣化的主要机制是由于微缺陷导致的有效承载面积减小。设无损状态时的横截面积为 A，损伤后的有效承载面积减小为 $\tilde{A}$，则这种

受力状态下的损伤变量 D 定义为

$$D = \frac{A - \tilde{A}}{A} = 1 - \frac{\tilde{A}}{A} \tag{3.5.1}$$

有效承载面积可表示为

$$\tilde{A} = (1 - D)A \tag{3.5.2}$$

将外加荷载 F 与有效承载面积 $\tilde{A}$ 之比定义为有效应力 $\tilde{\sigma}$,即

$$\tilde{\sigma} = \frac{F}{\tilde{A}} = \frac{F}{(1 - D)A} = \frac{\sigma}{1 - D} \tag{3.5.3}$$

式中，σ 表示构件横截面上的名义应力，$\sigma = F/A$。

由式（3.5.2）和式（3.5.3）可见，$D = 0$ 对应于无损状态，$\tilde{A} = A$，$\tilde{\sigma} = \sigma$；$D = 1$ 对应于完全损伤状态（拉断），$\tilde{A} = 0$ 理论上 $\tilde{\sigma} \to \infty$；$0 < D < 1$ 对应于不同程度的损伤状态。

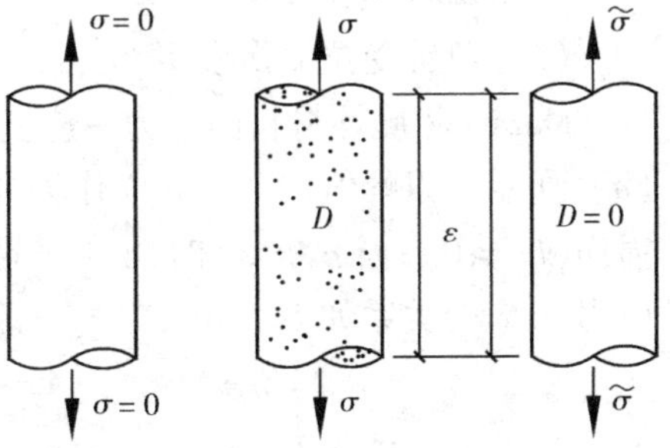

图 3.5.1　单轴受拉试件的损伤

在定义了有效应力 $\tilde{\sigma}$ 之后，如假设损伤状态下的应变仅与有效应力有关，则在应变计算时可采用应变等价性假设：在外力作用下，受损材料的本构关系可采用无损时的形式，只需把其中的名义应力简单地换成有效应力即可。

根据应变等价性假设，在一维弹性问题中，如以 ε 表示损伤弹性应变，则

$$\varepsilon = \frac{\tilde{\sigma}}{E} = \frac{\sigma}{E(1 - D)} = \frac{\sigma}{\tilde{E}} \tag{3.5.4}$$

式中，$\tilde{E} = E(1 - D)$ 称为损伤弹性模量。由上式还可得到损伤变量的另一种形式

$$D = 1 - \frac{\tilde{E}}{E} \tag{3.5.5}$$

这是通过弹性模量的变化定义的损伤变量。可通过单轴试验来测量弹性模量值的变化来研究材料的损伤演变。

对于三轴应力状态，仿照式（3.3.7），式（3.5.4）可表示为

$$\varepsilon_{ij} = \frac{1 + \nu}{E} \frac{\sigma_{ij}}{1 - D} - \frac{\nu}{E} \frac{\sigma_{kk}}{1 - D} \delta_{ij} \tag{3.5.6}$$

与式（3.5.4）相仿，如定义有效应变 $\tilde{\varepsilon}$ 为

$$\tilde{\varepsilon} = \varepsilon(1 - D) \tag{3.5.7}$$

则应力可表示为

$$\sigma = E\tilde{\varepsilon} \tag{3.5.8}$$

式（3.5.8）称为应力等价性假设：在外加变形条件下，受损材料中的本构关系可采用无损时的形式，只要将其中的应变 ε 换成等效应变 $\tilde{\varepsilon}$ 即可。

在建立计算模型时，与有效应力及应变等价性假设相应的是以应变为基本变量的弹塑性损伤方程；与有效应变及应力等价性假设相应的是以应力为基本变量的弹塑性损伤方程。研究损伤问题需要两组方程：一组是材料的力学本构方程，即应力－应变关系；另一组是损伤演变方程。

3.5.2 单轴受力状态下混凝土损伤本构模型

从20世纪80年代开始，国内外学者开展了对混凝土材料损伤模型的研究。从混凝土材料的本构关系入手，在本构模型中加入损伤变量来反映材料的损伤演变过程。比较典型的损伤模型有：Mazars损伤模型[3.29]、Loland损伤模型[3.30]以及分段线性模型[3.31]和分段曲线模型[3.32]等。

1. Mazars损伤模型

（1）单轴受拉损伤模型

Mazars将脆性材料的应力－应变曲线分为上升段和下降段分别予以描述，如图3.5.2（*a*）所示。以峰值点(ε_c,σ_c)作为分界点，当$\varepsilon \leqslant \varepsilon_c$时，认为$\sigma-\varepsilon$曲线为线性关系，材料无损伤$(D=0)$；当$\varepsilon > \varepsilon_c$时，$\sigma-\varepsilon$曲线按指数规律下降，材料产生损伤$(D>0)$。其受拉应力－应变关系如下

$$\sigma = \begin{cases} E_0\varepsilon & (0 \leqslant \varepsilon \leqslant \varepsilon_c) \\ E_0\left[\varepsilon_c(1-a_t)+\dfrac{a_t\varepsilon}{\exp[b_t(\varepsilon-\varepsilon_c)]}\right] & (\varepsilon \geqslant \varepsilon_c) \end{cases} \tag{3.5.9}$$

式中，E_0是线弹性阶段的弹性模量；a_t，b_t是材料常数，其中下标t表示受拉。

以任意点的割线模量E_s的变化定义损伤变量D，即

$$D = 1 - E_s/E_0 \tag{3.5.10}$$

则损伤材料的应力－应变关系为

$$\sigma = E_0(1-D)\varepsilon \tag{3.5.11}$$

令式（3.5.9）与式（3.5.11）的对应项相等，可得单轴受拉状态下的损伤演化方程，即

$$D = \begin{cases} 0 & (0 \leqslant \varepsilon \leqslant \varepsilon_c) \\ 1-\dfrac{\varepsilon_c(1-a_t)}{\varepsilon}-\dfrac{a_t}{\exp[b_t(\varepsilon-\varepsilon_c)]} & (\varepsilon \geqslant \varepsilon_c) \end{cases} \tag{3.5.12}$$

试验表明，对于一般混凝土材料，材料常数的取值范围为

$$0.7 \leqslant a_t \leqslant 1.0,\quad 10^4 \leqslant b_t \leqslant 10^5,\quad 0.5\times10^{-4} \leqslant \varepsilon_c \leqslant 1.5\times10^{-4}$$

图3.5.2给出了Mazars损伤模型的$\sigma-\varepsilon$，$\tilde{\sigma}-\varepsilon$，$D-\varepsilon$关系曲线。

（2）单轴受压损伤模型

设ε_1，ε_2和ε_3为主应变，当沿σ_1方向单向受压时，$\varepsilon_1=\varepsilon<0$，$\varepsilon_2=\varepsilon_3=-\nu\varepsilon$，则单向受压时的等效应变为

$$\tilde{\varepsilon} = \sqrt{\langle\varepsilon_1\rangle^2+\langle\varepsilon_2\rangle^2+\langle\varepsilon_3\rangle^2} = -\sqrt{2}\nu\varepsilon \tag{3.5.13}$$

式中，角括号定义为$\langle x\rangle = (x+|x|)/2$。

单向受压时，也是将应力－应变曲线分为上升段和下降段：当$\varepsilon \leqslant \varepsilon_c$时，认为$\sigma-\varepsilon$曲线为线性关系，材料无损伤$(D=0)$；当$\varepsilon > \varepsilon_c$时，材料产生损伤$(D>0)$。其受压应力－应变关系如下

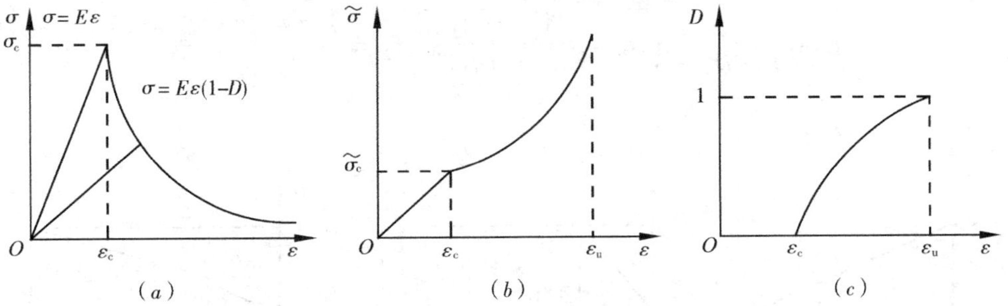

图 3.5.2 Mazars 损伤模型的相关关系曲线

(a) $\sigma-\varepsilon$；(b) $\tilde{\sigma}-\varepsilon$；(c) $D-\varepsilon$

$$\sigma=\begin{cases}E_0\varepsilon & (\tilde{\varepsilon}\leqslant\varepsilon_c)\\ E_0\left\{\dfrac{\varepsilon_c\ (1-a_c)}{-\sqrt{2}\nu}+\dfrac{a_c\varepsilon}{\exp\ [b_c\ (-\sqrt{2}\nu\varepsilon-\varepsilon_c)]}\right\} & (\tilde{\varepsilon}>\varepsilon_c)\end{cases} \tag{3.5.14}$$

同理，损伤材料的应力－应变关系见式（3.5.11），相应的损伤演化方程为

$$D=\begin{cases}0 & (\tilde{\varepsilon}\leqslant\varepsilon_c)\\ 1-\dfrac{\varepsilon_c\ (1-a_c)}{\tilde{\varepsilon}}-\dfrac{a_c}{\exp\ [b_c\ (\tilde{\varepsilon}-\varepsilon_c)]} & (\tilde{\varepsilon}>\varepsilon_c)\end{cases} \tag{3.5.15}$$

其中，受压时材料常数的变化范围为 $1.0\leqslant a_c\leqslant 1.5$，$1\times10^3\leqslant b_c\leqslant 2\times10^3$。

2. Loland 损伤模型

Loland 将应力－应变曲线分为上升段和下降段，如图 3.5.3（a）所示。以峰值点（ε_c,σ_c）作为分界点，当 $\varepsilon\leqslant\varepsilon_c$ 时，在整个材料中产生微裂缝损伤；当 $\varepsilon>\varepsilon_c$ 时，损伤主要发生在破坏区内。材料的有效应力 $\tilde{\sigma}$[式(3.5.3)]与应变 ε 关系如下

$$\tilde{\sigma}=\begin{cases}\tilde{E}\varepsilon & (0\leqslant\varepsilon\leqslant\varepsilon_c)\\ \tilde{E}\varepsilon_c & (\varepsilon_c\leqslant\varepsilon\leqslant\varepsilon_u)\end{cases} \tag{3.5.16}$$

上式所表达的 $\tilde{\sigma}-\varepsilon$ 关系曲线如图 3.5.3（b）所示。式中，ε_u 是材料断裂应变，即当 $\varepsilon=\varepsilon_u$ 时，$D=1$；$\tilde{E}$ 称为材料净弹性模量，定义为

$$\tilde{E}=\frac{E}{1-D_0} \tag{3.5.17}$$

式中，E 表示无损伤的弹性模量；D_0 表示加载前的初始损伤值。

根据混凝土的单轴受拉试验资料，经拟合得到如下的损伤演化方程

$$D=\begin{cases}D_0+c_1\varepsilon^{\beta} & (0\leqslant\varepsilon\leqslant\varepsilon_c)\\ D_0+c_1\varepsilon_c^{\beta}+c_2(\varepsilon-\varepsilon_c) & (\varepsilon_c<\varepsilon\leqslant\varepsilon_u)\end{cases} \tag{3.5.18}$$

上式所表达的 $D-\varepsilon$ 关系曲线如图 3.5.3(c) 所示。式中，c_1，c_2 和 β 是材料常数。由 $\varepsilon=\varepsilon_c$ 时，$\sigma=\sigma_c$，并考虑到 $\varepsilon=\varepsilon_u$ 时，$D=1$，得到

$$\beta = \frac{\lambda}{1 - D_0 - \lambda}, c_1 = \frac{(1 - D_0)\varepsilon_c^{-\beta}}{1 + \beta}, c_2 = \frac{1 - D_0 - c_1\varepsilon_c^{\beta}}{\varepsilon_u - \varepsilon_c}$$

式中，$\lambda = \sigma_c/(\widetilde{E}\varepsilon_c)$。

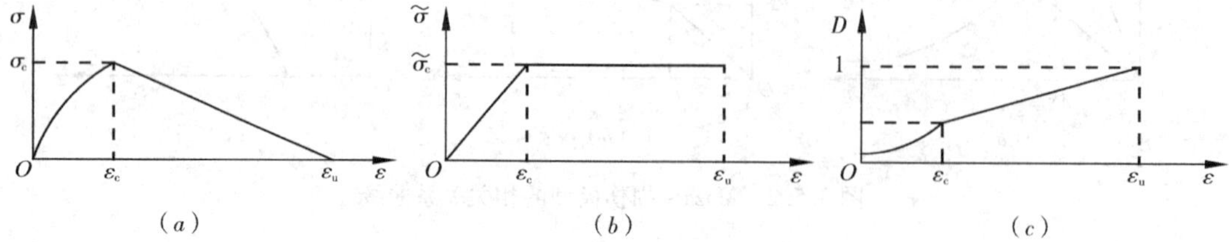

图 3.5.3 Loland 损伤模型的相关关系曲线

3. 分段曲线损伤模型

(1) 单轴受压损伤本构模型

根据损伤力学原理确定的混凝土损伤本构关系为

$$\sigma = E_c(1 - D_c)\varepsilon \tag{3.5.19}$$

式中，D_c 为受压混凝土损伤变量；E_c 为混凝土的原点切线模量；ε 为混凝土压应变。

文献[3.35]根据式（3.2.8）和式（3.2.9）的单轴应力－应变全曲线，通过反演计算获得混凝土的损伤变量 D_c 方程

$$D_c = \begin{cases} A\varepsilon + B\varepsilon^2 & (0 \leqslant \varepsilon \leqslant \varepsilon_c) \\ \dfrac{A_1\varepsilon^2 + B_1\varepsilon + C_1}{A_2\varepsilon^2 + B_2\varepsilon + C_2} & (\varepsilon_c < \varepsilon \leqslant \varepsilon_{cu}) \end{cases} \tag{3.5.20}$$

其中

$$A = \frac{f_c^*}{E_c\varepsilon_c^2}(2\alpha_a - 3), \quad B = \frac{f_c^*}{E_c\varepsilon_c^2}(2 - \alpha_a), A_1 = E_c\alpha_d$$

$$B_1 = (1 - 2\alpha_d)E_c\varepsilon_c, \quad C_1 = \alpha_d E_c\varepsilon_c^2 - f_c^*\varepsilon_c, A_2 = E_c\alpha_d$$

$$B_2 = (1 - 2\alpha_d)E_c\varepsilon_c, \quad C_2 = \alpha_d E_c\varepsilon_c^2$$

$$\varepsilon_c = (700 + 172\sqrt{f_c^*}) \times 10^{-6}$$

$$\alpha_a = 2.4 - 0.0125 f_c^*, \quad \alpha_d = 0.157(f_c^*)^{0.785} = -0.905$$

式中，α_a，α_d 分别表示应力－应变曲线的上升段和下降段参数，按文献[3.9]的规定采用；f_c^* 表示混凝土单轴抗压强度，非线性分析中宜取平均值；ε_c 为与 f_c^* 相应的峰值压应变；ε_{cu} 为混凝土的极限压应变。

由式（3.5.20），可得混凝土受压损伤演化方程

$$\dot{D}_c = \begin{cases} (A + 2B\varepsilon)\dot{\varepsilon} & (0 \leqslant \varepsilon \leqslant \varepsilon_c) \\ \dfrac{(A_1B_2 - A_2B_1)\varepsilon^2 + 2(A_1C_2 - A_2C_1)\varepsilon + (B_1C_2 - C_1B_2)}{(A_2\varepsilon^2 + B_2\varepsilon + C_2)^2}\dot{\varepsilon} & (\varepsilon_c < \varepsilon \leqslant \varepsilon_{cu}) \end{cases} \tag{3.5.21}$$

(2) 单轴受拉损伤本构方程

以应力峰值点（ε_t，f_t^*）为分界点，将应力－应变曲线分为上升段与下降段。在上升

段，假定应力－应变呈线性变化，材料无损伤；而当应变大于峰值应变之后，材料有损伤。其应力－应变全曲线可表达为

$$\sigma = \begin{cases} E_c\varepsilon & (\varepsilon \leqslant \varepsilon_t) \\ E_c(1 - D_t)\varepsilon & (\varepsilon > \varepsilon_t) \end{cases} \tag{3.5.22}$$

式中，D_t 为混凝土受拉损伤变量，假定材料的初始损伤 $D_0 = 0$。

根据对式（3.2.12）的反演计算，得到峰值应变以后的受拉损伤演化方程

$$\dot{D}_t = \frac{1.7\alpha_t(\varepsilon/\varepsilon_t - 1)^{0.7} + 1}{\alpha_t\varepsilon_t[(\varepsilon/\varepsilon_t - 1)^{0.7} + \varepsilon/\varepsilon_t]}\dot{\varepsilon} \tag{3.5.23}$$

式中，α_t 表示应力－应变曲线的下降段参数，$\alpha_t = 0.312(f_t^*)^2$；$f_t^*$ 表示混凝土单轴抗拉强度，非线性分析中宜取平均值；ε_t 为与 f_c^* 相应的峰值压应变。

4. 我国《混凝土结构设计规范》推荐的混凝土损伤本构关系

我国《混凝土结构设计规范》GB 50010－2010[3.37]所推荐的混凝土单轴受压应力－应变关系的表达式为

$$\sigma = (1 - d_c)E_c\varepsilon \tag{3.5.24}$$

$$d_c = \begin{cases} 1 - \dfrac{\rho_c n}{n - 1 + (\varepsilon/\varepsilon_c)^n} & \varepsilon/\varepsilon_c \leqslant 1 \\ 1 - \dfrac{\rho_c}{\alpha_c(\varepsilon/\varepsilon_c - 1)^2 + \varepsilon/\varepsilon_c} & \varepsilon/\varepsilon_c > 1 \end{cases} \tag{3.5.25}$$

$$\rho_c = \frac{f_c^s}{E_c\varepsilon_c} \qquad n = \frac{E_c\varepsilon_c}{E_c\varepsilon_c - f_c^s}$$

式中　α_c——混凝土单轴受压应力－应变曲线下降段参数值，按《混凝土结构设计规范》表 C.2.4 取用；

f_c^s——混凝土单轴抗压强度；

ε_c——与单轴抗压强度相应的混凝土峰值压应变，按《混凝土结构设计规范》表 C.2.4 取用；

d_c——混凝土单轴受压损伤演化参数；

E_c——混凝土的弹性模量。

我国《混凝土结构设计规范》GB 50010－2010 推荐的混凝土单轴受拉应力－应变关系模型的表达式为

$$\sigma = (1 - d_t)E_c\varepsilon \tag{3.5.26}$$

$$d_t = \begin{cases} 1 - \rho_t[1.2 - 0.2(\varepsilon/\varepsilon_t)^5] & \varepsilon/\varepsilon_t \leqslant 1 \\ 1 - \dfrac{\rho_t}{\alpha_t(\varepsilon/\varepsilon_t - 1)^{1.7} + \varepsilon/\varepsilon_t} & \varepsilon/\varepsilon_t > 1 \end{cases} \tag{3.5.27}$$

$$\rho_t = \frac{f_t^s}{E_c\varepsilon_t}$$

式中 α_t——混凝土单轴受拉应力－应变曲线下降段参数值，按《混凝土结构设计规范》表 C. 2. 3 取用；

f_t^s——混凝土的单轴抗拉强度；

ε_t——与单轴抗拉强度 f_t^s 相应的混凝土峰值拉应变，按《混凝土结构设计规范》表 C. 2. 3 取用；

d_t——混凝土单轴受拉损伤演化参数。

3. 5. 3 多轴受力状态下混凝土损伤本构模型

如把变形分为形状改变和体积改变两部分，对于混凝土的非均匀受压，其损伤具有双重性质，即偏量空间的宏观应变软化和球量空间的体积致密强化。当混凝土受拉时，在这两个空间都表现为应变软化。因此，可以根据混凝土损伤的这种宏观特性，来研究并建立损伤本构方程和损伤演化律。

根据上述分析，可把应变和应力张量在偏量 s 和球量 σ_m 空间分解，则得如下应力不变量：

$$\sigma_m = \frac{1}{3}\sigma_{kk}, \dot{\sigma}_m = \frac{1}{3}\dot{\sigma}_{kk}$$

$$T = \left(\frac{1}{2}s_{ij}\dot{s}_{ij}\right)^{1/2}, \dot{T} = \frac{1}{2}s_{ij}\dot{s}_{ij}/T \tag{3.5.28}$$

式中，σ_m，$\dot{\sigma}_m$ 分别表示平均应力及平均应力变化率；T，$\dot{T}$ 分别表示剪应力不变量及其变化率；s_{ij} 为偏应力张量，即

$$s_{ij} = \sigma_{ij} - \frac{1}{3}\sigma_{kk}\delta_{ij} \tag{3.5.29}$$

相应的应变不变量为

$$\left.\begin{aligned}\dot{\varepsilon}_v = \dot{\varepsilon}_{kk}, \quad \varepsilon_v = \int\dot{\varepsilon}_v dt\\ \dot{e} = s_{ij}\dot{e}_{ij}/T, \quad e = \int\dot{e}dt\end{aligned}\right\} \tag{3.5.30}$$

设损伤变量 D 由剪切损伤变量 D_s 和受拉损伤变量 D_t 组成，则总损伤变量可表示为

$$\left.\begin{aligned}\dot{D} = \dot{D}_s + \dot{D}_t\\ D = \int\dot{D}_s dt + \int\dot{D}_t dt\end{aligned}\right\} \tag{3.5.31}$$

下面分别讨论混凝土在受压和受拉时的损伤机制和损伤演化律。

1. 混凝土受压损伤本构方程

混凝土的受压状态由 $\sigma_m < 0$ 来定义。

（1）偏量空间本构关系

在偏量空间采用剪切损伤机制。对于含有损伤的材料，参照式（3. 5. 7）和式（3. 5. 8），可得其弹性关系：

$$T = G_0(1 - D)e^e \tag{3.5.32}$$

式中，G_0 是初始剪变模量；e^e 是应变偏量不变量中的弹性分量。

设 $$\dot{e} = \dot{e}^e + \dot{e}^d \tag{3.5.33}$$

式中，$\dot{e}^{d} = d_1 D_s \dot{D}_s$，表示剪切损伤引起的不可逆变形；$d_1$ 是材料参数。如卸载时损伤不变，则加载和卸载情况下的本构方程分别为

$$\dot{T} = G_0(1-D)\dot{e} - G_0(1-D)d_1 D_s \dot{D}_s - G_0 e^{e}\dot{D} \quad (加载，\dot{D} > 0) \tag{3.5.34}$$

$$\dot{T} = G_0(1-D)\dot{e} \quad (卸载，\dot{D} = 0) \tag{3.5.35}$$

上式所表达的偏应力－偏应变曲线如图 3.5.4 所示。

受压时的剪切损伤律可由下列演化方程给出

$$\dot{D}_s = \begin{cases} A(e,\sigma_m)\dot{e} & (D_s = D_{s\max}, \dot{e} > 0) \\ 0 & (其余情况) \end{cases} \tag{3.5.36}$$

式中，$A(e,\sigma_m)$ 表示与应变偏量 e 和球量 σ_m 有关的函数，可由试验确定；$D_{s\max}$ 表示剪切损伤变量的最大值。

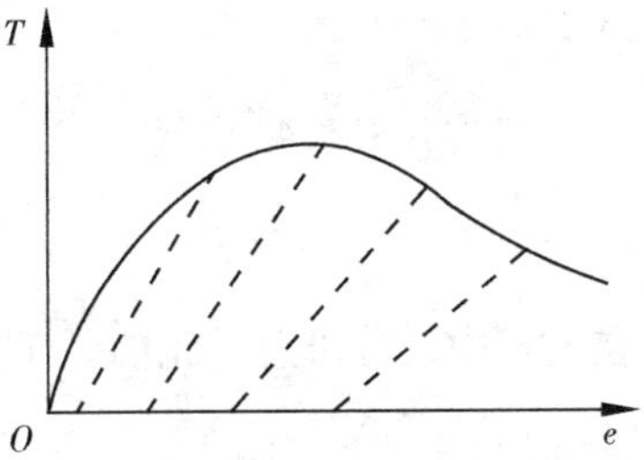

图 3.5.4　混凝土受压时偏量空间的损伤模型

（2）球量空间本构关系

混凝土在静水压力 $\sigma_m < 0$ 作用下，当经历一个加载和卸载过程时，会产生不可恢复的变形，即塑性体积变形。为此，可用一个沿静水压力轴限制模型的塑性屈服面来描述塑性体积变形。这样一个平面屈服势可定义为

$$F = -\sigma_m + \sigma_m^c = 0 \tag{3.5.37}$$

式中，σ_m^c 是硬化参数，其值与塑性体积变形值 ε_v^p 有关。如以 ε_{v0}^p 表示初始压实度，则现时压实度可表示为

$$\overline{\varepsilon_v^p} = \varepsilon_{v0}^p + \varepsilon_v^p \tag{3.5.38}$$

根据试验资料，可把 $\overline{\varepsilon_v^p}$ 写成

$$\overline{\varepsilon_v^p} = W(1 - e^{B\sigma_m^c}) \tag{3.5.39}$$

式中，参数 W,B 可由试验曲线确定。

令式（3.5.38）与式（3.5.39）相等，可得

$$\sigma_m^c = \frac{1}{B}\ln\left(a - \frac{\varepsilon_v^p}{W}\right) \tag{3.5.40}$$

将上式代入式（3.5.37），则得

$$F = -\sigma_m + \frac{1}{B}\ln\left(a - \frac{\varepsilon_v^p}{W}\right) \tag{3.5.41}$$

式中，$a = 1 - \varepsilon_v^p/W$。

根据正交法则，塑性体积应变率可表示为

$$\dot{\varepsilon}_v^p = \dot{\lambda}\frac{\partial F}{\partial \sigma_m} = -\dot{\lambda} \tag{3.5.42}$$

于是体积应变率可表示为

$$\dot{\varepsilon}_v^t = \dot{\varepsilon}_v^e + \dot{\varepsilon}_v^p = \frac{\dot{\sigma}_m}{K} - \dot{\lambda} \tag{3.5.43}$$

或 $$\dot{\sigma}_{\mathrm{m}}=K_0(\dot{\varepsilon}_{\mathrm{v}}^{\mathrm{t}}+\dot{\lambda})\tag{3.5.44}$$
式中，K_0 是初始体积弹性模量。

由塑性加载的一致性条件 $\dot{F}=0$ 及式（3.5.41）可得

$$\dot{F}=-\dot{\sigma}_{\mathrm{m}}+\frac{1}{B(a-\varepsilon_{\mathrm{v}}^{\mathrm{p}}/W)}\left(-\frac{\dot{\varepsilon}_{\mathrm{v}}^{p}}{W}\right)=-\dot{\sigma}_{\mathrm{m}}+H\dot{\lambda}=0\tag{3.5.45}$$

其中 $$H=\frac{1}{BW(a-\varepsilon_{\mathrm{v}}^{\mathrm{p}}/W)},\dot{\lambda}=-\dot{\varepsilon}_{\mathrm{v}}^{\mathrm{p}}$$

将式（3.5.44）代入式（3.5.45），可得塑性算子

$$\dot{\lambda}=-K_0\dot{\varepsilon}_{\mathrm{v}}^{\mathrm{t}}/(K_0-H)\tag{3.5.46}$$

在上式中，分母总是正的。于是由塑性加载条件 $\dot{\lambda}>0$ 可得

$$-K_0\dot{\varepsilon}_{\mathrm{v}}^{\mathrm{t}}\geqslant 0\qquad\text{加载}\tag{3.5.47}$$

$$-K_0\dot{\varepsilon}_{\mathrm{v}}^{\mathrm{t}}<0\qquad\text{卸载}\tag{3.5.48}$$

将式（3.5.46）代入式（3.5.44），可得受压时球量空间的本构关系

$$\dot{\sigma}_{\mathrm{m}}=\left(K_0-\frac{K_0^2}{K_0-H}\right)\dot{\varepsilon}_{\mathrm{v}}^{\mathrm{t}}\qquad\text{加载 }\dot{\lambda}>0\tag{3.5.49}$$

$$\dot{\sigma}_{\mathrm{m}}=K_0\dot{\varepsilon}_{\mathrm{v}}^{\mathrm{t}}\qquad\text{卸载 }\dot{\lambda}=0\tag{3.5.50}$$

上式没有考虑剪切变形对体积变形损伤的影响。式（3.5.49）和式（3.5.50）所表示的本构关系如图 3.5.5 所示。

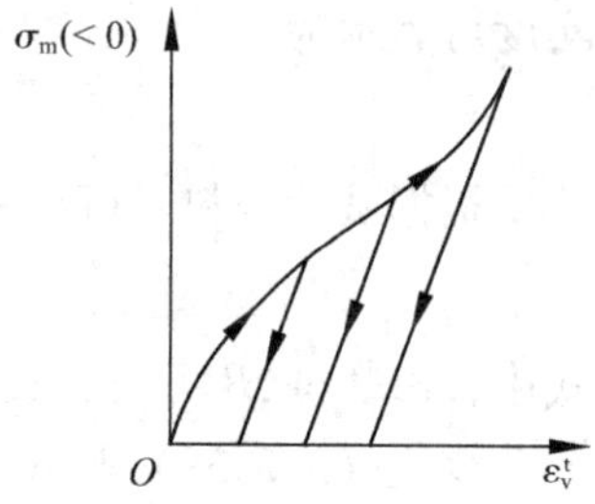

图 3.5.5　混凝土受压时球量空间的本构关系

2. 混凝土受拉损伤本构方程

（1）偏量空间本构关系

混凝土受拉时，主要表现为受拉损伤机制，剪切损伤机制影响很小，可忽略不计。于是可从式（3.5.34）中消去 D_{s} 的影响，则得下列本构关系：

$$\dot{T}=G_0(1-D)\dot{e}-G_0e^{\mathrm{e}}\dot{D}\qquad(\text{加载},\dot{D}>0)\tag{3.5.51}$$

$$\dot{T}=G_0(1-D)\dot{e}\qquad(\text{卸载},\dot{D}=0)\tag{3.5.52}$$

上式中的损伤率 $\dot{D}$ 由下列演变方程表示

$$\dot{D}=\begin{cases}A(e,\sigma_{\mathrm{m}})\dot{e} & (D=D_{\max},\dot{e}>0)\\ 0 & (\text{其余情况})\end{cases}\tag{3.5.53}$$

（2）球量空间本构关系

混凝土受拉时的性能与受压有很大差异，需要提出相应的均匀受拉机理。对于弹性损伤，有下列关系：

$$\sigma_{\mathrm{m}}=K_0(1-D)\varepsilon_{\mathrm{v}}^{\mathrm{e}}\tag{3.5.54}$$

式中，$\varepsilon_{\mathrm{v}}^{\mathrm{e}}$ 为弹性体积应变。总体积应变率为

$$\dot{\varepsilon}_v = \dot{\varepsilon}_v^e + \dot{\varepsilon}_v^d + \dot{\varepsilon}_v^p \qquad (0 \leqslant D \leqslant 1) \tag{3.5.55}$$

式中，$\dot{\varepsilon}_v^d$ 表示损伤体积应变率；$\dot{\varepsilon}_v^p$ 表示塑性体积应变率。

由式（3.5.54）和式（3.5.55）可得如下本构关系

$$\dot{\sigma}_m = K_0(1-D)\dot{\varepsilon}_v^e - K_0\varepsilon_v^e\dot{D} \qquad (\text{加载 } \dot{D} > 0) \tag{3.5.56}$$

$$\dot{\sigma}_m = K_0(1-D)\dot{\varepsilon}_v^e \qquad (\text{卸载 } \dot{D} = 0) \tag{3.5.57}$$

式中，损伤演变律是体积变形及其变化率的函数，即

$$\dot{D} = \dot{D}_t = B(\varepsilon_v)\dot{\varepsilon}_v \tag{3.5.58}$$

这样可得混凝土受拉时的损伤演化方程

$$\dot{D}_t = \begin{cases} B(\varepsilon_v)\dot{\varepsilon}_v & (\text{对 } D_t = D_{t\max}, \dot{\varepsilon}_v \geqslant 0) \\ 0 & (\text{对其余情况}) \end{cases} \tag{3.5.59}$$

式中，$B(\varepsilon_v)$ 的形式由试验确定。上式没有考虑剪切与受拉的耦合效应。

3. 混凝土损伤本构方程的一般形式

在一般情况下，应把偏量和球量空间中的损伤合并，建立一组损伤本构关系和每一组可能损伤的约束条件。

在剪切和受拉同时作用下，按式（3.5.31），总损伤率可写为

$$\dot{D} = \dot{D}_s + \dot{D}_t = A(e, \sigma_m)\dot{e} + B(\varepsilon_v)\dot{\varepsilon}_v \tag{3.5.60}$$

式中，$\dot{D}_s$，$\dot{D}_t$ 应分别满足式(3.5.36) 和式(3.5.59)。

在混凝土受压区，$\sigma_m \leqslant 0$；当 $\dot{\varepsilon}_v < 0$ 时，由式(3.5.36)，可得

$$\dot{D} = \begin{cases} A(e, \sigma_m)\dot{e} & (D_s = D_{s\max}, \dot{e} > 0) \\ 0 & (\text{其余情况}) \end{cases} \tag{3.5.61}$$

在受拉区，当 $\dot{\varepsilon}_v \geqslant 0$ 而 $\dot{e} \leqslant 0$ 时，要考虑两种损伤的组合效应。如果 $D_t = D_{t\max}$，$\dot{D} = \dot{D}_s + \dot{D}_t > 0$ 则损伤发生，否则 $\dot{D} = 0$。

试验表明，混凝土的损伤演变曲线具有图 3.5.6 的形状。

根据 Kupfer 的试验数据拟合得到的损伤率为

$$D_s = \frac{a_1^2 e^2}{1 + a_2 e + a_1^2 e^2}$$

$$D_t = \frac{b_1^2 \varepsilon_v^2}{1 + b_2 \varepsilon_v + b_1^2 \varepsilon_v^2}$$

式中，a_i，b_i 为材料参数，可由试验确定[3.23]。

L. Resende 根据 Kupfer 和其他人的有关试验数据，建议对本节所述理论公式采用如下参考数据：

$$G_0 = 13790\text{MPa}, K_0 = 16547\text{MPa}, W = -0.125$$

$$B = 0.00435\text{MPa}^{-1}, d_1 = 0.005, b_1 = 6000, b_2 = 0$$

$$a_1 = a_1^*(-\sigma_m + a_3)^{-1/4}, a_2 = 0,$$
$$a_1^* = 546.9\text{MPa}, a_3 = 1.38\text{MPa}$$

3.5.4 混凝土动态损伤本构模型

混凝土因具有较高的抗压强度，所以在防护工程中常用作抗冲击材料。混凝土在爆炸、撞击等瞬时荷载作用下的强度（动强度）一般大于静荷载作用下的强度（静力强度），因而在分析这类问题时，需要混凝土动态损伤本构模型。

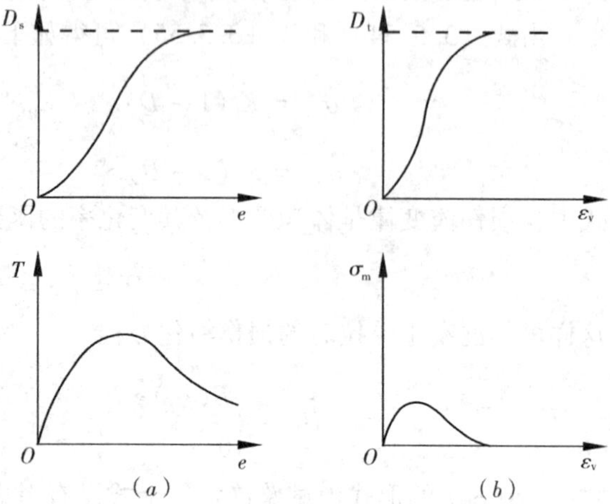

图 3.5.6 混凝土损伤演化曲线

1. 混凝土的应变率效应

在不同的加载速率下，混凝土的抗压强度、抗拉强度及弹性模量等均与应变率有关。随应变率（或加载速率）增大，这些指标值均增大。

（1）应变率对混凝土抗压强度的影响

欧洲国际混凝土学会 CEB（Comité Euro-International du Béton）建议，混凝土抗压强度动态增强系数按下式确定

$$\gamma_c = \begin{cases} 1 & \dot{\varepsilon} \leqslant \dot{\varepsilon}_{stat} \\ \left(\dfrac{\dot{\varepsilon}}{\dot{\varepsilon}_{stat}}\right)^{1.026\alpha} & \dot{\varepsilon}_{stat} < \dot{\varepsilon} \leqslant 30/\text{s} \\ \beta\left(\dfrac{\dot{\varepsilon}}{\dot{\varepsilon}_{stat}}\right)^{1/3} & \dot{\varepsilon} > 30/\text{s} \end{cases} \tag{3.5.62}$$

式中，γ_c 为混凝土动态抗压强度与静态抗压强度之比，$\gamma_c = f_{cd}/f_{cs}$；f_{cd}为某一应变率 $\dot{\varepsilon}$ 下的动态抗压强度；f_{cs}为静态抗压强度；$\dot{\varepsilon}_{stat}$为静态应变率，$\dot{\varepsilon}_{stat} = 30\times10^{-6}/\text{s}$；$\beta$ 为参数，按下式确定

$$\beta = 10^{(6.156\alpha_s - 2.0)}$$
$$\alpha_s = 1/(5 + 9f_{cs}/f_{co})$$

其中，$f_{c0} = 10\text{MPa}$，为一参考值。

（2）应变率对混凝土抗拉强度的影响

CEB 建议，混凝土抗拉强度动态增强系数按下式确定

$$\gamma_t = \begin{cases} 1 & \dot{\varepsilon} \leqslant \dot{\varepsilon}_{stat} \\ \left(\dfrac{\dot{\varepsilon}}{\dot{\varepsilon}_{stat}}\right)^{1.016\delta} & \dot{\varepsilon}_{stat} < \dot{\varepsilon} \leqslant 30/\text{s} \\ \theta\left(\dfrac{\dot{\varepsilon}}{\dot{\varepsilon}_{stat}}\right)^{1/3} & \dot{\varepsilon} > 30/\text{s} \end{cases} \tag{3.5.63}$$

式中，γ_t 为混凝土动态抗拉强度与静态抗拉强度之比，$\gamma_t = f_{td}/f_{ts}$；f_{td} 为某一应变率 $\dot{\varepsilon}$ 下的动态抗拉强度；f_{ts} 为静态抗拉强度；$\dot{\varepsilon}_{stat}$ 为静态应变率，$\dot{\varepsilon}_{stat} = 30\times10^{-6}/s$；$\theta$ 为参数，按下式确定

$$\theta = 10^{(7.11\delta - 2.33)}$$

$$\delta = 1/(10 + 6f_{cs}/f_{c0})$$

其中，f_{cs} 为静态抗压强度；$f_{c0} = 10MPa$，为一参考值。式（3.5.63）的适用范围为 $3\times10^{-6}/s \sim 300/s$。

Malvar[3.33] 对混凝土抗拉强度的应变率效应进行了比较研究，认为 CEB 公式给出的结果偏小，并提出了修正的 CEB 公式

$$\gamma_t = \begin{cases} 1 & \dot{\varepsilon} \leqslant \dot{\varepsilon}_{stat} \\ \left(\dfrac{\dot{\varepsilon}}{\dot{\varepsilon}_{stat}}\right)^{\delta} & \dot{\varepsilon}_{stat} < \dot{\varepsilon} \leqslant 1.0/s \\ \theta\left(\dfrac{\dot{\varepsilon}}{\dot{\varepsilon}_{stat}}\right)^{1/3} & \dot{\varepsilon} > 1.0/s \end{cases} \tag{3.5.64}$$

式中，$\dot{\varepsilon}_{stat}$ 为静态应变率，$\dot{\varepsilon}_{stat} = 30\times10^{-6}/s$；$\theta$ 为参数，按下式确定

$$\theta = 10^{(6\delta - 2)}$$

$$\delta = 1/(1 + 8f_{cs}/f_{c0})$$

其中，f_{cs} 为静态抗压强度；$f_{c0} = 10MPa$，为一参考值。

（3）应变率对混凝土弹性模量的影响

CEB 建议采用下式确定弹性模量增大系数

$$\gamma_E = \frac{E_d}{E_s} = \left(\frac{\dot{\varepsilon}_d}{\dot{\varepsilon}_s}\right)^{0.026} \tag{3.5.65}$$

式中，γ_E 为混凝土动态弹性模量 E_d 与静态弹性模量 E_s 之比；$\dot{\varepsilon}_s$ 为准静态应变率，$\dot{\varepsilon}_s = 3\times10^{-5}/s$。

2. 混凝土塑性损伤本构模型

（1）LLNL 混凝土塑性损伤模型

该模型由 LLNL（Lawrence Livemore National Laboratory）提出。假定混凝土的破坏面和残余面强度分别为

$$\sigma_{max} = a_0 + \frac{p}{a_1 + a_2 p}$$

$$\sigma_{fail} = a_{0f} + \frac{p}{a_{1f} + a_2 p} \tag{3.5.66}$$

式中，σ_{max} 为混凝土极限抗压强度；σ_{fail} 为残余强度；p 为静水压力，$p = -(\sigma_{xx} + \sigma_{yy} + \sigma_{zz})/3$（应力 σ_{ii} 以拉应力为正，压力 p 以压为正）；a_0，a_1，a_2，a_{0f}，a_{1f} 为材料常数。

混凝土的屈服面为

$$\sigma_{yield} = \eta\sigma_{max} + (1 - \eta)\sigma_{fail} \tag{3.5.67}$$

式中，η 为取值范围在 0 ~ 1 之间的常数，或者可以定义为损伤变量 λ 的某一函数 η（λ）。损伤变量定义为

$$\lambda = \int_0^{\bar{\varepsilon}^p} \left(1 + \frac{p}{\sigma_{cut}}\right)^{-b_1} d\bar{\varepsilon}^p \tag{3.5.68}$$

式中，b_1 为材料常数；σ_{cut} 为受拉截断强度；$\bar{\varepsilon}^p$ 为有效塑性应变。σ_{cut}，$\bar{\varepsilon}^p$ 的表达式如下

$$\sigma_{cut} = 1.7\left(\frac{f_c'}{-a_0}\right)^{2/3}; \qquad \bar{\varepsilon}^p = \sqrt{\frac{2}{3}\varepsilon_{ij}^p \varepsilon_{ij}^p}$$

应变率效应的增大系数 γ_1 为

$$\gamma_1 = \frac{3a_1 f_c' \gamma_c + a_2 f_c'^2 \gamma_c^2}{3a_0 a_1 + (1 + a_0 a_2) f_c' \gamma_c} \tag{3.5.69}$$

式中，f_c' 为混凝土圆柱体抗压强度；γ_c 为混凝土圆柱体抗压强度的增强系数；a_0，a_1，a_2 为材料常数，同式（3.5.66）。

此模型的优点是考虑了静水压力效应、应变率效应和材料损伤；缺点是极限面在平面为圆形，不能考虑拉、压强度不等效应；受拉截断强度 σ_{cut} 的定义不合理。

（2）Malvar 混凝土塑性损伤模型

Malvar[3.34] 对 LLNL 模型做了四方面的修正：受拉截断强度；考虑了拉、压子午线的不同；损伤变量的演化；应变率效应、剪切强度计算方法。

将拉力截断修正为：当达到最大极限面时，$p = -f_t$；未达到极限面时，$p = -\eta f_t$。

极限面、屈服面和残余强度面修正为

$$\begin{aligned} \sigma_{max} &= a_0 + \frac{p}{a_1 + a_2 p} \\ \sigma_{fail} &= \frac{p}{a_{1f} + a_{2f} p} \\ \sigma_{yield} &= a_{0y} + \frac{p}{a_{1y} + a_{2y} p} \end{aligned} \tag{3.5.70}$$

式中，a_0，a_1，a_2，a_{1f}，a_{2f}，a_{0y}，a_{1y}，a_{2y} 均为材料常数。*Malvar* 建议，$\sigma_{yield} = 0.45\sigma_{max}$。

损伤变量定义为

$$\lambda = \int_0^{\bar{\varepsilon}^p} \frac{1}{\gamma_c \left(1 + \frac{p}{\gamma_c \sigma_{cut}}\right)^{b_1}} d\bar{\varepsilon}^p \qquad p \geq 0 \tag{3.5.71}$$

$$\lambda = \int_0^{\bar{\varepsilon}^p} \frac{1}{\gamma_c \left(1 + \frac{p}{\gamma_c \sigma_{cut}}\right)^{b_2}} d\bar{\varepsilon}^p \qquad p < 0 \tag{3.5.72}$$

式中，γ_c 为混凝土单轴抗压强度的增强系数。式（3.5.71）和式（3.5.72）考虑了应变率效应、在受拉和受压状态下的演化规律。

该模型采用了 Willam-Warnke 屈服准则，考虑了混凝土拉、压强度的不同。

3.6 钢筋的本构模型

3.6.1 单向加载下钢筋的应力－应变关系模型

单调加载下，钢筋的应力－应变曲线如图 3.6.1 所示。其中软钢的应力－应变曲线可分为三段：弹性段，屈服平台和强化段。弹性段是以 E（钢筋弹性模量）为斜率的直线；屈服平台是斜率为零的水平线；强化段可用直线或曲线表示。由于钢筋混凝土构件形成塑性铰以后，塑性域内混凝土的极限变形一般不超过 0.006，故钢筋变形即使超过屈服平台进入强化阶段，也达不到很大的范围，因而强化段可以简化为斜率为 $E' = \tan\alpha'$ 的直线，Y. Higashibata 建议取 $E' = 0.01E$。

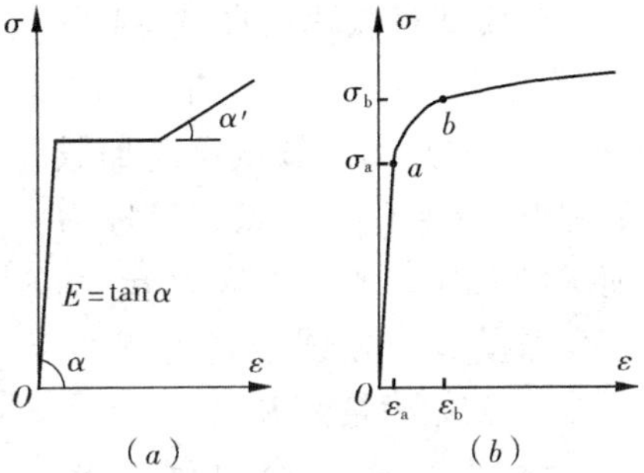

图 3.6.1 钢筋的本构关系

硬钢钢筋的应力－应变曲线可以分为三段：弹性段、软化段、后续段，如图 3.6.1（b）所示。曲线 ab 段为软化段，根据试验资料得到的应力－应变关系式为[3.13]

$$\sigma = \frac{\sigma_b\varepsilon_b - \sigma_a\varepsilon_a}{\varepsilon_b - \varepsilon_a} + \frac{\varepsilon_a\varepsilon_b(\sigma_a - \sigma_b)}{(\varepsilon_b - \varepsilon_a)\varepsilon} \tag{3.6.1}$$

式中，$\sigma_a, \sigma_b, \varepsilon_a, \varepsilon_b$ 分别为图 3.6.1(b) 所示 a 点和 b 点的应力及应变。

3.6.2 反复加载下钢筋的应力－应变关系模型

在拉、压反复荷载作用下，钢筋的应力－应变曲线如图 3.6.2 所示[3.14]。将同方向（拉或压）加载的应力－应变曲线中，超过前一次加载最大应力的区段（图 3.6.2 中的实线）平移相连后得到的曲线称为骨架曲线，在受拉（$oT_1, T_2''T_3''$）和受压方向各有一条。经与单向加载的钢筋应力－应变曲线比较后发现，首次加载方向（如图 3.6.2 中的受拉）的骨架曲线与钢筋一次拉伸曲线一致，而反向加载（受压）的骨架曲线有明显差别，主要差别在第一次反向加载（o_1C_1）的屈服点降低，且无清楚的屈服平台（称为包兴格效应）；其他正向或反向加载的应力－应变关系都因为发生包兴格效应而成为曲线，或称为软化段。钢筋反复加载的卸载应力－应变曲线，无论是正向或反向都近似为直线，且与初

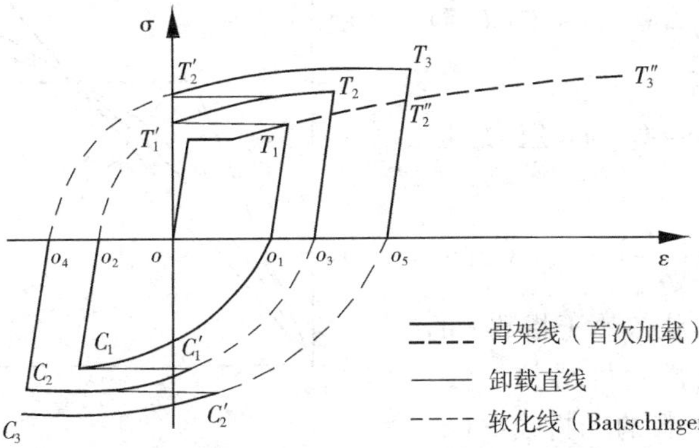

图 3.6.2 拉、压反复加载下钢筋的应力－应变曲线[3.14]

始加载应力-应变直线平行，即有相同的弹性模量值。因此，拉、压反复荷载作用下钢筋的应力-应变关系可分成三部分描述：骨架曲线、卸载线和加载线。其中骨架线可采用一次加载的应力-应变全曲线，卸载线是斜率为 E 的直线，加载和软化段曲线需专门确定。

（1）加滕模型

该模型对软化段曲线 oA 取局部坐标 $\sigma - \varepsilon$ [图 3.6.3（a）]，原点为加载或反向加载的起点（$\sigma = 0$），A 点的坐标为前次同向加载的最大应力 σ_s 和应变增量 ε_s，割线模量为 $E_B = \sigma_s/\varepsilon_s$，初始模量为 E。

设软化段试验曲线 [图 3.6.3（b）] 的方程为

$$y = \frac{ax}{x + a - 1} \quad (3.6.2)$$

式中，$y = \sigma/\sigma_s$，$x = \varepsilon/\varepsilon_s$。对式（3.6.2）求导数，并使 $x = 0$，即为曲线 oA 的初始斜率 E 与割线斜率 E_B 之比

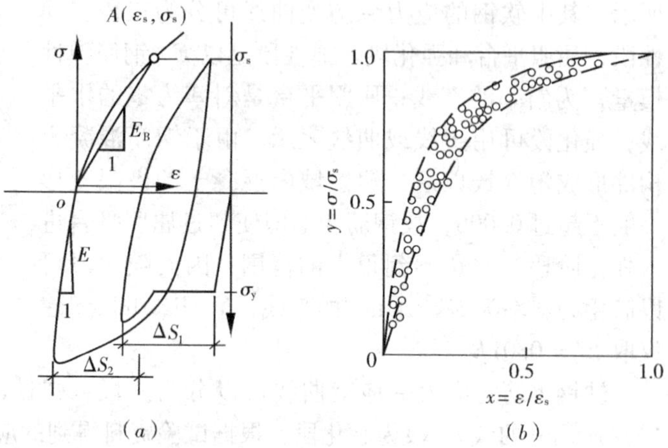

图 3.6.3 加滕软化段模型[3.15]

$$\left.\frac{dy}{dx}\right|_{x=0} = \frac{a}{a-1} = \frac{E}{E_B}$$

则得

$$a = \frac{E}{E - E_B} \quad (3.6.3)$$

根据实验数据给出的割线模量为

$$E_B = -\frac{E}{6}\lg(10\varepsilon_{res}) \quad (3.6.4)$$

式中，ε_{res} 为反向加载历史的累积骨架应变 [图 3.6.3（a）]

$$\varepsilon_{res} = \sum_i \Delta S_i \quad (3.6.5)$$

（2）Kent-Park 模型

该模型采用 Ramberg-Osgood 应力-应变曲线的一般表达式

$$\frac{\varepsilon}{\varepsilon_{ch}} = \frac{\sigma}{\sigma_{ch}} + \left(\frac{\sigma}{\sigma_{ch}}\right)^r \quad (3.6.6)$$

上式表达的曲线形状依赖于指数 r 的赋值：$r = 1$ 时为反映弹性材料的直线；$r = \infty$ 时为理想弹塑性材料的二折线；$1 < r < \infty$ 时为逐渐过渡的曲线，如图 3.6.4 所

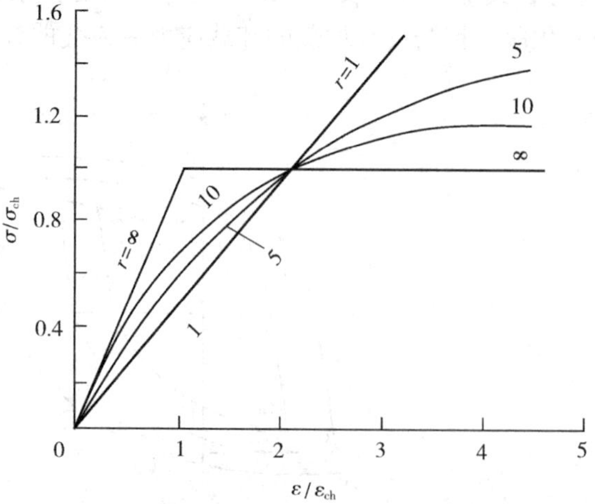

图 3.6.4 Kent-Park 软化段模型[3.15]

示。这一族曲线的几何特点是：所有曲线均通过$\sigma/\sigma_{ch}=1$，$\varepsilon/\varepsilon_{ch}=2$的点；$r=1$时直线的斜率为$dy/dx=0.5$，其余情况下（$r\neq1$），曲线的初始斜率都等于$dy/dx=1$。

将式（3.6.6）变换后可得

$$\varepsilon=\frac{\sigma}{E}\left[1+\left(\frac{\sigma}{\sigma_{ch}}\right)^{r-1}\right] \tag{3.6.7}$$

式中，E为钢筋的弹性模量，$E=\sigma_{ch}/\varepsilon_{ch}$；$\sigma_{ch}$为特征应力值，取决于此前应力循环产生的塑性应变（$\varepsilon_{ip}$），经验计算公式为

$$\sigma_{ch}=f_y\left[\frac{0.744}{\ln(1+1000\varepsilon_{ip})}-\frac{0.071}{1-e^{1000\varepsilon_{ip}}}+0.241\right] \tag{3.6.8}$$

此式适用于$\varepsilon_{ip}=(4\sim22)\times10^{-3}$。

式(3.6.7)中的指数r为取决于反复加、卸载次数n的参数

n为奇数时
$$r=\frac{4.49}{\ln(1+n)}-\frac{6.03}{e^{n}-1}+0.297 \tag{3.6.9}$$

n为偶数时
$$r=\frac{2.20}{\ln(1+n)}-\frac{0.469}{e^{n}-1}+0.304 \tag{3.6.10}$$

3.7 钢筋与混凝土的粘结－滑移本构模型

3.7.1 钢筋与混凝土的粘结

钢筋与混凝土的粘结是钢筋与外围混凝土之间一种复杂的相互作用，藉助这种作用来传递两者间的应力，协调变形，保证共同工作。这种作用实际上是钢筋与混凝土接触面上所产生的沿钢筋纵向的剪应力，即所谓粘结应力，有时也简称粘结力。而粘结强度则是指粘结失效（钢筋被拔出或混凝土被劈裂）时的最大平均粘结应力。

钢筋混凝土构件中的粘结应力，按其作用性质可分为两类：

（1）锚固粘结应力。如简支梁支座处的钢筋端部、梁跨间的主筋搭接或切断、悬臂梁和梁柱节点受拉主筋的外伸段等［图3.7.1（a）］，这种情况下钢筋的端头应力为零，在经过不长的粘结距离（称锚固长度）后，钢筋的应力应能达到其设计强度（软钢的屈服强度）。如果钢筋因粘结锚固能力不足而发生滑动，不仅其强度不能充分利用（$\sigma_s<f_y$），还将导致构件开裂和承载力下降，甚至提前失效，即产生粘结破坏，属严重的脆性破坏。

（2）裂缝附近的局部粘结应力。如受弯构件跨间某截面开裂后，在开裂面上混凝土退出工作，使钢筋拉应力增大；但裂缝间截面上混凝土仍承受一定拉力，钢筋应力减小。由此引起钢筋应力沿纵向发生变化，钢筋表面必有相应的粘结应力分布，如图3.7.1（b）所示。这种情况下，粘结应力的存在，使混凝土内钢筋的平均应变或总变形小于钢筋单独受力时的相应变形，有利于减小裂缝宽度和增大构件刚度。因此，这类粘结应力的大小反映了混凝土参与受力的程度。

由此可见，当钢筋混凝土构件因内力变化、混凝土开裂或构造要求等引起钢筋应力沿长度变化时，必须由周围混凝土提供必要的粘结应力。否则，钢筋和混凝土将发生相对滑移，构件或节点出现裂缝和变形，改变内力（应力）分布，甚至提前发生破坏。因此，钢筋与混凝土的粘结问题在工程中受到重视。只有较准确地确定了钢筋与混凝土间的粘结应

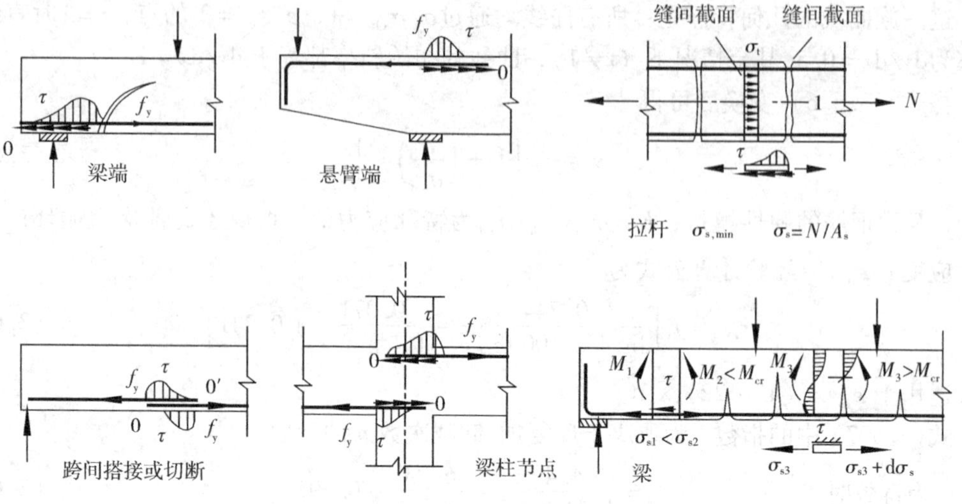

（a）（b）

图 3.7.1 锚固粘结应力和局部粘结应力[3.15]

力分布和粘结强度，才能从构造上合理地确定钢筋的锚固长度、搭接长度；只有较准确地建立了钢筋与混凝土间的粘结应力与滑移关系，才能在钢筋与混凝土结构的非线性有限元分析中取得可靠的计算结果。粘结问题关系到结构分析、计算模型的合理性与可靠性。

关于粘结问题的实验研究已有近百年的历史，发表了大量的研究论文，但由于影响粘结的因素很多，破坏机理复杂，以及试验技术方面的原因等，目前粘结的某些基本问题还没有得到很好地解决，还没有提出一套比较完整的、有充分论据的粘结滑移理论。另外，钢筋和混凝土的粘结作用是个局部应力状态，应力和应变分布复杂，又有混凝土的局部裂缝和二者的相对滑移，构件的平截面假定不再适用，而且影响因素众多，这些都成为研究工作的难点。在重复和反复荷载作用下，钢筋与混凝土间的粘结性能逐渐退化，这对结构的疲劳和抗震性能都有重要影响，目前在这方面只进行了有限的试验研究，很多问题还没有合理解决。

3.7.2 粘结强度的计算

粘结强度计算有两个目的：一是为了确定钢筋混凝土构件中钢筋的锚固长度、搭接长度和保护层厚度；二是为了确定钢筋与混凝土间的粘结应力－滑移本构关系，为钢筋混凝土结构的非线性分析提供合理的力学模型。因此，粘结强度计算模型可分为锚固粘结计算模型和局部粘结强度计算模型。

1. 理论分析方法

对应不同的受力阶段（图 3.7.2），相应的有微滑移粘结强度τ_s、劈裂粘结强度τ_{cr}、极限粘结强度τ_u和残余粘结强度τ_r。确定这些粘结强度，一般是基于试验数据，用回归分析求得经验公式。对于劈裂粘结强度，也可采用半理论、半经验的方法[3.16]，将钢筋周围

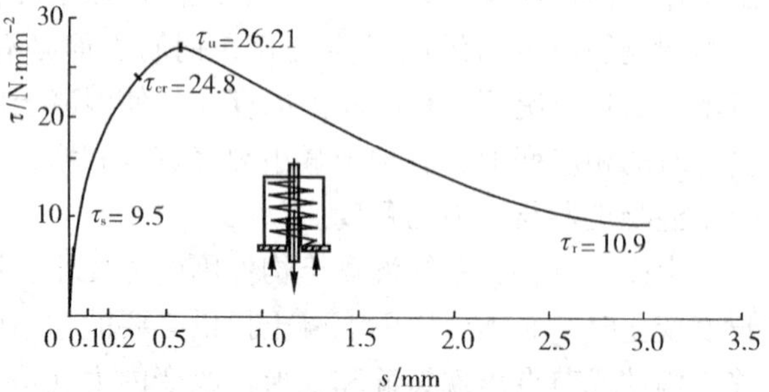

图 3.7.2 配置横向钢筋试件的$\tau-s$曲线[3.15]

的混凝土简化为一厚壁管，根据钢筋横肋对混凝土的挤压力，用弹性或塑性理论进行分析，建立近似公式。

设图3.7.3（a）中钢筋横肋对混凝土的挤压力与钢筋轴线的夹角为θ,其水平分力（按单位面积计）即为粘性应力τ,其径向分力为作用在外围混凝土上的压应力p_r,则

$$p_r = \tau \tan\theta \tag{3.7.1}$$

受到内压应力p_r作用的环形壁管（此处壁厚取最小保护层厚度c），其截面产生的拉力等于$\frac{1}{2}dp_r$（d为钢筋直径）。当$c/d \leqslant 2$时，可假设劈裂时的管壁应力分布完全进入塑性阶段，即沿壁厚上的拉应力均达到混凝土抗拉强度f_t，则

$$\frac{1}{2}dp_r = f_t \cdot c \tag{3.7.2}$$

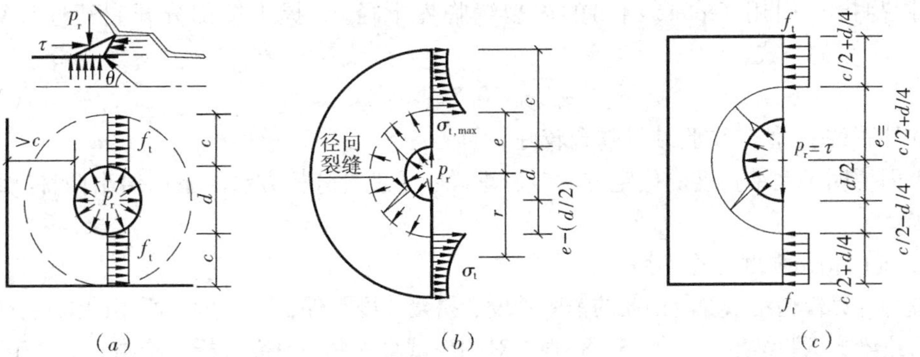

图3.7.3　试件劈裂时的应力状态[3.15]

将式（3.7.1）代入上式，得

$$\tau = \frac{2c}{d\tan\theta}f_t \tag{3.7.3}$$

由于嵌固在肋根部的混凝土粉末物调整了挤压力作用的方向，故可近似取θ等于45°。因此，按塑性应力分布，劈裂粘结强度τ_{cr}的计算公式为

$$\tau_{cr} = 2\frac{c}{d}f_t \tag{3.7.4}$$

上式的计算值明显高于试验值。

当c/d较大时，径向裂缝将首先出现在近钢筋处，达不到构件表面［图3.7.3（b）］。这时外围混凝土的抗拉能力并未用尽，挤压力仍可增长，其径向分力将通过混凝土齿状体传递到未开裂部分混凝土上。设内部径向裂缝的半径e，则作用在半径为e的圆周上的内压力p_e为

$$p_e = \frac{d}{2e}p_r = \frac{d}{2e}\tau$$

Tepfers应用弹性力学厚壁筒的应力分析，得到在半径为r的圆周上未开裂部分混凝土的环向应力公式[3.17]

$$\sigma_t = \frac{e^2[d/(2e)]\tau}{(c+d/2)^2-e^2}\left[1+\frac{(c+d/2)^2}{r^2}\right] \tag{3.7.5}$$

当 $r = e$ 时，筒壁的环向拉应力最大

$$\sigma_{t\max} = \left[\frac{(c + d/2)^2 + e^2}{(c + d/2)^2 - e^2}\right]\frac{d}{2e}\tau$$

令 $\sigma_{t\max} = f_t$，上式可改写为

$$\tau = \left[\frac{(c + d/2)^2 - e^2}{(c + d/2)^2 + e^2}\right]\frac{2e}{d}f_t \tag{3.7.6}$$

为了求τ的极值，将上式对 e 求导，由 $d\tau/de = 0$ 得

$$e = 0.486(c + d/2) \approx c/2 + d/4 \tag{3.7.7}$$

将上式代入式（3.7.6），得到按部分开裂弹性计算的τ_{cr}公式

$$\tau_{cr} = (0.3 + 0.6c/d)f_t \tag{3.7.8}$$

上式的计算值为 τ_{cr} 的下限值。

滕智明[3.16]引用 Tepfers 给出的内裂缝临界半径 e，提出按部分开裂塑性计算［图 3.7.3（c）］的公式：

$$\tau_{cr} = (0.5 + c/d)f_t \tag{3.7.9}$$

按上式计算的 τ_{cr} 值与试验结果吻合较好。

上面说明了粘结强度的确定方法，着重说明了理论分析方法。下面给出两种粘结强度计算模型。

2. 锚固粘结强度计算模型

这种计算模型用于确定钢筋的锚固长度、搭接长度和保护层厚度，所用的试验资料为拔出试验或梁式试验结果。文献[3.18]根据对国内试验资料的研究分析，给出了适合于我国月牙纹钢筋的微滑移粘结强度 τ_s、劈裂粘结强度τ_{cr}、极限粘结强度τ_u 及残余粘结强度的计算公式

$$\tau_s = 0.99f_t \qquad (l_a = 5d) \tag{3.7.10}$$

$$\tau_{cr} = (0.82 + 0.9d/l_a)(1.6 + 0.7c/d)f_t \tag{3.7.11}$$

$$\tau_u = (0.82 + 0.9d/l_a)(1.6 + 0.7c/d + 20\rho_{sv})f_t \tag{3.7.12}$$

$$\tau_r = 0.98f_t \tag{3.7.13}$$

式中，c 为保护层厚度；d 为钢筋直径；l_a 为钢筋埋长；ρ_{sv} 为横向钢筋的配筋率。上列各式中，当 $c/d > 4.5$ 时，取 $c/d = 4.5$。

上述公式是根据单根直钢筋的粘结锚固试验结果建立的，没有考虑钢筋的机械锚固作用（即弯钩、弯折、贴焊钢筋、墩头、焊锚板等）和钢筋接头的影响。为此，文献[3.18]在大量构件试验的基础上，给出了考虑机械锚固的锚固粘结强度 τ_{um}[式(3.7.14)]和搭接粘结强度，τ_{crt}，τ_{ut}，τ_{rt}，[式(3.7.15) ~ 式(3.7.17)]的计算公式：

$$\tau_{um} = \phi\,\tau_u + \psi\left(\frac{d}{\pi\, l_d}\right)f_t \tag{3.7.14}$$

$$\tau_{crt} = (0.7 + 2.5d/l_s)(0.5 + 0.6c/d)f_t \tag{3.7.15}$$

$$\tau_{ut} = (0.7 + 2.5d/l_s)(0.5 + 0.6c/d + 55\rho_{sv})f_t \tag{3.7.16}$$

$$\tau_{rt} = 0.75f_t \tag{3.7.17}$$

式中，τ_u 为极限粘结强度，按式(3.7.12) 计算；ϕ 为考虑机械锚固对直锚段粘结强度的影响系数，按表 3.7.1 取值；ψ 为机械锚固形式系数，按表 3.7.1 取值；l_s 为搭接长度。

机械锚固系数 表 3.7.1

锚固类型	直筋	弯钩	贴焊筋	墩头	焊锚板
ϕ	1.00	1.05	1.10	1.05	1.05
ψ	0	70	60	33	33

文献[3.19]给出的确定锚固粘结强度公式为：

$$\tau_u = \left(1 + 2.51c/d + 41.6d/l + \frac{A_{sv}f_{yv}}{4.33d_{sv}s_{sv}}\right)\sqrt{f'_c} \tag{3.7.18}$$

式中，d_{sv}，s_{sv} 为箍筋的直径和间距；A_{sv} 为箍筋的计算面积；f'_c为混凝土圆柱体抗压强度；c 取梁底面、侧面保护层厚度及钢筋净距之半三者中的最小值；d 为钢筋直径；f_{yv} 为箍筋的屈服强度。

式（3.7.18）只适用于 $c/d \leqslant 2.5$ 的情况，用于锚固及搭接粘结强度计算时与试验结果符合较好。

3. 局部粘结强度计算模型

这种计算模型用于确定局部粘结应力与局部滑移关系曲线上某些特征点的粘结强度，为有限元分析模型提供可靠的力学模型，所用的试验资料为短埋长的拔出试验或埋长较大的轴拉试验或梁式试验的轴拉段的试验结果。

文献[3.20]根据短埋长的拔出试验结果，给出了光圆钢筋和螺纹钢筋的 τ_s，τ_{cr}，τ_u 及τ_r 的计算公式：

光圆钢筋

$$\tau_s = \lambda\xi f_t \tag{3.7.19}$$

式中，λ 为位置系数，$\lambda = \frac{l_a}{2.5c}$，当 $l_a/c > 2.5$ 时，$\lambda = 1$；l_a 为锚固长度；ξ 为系数，取决于作用在混凝土的三向应力场。

$$\tau_u = \tau_{cr} < 0.4\xi\lambda\left(\frac{2}{3}\frac{c}{d} + \frac{1}{3}\right)f_t + 30r\frac{A_{sv}}{sd} + 0.4P_y \tag{3.7.20}$$

式中，ξ 为系数，混凝土浇筑方向与主筋方向一致时，$\xi = 1$，与主筋方向垂直时，$\xi = 2/3$；r 为与箍筋形式有关的系数，环箍取 1，井式箍取 1/2，平行箍取 1/4；A_{sv}，s 为箍筋的面积和间距；d 为主筋直径；P_y 为作用于混凝土与钢筋交界面上的外部压力。

式（3.7.20）中第二项常数 30 的量纲为 MPa，并要求$\frac{c}{d} \leqslant 6$ 以及 $0.4\xi\left(\frac{2}{3}\frac{c}{d} + \frac{1}{3}\right) \geqslant \xi$。

螺纹钢筋

$$\tau_s = \lambda\xi f_t \tag{3.7.21}$$

$$\tau_{cr} = \frac{1}{3}\xi\lambda\left(1 + 2\frac{c}{d}\right)f_t + 80r\frac{A_{sv}}{sd} + \frac{1}{4}P_y \tag{3.7.22}$$

$$\tau_u = \frac{1}{3}\xi\lambda f_c + \frac{8}{3}r\frac{A_{sv}}{sd_t}f_{yv} + \frac{1}{3}P_y \tag{3.7.23}$$

$$\tau_r = 0.12\xi\lambda f_c + 0.3\frac{A_{sv}}{sd_t}f_t\sqrt{f_{yv}} + 1.4P_y \tag{3.7.24}$$

$$(P_y \leqslant f_c/6)$$

式中，d_t 为主筋周围箍筋的等效直径；f_{yv} 为箍筋的屈服强度；f_c 为混凝土的抗压强度。

式（3.7.22）第二项系数 80 的量纲以及式（3.7.23）中 f_{yv} 的量纲均为 MPa，并要求 $c/d \leqslant 6$。

3.7.3 单调荷载下粘结应力－滑移本构模型

在钢筋混凝土结构非线性有限元分析中，当采用分离式有限元模型时，需要局部粘结应力－滑移本构模型。目前提出的粘结应力－滑移计算模型大致可分为两类：一类是分段折线（曲线）模型[3.18],[3.20]~[3.23]；另一类是连续曲线模型。建立 $\tau-s$ 曲线主要采用两种方法，一种是半理论半经验方法，另一种是直接根据试验结果用回归分析求得经验公式。

1. 分段折线（曲线）模型

将粘结－滑移曲线简化为三段式[3.20]~[3.22]、五段式[3.23]、六段式[3.20]等，如图 3.7.4 所示。确定了 $\tau-s$ 曲线上各个粘结应力和滑移的特征值后，以折线或简单曲线相连，即构成完整的 $\tau-s$ 本构模型。模式规范 CEB-FIP MC90[3.23]建议的五段式模型如图 3.7.5 所示，参数值见表 3.7.2。

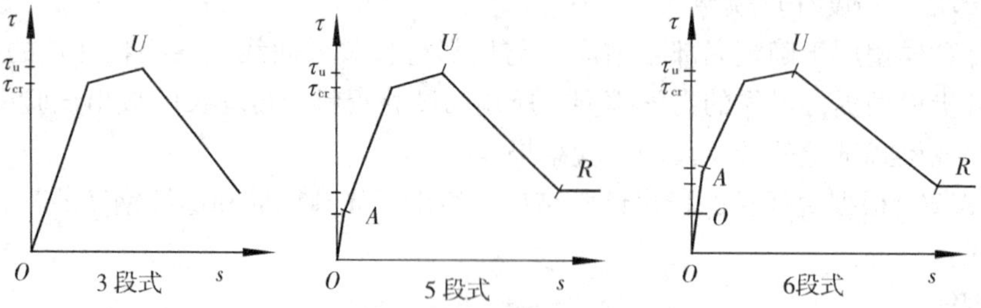

图 3.7.4 多段式折线 $\tau-s$ 模型

$\tau-s$ 曲线的特征值 **表 3.7.2**

约束状态 破坏性态	粘结 状态	粘结应力		滑移/mm		
		τ_u	τ_{cr}/τ_u	s_1	s_2	s_3
无约束 劈裂破坏	良好	$2\sqrt{f_c}$	0.15	0.60	0.60	1.0
	一般	$\sqrt{f_c}$				2.5
有约束 钢筋拔出	良好	$2.5\sqrt{f_c}$	0.40	1.0	3.0	钢筋横肋 净间距
	一般	$1.25\sqrt{f_c}$				

文献[3.24]在大量试验研究的基础上，建立了如下的 $\tau-s$ 关系式

$$\tau = \phi(s)\psi(x) \qquad (3.7.25)$$

式中，$\phi(s)$ 为由基准试件的平均 $\tau-s$ 关系得出的相应于 τ 的滑移函数；$\psi(x)$ 为反映 τ 沿钢筋不同位置变化的位置函数；x 为钢筋上的计算点离开加载端或裂缝处的距离。

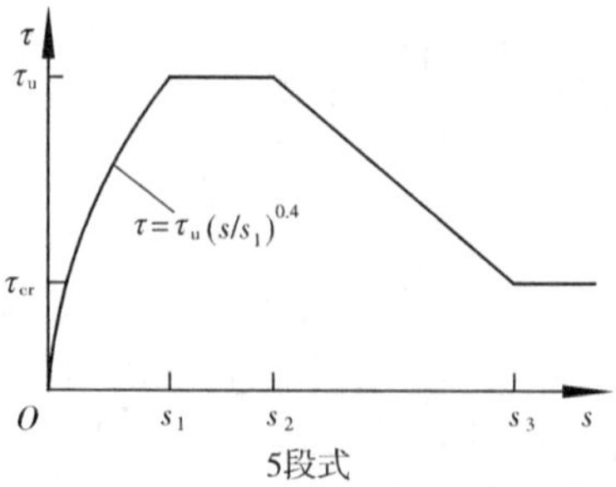

图 3.7.5 模式规范 CEB-FIP MC90 的 $\tau-s$ 关系

$\phi(s)$ 分三段计算

上升段 $\phi(s) = k_1 s + k_2 s^2 \qquad (s \leqslant s_u) \qquad (3.7.26)$

$$k_1 = \tau_{cr} s_u^2 - \frac{\tau_u s_{cr}^2}{s_{cr} s_u (s_u - s_{cr})}$$

$$k_2 = \tau_{cr} s_u \frac{\tau_u s_{cr}}{s_{cr} s_u (s_u - s_{cr})}$$

下降段 $$\phi(s) = \tau_u - (\tau_u - \tau_r) \frac{s - s_u}{s_r - s_u} \quad (s_u \leqslant s \leqslant s_r) \tag{3.7.27}$$

残余段 $$\phi(s) = \tau_r \tag{3.7.28}$$

式中，s_{cr}，s_u，s_r 分别为相应于劈裂粘结强度τ_{cr}、极限粘结强度τ_u 和残余粘结强度τ_r 的滑移值，$s_{cr} = 0.024d$，$s_u = 0.0368d$，$s_r = 0.54d$，d 为钢筋直径。

$$\tau_{cr} = (1.6 + 0.7c/d) f_t$$

$$\tau_u = (1.6 + 0.7c/d + 20\rho_{sv}) f_t$$

$$\tau_r = 0.98 f_t$$

位置函数 $\psi(x)$ 按下列公式计算：

锚固粘结情况 $$\psi(x) = \left(1 + \frac{x}{l}\right)^4 \sin\left(\frac{\pi x}{l}\right) \tag{3.7.29}$$

缝间粘结情况 $$\psi(x) = 1.5 \sin\left(\frac{\pi x}{l}\right) \tag{3.7.30}$$

式中，l 为锚固长度。

2. 半理论半经验的连续曲线模型

(1) 光圆钢筋

大连理工大学[3.28]对配有光圆钢筋的轴拉试件（图 3.7.6）和简支梁试件（图 3.7.7）进行了粘结－滑移试验，根据光圆钢筋与混凝土界面间的应力及滑移沿试件长度的分布特点（图 3.7.6），以钢筋应力分布规律为出发点，用平衡和变形协调条件建立了粘结应力τ 与滑移量 s 间的关系式。

在简支梁的纯弯段，取一典型裂缝面到距离为 x 的截面，并取高度为 $2a$（a 为钢筋重心至梁底面的距离）的部分为脱离体，即近似把该脱离体视为轴拉试件，如图 3.7.7 所示。根据裂缝间钢筋应力分布的特点（图 3.7.6），取 x 处的钢筋应力 σ_{sx} 为：

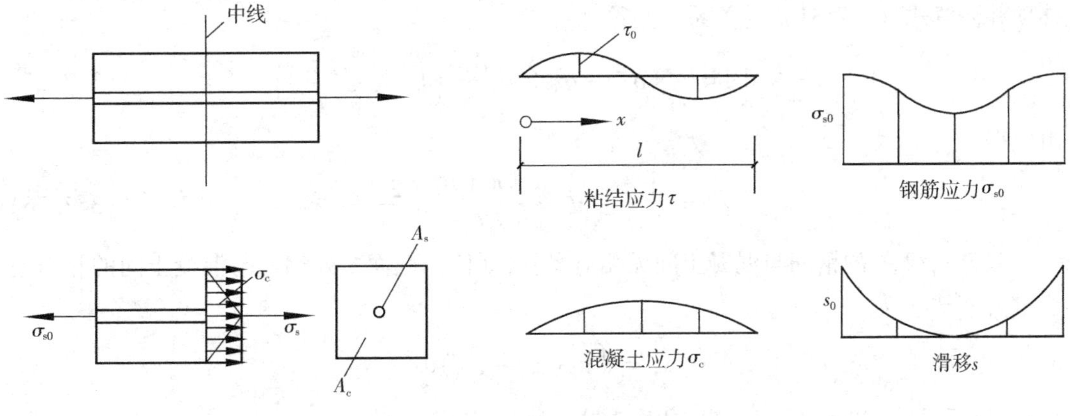

图 3.7.6 光圆钢筋轴拉试件粘结应力及滑移沿试件长度的分布

$$\sigma_{sx} = \sigma_{s0} - B\left(1 - \cos\frac{2\pi x}{l_{cr}}\right) \tag{3.7.31}$$

式中，σ_{s0} 为裂缝截面处的钢筋应力；l_{cr} 为裂缝间距；B 为常数。相应的钢筋应变 ε_{sx} 为

$$\varepsilon_{sx} = \frac{\sigma_{s0}}{E_s} - \frac{B}{E_s}\left(1 - \cos\frac{2\pi x}{l_{cr}}\right) \tag{3.7.32}$$

式中，E_s 为钢筋的弹性模量。

在纯弯段，混凝土即将开裂前，各截面受拉区都呈现出很大的塑性变形，使纵向受力钢筋附近的混凝土拉应力沿横向呈现均匀分布。混凝土开裂后，裂缝截面两边的混凝土均匀回缩，但裂缝间钢筋附近的混凝土应力沿横向仍可视为均匀分布。因此，可假设混凝土的应力 σ_{cx} 在 $2a$ 范围内为均匀分布，则由图 3.7.7 中 x 方向的平衡条件得

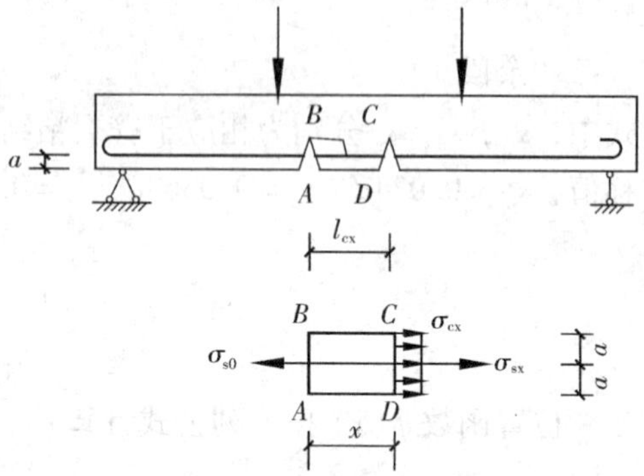

图 3.7.7　梁式构件的缝间脱离体计算简图

$$\sigma_{s0}A_s = \sigma_{sx}A_s + 2ab\sigma_{cx}$$

由上式可得 x 截面处混凝土应力 σ_{cx} 及应变 ε_{cx}

$$\sigma_{cx} = \frac{A_s}{2ab}(\sigma_{s0} - \sigma_{sx}) = \frac{A_sB}{2ab}\left(1 - \cos\frac{2\pi x}{l_{cr}}\right) \tag{3.7.33}$$

$$\varepsilon_{cx} = \frac{A_sB}{2abE_c}\left(1 - \cos\frac{2\pi x}{l_{cr}}\right) \tag{3.7.34}$$

式中，b 为梁宽；a 为钢筋重心至梁底的厚度；A_s 为钢筋面积；E_c 为混凝土的弹性模量。

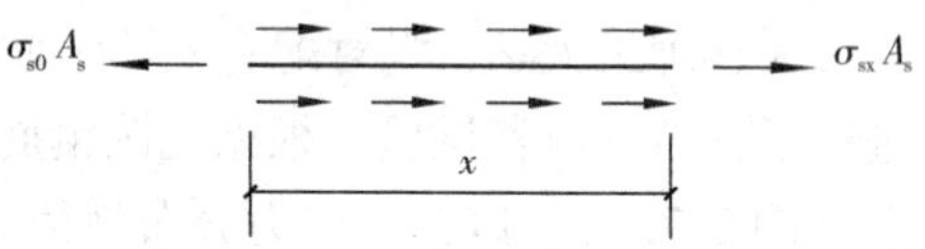

图 3.7.8　受拉钢筋脱离体图

取裂缝截面 o 到距离为 x 的截面之间的受力钢筋为脱离体（图3.7.8），并用τ_ξ 表示 o 至 x 范围内任一点钢筋表面的粘结应力，τ_x 表示截面 x 处的钢筋表面的粘结应力，s_1 表示单位长度上钢筋的表面积，则由平衡条件可得

$$\sigma_{s0}A_s = \sigma_{sx}A_s + \int_0^x \tau_\xi s_1 \mathrm{d}\xi$$

移项并注意式（3.7.31）的关系，则得

$$\int_0^x \tau_\xi \mathrm{d}\xi = \frac{A_s}{s_1}(\sigma_{s0} - \sigma_{sx}) = \frac{A_sB}{s_1}\left(1 - \cos\frac{2\pi x}{l_{cr}}\right) \tag{3.7.35}$$

由此得

$$\tau_x = \frac{\mathrm{d}}{\mathrm{d}x}\int_0^x \tau_\xi \mathrm{d}\xi = \frac{2\pi A_sB}{s_1 l_{cr}}\sin\frac{2\pi x}{l_{cr}} \tag{3.7.36}$$

假定 $l_{cr}/2$ 处的钢筋与混凝土间无相对滑移，则任一截面 x 处钢筋与混凝土间的相对滑移量 s_x 可表示为

$$s_x = \int_x^{l_{cr}/2}(\varepsilon_{sx} - \varepsilon_{cx})\mathrm{d}x$$

将式（3.7.32）和式（3.7.34）代入上式，得

$$s_{\mathrm{x}}=\int_{x}^{l_{\mathrm{cr}}/2}\left[\frac{\sigma_{\mathrm{s0}}}{E_{\mathrm{s}}}-\frac{B}{E_{\mathrm{s}}}\left(1-\cos\frac{2\pi x}{l_{\mathrm{cr}}}\right)-\left(\frac{A_{\mathrm{s}}B}{2abE_{\mathrm{c}}}\right)\left(1-\cos\frac{2\pi x}{l_{\mathrm{cr}}}\right)\right]\mathrm{d}x \tag{3.7.37}$$

由于在 $x=l_{\mathrm{cr}}/2$ 处，钢筋与混凝土间无相对滑移，即 $\varepsilon_{\mathrm{sx}}=\varepsilon_{\mathrm{cx}}$，故有

$$\frac{\sigma_{\mathrm{s0}}}{E_{\mathrm{s}}}-\frac{B}{E_{\mathrm{s}}}(1-\cos\pi)=\frac{BA_{\mathrm{s}}}{2abE_{\mathrm{c}}}(1-\cos\pi)$$

$$\sigma_{\mathrm{s0}}=2B+\frac{BA_{\mathrm{s}}}{ab}\alpha_{\mathrm{E}} \tag{3.7.38}$$

式中，$\alpha_{\mathrm{E}}=E_{\mathrm{s}}/E_{\mathrm{c}}$。

将式（3.7.38）代入式（3.7.37）并积分、简化后得

$$s_{\mathrm{x}}=B\left(\frac{A_{\mathrm{s}}}{2abE_{\mathrm{c}}}+\frac{1}{E_{\mathrm{s}}}\right)\left(\frac{l_{\mathrm{cr}}}{2}-x-\frac{l_{\mathrm{cr}}}{2\pi}\sin\frac{2\pi x}{l_{\mathrm{cr}}}\right) \tag{3.7.39}$$

由式（3.7.36）和式（3.7.39）消去 B，得

$$\tau_{\mathrm{x}}=\frac{2\pi A_{\mathrm{s}}E_{\mathrm{c}}\sin\dfrac{2\pi x}{l_{\mathrm{cr}}}}{s_1 l_{\mathrm{cr}}\left(\dfrac{A_{\mathrm{s}}}{2ab}+\dfrac{1}{\alpha_{\mathrm{E}}}\right)\left(\dfrac{l_{\mathrm{cr}}}{2}-x-\dfrac{l_{\mathrm{cr}}}{2\pi}\sin\dfrac{2\pi x}{l_{\mathrm{cr}}}\right)}s_{\mathrm{x}} \tag{3.7.40}$$

在有限元分析中，常取裂缝截面附近的粘结应力与滑移量的关系为计算依据，而不考虑 x 变化对 $\tau-s$ 关系的影响，即取 x 为定值。根据文献[3.28]的试验资料，当取 x 为 $0.2l_{\mathrm{cr}}$ 时，与光圆钢筋的试验结果符合较好，如图 3.7.9 所示。

在应用式（3.7.40）时，对各 x 点达到峰值粘结应力后的粘结－滑移关系按下述原则确定：在裂缝附近一倍钢筋直径范围内，认为已发生粘结破坏，τ_{x} 降为零，$\tau_{\mathrm{x}}-s_{\mathrm{x}}$ 关系为垂直下降段，如图 3.7.9 所示的虚线。在离开裂缝截面大于或等于一倍钢筋直径范围内，认为 τ_{x} 保持为峰值粘结应力，$\tau_{\mathrm{x}}-s_{\mathrm{x}}$ 关系为水平直线，如图 3.7.9 所示的实线。

（2）变形钢筋

变形钢筋轴拉试验的粘结应力和滑移沿钢筋纵向的分布，与图 3.7.6 所示的光圆钢筋轴拉试验的分布规律相似，但具体数值不同。文献[3.28]采用配有我国月牙纹钢筋的梁式试件进行了缝间粘结试验研究，并根据试验结果，采用与上述光圆钢筋相同的方法，建立了适用于我国目前广泛应用的月牙纹钢筋的 $\tau-s$ 关系式

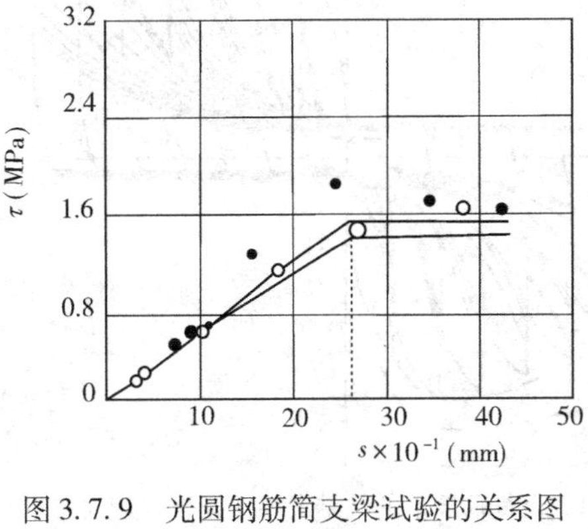

图 3.7.9　光圆钢筋简支梁试验的关系图

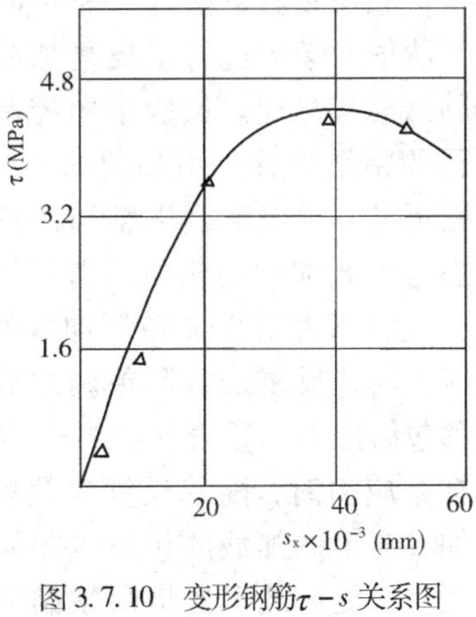

图 3.7.10　变形钢筋 $\tau-s$ 关系图

$$\tau_x = \frac{2\pi A_s E_c \sin\dfrac{2\pi x}{l_{cr}}(25.36\times10^{-1}s_x - 5.04\times10 s_x^2 + 0.29\times10^3 s_x^3)}{s_1 l_{cr}\left(\dfrac{A_s}{2ab}+\dfrac{1}{\alpha_E}\right)\left(\dfrac{l_{cr}}{2} - x - \dfrac{l_{cr}}{2\pi}\sin\dfrac{2\pi x}{l_{cr}}\right)} \tag{3.7.41}$$

式中符号意义同式（3.7.40）。

式（3.7.41）的计算结果（图中的实线）与试验结果（图中的三角形）比较见图3.7.10，可见与试验结果符合较好。

3. 连续曲线模型

Nilson 根据 Bresher 和 Bertero 的部分试验结果，提出了 $\tau-s$ 关系式

$$\tau = 9.78\times10^2 s - 5.72\times10^4 s^2 + 8.35\times10^5 s^3 \tag{3.7.42}$$

式中，τ的量纲为 N/mm^2，s 的量纲为 mm。

Houdle 和 Mirga 通过试验提出的 $\tau-s$ 关系式为：

$$\tau = (5.30\times10^2 s - 2.52\times10^4 s^2 + 5.86\times10^5 s^3 - 5.47\times10^6 s^4)\sqrt{\frac{f'_c}{40.7}} \tag{3.7.43}$$

式中，f'_c 为混凝土圆柱体轴心抗压强度（N/mm^2）。

上述模式对影响粘结强度的主要因素（如混凝土强度、保护层厚度、钢筋直径等）未考虑或考虑较少，与实际情况差异较大。为此，清华大学滕智明等[3.25]根据 92 个短埋拔出试件［埋入长度 $l=(2\sim5)d$，d 为钢筋直径］和 92 个轴拉混凝土试件（混凝土强度为 7.5～96MPa，钢筋直径 $d=12\sim32$mm）的试验结果，给出了局部粘结应力与滑移的关系式：

$$\tau = (61.5s - 693s^2 + 3.14\times10^3 s^3 - 0.478\times10^4 s^4) f_t \sqrt{c/d}\cdot F(x)$$

$$F(x) = \sqrt{4\frac{x}{l}\left(1-\frac{x}{l}\right)} < 1.0 \tag{3.7.44}$$

式中，$F(x)$ 为粘结刚度分布函数；x 为至最近的横向裂缝的距离；l 为裂缝间距，$l>300$mm 时取 300mm。

3.7.4 反复荷载下粘结－滑移本构模型

1. 反复荷载下粘结滑移性能

清华大学曾进行了反复加载情况下的粘结滑移试验。试验中用控制滑移量所得的粘结滑移关系如图 3.7.11 所示。由图可见，反复荷载下粘结滑移包络线形态与单调加载的相似，当反复荷载下粘结应力不大于 80% 单调加载的极限粘结应力时，反复加载和单调加载的粘结滑移包络线基本重合；当大于 80% 的极限粘结应力时，随着反复次数增加，反复加载与单调加载的包络线差异也随之增大。反复荷载下的极限粘结应力约等

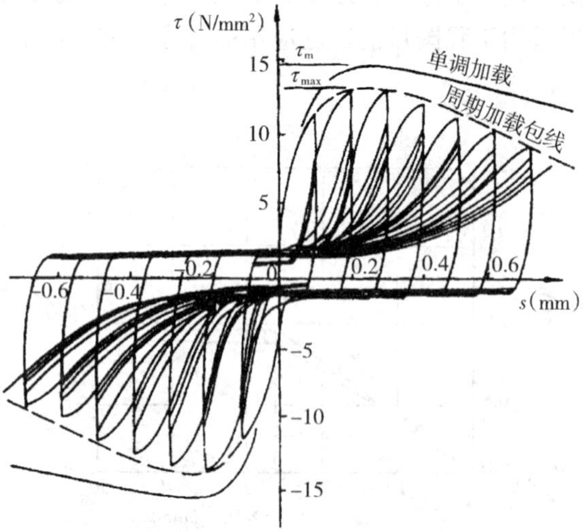

图 3.7.11　反复荷载下的粘结滑移曲线（控制滑移量）

于（0.8～0.9）τ_u（τ_u 为单调加载下的极限粘结应力），其粘结滑移包络线的下降段也较单调荷载为陡。

卸载时，粘结滑移关系基本为线性。摩擦粘结应力 τ_f 与卸载时的滑移值有关。摩擦粘结应力系数 α_f 可取常数 0.12。

用控制应力所得的反复荷载下粘结滑移关系如图 3.7.12 所示。可见，滑移量随反复荷载次数的增加而增加。

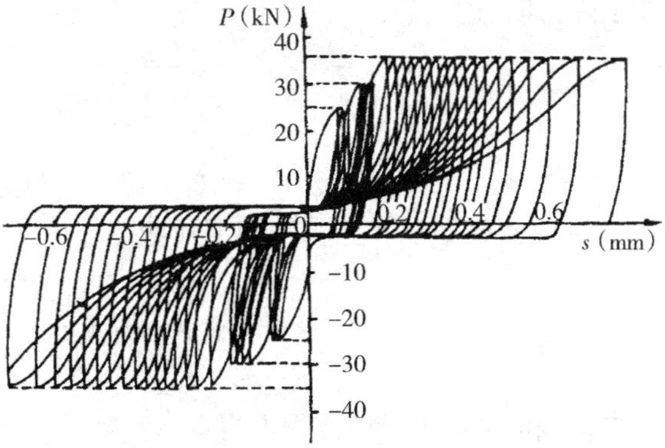

图 3.7.12　反复荷载下的粘结滑移曲线（控制应力）

2. 粘结－滑移本构关系

清华大学滕智明等提出的计算模型如图 3.7.13 所示。上升段为曲线，下降段为双直线，其数学表达式为：

$$\left.\begin{aligned}\tau &= \tau_{max}\left(\frac{s}{s_0}\right)^{0.4} & s &\leqslant s_0\\ \tau &= \tau_{max} - k_3(s - s_0) & s_0 &< s \leqslant s_{re}\\ \tau &= 1.5\text{N/mm}^2 & s &> s_{re}\end{aligned}\right\} \tag{3.7.45}$$

其中

$$\tau_{max} = 3.87 f_{ts}\left(\frac{c}{d}\right)^{0.35}$$

$$s_0 = 0.75\left(\frac{c}{d}\right)^2 + 0.3\rho_{sv}$$

式中，s_0 为最大粘结应力 τ_{max} 时的滑移量；k_3 为下降段刚度，取 $k_3 = 5\text{N/mm}^3$；f_{ts} 为混凝土劈拉强度；ρ_{sv} 为横向约束钢筋的配筋率；s_{re} 为残余粘结应力 τ_{re} 时的滑移量；c/d 为混凝土保护层厚度与钢筋直径之比。

卸载后加载的曲线亦如图 3.7.13 所示。其卸载刚度 $k_4 = 295\text{N/mm}^3$，摩擦粘结应力系数 $\alpha_f = 0.12$，粘结降低系数 $\alpha_d = 1 - \sqrt{N/40}$（$N$ 为反复次数）。

在给定滑移值 s_A（$s_A \leqslant s_0$）时第一次加载的粘结滑移曲线为 $OABCA'B'C'$，其表达式为：

$$\left.\begin{aligned}&\tau_A = -\tau'_A = \tau_{max}(s_A/s_0)^{0.4}\\ &\tau_B = -\alpha_f\tau_A, \qquad \tau'_B = -\alpha_f\tau'_A\\ &s_B = s_A - (\tau_A - \tau_B)/K_4, s'_B = -s_B\\ &s_c = s'_c = 0\end{aligned}\right\} \tag{3.7.46}$$

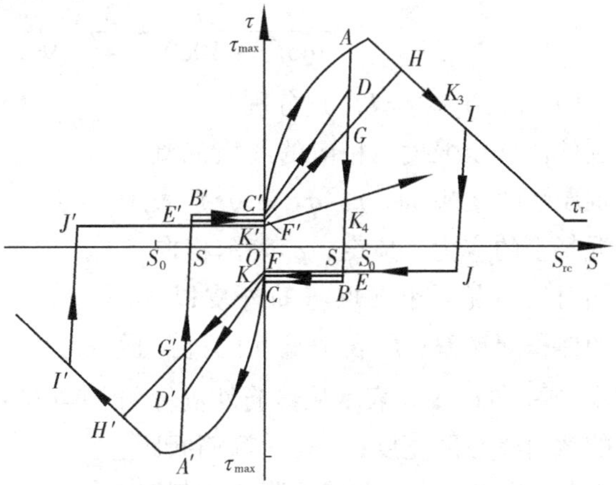

图 3.7.13　滕智明计算模型

在 $s_A \leqslant s_0$ 时反复加载的粘结滑移曲线为 $DED'E'F'$，C' 至 D 较第一次加载曲线下降，其表达式为：

$$\left.\begin{aligned}\tau_D &= \alpha_d \tau_A \\ s_D &= s_A - (\tau_A - \tau_B)/K_4 \\ \tau'_D &= \alpha_d \tau'_A, s'_D = -s_D\end{aligned}\right\} \tag{3.7.47}$$

在 $s_I > s_0$ 时反复加载粘结滑移曲线 $F'HIJKH'I'J$，其表达式为：

$$\begin{aligned}\tau_H &= \tau_{max} - (s_H - s_0)K_3 \\ \tau_I &= -\tau'_I = \tau_{max} - (s_I - s_0)K_3 \\ \tau_J &= -\alpha_f \tau_I, \tau'_J = -\alpha_f \tau'_I\end{aligned} \tag{3.7.48}$$

式中，s_H 和 s'_H 可用线性方程求得。

3.8 约束混凝土的应力–应变关系

约束混凝土的应力–应变关系是钢筋混凝土结构非线性分析中的一个重要内容。目前，国内外研究者提出了众多的约束混凝土的应力–应变关系，本节仅介绍几种典型的约束混凝土应力–应变关系。

1. 改进的 Kent-Park 模型

1971 年，Kent 和 Park 基于试验结果，提出了 Kent-Park 模型[3.38]，该模型不考虑矩形箍筋对约束混凝土强度的提高作用。1982 年，Park 等[3.39]对 Kent-Park 模型进行改进，考虑矩形箍筋对约束混凝土强度的提高作用，如图 3.8.1 所示，其表达式如下：

$$\sigma = Kf'_c\left[\frac{2\varepsilon_c}{0.002K} - \left(\frac{\varepsilon_c}{0.002K}\right)^2\right] \quad (0A: \varepsilon_c \leqslant 0.002K) \tag{3.8.1}$$

$$\sigma = Kf'_c[1 - Z(\varepsilon_c - 0.002K)] \geqslant 0.2Kf'_c \quad (AB: 0.002K < \varepsilon_c \leqslant \varepsilon_{20c}) \tag{3.8.2}$$

$$\sigma = 0.2Kf'_c \quad (BC: \varepsilon_c \geqslant \varepsilon_{20c}) \tag{3.8.3}$$

其中

$$Z = \frac{0.5}{\dfrac{3 + 0.29f'_c}{145f'_c - 1000} + \dfrac{3}{4}\rho_v\sqrt{\dfrac{b'}{s}} - 0.002K}, \quad K = 1 + \rho_v \frac{f_{yv}}{f'_c}$$

式中：f'_c、f_{cc}（$=Kf'_c$）分别为混凝土圆柱体抗压强度、相应的约束混凝土抗压强度（N/mm²）；σ、ε_c分别表示混凝土的应力、应变；ρ_v表示横向箍筋对核心混凝土（取箍筋外皮以内）的体积配箍率；f_{yv}表示箍筋的抗拉强度（N/mm²）；b'表示从箍筋外皮量测的截面核心区宽度；s 表示箍筋间距；Z 表示应力–应变曲线下降段的斜率；其余符号意义见图 3.8.1。

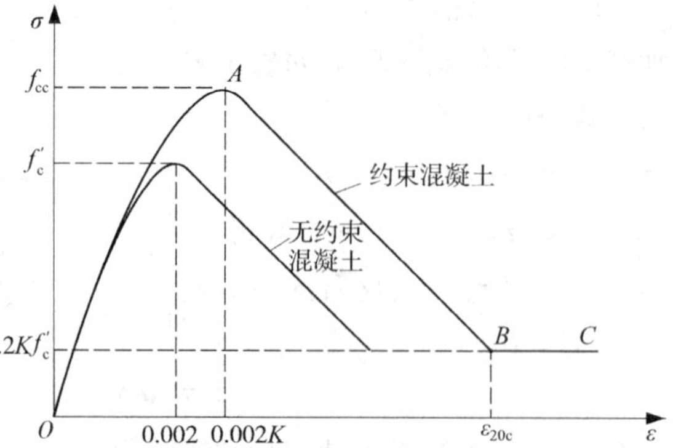

图 3.8.1　改进的 Kent-Park 约束混凝土应力–应变模型

2. Mander 模型

Mander 模型适用于多种截面形式和多种配箍方式。其应力-应变关系曲线的上升段和下降段（图 3.8.2）采用统一的曲线方程，即

$$\sigma = \frac{f_{cc}\left(\dfrac{\varepsilon}{\varepsilon_{cc}}\right) r}{r - 1 + \left(\dfrac{\varepsilon}{\varepsilon_{cc}}\right)^{r}} \tag{3.8.4}$$

$$r = \frac{E_c}{E_c - E_{sec}}$$

式中：E_{sec} 表示约束混凝土峰值点的割线模量，$E_{sec}=f_{cc}/\varepsilon_{cc}$；$E_c$ 表示混凝土的初始弹性模量；f_{cc}、ε_{cc} 表示约束混凝土抗压强度和相应的峰值应变。

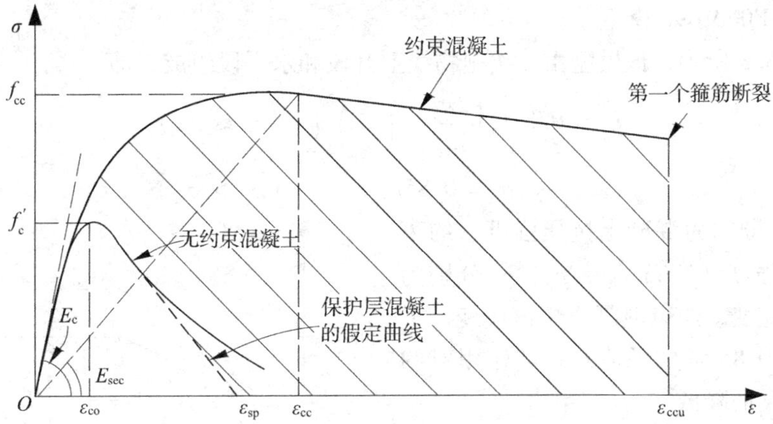

图 3.8.2　受压约束混凝土与无约束混凝土的应力-应变曲线

对于由螺旋形或圆形箍筋约束的混凝土，当箍筋中的应力达到其屈服强度 f_{yv} 时，在混凝土中产生最大有效横向压应力 f_l，其值可由平衡条件确定，即

$$f_l = 2f_{yv}A_{sv}/(d_s s) \tag{3.8.5}$$

式中：d_s 表示螺旋形或圆形箍筋的直径；A_{sv} 表示箍筋的面积；s 表示箍筋间距。

约束混凝土的抗压强度与横向钢筋屈服时所能达到的有效约束应力 f_l' 有关，f_l' 按下式计算[3.40]：

$$f_l' = kf_l \quad（对圆形截面） \tag{3.8.6}$$

$$f_{lx}' = k\rho_x f_{yv} \quad（对矩形截面的 x 方向） \tag{3.8.7}$$

$$f_{ly}' = k\rho_y f_{yv} \quad（对矩形截面的 y 方向） \tag{3.8.8}$$

式中：ρ_x、ρ_y 分别为用垂直于 x、y 方向的平面所截得的箍筋面积与其间距范围内核心混凝土有效截面面积的比值，$\rho_x=A_{sh}/(sb')$，$\rho_y=A_{sh}/(sa')$，其中 A_{sh} 表示计算方向的箍筋面积，b'和 a'分别为与 x 和 y 方向垂直的核心截面尺寸（从箍筋外皮量测的截面核心区尺寸）；k 为有效约束系数，对圆柱截面取 0.95，对矩形柱截面取 0.75，对矩形墙截面取 0.6。

如图 3.8.2 所示，箍筋的约束作用是提高了混凝土的抗压强度和极限应变。受箍筋约束的圆形截面或在正交的 x、y 两方向有相等有效约束应力 f_l' 的矩形截面的抗压强度 f_{cc} 与

无约束混凝土抗压强度f'_c之比按下式计算[3.40]：

$$\frac{f_{cc}}{f'_c}=\left(-1.254+2.254\sqrt{1+\frac{7.94f'_l}{f'_c}}-\frac{2f'_l}{f'_c}\right) \tag{3.8.9}$$

与约束混凝土抗压强度f_{cc}相应的峰值应变ε_{cc}（用箍筋断裂时的应变能和由混凝土吸收的能量增量相等的条件确定，如图3.8.2的阴影线部分）为

$$\varepsilon_{cc}=0.002[1+5(f_{cc}/f'_c-1)] \tag{3.8.10}$$

受箍筋约束混凝土的极限压应变ε_{ccu}为

$$\varepsilon_{ccu}=0.004+\frac{1.4\rho_v f_{yv}\varepsilon_{sm}}{f_{cc}} \tag{3.8.11}$$

式中：ε_{sm}表示拉应力达最大时的钢筋应变；ρ_v表示箍筋的体积配箍率，对于矩形截面，取$\rho_v=\rho_x+\rho_y$。

3. CEB FIP MC90 模型

如图3.8.3所示，该模型由二次抛物线上升段和水平段组成，即

$$\sigma=0.85f_{cc}\left[\frac{2\varepsilon_c}{\varepsilon_{cc}}-\left(\frac{\varepsilon_c}{\varepsilon_{cc}}\right)^2\right]\quad(\varepsilon_c\leqslant\varepsilon_{cc}) \tag{3.8.12}$$

$$\sigma=0.85f_{cc}\qquad(\varepsilon_c>\varepsilon_{cc}) \tag{3.8.13}$$

式中：f_c、f_{cc}分别为混凝土抗压强度、约束混凝土抗压强度（N/mm^2）；ε_c、ε_{cc}分别为约束混凝土应变、约束混凝土峰值应变。上式中的系数0.85考虑了荷载长期作用对约束混凝土强度的降低。

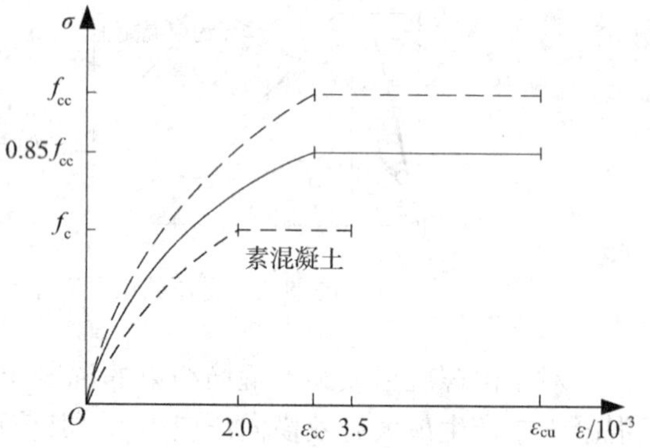

图3.8.3 CEB FIP MC90约束混凝土应力－应变模型

箍筋对核心混凝土的约束应力σ_2按下式确定：

$$\sigma_2=\frac{1}{2}\alpha_n\alpha_s\lambda_v f_c \tag{3.8.14}$$

$$\alpha_n=1-\frac{8}{3n},\quad\alpha_s=1-\frac{s}{2b_0}$$

式中：α_n、α_s分别考虑箍筋的水平约束长度b_0、箍筋围住的纵筋数量n和箍筋间距s的影响；λ_v表示配箍特征值。

约束混凝土抗压强度f_{cc}按下式计算：

$$f_{cc}=(1+5\sigma_2)f_c\qquad(\sigma_2\leqslant0.05f_c) \tag{3.8.15}$$

$$f_{cc}=(1.125+2.5\sigma_2)f_c\quad(\sigma_2\geqslant0.05f_c) \tag{3.8.16}$$

约束混凝土的峰值应变ε_{cc}和极限压应变ε_{cu}分别按下式确定：

$$\varepsilon_{cc}=0.002(f_{cc}/f_c)^2 \tag{3.8.17}$$

$$\varepsilon_{cu}=0.0035+0.2\frac{\sigma_2}{f_c} \tag{3.8.18}$$

4. 过镇海模型

定义配箍特征值λ_v为

$$\lambda_v = \rho_v \frac{f_{yv}}{f_c} \tag{3.8.19}$$

根据我国的约束混凝土的试验数据，过镇海等[3.41]针对配箍特征值λ_v的大小，建立了箍筋约束混凝土的两类应力－应变方程。曲线的上升段和下降段在峰值点连续，计算公式列于表3.8.1。

约束混凝土应力－应变全曲线方程　　表3.8.1

约束指标	$\lambda_v \leq 0.32$	$\lambda_v > 0.32$
抗压强度	$f_{cc} = (1+0.5\lambda_v)f_c$	$f_{cc} = (0.55+1.9\lambda_v)f_c$
峰值应变	$\varepsilon_{pc} = (1+2.5\lambda_v)\varepsilon_p$	$\varepsilon_{pc} = (-6.2+25\lambda_v)\varepsilon_p$
曲线方程 $x=\varepsilon/\varepsilon_{pc}$ $y=\sigma/f_{cc}$	$x \leq 1.0 \quad y = \alpha_{a,c}x + (3-2\alpha_{a,c})x^2 + (\alpha_{a,c}-2)x^3$ $x \geq 1.0 \quad y = \dfrac{x}{\alpha_{d,c}(x-1)^2 + x}$	$y = \dfrac{x^{0.68} - 0.12x}{0.37 + 0.51x^{1.1}}$

表3.8.1中：f_c、f_{cc}分别为混凝土抗压强度、约束混凝土抗压强度（N/mm^2）；ε_p、ε_{pc}分别为混凝土峰值应变、约束混凝土峰值应变；$\alpha_{a,c} = (1+1.8\lambda_v)\alpha_a$，$\alpha_{d,c} = (1-1.75\lambda_v^{0.55})\alpha_d$；$\alpha_a$、$\alpha_d$为素混凝土的曲线参数，对于C20和C30混凝土，当水泥强度等级为32.5时，$\alpha_a = 2.2$，$\alpha_d = 0.4$，当水泥强度等级为42.5时，$\alpha_a = 1.7$，$\alpha_d = 0.8$；对于C40混凝土（水泥强度等级为42.5），$\alpha_a = 1.7$，$\alpha_d = 2.0$。

参考文献

[3.1] Bazant ZP, Bhat PD. Endochronic Theory of Inelasticity and Failure of Concrete [J]. ASCE, 1980, 106 (EM5): 925~950

[3.2] Bazant ZP, Shieh CL. Hystertic Fracturing Endochronic Theory for Concrete [J]. ASCE, 1990, 116 (EM7)

[3.3] Yazdani S, Schreyer HL. Combined Plasticity and Damage Mechanics Model for Plain Concrete [J]. ASCE, 1990, 116 (EM7)

[3.4] Oliver J, Oller S, Onate E. A Plastic-Damage Model for Concrete. Inter Journal of Solids Structures [J]. 1989, 25 (3)

[3.5] 宋玉普，赵国藩．混凝土内时损伤本构模型［J］．大连理工大学学报，1990，30（5）

[3.6] Klisinski M. Plasticity Based on Fuzzy Sets [J]. ASCE, 1988, 114 (EM4)

[3.7] Ghaboussi J, Garrett JH, Wu X. Knowledge Based Modeling of Material Behavior with Neutral Networks [J]. ASCE, 1991, 117 (EM1)

[3.8] Saenz L. P. Disc. Of Equation for the Stress-strain Curve of Concrete by Desayi and Krishnan [J]. Journal of ACI, 1964, 61 (9)

[3.9] 混凝土结构设计规范（GB 500010－2002）［S］．北京：中国建筑工业出版社，2002

[3.10] D. Darwin and D. A. Pecknold. Nonlinear Biaxial Stress-strain Law for Concrete [J]. ASCE, EMD,

ASCE 103（2），1977

[3.11] Ottosen NS. Constitutive Model for Short-time Loading of Concrete [J]. ASCE, 1979, 105 (EM1): 127~141

[3.12] Sargin M. Stress-strain Relationships for Concrete and the Analysis of Structural Concrete Sections [J]. Canada, 1971

[3.13] R. W. G. Blakeley, R. Park. Prestressed Concrete Sections with Cyclic Flexure [J]. Jour. of ASCE, ST8, 1978

[3.14] Park R, Paulay T. Reinforced Concrete Structures [M]. John Wiley and Son Inc, New York, 1975

[3.15] 过镇海，时旭东 编著．钢筋混凝土原理和分析 [M]．北京：清华大学出版社，2003

[3.16] 王传志，滕智明 主编．钢筋混凝土结构理论 [M]．北京：中国建筑工业出版社，1985

[3.17] R. Tepfers. Cracking of concrete cover along anchored deformed reinforcing bars [J]. Magazine of Concrete Research, March, 1979

[3.18] 徐有邻等．钢筋在混凝土中锚固和搭接的试验研究 [J]．混凝土结构研究报告集（3），北京：中国建筑工业出版社，1994

[3.19] Orangun C. O., Jirsa J. O., Breen J. E. A Revaluation of test data on development length and splices [J]. ACI, 1977, 74 (3)

[3.20] Tassios T. P. Properties of bond between concrete and steel under load cycles idealizing seismic actions [J]. Bulletin D' information, No. 131, CEB, 1979

[3.21] Hawkins N. M, Liu I. J, Jeang F. L. Local bond strength of concrete for cyclic reversed loadings [J]. Proceeding of the International Conference on Bond in Concrete, 1982: 151~161

[3.22] Nilson A. H. Internal measurement of bond-slip [J]. ACI. 1972, 69 (7): 439~441

[3.23] Comite Euro-International du Beton. Bulletin D'information No. 213/214 Model Code 1990 (Concrete Structures). Lausanne, may, 1993

[3.24] 徐有邻．钢筋混凝土粘结滑移本构关系的简化模型 [J]．工程力学，1997 年增刊

[3.25] Teng Zhiming, Lin Jin. Local bond stress-slip relationships for cyclic reversal loadings [J]. Tsinghua University, 1998

[3.26] Kuper H, Hilsdore H Kand Rush H. Behavior of concrete under biaxial stresses [J]. J. ACI, 1966, 66 (8): 656~666

[3.27] Elwi A A and Murray D W. A 3Dhypoelastic concrete constitutive relationship [J]. J. Eng. Mech. Div., ASCE, 1979, 105, EM4: 623~641

[3.28] 宋玉普，赵国藩．钢筋与混凝土间的粘结滑移性能研究 [J]．大连工学院学报，1987，26（2）

[3.29] Mazars J. Application de la mecanique de 1'endommagement au comportement non lineaire et a la rupture du beton de structure [D]. These de doctorat d' Etat. Univ. Paris VI, 1984

[3.30] Loland K E. Continuum damage model for load response estimation of concrete [J]. Cement and Concrete Research, 1980, 1: 395~402

[3.31] 余天庆．混凝土的分段损伤模型 [J]．岩石、混凝土断裂与强度，1982，2：14~16

[3.32] L. Resende. Computer methods in applied mechanics and engineering. 60, pp. 57 ~ 93, 1987

[3.33] Malvar L. J. , Ross C. A. Review of strain rate effects for concrete in tension. ACI Materials Journal, 95 (1998): 735 ~ 739

[3.34] Malvar L. J., Crawford J. E., Wesevich J. W., Simons D. Plasticity concrete material model for DYNA3D. International Journal of Impact Engineering, 19 (1997): 847 ~ 873

[3.35] 李淑春，刁波，叶英华．反复荷载作用下的混凝土损伤本构模型［J］．铁道科学与工程学报，2006，3（4）：12 ~ 17

[3.36] 魏雪英．爆炸冲击荷载下混凝土和砖砌体材料及结构的响应研究．西安建筑科技大学博士后研究工作报告，2007 年 1 月

[3.37] GB 50010-2010 混凝土结构设计规范［S］．北京：中国建筑工业出版社，2010

[3.38] Kent D. C., Park R. Flexural members with confined concrete [J]. Journal of the Structural Division, ASCE, 1971, 97 (ST7): 1969-1990

[3.39] Park R., Priestley M. J. N., Gill W. D. Ductility of square-confined concrete columns [J]. Journal of the Structural Division, ASCE, 1982, 108 (ST4): 929-951

[3.40] Mander J. B., Priestley M. J. N., Park R. Observed stress-strain behavior of confined concrete [J]. Journal of the Structural Engineering, ASCE, 1988, 114 (8): 1827-1849

[3.41] 过镇海，张秀琴，翁义军．箍筋约束混凝土的强度和变形［C］// 唐山地震十周年中国抗震防灾论文集．北京：城乡建设部抗震办公室等编，1986：143-150

第4章 混凝土结构非线性全过程分析

对于钢筋混凝土结构，一般采用有限元法进行非线性全过程分析。由于钢筋混凝土是由两种力学性能差异较大的材料组成，并且随着荷载增加而不断产生裂缝，因而要把有限元法用于钢筋混凝土结构分析，除应解决一般连续介质力学有限元分析问题外，还应考虑下列问题：混凝土的塑性性质；混凝土在不同应力状态下的强度准则和本构关系；钢筋与混凝土之间的粘结滑移关系；混凝土开裂处钢筋的销栓作用及骨料咬合特性等。

在钢筋混凝土结构有限元分析中，如果对上述各种因素所采用的数学模型与实际的力学性能很接近，以及对单元划分和采用的有限元分析模型比较合适，则计算结果将会令人满意。然而，要找到符合实际的力学模型需要做大量的工作。第2、3章分别介绍了材料的强度准则和本构关系，本章将对其他有关问题作一些分析讨论。

4.1 有限元分析模型

钢筋混凝土结构有限元分析模型的选用除应考虑求解问题的具体要求、计算精度及计算机容量外还要考虑结构自身的特点，即钢筋的模拟。目前应用的钢筋混凝土结构有限元分析模型主要有三种：整体式、分离式和组合式。近几年还提出一些新的模型，如嵌入式模型及嵌入式滑移模型等。

4.1.1 整体式模型

在整体式模型中，假定钢筋均匀分布在整个混凝土单元中，把单元视为连续均匀的材料，一次求得综合的单元刚度矩阵 $[K]$，即

$$[K] = \int [B]^{\mathrm{T}} [D] [B] \mathrm{d}V \tag{4.1.1}$$

$$[D] = [D_{\mathrm{c}}] + [D_{\mathrm{s}}] \tag{4.1.2}$$

式中，$[B]$为几何矩阵；$[D_{\mathrm{c}}]$和$[D_{\mathrm{s}}]$分别为混凝土和钢筋的弹性矩阵。

混凝土在开裂前可按一般匀质体计算，其弹性矩阵与一般匀质体的相同，如式(3.3.17) 中的弹性矩阵。随着荷载不断增加，混凝土开裂，裂缝陆续出现，其中$[D_{\mathrm{c}}]$应按第3章所述方法作相应的调整。钢筋的弹性矩阵表达式为

$$[D_{\mathrm{s}}] = E_{\mathrm{s}} \begin{bmatrix} \rho_{\mathrm{x}} & 0 & 0 & 0 & 0 & 0 \\ & \rho_{\mathrm{y}} & 0 & 0 & 0 & 0 \\ & & \rho_{\mathrm{z}} & 0 & 0 & 0 \\ \text{对} & & & 0 & 0 & 0 \\ & & & & 0 & 0 \\ & & \text{称} & & & 0 \end{bmatrix} \tag{4.1.3}$$

式中，E_s 为钢筋的弹性模量；ρ_x，ρ_y，ρ_z 分别为沿 x，y 和 z 方向的配筋率。

整体式模型可采用各种平面单元，如三角形单元、平面矩形单元、四节点或八节点等参单元等。

对钢筋沿整个构件分布较均匀的情况，如剪力墙及深梁等，或当所分析的结构较大，受计算机容量限制，无法将钢筋和混凝土分别划分单元，同时只要求解决结构在荷载作用下的总体反应（如结构的应力分布及总体位移等）时，采用整体式模型比较合适。但这种模型无法揭示钢筋与混凝土之间相互作用的微观机理。

4.1.2 分离式模型

分离式模型把混凝土和钢筋作为两种单元来处理，即把混凝土和钢筋分别划分为适当大小的单元，如图 4.1.1 所示。在平面问题中，混凝土和钢筋均可被划分为三角形或四边形单元［图 4.1.1（a）］。但考虑到钢筋相对于混凝土来说是细长的，若忽略其横向的抗剪作用，则可将钢筋作为一维杆单元来处理［图 4.1.1（b）］。如此处理可大大减少单元和节点数目，并可避免因钢筋单元划分过细而在钢筋与混凝土界面处采用过多的联结单元［4.1.1（c）］。

在荷载作用下，钢筋与混凝土之间在相互约束的同时会产生相对滑移，为模拟这种情况，可在钢筋与混凝土之间插入联结单元。一般采用双弹簧联结单元、四节点或六节点节理单元等。

分离式模型的单元刚度矩阵，除联结单元外，与一般的一维杆单元、平面单元或三维单元相同。联结单元的单元刚度矩阵将在 4.2 节介绍。

分离式模型可揭示钢筋与混凝土之间相互作用的微观机理，在需要对结构构件内微观受力机理进行分析研究时，采用这种模型比较合适。但这种模型对计算机容量和速度要求较高，且对大型结构的分析是难以实现的。

4.1.3 组合式模型

该模型假定钢筋与混凝土之间相互粘结很好，不产生相对滑移。在单元分析时，分别求得混凝土和钢筋对单元刚度矩阵的贡献，组成一个复合的单元刚度矩阵。组合式模型主要有两种：即分层组合式；钢筋与混凝土复合单元。

1. 分层组合式

对于受弯构件，该方法是将构件沿纵向分成若干单元，再将每个单元在其横截面上分成许多混凝土条带和钢筋条带，并假定每一条带上的混凝土应力或钢筋应力均匀分布，截面应变符合平截面假定。根据混凝土和钢筋的实际应力－应变关系及截面平衡条件可计算出截面的内力，如图 4.1.2 所示；也可计算截面的弯矩－曲率关系。

下面以受弯构件为例，说明具体计算方法。

1）加一级荷载求得该截面的弯矩增量 ΔM，计算截面的曲率增量 $\Delta\varphi_k$ 及当前荷载下的截面曲率 φ_k

$$\Delta\varphi_k = \frac{\Delta M}{(EI)_k} \qquad \varphi_k = \varphi_{k-1} + \Delta\varphi_k \tag{4.1.4}$$

式中，$(EI)_k$ 表示第 k 级荷载作用瞬时的截面刚度；φ_{k-1}，φ_k 分别表示第 $k-1$、k 级荷载作用瞬时的截面曲率。

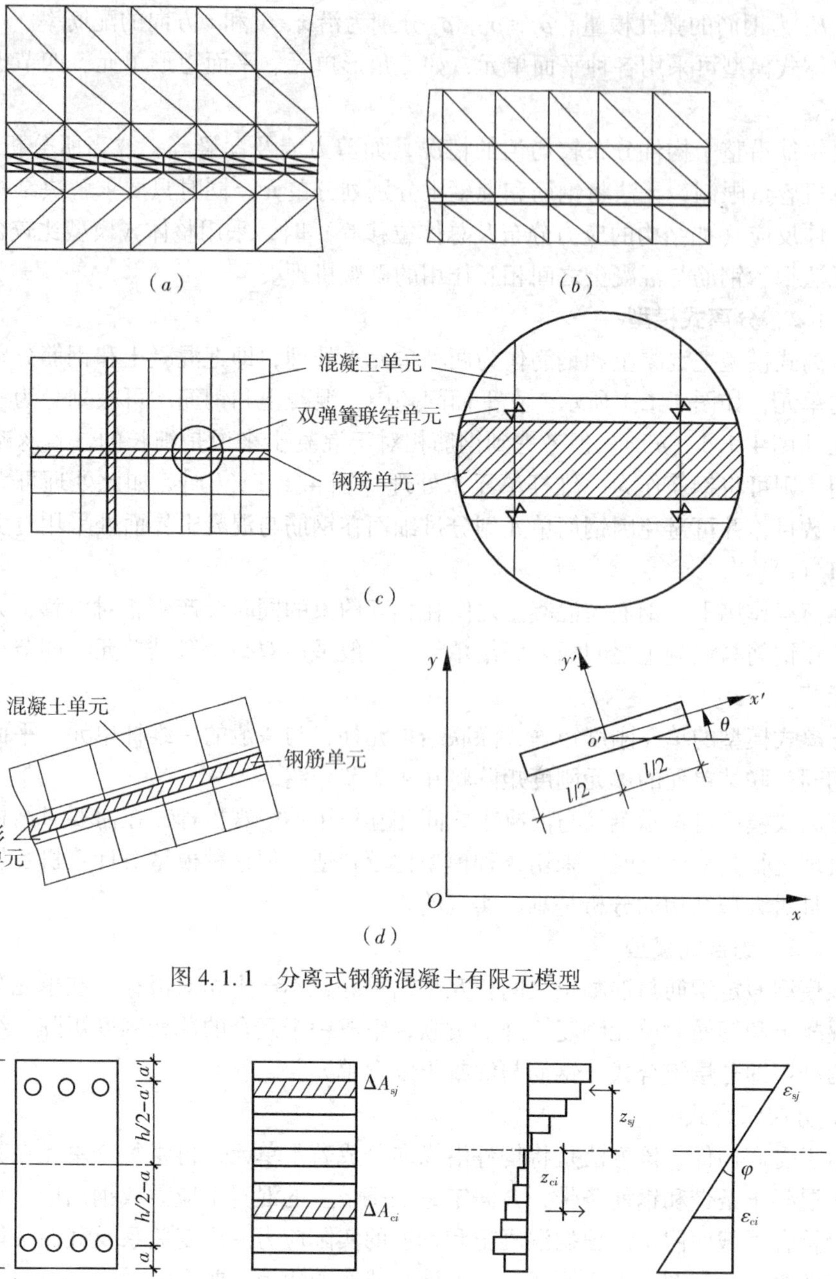

图 4.1.1　分离式钢筋混凝土有限元模型

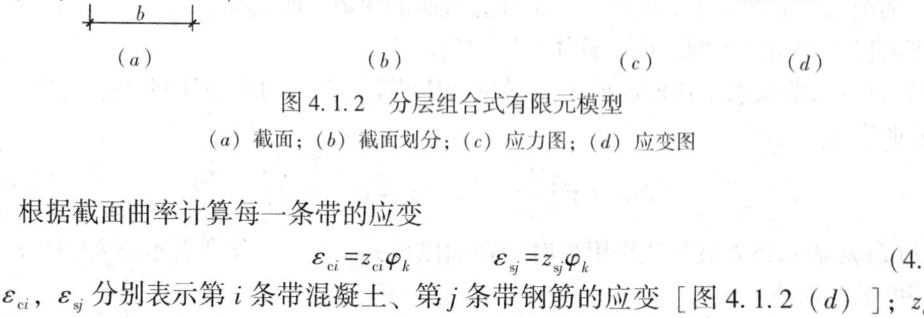

图 4.1.2　分层组合式有限元模型

(a) 截面；(b) 截面划分；(c) 应力图；(d) 应变图

2）根据截面曲率计算每一条带的应变

$$\varepsilon_{ci}=z_{ci}\varphi_k \qquad \varepsilon_{sj}=z_{sj}\varphi_k \tag{4.1.5}$$

式中，ε_{ci}，ε_{sj} 分别表示第 i 条带混凝土、第 j 条带钢筋的应变［图 4.1.2（d）］；z_{ci}，z_{sj} 分别表示第 i 条带混凝土、第 j 条带钢筋至截面中和轴的距离，如图 4.1.2（c）所示。

3）由钢筋与混凝土的应力-应变关系求出每一条带的钢筋应力 σ_{sj} 或混凝土应力 σ_{ci}。

4）求出每一条带的混凝土作用力 N_{ci} 或钢筋作用力 N_{sj}

$$N_{ci}=\sigma_{ci}\Delta A_{ci} \qquad N_{sj}=\sigma_{sj}\Delta A_{sj} \tag{4.1.6}$$

并求出合力矩 M_k' 及合力 N_k'

$$M_k'=\sum_{i=1}^{n}\sigma_{ci}\Delta A_{ci}z_{ci}+\sum_{j=1}^{m}\sigma_{sj}\Delta A_{sj}z_{sj} \tag{4.1.7}$$

$$N'_k=\sum_{i=1}^{n}\sigma_{ci}\Delta A_{ci}+\sum_{j=1}^{m}\sigma_{sj}\Delta A_{sj} \tag{4.1.8}$$

式中，ΔA_{ci}，ΔA_{sj} 分别表示第 i 条带混凝土、第 j 条带钢筋的面积；z_i 表示第 i 条带混凝土至截面形心轴的距离；m，n 分别表示整个截面的钢筋和混凝土条带数量。

5）检查是否满足

$$N_k'=0 \tag{4.1.9}$$

$$M_k'=M_{k-1}+\Delta M_k \tag{4.1.10}$$

若满足，则可加下一级荷载；否则，应调整中和轴位置和曲率，并重新计算。

2. 钢筋、混凝土复合单元

所谓钢筋、混凝土复合单元，就是其单元刚度矩阵中包含了钢筋与混凝土各自的贡献。常用的钢筋混凝土复合单元有：带钢筋的四边形单元以及带钢筋膜的八节点六面体单元。下面介绍带钢筋的四边形单元（图 4.1.3）。

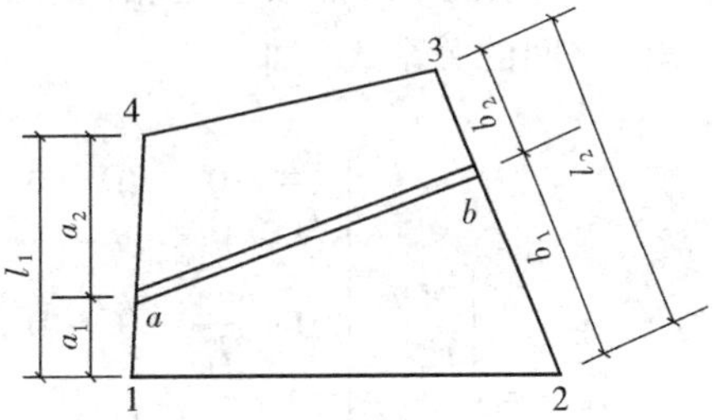

图 4.1.3 带钢筋的任意四边形单元

设任意四边形中含有一根钢筋，如图 4.1.3 所示。单元结点力 $\{F\}^e$ 和结点位移 $\{\delta\}^e$ 可分别表示为

$$\{F\}^e=\{X_1 \quad Y_1 \quad X_2 \quad Y_2 \quad X_3 \quad Y_3 \quad X_4 \quad Y_4\}^T$$

$$\{\delta\}^e=\{u_1 \quad v_1 \quad u_2 \quad v_2 \quad u_3 \quad v_3 \quad u_4 \quad v_4\}^T$$

不考虑钢筋作用时，任意四边形单元的结点力和结点位移的关系为

$$\{F_c\}^e=[K_c]^e\{\delta\}^e \tag{4.1.11}$$

式中，$[K_c]^e$ 为混凝土单元刚度矩阵，按下式计算：

$$[K_c]^e=\int_{-1}^{+1}\int_{-1}^{+1}[B]^T[D][B]|J|t\,d\xi\,d\eta \tag{4.1.12}$$

式中，t 为单元厚度；$|J|$ 为雅可比矩阵的行列式。

钢筋两端 a，b 两个结点的结点力和结点位移为

$$\{\overline{F}_s\}=\{X_a \quad Y_a \quad X_b \quad Y_b\}^T$$

$$\{\overline{\delta}_s\}=\{u_a \quad v_a \quad u_b \quad v_b\}^T$$

对于单根钢筋，其结点力与结点位移之间的关系为

$$\{\overline{F}_s\}=[\overline{K}_s]\{\overline{\delta}_s\} \tag{4.1.13}$$

式中，$[\overline{K}_s]$ 为钢筋的单元刚度矩阵，即

$$[\bar{K}_s]=\frac{EA}{l}\begin{bmatrix} c^2 & cs & -c^2 & -cs \\ cs & s^2 & -cs & -s^2 \\ -c^2 & -cs & c^2 & cs \\ -cs & -s^2 & cs & s^2 \end{bmatrix} \tag{4.1.14}$$

式中，c 表示 $\cos\alpha$，s 表示 $\sin\alpha$；E，A，l 分别表示钢筋的弹性模量、截面面积和长度。

由于钢筋两端 a，b 处的结点位移 $\{\bar{\delta}_s\}$ 并非是独立变量，它们与结点 1，2，3，4 处的位移有关。由图 4.1.3 的几何关系可知，当单元结点 1 发生单位位移 $u_1=1$，而其余结点位移为零时，有

$$\frac{u_a}{a_2}=\frac{u_1}{l_1}$$

即

$$u_a=a_2/l_1$$

同理，当 $v_1=1$，其余结点位移均为零时，可得

$$v_a=a_2/l_1$$

对其余三个结点按上述相同方法推导，可得钢筋结点位移 $\{\bar{\delta}_s\}$ 与单元四个结点位移 $\{\delta\}^e$ 之间的关系式，即

$$\{\bar{\delta}_s\}=\begin{Bmatrix} u_a \\ v_a \\ u_b \\ v_b \end{Bmatrix}=\begin{bmatrix} \frac{a_2}{l_1} & 0 & 0 & 0 & 0 & 0 & \frac{a_1}{l_1} & 0 \\ 0 & \frac{a_2}{l_1} & 0 & 0 & 0 & 0 & 0 & \frac{a_1}{l_1} \\ 0 & 0 & \frac{b_2}{l_2} & 0 & \frac{b_1}{l_2} & 0 & 0 & 0 \\ 0 & 0 & 0 & \frac{b_2}{l_2} & 0 & \frac{b_1}{l_2} & 0 & 0 \end{bmatrix}\begin{Bmatrix} u_1 \\ v_1 \\ u_2 \\ v_2 \\ u_3 \\ v_3 \\ u_4 \\ v_4 \end{Bmatrix}$$

即

$$\{\bar{\delta}_s\}=[R]\{\delta\}^e \tag{4.1.15}$$

式中，$[R]$ 为坐标转换矩阵，它表达了 4×1 阶的钢筋结点位移与 8×1 阶的四边形单元结点位移之间的转换关系。

由平衡条件，用类似的方法可推得单元结点力与钢筋结点力之间的关系

$$\{F_s\}^e=[R]^T\{\bar{F}_s\} \tag{4.1.16}$$

将式（4.1.13）和式（4.1.15）代入式（4.1.16）得

$$\{F_s\}^e=[R]^T[\bar{K}_s][R]\{\delta\}^e=[K_s]\{\delta\}^e$$

式中

$$[K_s]=[R]^T[\bar{K}_s][R] \tag{4.1.17}$$

式（4.1.17）即为钢筋对整个四边形单元的贡献矩阵。

钢筋、混凝土复合单元的单元刚度矩阵为两者的叠加，即

$$[K]^e=[K_c]^e+[K_s] \tag{4.1.18}$$

而相应的单元结点力为

$$\{F\}^e=\{F_c\}^e+\{F_s\}^e=[K]^e\{\delta\}^e$$

4.1.4 嵌入式滑移模型

嵌入式模型用杆、梁模拟钢筋，并嵌入到混凝土单元中，通过保证钢筋与混凝土的变形

协调，将钢筋的刚度贡献等效为混凝土单元相关自由度的刚度增加。在这种模型中，钢筋可以在混凝土单元内任意放置，网格划分灵活方便，但一般不能考虑钢筋与混凝土之间的相对滑移以及构件的裂缝间距和裂缝张开位移。

嵌入式滑移模型是在混凝土单元内部嵌入钢筋，并在钢筋与混凝土之间设置无厚度界面单元，保证该单元上、下表面分别与混凝土单元、钢筋单元变形协调。混凝土开裂后，通过交界面本构模型引入粘结－滑移本构关系。根据钢筋、混凝土本构关系以及交界面粘结－滑移本构关系，基于虚功原理建立钢筋混凝土系统平衡方程，迭代求解可获得钢筋、混凝土的应力、变形和交界面相对滑移。

嵌入式滑移模型[4.10]的有限元离散由混凝土单元、钢筋单元以及交界面无厚度粘结单元三部分组成，如图4.1.4所示。粘结单元的下表面（$i-j$）与钢筋单元变形一致；上表面（5－6）嵌入到混凝土单元中，通过位移约束条件使其与混凝土变形协调；此时粘结单元上下表面位移差即为交界面相对滑移。基于此，粘结－滑移本构关系可直接引入到钢筋混凝土单元系统中。

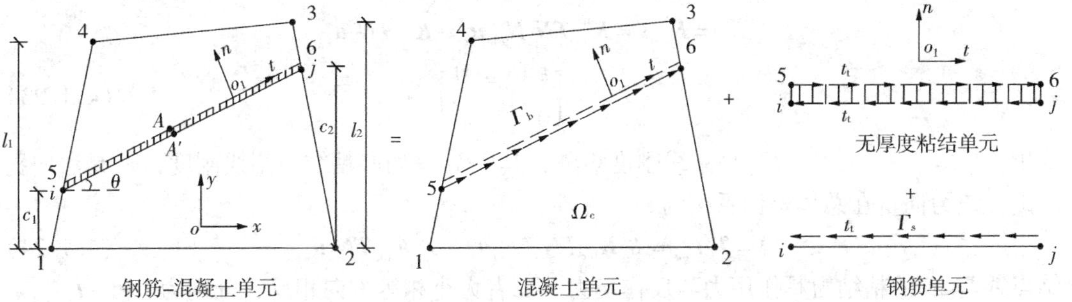

图4.1.4　嵌入式滑移模型有限元离散形式

1. 相对滑移的有限元表示

如图4.1.4所示，沿钢筋轴向建立局部坐标系 o_1tn，其中 t、n 分别代表粘结单元的切线、法线方向。粘结单元上、下表面结点对（A，A'）在结构变形前具有相同的空间位置，结构变形后其切向相对位移即为交界面滑移。节点 A 位移由结点5，6位移确定，而结点5，6的位移又由混凝土单元结点（1、2、3、4）的位移形函数插值确定，即

$$\boldsymbol{u}^{\mathrm{btop}}=\boldsymbol{N}_{\mathrm{em}}\boldsymbol{u}_{\mathrm{c}}$$

$$\boldsymbol{N}_{\mathrm{em}}=\begin{bmatrix}(1-p)I & 0 & 0 & pI\\ 0 & qI & (1-q)I & 0\end{bmatrix},\ \boldsymbol{I}=\begin{bmatrix}1 & 0\\ 0 & 1\end{bmatrix} \tag{4.1.19}$$

$$\boldsymbol{u}^{\mathrm{btop}}=[u_{\mathrm{x}}^{5},\ u_{\mathrm{y}}^{5},\ u_{\mathrm{x}}^{6},\ u_{\mathrm{y}}^{6}]^{\mathrm{T}}$$

$$\boldsymbol{u}_{\mathrm{c}}=[u_{\mathrm{x}}^{1},\ u_{\mathrm{y}}^{1},\ u_{\mathrm{x}}^{2},\ u_{\mathrm{y}}^{2},\ u_{\mathrm{x}}^{3},\ u_{\mathrm{y}}^{3},\ u_{\mathrm{x}}^{4},\ u_{\mathrm{y}}^{4}]^{\mathrm{T}}$$

式中：$\boldsymbol{u}^{\mathrm{btop}}$为结点5、6位移向量；$\boldsymbol{u}_{\mathrm{c}}$ 为混凝土单元结点位移向量。$\boldsymbol{N}_{\mathrm{em}}$是由结点（1，2，3，4）到结点（5，6）的位移插值矩阵，由结点5、6混凝土单元中的局部坐标5（－1，$2p-1$）、6（1，$2q-1$）确定，其中 $p=c_1/l_1$，$q=c_2/l_2$。粘结单元上表面 A 点局部坐标为 $t\in[-1,\ 1]$，其位移向量 $\boldsymbol{u}^{\mathrm{A}}$ 为：

$$\boldsymbol{u}^{\mathrm{A}}=\boldsymbol{N}_{\mathrm{s}}\boldsymbol{u}^{\mathrm{btop}}=\boldsymbol{N}_{\mathrm{s}}\boldsymbol{N}_{\mathrm{em}}\boldsymbol{u}_{\mathrm{c}};\qquad \boldsymbol{N}_{\mathrm{s}}=\left[\frac{1}{2}(1-t)I\quad \frac{1}{2}(1+t)I\right] \tag{4.1.20}$$

式中：$\boldsymbol{u}^{\mathrm{A}}=[u_{\mathrm{x}}^{\mathrm{A}},\ u_{\mathrm{y}}^{\mathrm{A}}]^{\mathrm{T}}$，$\boldsymbol{N}_{\mathrm{s}}$ 是粘结单元的位移插值矩阵。

结点 A 相对应的下表面结点 A'，其位移向量 $u^{\mathrm{A}'}$ 可以由钢筋单元结点 i、j 确定，即

$$\boldsymbol{u}^{\mathrm{A}'}=\boldsymbol{N}_{\mathrm{s}}\boldsymbol{u}_{\mathrm{s}} \tag{4.1.21}$$

式中：$u^{\mathrm{A}'}=[u_{\mathrm{x}}^{\mathrm{A}'},\ u_{\mathrm{y}}^{\mathrm{A}'}]^{\mathrm{T}}$，$\boldsymbol{u}_{\mathrm{s}}=[u_{\mathrm{x}}^{i},\ u_{\mathrm{y}}^{i},\ u_{\mathrm{x}}^{j},\ u_{\mathrm{y}}^{j}]^{\mathrm{T}}$ 为钢筋结点位移向量。变形后（A，A'）在局部坐标下 o_1tn 的相对位移 s 为

$$\begin{gathered}\boldsymbol{s}=\boldsymbol{T}\boldsymbol{u}^{\mathrm{A}}-\boldsymbol{T}\boldsymbol{u}^{\mathrm{A}'}=\boldsymbol{T}\boldsymbol{N}_{\mathrm{s}}\boldsymbol{N}_{\mathrm{em}}\boldsymbol{u}_{\mathrm{c}}-\boldsymbol{T}\boldsymbol{N}_{\mathrm{s}}\boldsymbol{u}_{\mathrm{s}}\\ T=\begin{bmatrix}\cos\theta & \sin\theta\\ -\sin\theta & \cos\theta\end{bmatrix}\end{gathered} \tag{4.1.22}$$

式中：$\boldsymbol{s}=[s_{\mathrm{t}},\ s_{\mathrm{n}}]^{\mathrm{T}}$，是结点对（$A$，$A'$）在局部坐标下的相对位移；$T$ 是坐标转换矩阵；θ 是局部坐标相对总体坐标的转角。

2. 钢筋混凝土各组分刚度关系

嵌入式滑移模型由粘结单元、混凝土单元和钢筋单元三部分组成，每一组分有其独立的本构关系。对于粘结单元，目前主要考虑切向滑移引起的交界面粘结力变化，在法向取足够大刚度约束相对变形，此时结点 A 处单位面积力向量在局部坐标系下为 $\boldsymbol{t}_{\mathrm{loc}}$：

$$\begin{gathered}\boldsymbol{t}_{\mathrm{loc}}=\boldsymbol{K}_{\mathrm{loc}}^{\mathrm{b}}\boldsymbol{s}=\boldsymbol{K}_{\mathrm{loc}}^{\mathrm{b}}\boldsymbol{T}\boldsymbol{N}_{\mathrm{s}}\boldsymbol{N}_{\mathrm{em}}\boldsymbol{u}_{\mathrm{c}}-\boldsymbol{K}_{\mathrm{loc}}^{\mathrm{b}}\boldsymbol{T}\boldsymbol{N}_{\mathrm{s}}\boldsymbol{u}_{\mathrm{s}}\\ \boldsymbol{K}_{\mathrm{loc}}^{\mathrm{b}}=\begin{bmatrix}k_{\mathrm{t}}(s_{\mathrm{t}}) & 0\\ 0 & k_{\mathrm{n}}\end{bmatrix}\end{gathered} \tag{4.1.23}$$

式中，$\boldsymbol{t}_{\mathrm{loc}}=[t_{\mathrm{t}},\ t_{\mathrm{n}}]^{\mathrm{T}}$，$\boldsymbol{K}_{\mathrm{loc}}^{\mathrm{b}}$ 是割线刚度矩阵；其中 k_{t} 是切向粘结力割线刚度；k_{n} 是法向罚刚度。该力向量在总体坐标系下为 $\boldsymbol{t}$：

$$\boldsymbol{t}=\boldsymbol{T}^{\mathrm{T}}\boldsymbol{t}_{\mathrm{loc}}=\boldsymbol{T}^{\mathrm{T}}\boldsymbol{K}_{\mathrm{loc}}^{\mathrm{b}}\boldsymbol{T}\boldsymbol{N}_{\mathrm{s}}\boldsymbol{N}_{\mathrm{em}}\boldsymbol{u}_{\mathrm{c}}-\boldsymbol{T}^{\mathrm{T}}\boldsymbol{K}_{\mathrm{loc}}^{\mathrm{b}}\boldsymbol{T}\boldsymbol{N}_{\mathrm{s}}\boldsymbol{u}_{\mathrm{s}} \tag{4.1.24}$$

结点 A 与 $\boldsymbol{A}'$ 的粘结力是作用力与反作用力，二者大小相等方向相反，分别为 $\boldsymbol{t}$ 和 $-\boldsymbol{t}$。

混凝土单元应力由混凝土本构模型确定，在整体坐标下，单元内一点应力 $\boldsymbol{\sigma}_{\mathrm{s}}$ 满足：

$$\boldsymbol{\sigma}_{\mathrm{s}}=\boldsymbol{D}_{\mathrm{sec}}^{\mathrm{c}}\boldsymbol{\varepsilon}_{\mathrm{c}}=\boldsymbol{D}_{\mathrm{sec}}^{\mathrm{c}}\boldsymbol{B}_{\mathrm{c}}\boldsymbol{u}_{\mathrm{c}} \tag{4.1.25}$$

式中：$\boldsymbol{D}_{\mathrm{sec}}^{\mathrm{c}}$ 是混凝土割线刚度；$\boldsymbol{\varepsilon}_{\mathrm{c}}$ 是该点应变向量；$\boldsymbol{B}_{\mathrm{c}}$ 是应变与位移向量 $\boldsymbol{u}_{\mathrm{c}}$ 之间的变换矩阵。同理可以得到整体坐标下钢筋单元内一点应力 $\boldsymbol{\sigma}_{\mathrm{s}}$ 与其应变向量 $\boldsymbol{\varepsilon}_{\mathrm{c}}$ 的关系为

$$\boldsymbol{\sigma}_{\mathrm{s}}=\boldsymbol{D}_{\mathrm{sec}}^{\mathrm{s}}\boldsymbol{\varepsilon}_{\mathrm{c}}=\boldsymbol{D}_{\mathrm{sec}}^{\mathrm{s}}\boldsymbol{B}_{\mathrm{s}}\boldsymbol{u}_{\mathrm{s}} \tag{4.1.26}$$

式中，$\boldsymbol{D}_{\mathrm{sec}}^{\mathrm{s}}$ 是基于全量表示的钢筋割线刚度；$\boldsymbol{B}_{\mathrm{s}}$ 是应变与位移向量之间的变换矩阵。

3. 虚功原理与刚度集成

在获得各组分应力表达式后，利用虚功原理集成整个钢筋混凝土单元系统刚度。系统总内虚功 δW_{int} 包含混凝土内虚功 δW_{cint}、钢筋内虚功 δW_{sint} 两部分，其中 δW_{cint} 又包含混凝土单元域 Ω_{c} 以及粘结单元域 Γ_{b} 两部分贡献，即

$$\delta W_{\mathrm{cint}}=b\int_{\Omega_{\mathrm{c}}}(\boldsymbol{B}_{\mathrm{c}}\delta\boldsymbol{u}_{\mathrm{c}})^{\mathrm{T}}\boldsymbol{D}_{\mathrm{sec}}^{\mathrm{c}}\boldsymbol{B}_{\mathrm{c}}\boldsymbol{u}_{\mathrm{c}}\mathrm{d}\Omega_{\mathrm{c}}+c\int_{\Gamma_{\mathrm{b}}}(\boldsymbol{N}_{\mathrm{s}}\boldsymbol{N}_{\mathrm{em}}\delta\boldsymbol{u}_{\mathrm{c}})^{\mathrm{T}}\boldsymbol{t}\mathrm{d}\Gamma_{\mathrm{b}} \tag{4.1.27}$$

式中，b 为混凝土单元厚度；c 为单位长度的钢筋表面积，$c=n\pi d$；n 为钢筋根数；d 为钢筋直径。将式（4.1.24）代入式（4.1.27）得

$$\begin{aligned}\delta W_{\mathrm{cint}}&=b(\delta\boldsymbol{u}_{\mathrm{c}})^{\mathrm{T}}\int_{\Omega_{\mathrm{c}}}\boldsymbol{B}_{\mathrm{c}}^{\mathrm{T}}\boldsymbol{D}_{\mathrm{sec}}^{\mathrm{c}}\boldsymbol{B}_{\mathrm{c}}\boldsymbol{u}_{\mathrm{c}}\mathrm{d}\Omega_{\mathrm{c}}\\ &\quad+c\delta\boldsymbol{u}_{\mathrm{c}}^{\mathrm{T}}\int_{\Gamma_{\mathrm{b}}}\boldsymbol{N}_{\mathrm{em}}^{\mathrm{T}}\boldsymbol{N}_{\mathrm{s}}^{\mathrm{T}}(\boldsymbol{T}^{\mathrm{T}}\boldsymbol{K}_{\mathrm{loc}}^{\mathrm{b}}\boldsymbol{T}\boldsymbol{N}_{\mathrm{s}}\boldsymbol{N}_{\mathrm{em}}\boldsymbol{u}_{\mathrm{c}}-\boldsymbol{T}^{\mathrm{T}}\boldsymbol{K}_{\mathrm{loc}}^{\mathrm{b}}\boldsymbol{T}\boldsymbol{N}_{\mathrm{s}}\boldsymbol{u}_{\mathrm{s}})\mathrm{d}\Gamma_{\mathrm{b}}\end{aligned}$$

$$= \delta \boldsymbol{u}_{c}^{T}\left(b\int_{\Omega_c} \boldsymbol{B}_{c}^{T}\boldsymbol{D}_{sec}^{c}\boldsymbol{B}_{c}\mathrm{d}\Omega_{c} + c\int_{\Gamma_b} \boldsymbol{N}_{em}^{T}\boldsymbol{N}_{s}^{T}\boldsymbol{T}^{T}\boldsymbol{K}_{loc}^{b}\boldsymbol{T}\boldsymbol{N}_{s}\boldsymbol{N}_{em}\mathrm{d}G_{b}\right)\boldsymbol{u}_{c}$$

$$- \delta \boldsymbol{u}_{c}^{T}\left(c\int_{\Gamma_b} \boldsymbol{N}_{em}^{T}\boldsymbol{N}_{s}^{T}\boldsymbol{T}^{T}\boldsymbol{K}_{loc}^{b}\boldsymbol{T}\boldsymbol{N}_{s}\mathrm{d}\Gamma_{b}\right)\boldsymbol{u}_{s} \tag{4.1.28}$$

引入刚度定义，式（4.1.28）可简化为

$$\left.\begin{aligned}
\delta W_{cint} &= \delta \boldsymbol{u}_{c}^{T}(\boldsymbol{K}_{cc}^{c} + \boldsymbol{K}_{cc}^{b})\boldsymbol{u}_{c} + \delta \boldsymbol{u}_{c}^{T}\boldsymbol{K}_{cs}^{b}\boldsymbol{u}_{s} \\
\boldsymbol{K}_{cc}^{c} &= b\int_{\Omega_c} \boldsymbol{B}_{c}^{T}\boldsymbol{D}_{sec}^{c}\boldsymbol{B}_{c}\mathrm{d}\Omega_{c} \\
\boldsymbol{K}_{cc}^{b} &= c\int_{\Gamma_b} \boldsymbol{N}_{em}^{T}\boldsymbol{N}_{s}^{T}\boldsymbol{T}^{T}\boldsymbol{K}_{loc}^{b}\boldsymbol{T}\boldsymbol{N}_{s}\boldsymbol{N}_{em}\mathrm{d}\Gamma_{b} \\
\boldsymbol{K}_{cs}^{b} &= -c\int_{\Gamma_b} \boldsymbol{N}_{em}^{T}\boldsymbol{N}_{s}^{T}\boldsymbol{T}^{T}\boldsymbol{K}_{loc}^{b}\boldsymbol{T}\boldsymbol{N}_{s}\mathrm{d}\Gamma_{b}
\end{aligned}\right\} \tag{4.1.29}$$

式中，K_{cc}^{c}、K_{cc}^{b}、K_{cs}^{b}分别表示整体坐标下混凝土单元自身刚度贡献以及粘结单元混凝土位移、钢筋位移对混凝土结点力的刚度贡献。同理，钢筋域上的内虚功也由钢筋单元域 Γ_{s} 和粘结单元域 Γ_{b} 两部分贡献组成

$$\delta W_{sint} = A_{s}\int_{\Gamma_s} (\boldsymbol{B}_{s}\delta \boldsymbol{u}_{s})^{T}\boldsymbol{D}_{sec}^{s}\boldsymbol{B}_{s}\boldsymbol{u}_{s}\mathrm{d}\Gamma_{s} + c\int_{\Gamma_b} (\boldsymbol{N}_{s}\delta \boldsymbol{u}_{s})^{T}(-\boldsymbol{t})\mathrm{d}\Gamma_{b} \tag{4.1.30}$$

式中，A_{s} 是钢筋总的横截面面积。将式（4.1.24）代入式（4.1.30）得

$$\left.\begin{aligned}
dW_{sint} &= \delta \boldsymbol{u}_{s}^{T}\boldsymbol{K}_{sc}^{b}\boldsymbol{u}_{c} + \delta \boldsymbol{u}_{s}^{T}(\boldsymbol{K}_{ss}^{s} + \boldsymbol{K}_{ss}^{b})\boldsymbol{u}_{s} \\
K_{ss}^{s} &= A_{s}\int_{\Gamma_s} \boldsymbol{B}_{s}^{T}\boldsymbol{D}_{sec}^{s}\boldsymbol{B}_{s}\mathrm{d}\Gamma_{s} \\
K_{ss}^{b} &= c\int_{\Gamma_b} \boldsymbol{N}_{s}^{T}\boldsymbol{T}^{T}\boldsymbol{K}_{loc}^{b}\boldsymbol{T}\boldsymbol{N}_{s}\mathrm{d}\Gamma_{b} \\
K_{sc}^{b} &= -c\int_{\Gamma_b} \boldsymbol{N}_{s}^{T}\boldsymbol{T}^{T}\boldsymbol{K}_{loc}^{b}\boldsymbol{T}\boldsymbol{N}_{s}\boldsymbol{N}_{em}\mathrm{d}\Gamma_{b}
\end{aligned}\right\} \tag{4.1.31}$$

由式（4.1.29）和式（4.1.31）可得系统总内虚功为

$$\delta W_{int} = \delta \boldsymbol{u}_{c}^{T}\left[(\boldsymbol{K}_{cc}^{c} + \boldsymbol{K}_{cc}^{b})\boldsymbol{u}_{c} + \boldsymbol{K}_{cs}^{b}\boldsymbol{u}_{c}\right] + \delta \boldsymbol{u}_{s}^{T}\left[\boldsymbol{K}_{sc}^{b}\boldsymbol{u}_{c} + (\boldsymbol{K}_{ss}^{s} + \boldsymbol{K}_{ss}^{b})\boldsymbol{u}_{s}\right] \tag{4.1.32}$$

而系统总外虚功为：

$$\delta W_{ext} = \delta \boldsymbol{u}_{c}^{T}\boldsymbol{P}_{c} + \delta \boldsymbol{u}_{s}^{T}\boldsymbol{P}_{s} \tag{4.1.33}$$

式中，$\boldsymbol{P}_{c} = [P_{x}^{1}, P_{y}^{1}, P_{x}^{2}, P_{y}^{2}, P_{x}^{3}, P_{y}^{3}, P_{x}^{4}, P_{y}^{4}]^{T}$、$P_{s} = [P_{x}^{i}, P_{y}^{i}, P_{x}^{j}, P_{y}^{j}]^{T}$ 分别是混凝土和钢筋的等效结点力向量。根据虚功原理，系统内外虚功相等。由式（4.1.32）和式（4.1.33）可得系统平衡方程为

$$\begin{bmatrix} K_{cc}^{c} + K_{cc}^{b} & K_{cs}^{b} \\ K_{sc}^{b} & K_{ss}^{s} + K_{ss}^{b} \end{bmatrix}\begin{Bmatrix} u_{c} \\ u_{s} \end{Bmatrix} = \begin{Bmatrix} P_{c} \\ P_{s} \end{Bmatrix} \tag{4.1.34}$$

由式（4.1.34）可看出，相对于传统的分离式模型，嵌入结点5、6自由度被缩减，系统平衡方程基于混凝土单元结点1、2、3、4和钢筋结点 i、j 的位移自由度表示，因而嵌入式滑移模型既可较为灵活地考虑结构单元离散，又能反映钢筋与混凝土相对滑移对结构反应的影响。

4.2 钢筋与混凝土之间的联结单元

在钢筋混凝土结构有限元分析中，为了考虑钢筋与混凝土之间的粘结性能及可能存在

的相对滑移，在钢筋与混凝土之间的界面上插入特殊的联结单元。这种单元的特点是能沿着与联结面垂直方向传递压应力，沿着与联结面平行方向传递剪应力，但不能传递拉应力。目前较常用的联结单元有：双弹簧联结单元、斜弹簧单元、四边形滑移单元和六边形滑移单元等。下面主要介绍双弹簧联结单元和四边形滑移单元。

4.2.1 双弹簧联结单元

图 4.2.1 是双弹簧模型示意图。与钢筋表面垂直的弹簧刚度为 k_v，平行的弹簧刚度为 k_h，它们分别传递混凝土与钢筋之间的压应力和剪应力。这组相互垂直的弹簧是假想的力学模型，具有弹性刚度但无实际尺寸，故它可安插在需要联结的任何地方。

在 xy 局部坐标系中，结点 i，j 两点的位移差可用结点位移表示为

$$\Delta u' = (u_j - u_i)c + (\nu_j - \nu_i)s$$

$$\Delta \nu' = -(u_j - u_i)s + (\nu_j - \nu_i)c$$

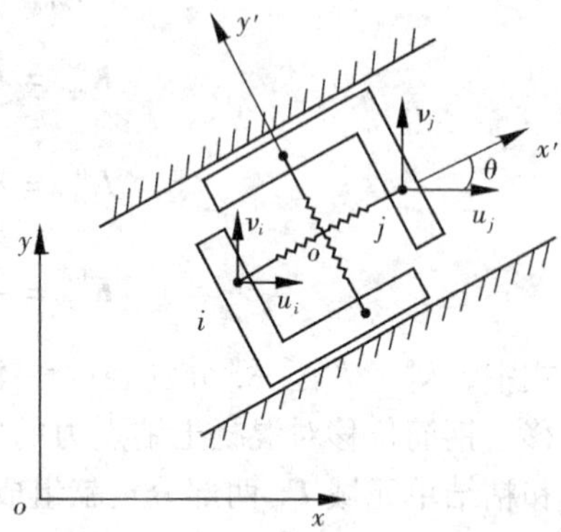

图 4.2.1 双弹簧联结模型

式中，s，c 分别表示局部坐标轴 ox' 与总体坐标轴 ox 夹角 θ 的正弦及余弦，即 $s=\sin\theta$，$c=\cos\theta$；$\Delta u'$，$\Delta\nu'$ 分别表示沿 x' 和 y' 方向的位移差值。

上式可用矩阵表示为

$$\{\Delta\delta'\} = \begin{Bmatrix} \Delta u' \\ \Delta \nu' \end{Bmatrix} = \begin{bmatrix} -c & -s & c & s \\ s & -c & -s & c \end{bmatrix} \begin{Bmatrix} u_i \\ \nu_i \\ u_j \\ \nu_j \end{Bmatrix} = [B]\{\delta\} \tag{4.2.1}$$

设 N_x 与 N_y 分别为沿 x' 和 y' 方向弹簧中的内力，则内力与位移差之间的关系为

$$\{N'\} = \begin{Bmatrix} N_{x'} \\ N_{y'} \end{Bmatrix} = \begin{bmatrix} k_h & 0 \\ 0 & k_v \end{bmatrix} \begin{Bmatrix} \Delta u' \\ \Delta \nu' \end{Bmatrix} = [D]\{\Delta\delta'\} \tag{4.2.2}$$

利用虚功原理可建立结点力与内力之间的关系，即

$$\{F\} = [B]^T\{N'\}$$

式中，结点力 $\{F\} = \{x_i \quad y_i \quad x_j \quad y_j\}^T$。将式（4.2.1）和式（4.2.2）代入上式，可得

$$\{F\} = [B]^T [D] [B] \{\delta\} = [K]\{\delta\}$$

式中，$[K]$ 为联结单元的刚度矩阵，可表示为

$$[K] = [B]^T[D][B] = \begin{bmatrix} k_hc^2 + k_vs^2 & & \text{对} & \\ (k_h - k_v)cs & k_hs^2 + k_vc^2 & & \text{称} \\ -(k_hc^2 + k_vs^2) & -(k_h - k_v)cs & k_hc^2 + k_vs^2 & \\ -(k_h - k_v)cs & -(k_hs^2 + k_vc^2) & (k_h - k_v)cs & k_hs^2 + k_vc^2 \end{bmatrix} \tag{4.2.3}$$

上式中与钢筋表面平行的弹簧刚度 k_h，可由粘结滑移关系式对 s 求导得到，即

$$k_h = \frac{d\tau}{ds}A \tag{4.2.4}$$

式中，k_h 为弹簧刚度（N/mm）；A 为从属于一个弹簧的钢筋表面积，例如，当一个弹簧代表 m 根钢筋与混凝土的接触面，弹簧间距为 l，钢筋直径为 d 时，$A=m\pi dl/2$；其中的1/2表示钢筋单元的上、下面均设置弹簧单元，如图 4.1.1（c）。$\tau-s$ 关系曲线由试验确定，如式(3.7.40) ~式(3.7.45)。

与钢筋表面垂直的弹簧刚度 k_v 难以从单一的试验得到。在有限元分析中常假设为一个大值，以表示钢筋与混凝土在垂直于钢筋表面方向上没有相对位移。例如取

$$k_v=\frac{Eb_n l}{b} \tag{4.2.5}$$

式中，E 为混凝土弹性模量；b，b_n 分别表示梁截面宽度及在钢筋高度处的净宽；l 为联结单元沿钢筋纵向的间距。

4.2.2　四边形滑移单元

这种联结单元是宽度为零的四边形单元，故可以方便地被安插在钢筋与混凝土之间而不影响钢筋与混凝土单元的几何划分。该模型首先由美国学者 Goodman[4.5] 用于岩石力学中作为节理单元，后又引申于各种边界接触面的单元，如桩与土之间、钢筋与混凝土之间的粘结滑移单元等。由于这种单元是从四边形单元退化而来，因而可以与四结点平面等参元建立更协调的关系。

图 4.2.2 表示一水平方向的节理单元，单元长度为 l，厚度为 t，宽度 $b=0$。单元有四个节点 i，j，m，r，把坐标原点放在单元形心上。

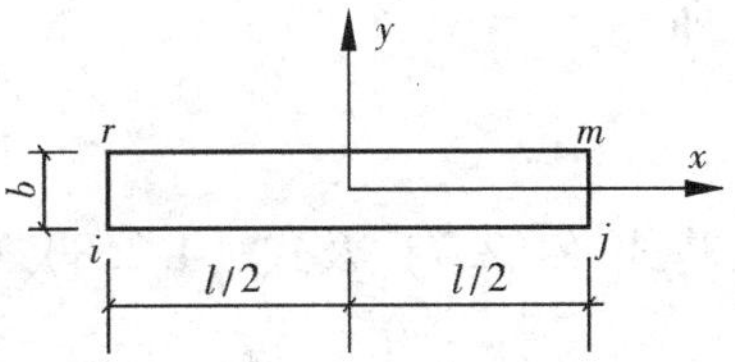

图 4.2.2　节理单元

单元结点力 $\{F\}^e$ 和结点位移 $\{\delta\}^e$ 可分别表示为

$$\{F\}^e=\{U_i \quad V_i \quad U_j \quad V_j \quad U_m \quad V_m \quad U_r \quad V_r\}^T$$

$$\{\delta\}^e=\{u_i \quad \nu_i \quad u_j \quad \nu_j \quad u_m \quad \nu_m \quad u_r \quad \nu_r\}^T$$

假设单元上缘 rm 和下缘 ij 上的位移线性分布，即

$$u_{rm}=\frac{1}{2}\left(1-\frac{2x}{l}\right)u_r+\frac{1}{2}\left(1+\frac{2x}{l}\right)u_m$$

$$u_{ij}=\frac{1}{2}\left(1-\frac{2x}{l}\right)u_i+\frac{1}{2}\left(1+\frac{2x}{l}\right)u_j$$

则单元上缘与下缘的水平位移差为

$$\Delta u=u_{rm}-u_{ij}=\frac{1}{2}\left[(u_r-u_i)\left(1-\frac{2x}{l}\right)+(u_m-u_j)\left(1+\frac{2x}{l}\right)\right]$$

同理，单元上缘与下缘的垂直位移差为

$$\Delta\nu=\nu_{rm}-\nu_{ij}=\frac{1}{2}\left[(\nu_r-\nu_i)\left(1-\frac{2x}{l}\right)+(\nu_m-\nu_j)\left(1+\frac{2x}{l}\right)\right]$$

上两式可用矩阵表示为

$$\{\Delta\delta\}=\begin{Bmatrix}\Delta u\\ \Delta\nu\end{Bmatrix}=[M]\{\delta\}^e \tag{4.2.6}$$

式中，$\{\delta\}^e=\{u_i \quad \nu_i \quad u_j \quad \nu_j \quad u_m \quad \nu_m \quad u_r \quad \nu_r\}^T$

$$[M]=\frac{1}{2}\begin{bmatrix}-z_1 & 0 & -z_2 & 0 & z_2 & 0 & z_1 & 0\\ 0 & -z_1 & 0 & -z_2 & 0 & z_2 & 0 & z_1\end{bmatrix} \tag{4.2.7}$$

其中，$z_1=1-\dfrac{2x}{l}$，$z_2=1+\dfrac{2x}{l}$。

假设单元内剪应力与水平位移差成正比，即

$$\tau_s=\lambda_s\Delta u$$

单元内正应力与垂直位移差成正比，即

$$\sigma_n=\lambda_n\Delta v$$

上述关系可用矩阵表示为

$$\{\sigma\}=\begin{Bmatrix}\tau_s\\ \sigma_n\end{Bmatrix}=\begin{bmatrix}\lambda_s & 0\\ 0 & \lambda_n\end{bmatrix}\begin{Bmatrix}\Delta u\\ \Delta v\end{Bmatrix}=[\lambda]\{\Delta\delta\} \tag{4.2.8}$$

假设单元各结点产生虚位移$\{\delta^*\}$，则单元内的虚位移差为

$$\{\Delta\delta^*\}=[M]\{\delta^*\}$$

在单位长度上，单元应力所做虚功为

$$t\{\Delta\delta^*\}^{\mathrm{T}}\{\sigma\}=\{\delta^*\}^{\mathrm{T}}t[M]^{\mathrm{T}}[\lambda]\{\Delta\delta\}$$

沿单元长度积分后，即得单元应力所做虚功，它必须等于单元结点力所做虚功，由此得

$$\{F\}^{\mathrm{e}}=\left(t\int_{-l/2}^{l/2}[M]^{\mathrm{T}}[\lambda][M]\mathrm{d}x\right)\{\delta\}^{\mathrm{e}}$$

即

$$\{F\}^{\mathrm{e}}=[K']^{\mathrm{e}}\{\delta\}^{\mathrm{e}}$$

$$[K']^{\mathrm{e}}=t\int_{-l/2}^{l/2}[M]^{\mathrm{T}}[\lambda][M]\mathrm{d}x \tag{4.2.9}$$

将式（4.2.7）及式（4.2.8）中的$[\lambda]$代入上式，并注意到

$$\int_{-l/2}^{l/2}z_1^2\mathrm{d}x=\frac{4}{3}l,\qquad \int_{-l/2}^{l/2}z_1z_2\mathrm{d}x=\frac{2}{3}l,\qquad \int_{-l/2}^{l/2}z_2^2\mathrm{d}x=\frac{4}{3}l$$

即得水平节理单元的单元刚度矩阵

$$[K']^{\mathrm{e}}=\frac{lt}{6}\begin{bmatrix}2\lambda_s & 0 & \lambda_s & 0 & -\lambda_s & 0 & -2\lambda_s & 0\\ 0 & 2\lambda_n & 0 & \lambda_n & 0 & -\lambda_n & 0 & -2\lambda_n\\ \lambda_s & 0 & 2\lambda_s & 0 & -2\lambda_s & 0 & -\lambda_s & 0\\ 0 & \lambda_n & 0 & 2\lambda_n & 0 & -2\lambda_n & 0 & -\lambda_n\\ -\lambda_s & 0 & -2\lambda_s & 0 & 2\lambda_s & 0 & \lambda_s & 0\\ 0 & -\lambda_n & 0 & -2\lambda_n & 0 & 2\lambda_n & 0 & \lambda_n\\ -2\lambda_s & 0 & -\lambda_s & 0 & \lambda_s & 0 & 2\lambda_s & 0\\ 0 & -2\lambda_n & 0 & -\lambda_n & 0 & \lambda_n & 0 & 2\lambda_n\end{bmatrix} \tag{4.2.10}$$

式中，λ_s，λ_n分别为节理的切向及法向劲度系数。

当节理单元的方向与整体坐标系$(x,\ y)$之间有夹角θ时，其在整体坐标系中的单元刚度矩阵可通过坐标转换方法得到。设四结点节理单元的局部坐标与结构整体坐标的关系如图4.2.3所示，则两种坐标系符合下列关系式

$$\begin{Bmatrix}x\\ y\end{Bmatrix}=\begin{bmatrix}\cos\theta & -\sin\theta\\ \sin\theta & \cos\theta\end{bmatrix}\begin{Bmatrix}x'\\ y'\end{Bmatrix}=[L]\begin{Bmatrix}x'\\ y'\end{Bmatrix}$$

式中，$[L]=\begin{bmatrix}\cos\theta & -\sin\theta\\ \sin\theta & \cos\theta\end{bmatrix}$

整体坐标中的单元结点力$\{F\}^e$与局部坐标中的单元结点力$\{F'\}^e$的关系为

$$\{F\}^e=[T]\{F'\}^e$$

式中
$$[T]=\begin{bmatrix}L & 0 & 0 & 0\\ 0 & L & 0 & 0\\ 0 & 0 & L & 0\\ 0 & 0 & 0 & L\end{bmatrix}$$

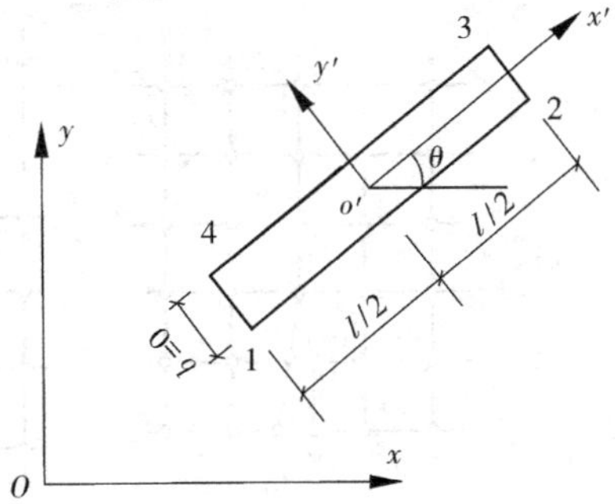

图 4.2.3　两种坐标变换

根据坐标变换，可得整体坐标系中四节点节理单元的单元刚度矩阵：

$$[K]^e=[T][K']^e[T]^T \tag{4.2.11}$$

式中，$[K']^e$为局部坐标系中的单元刚度矩阵，见式（4.2.10）。

4.3　单元开裂和屈服后的处理

4.3.1　裂缝的模拟

混凝土结构一般是带裂缝工作的，裂缝使结构构件的应力突然变化并引起刚度降低，这是产生结构非线性的重要因素。裂缝处理的适当与否是能否正确分析钢筋混凝土结构的关键问题，同时也是较难处理的复杂问题之一。目前比较常用的裂缝模式有三种：离散裂缝模式；弥散裂缝模式；断裂力学模式。前两种模型均采用拉裂判断准则，即当某处最大拉应变达到混凝土极限拉应变时，混凝土开裂；后一种模型采用断裂准则判断裂缝是否继续扩展。

1. 离散裂缝模式（Discrete-cracking model）

这种模式最初是由 Ngo 和 Scordelis[4.2] 提出的。其特点是在构件中预先确定裂缝位置（一般根据试验结果），并将裂缝置于单元之间，结点分离在裂缝两侧［图 4.3.1（*a*）］，假定构件为弹性体，裂缝沿相邻单元边界开展。当已知构件中裂缝的位置和方向后，要求计算构件中混凝土应力、钢筋应力和粘结应力，从而希望掌握裂缝位置和方向对构件内力的影响时，选用这种模式比较合适。但是，这种模式只能用来研究构件内部的局部性能，不能做连续的全过程分析。

为了使离散裂缝模式能用于全过程分析，Nilson[4.3] 改进了上述方法。即不再预先确定裂缝位置和方向后按弹性方法计算应力，而是按构件原始状态计算，直到相邻单元的平均应力超过混凝土受拉强度，在共同边界处开裂才停止加载。此时已形成新的有限元计算图式，须重新确定结点数量和相应的坐标值，然后再加载计算，如此反复直至构件破坏为止。

为了改进离散裂缝模式在计算过程需要不断确定结点数量和相应的坐标值的缺点，并考虑裂缝面上的骨料咬合作用，可在裂缝面的相应结点之间，用两个弹簧加以联结，其中一个弹簧平行于裂缝面，而另一个弹簧垂直于裂缝面，如图 4.3.1（*b*）所示。当单元内的拉应力低于混凝土抗拉强度时，这些联结弹簧处于弹性状态，反映了未开裂混凝土的受力状态，此时联结弹簧刚度应取很大的数值（理论上应取无穷大，实际计算时可取某一较大值）。当单元内的拉应力达到混凝土抗拉强度时，单元开裂，联结单元的刚度降低，此

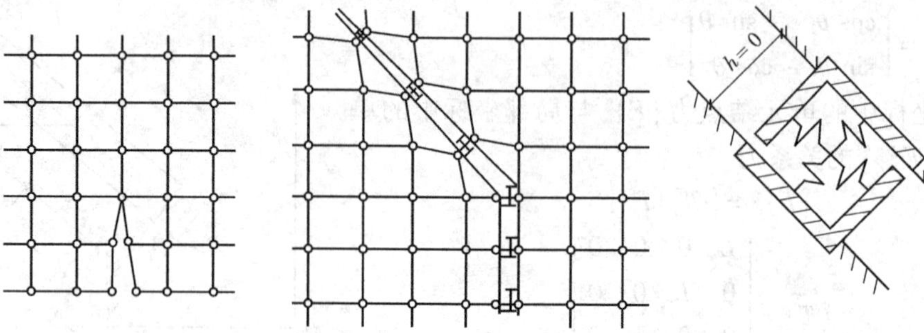

(a)　　　(b)　　　(c)

图 4.3.1　离散裂缝模式

(a) 离散裂缝模式；(b) 带联结单元的离散裂缝模式；(c) 联结单元

时联结弹簧刚度系数应取一个合适的数值（可根据试验结果确定，并随裂缝开展而不断调整），以便既能反映裂缝面两侧的骨料咬合作用，又能体现裂缝有一定程度的张开。与完全脱开的裂缝模式相比，这种带联结单元的离散裂缝模式有两个优点：一是出现裂缝以后，只需改变联结弹簧的刚度系数，不必增加新结点，因而不必修改计算网格，计算较为方便；二是可用联结单元描述裂缝面上的骨料咬合作用。

显然，离散裂缝模式能给出裂缝宽度和长度，并可显现出裂缝面之间力的传递。但是，这种模式在出现新裂缝后就需重新划分有限元网络，不断改变单元形状，不能自动连续地进行全过程分析计算，使计算过程很复杂且很费时，因而该模式的应用受到一定限制。随着计算机技术的发展，目前此法又有被推广使用的趋势。

2. 弥散裂缝模式（Smeared-cracking model）

该模式假定某一单元内的应力（实际上是某一代表点的应力）超过了混凝土的抗拉强度，则认为整个单元开裂。即认为裂缝是分布于整个单元内部的，是微小的、彼此平行的和连续的，如图 4.3.2 所示。混凝土开裂后，在裂缝面的法线方向，不能再承受拉应力，其弹性模量等于零；但在切线方向尚可继续承受拉应力，弹性模量仍取原来的数值。这样，可以把开裂单元处理为正交异性材料。显然，这种模式是以分布的裂缝替代单独的裂缝，即出现裂缝后仍假定材料是连续的，仍可用连续介质力学的方法来分析。可见，弥散裂缝模式是在宏观力学层面上模拟裂缝出现后的混凝土性能。

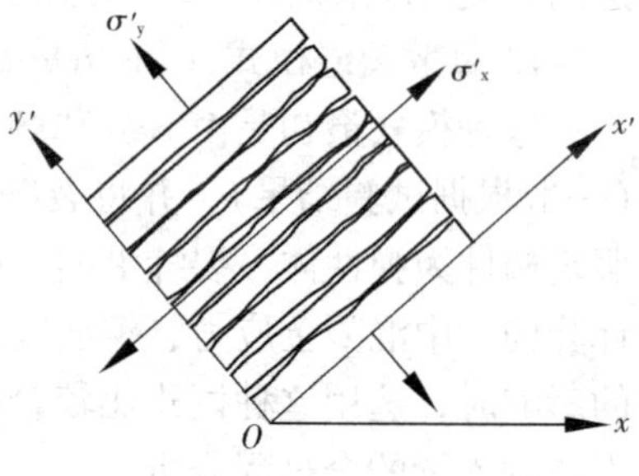

图 4.3.2　弥散裂缝模式

在弥散裂缝模式中，为了考虑裂缝面两侧混凝土的骨料咬合作用，在裂缝面的切线方向，保留一数值较小的剪变模量 βG ($0\leqslant\beta\leqslant1$)。例如，对于平面应力问题，开裂混凝土的增量应力与增量应变之间的关系为：

$$\begin{Bmatrix}\Delta\sigma'_x\\ \Delta\sigma'_y\\ \Delta\tau'_{xy}\end{Bmatrix}=\begin{bmatrix}E&0&0\\0&0&0\\0&0&\beta G\end{bmatrix}\begin{Bmatrix}\Delta\varepsilon'_x\\ \Delta\varepsilon'_y\\ \Delta\gamma'_{xy}\end{Bmatrix}\tag{4.3.1}$$

在上式中，β的数值与裂缝面的粗糙程度及裂缝宽度有关。随着裂缝宽度的增加，β值逐渐减小，到裂缝宽度达到某一数值时，骨料的咬合作用消失，β应取为零。另外，在进一步的加载过程中，如果裂缝面法线方向的应变转变为压应变，裂缝会闭合。闭合后的裂缝面是一个弱面，可以承受压应力，其抗剪作用类似于骨料的咬合作用，故β可取一个较大的数值。在裂缝张开时，$\beta<1$，其值可取为随裂缝面法向应变增加而递减的函数。在拉应变充分大时，β应取为零，但为了避免数值计算上的困难，β宜取大于零的一个小数。

在裂缝出现后，裂缝面的法向与切向之间已没有相互作用，所以式（4.3.1）中忽略了泊松效应的影响。

弥散裂缝模式由于不必增加结点和重新划分单元，很容易由计算机自动进行分析，故得到广泛应用。其缺点是无法考虑钢筋的销栓作用和钢筋与混凝土之间的粘结滑移性能。

3. 断裂力学模式（Fracture-mechanics model）

试验表明，当混凝土结构物上有一切口时，由于切口尖端的应力集中，很容易从裂缝尖端发展裂缝。当以主拉应力达到混凝土抗拉强度作为裂缝扩展的判别准则时，由于忽略裂缝尖端的应力集中，可能偏于不安全。因此，许多学者试图用断裂力学来处理混凝土结构物（尤其是大体积混凝土）的裂缝问题，并取得了一些成果。目前，这一领域内的研究相当活跃。

在用有限元法分析混凝土结构的裂缝问题时，目前主要有以下两种模型。

（1）尖锐裂缝模型

这种模型假定裂缝是离散的，沿着单元的边界发展，是传统的断裂力学模型。其裂缝扩展的判据为：当裂缝尖端的应力强度因子大于混凝土的断裂韧度时，裂缝扩展。

在有限元分析时，在裂缝尖端布置二次等参元，靠近裂缝尖端的几个边中点，向裂缝尖端靠拢，即至裂缝尖端的距离等于单元边长的1/4，以反映裂缝尖端附近的应力集中，如图4.3.3（a）所示。据此计算裂缝尖端的应力强度因子，并与混凝土的断裂韧度比较，以判断原裂缝是否继续扩展。

（2）钝裂缝模型

由于原裂缝在扩展前，裂缝尖端前面的混凝土中已存在大量的微细裂缝，所以可采用上述的弥散裂缝模式，即认为裂缝尖端前面的原裂缝是分布于整个单元内部的，是微小的、彼此平行的和连续的，如图4.3.3（b）所示。

设原裂缝的长度为a，需确定裂缝扩展到下一个单元（长度为Δa，体积为ΔV）中去的判别条件。采用弥散裂缝模式后，不能用应力强度因子判别裂缝是否继续扩展，而应根据新开裂单元（长度为Δa，体积为ΔV）在裂缝扩展前后的能量改变ΔU与裂缝长度改变Δa的比率$\Delta U/\Delta a$，来判别裂缝是否继续扩展[4.9]。

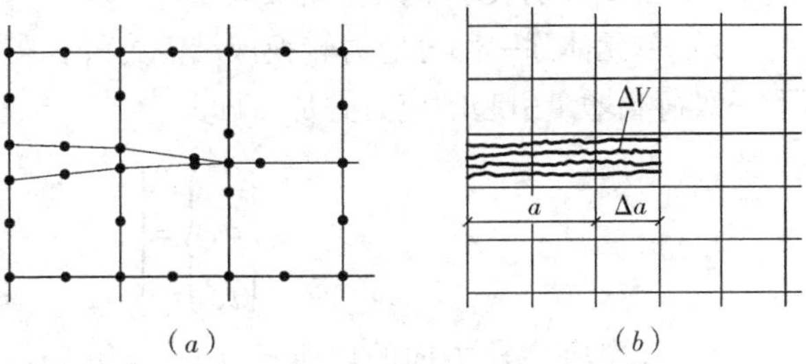

图4.3.3　断裂力学模式

（a）尖锐裂缝模型；（b）钝裂缝模型

采用尖锐裂缝模型，可以考虑混凝土的非线性本构关系，但裂缝每扩展一次，就需修改一次有限元网格，计算比较烦锁。而采用钝裂缝模型，按弥散裂缝模式计算，裂缝的扩展是通过裂缝单元材料参数的改变来实现的，计算比较简单。

4.3.2 混凝土开裂、破坏后的处理

1. 单元受拉开裂

混凝土单元的主拉应力或主拉应变达到开裂条件时，混凝土开裂。开裂后，在垂直于裂缝方向假定混凝土不能传递拉力（除考虑受拉应力-应变曲线下降段外），故须作相应处理。下面分别按一向受拉、一向受压及双向受拉两种情况予以说明。

（1）一向受拉、一向受压单元（受压方向没有压坏）

单元内最大主拉应力 σ_1 或主拉应变 ε_1 未达到开裂条件时，除需按拉应力增大对单元刚度矩阵[K]作调整外，不需作其他处理。

单元内最大主拉应力 σ_1 或主拉应变 ε_1 达到开裂条件时，在开裂的 σ_1 方向，将 σ_1 调整为零。由于单元内应力调整，单元内力失去平衡，须将不平衡应力转换为单元结点力，在整个结构或构件中重新进行分配，以达到新的平衡。也可将这些结点力与下一级荷载增量加在一起计算。

在 σ_2 方向，由于 σ_1 调整为零后，应力状态由于开裂时的一向受拉、一向受压变为单向受压状态，故应按单向受力的应力-应变关系［见式（3.2.4）］求其应力，此时压应变 ε_2 仍用原来的计算值，即

$$\sigma_{2u}=\frac{E_0\varepsilon_2}{1+\left(\dfrac{E_0}{E_s}-2\right)\dfrac{\varepsilon_2}{\varepsilon_0}+\left(\dfrac{\varepsilon_2}{\varepsilon_0}\right)^2}$$

并将原有应力 σ_2 与调整后的应力 σ_{2u} 的差额 $\sigma_{2,ex}=\sigma_2-\sigma_{2u}$ 转换为单元结点力进行分配。

现以三角形单元为例，说明转换力的具体计算方法。

1）将两个方向的超额应力转换到 x，y 轴上，即

$$\begin{Bmatrix}\sigma_x\\ \sigma_y\\ \tau_{xy}\end{Bmatrix}=\begin{bmatrix}c^2 & s^2\\ s^2 & c^2\\ sc & -sc\end{bmatrix}\begin{Bmatrix}\sigma_1\\ \sigma_2\end{Bmatrix}_{ex} \tag{4.3.2}$$

式中，c，s 分别表示 $\cos\theta$ 及 $\sin\theta$；$\sigma_{1,ex}=\sigma_1$，$\sigma_{2,ex}=\sigma_2-\sigma_{2u}$。

2）计算单元结点力

$$\{F\}^e=[K]\{\delta\}^e=[B]^T[D][B]tA\{\delta\}^e=[B]^T\{\sigma\}_{ex}tA \tag{4.3.3}$$

式中，t 和 A 分别表示单元厚度及面积。

3）单元体除一部分应力转换成结点力外，剩下的主应力也需转换到 x，y 轴，以便与下一级荷载增量引起的应力叠加，即

$$\begin{Bmatrix}\sigma_x\\ \sigma_y\\ \tau_{xy}\end{Bmatrix}=\begin{bmatrix}c^2 & s^2\\ s^2 & c^2\\ sc & -sc\end{bmatrix}\begin{Bmatrix}0\\ \sigma_{2u}\end{Bmatrix} \tag{4.3.4}$$

4）开裂后，σ_1 方向的切线模量 $E'_{1b}=0$，σ_2 方向的切线模量 E'_{2b} 按单向受力公式计算［式（3.2.4）］。将 E'_{1b}，E'_{2b} 值代入弹塑性应力增量与应变增量公式中的[D']［如式（3.3.35）中的[D']］，可求出下一级荷载增量计算时的单元刚度矩阵[K]^e。

（2）双向受拉单元

1）如果最大主拉应力 σ_1 或最大主拉应变 ε_1 未达到开裂条件，除调整单元刚度矩阵 $[K]$ 外，不需作其他处理。

2）如果最大主拉应力 σ_1 或最大主拉应变 ε_1 达到开裂条件，则令 $\sigma_1=0$，并将 σ_1 转换为结点力，相应的超额应力为

$$\{\sigma\}_{ex}=\begin{Bmatrix}\sigma_{1,ex}\\ \sigma_{2,ex}\end{Bmatrix}=\begin{Bmatrix}\sigma_1\\ 0\end{Bmatrix}$$

将此式代入式（4.3.3）可算出结点力。单元内留下的应力为

$$\{\sigma\}=\begin{Bmatrix}\sigma_1\\ \sigma_2\end{Bmatrix}=\begin{Bmatrix}0\\ \sigma_2\end{Bmatrix}$$

将此式代入式（4.3.4）求出转换为 x，y 轴上的应力值。求单元刚度矩阵时，用 $E'_{1b}=0$ 代入矩阵 $[D']$ 进行调整。

3）如果应力 σ_2 值也随后达到开裂条件，同样将 σ_2 转换为结点力，对应的超额应力为

$$\{\sigma\}_{ex}=\begin{Bmatrix}\sigma_{1,ex}\\ \sigma_{2,ex}\end{Bmatrix}=\begin{Bmatrix}0\\ \sigma_2\end{Bmatrix}$$

将上式代入式（4.3.3）求出结点力。此时该单元破坏，$E'_{1b}=E'_{2b}=0$，即该单元刚度矩阵 $[K]=0$。

4）如果 σ_1 和 σ_2 同时达到开裂条件，此时的超额应力为

$$\{\sigma\}_{ex}=\begin{Bmatrix}\sigma_{1,ex}\\ \sigma_{2,ex}\end{Bmatrix}=\begin{Bmatrix}\sigma_1\\ \sigma_2\end{Bmatrix}$$

将上式代入式（4.3.3）求出结点力。此时单元破坏，$E'_{1b}=E'_{2b}=0$，$[K]=0$。

5）如果混凝土受拉时的应力－应变关系采用图 4.3.4 的形式，则在施加某一级荷载增量过程中，当主拉应力方向的主应变达到 ε_1，按弹性模量 E_0 计算的主拉应力值 $\sigma'_1=E_0\varepsilon_1$ 超过了 f'_t，而混凝土中的实际主拉应力应该调整为 $\sigma''_1=f_2(\varepsilon)$，其中 $f_2(\varepsilon)$ 为应力－应变曲线下降段形式。应将超额应力 $\sigma_{ex}=\sigma'_1-\sigma''_1$ 转化为结点力。在以后加载过程中，对于 E_1 值应改用 $E_1=\mathrm{d}f(\varepsilon)/\mathrm{d}\varepsilon$。

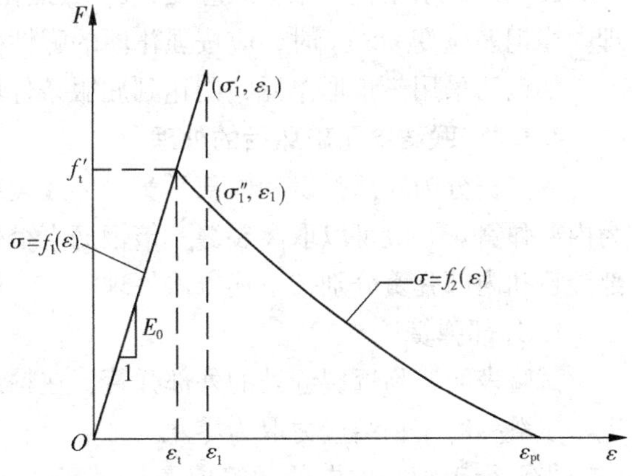

图 4.3.4　混凝土受拉应力－应变曲线

2. 单元受压破坏

（1）双向受压单元

如果最大主压应力 σ_2 或最大主压应变 ε_2 均未达到破坏条件，除按压应力增大对单元刚度矩阵作调整外，无需作其他处理。

当最大主压应力 σ_2 或最大主压应变 ε_2 达到破坏条件时，认为该单元完全破坏，不能再承担任何外力，相应的超额应力为

$$\{\sigma\}_{ex}=\begin{Bmatrix}\sigma_{1,ex}\\ \sigma_{2,ex}\end{Bmatrix}=\begin{Bmatrix}\sigma_1\\ \sigma_2\end{Bmatrix}$$

将上式代入式（4.3.3）求出结点力，在整个结构或构件内进行重分配。该单元内应力取为零，$E'_{1b}=E'_{2b}=0$，$[K]=0$。

（2）一向受拉、一向受压单元（受压方向压坏）

这种单元一般先是受拉方向开裂，按上述受拉开裂的方法处理，随后 σ_2 方向达到受压破坏条件，此时认为该单元完全破坏，不能再承受任何外力。单元的超额应力为

$$\{\sigma\}_{ex}=\begin{Bmatrix}\sigma_{1,ex}\\ \sigma_{2,ex}\end{Bmatrix}=\begin{Bmatrix}0\\ \sigma_2\end{Bmatrix}$$

将上式代入式（4.3.3）求出结点力并进行重分配。单元内各应力取为零。$E'_{1b}=E'_{2b}=0$，$[K]=0$。

4.3.3 钢筋单元达到屈服条件后的处理

在计算过程中，当钢筋单元应力超过屈服应力时，须根据采用的钢筋单元形式和钢筋的应力－应变关系做出相应调整。

如果钢筋采用线单元，且采用理想弹塑性的应力－应变关系［如图 3.6.1（a）的应力－应变关系，但不考虑强化效应］，当钢筋应力 σ_s 小于屈服强度 f_y 时，单元刚度矩阵按相应的 E 值计算；当钢筋应力 σ_s 超过屈服强度 f_y 时，须把超过屈服应力的部分 $\sigma_{ex}=\sigma_s-f_y$ 转化为结点力 F^e，即

$$F^e=\sigma_{ex}A_s=(\sigma_s-f_y)A_s$$

若钢筋仍采用线单元，但采用三段线性的应力－应变关系［如图 3.6.1（a）］，此时除需控制钢筋应力外，还需控制钢筋应变。当钢筋应力 σ_s 超过屈服强度 f_y 且钢筋应变 $\varepsilon_1\leqslant\varepsilon\leqslant\varepsilon_2$（$\varepsilon_1$ 为屈服点对应的应变，ε_2 为强化开始点对应的应变）时，可按上述方法处理。当钢筋应变 $\varepsilon>\varepsilon_2$ 时，应按强化段的弹性模量计算单元刚度矩阵。

如钢筋采用三角形单元，则达到屈服条件后的处理要复杂一些。

4.3.4 联结单元破坏后的处理

将弹簧分为外部弹簧和内部弹簧，邻近裂缝处的弹簧为外部弹簧；离裂缝较远的弹簧为内部弹簧。一般可以取离裂缝一倍钢筋直径处作为外部弹簧和内部弹簧的分界线。对外部弹簧和内部弹簧分别按下述方法处理。

1. 外部弹簧

试验表明，临近裂缝处的外部弹簧，在粘结应力达到最大值后，将产生粘结破坏，在进一步滑移时，粘结应力取为零。

当平行于钢筋方向的弹簧应变 $|\varepsilon_h|<\varepsilon_{hmax}(=0.003)$ 时，不需作任何处理。当 $|\varepsilon_h|>\varepsilon_{hmax}$ 时，须作如下处理：

（1）将平行于钢筋方向的应力 σ_h 全部作为超额应力，转换为结点力，即

$$\{F\}^e=[B]^T\{\sigma\}_{ex}=\begin{bmatrix}-c & s\\ -s & -c\\ c & -s\\ s & c\end{bmatrix}\begin{Bmatrix}\sigma_h\\ 0\end{Bmatrix}$$

式中，$c=\cos\theta$，$s=\sin\theta$。

（2）调整单元本身内力为 $\sigma_h=0$，$\sigma_v=\sigma_v$（σ_v 表示垂直于钢筋方向的应力）。

（3）调整单元刚度，将 $k_h=0$ 代入联结单元刚度矩阵公式［如式（4.2.3）］，求出新的单元刚度矩阵。

2. 内部弹簧

试验表明，当粘结应力达到最大值后，内部弹簧不会发生破坏，如再进一步发生滑移，粘结应力将继续保持原来峰值。

当 $|\varepsilon_h|<\varepsilon_{hmax}$ 时，不需作任何处理；当 $|\varepsilon_h|>\varepsilon_{hmax}$ 时，须作如下处理：

（1）将超额应力转换成结点力，即

$$\sigma_{hex}=k_h(\varepsilon_h-0.003)$$

$$\{F\}^e=\begin{bmatrix}-c & s\\ -s & -c\\ c & -s\\ s & c\end{bmatrix}\begin{Bmatrix}\sigma_{hex}\\ 0\end{Bmatrix}$$

（2）将单元本身内力调整为 $\sigma_h=0.003k_h$，$\sigma_v=\sigma_v$。

（3）调整单元刚度，按 $k_h=0$ 求出新的单元刚度矩阵。

4.4 非线性问题的基本解法

结构非线性问题可以分为三类：材料非线性、几何非线性和边界条件非线性。材料非线性是由于材料本身的非线性应力－应变关系引起的，如混凝土的弹塑性变形等；几何非线性是由结构几何形状的较大变化引起的，如构件压屈后的性能等；边界条件非线性是指边界条件引起的非线性问题，主要是接触问题。

用有限元法求解非线性问题，实际上是求解一个非线性的平衡方程组，即

$$[K(\delta)]\{\delta\}=\{P\} \tag{4.4.1}$$

式中，$\{\delta\}$ 表示结点位移列阵；$\{P\}$ 表示结点荷载列阵；$[K(\delta)]$ 表示结构总刚度矩阵，是结点位移的函数。

4.4.1 非线性问题的基本解法

求解方程组（4.4.1）有三种基本方法：增量法、迭代法和逐步迭代法。

1. 增量法

增量法是把荷载分成许多小的荷载部分（增量），每次施加一个荷载增量，并且在每个荷载增量作用期间，假设式（4.4.1）中的 $K(\delta)$ 有固定值，因而在每个荷载增量作用期间，式（4.4.1）是线性的。但对于不同的荷载增量，$K(\delta)$ 取不同的值。对每一级荷载，求位移 δ 的增量，把这些位移增量累加，就得到相应于任一荷载级的总位移。将增量过程重复进行，直至达到总荷载。因此，增量法是以一系列线性解来逼近原来的非线性问题，即把非线性问题近似处理为分段线性问题，如图 4.4.1 所示。

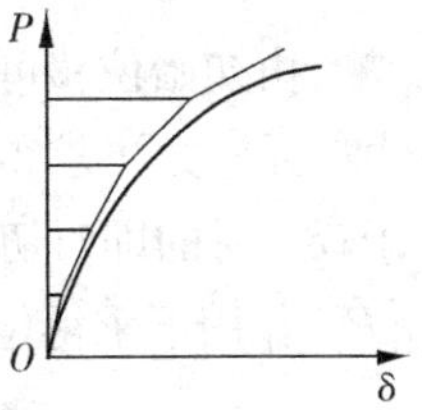

图 4.4.1 增量法

设结构初始状态的荷载 $\{P_0\}$ 和位移 $\{\delta_0\}$ 为零或某一已知值，将总荷载分成 m 个增量，则总荷载可用荷载增量表示为

$$\{P\} = \{P_0\} + \sum_{j=1}^{m} \{\Delta P_j\} \tag{4.4.2}$$

在施加了第 i 级荷载后的荷载列阵为

$$\{P_i\} = \{P_0\} + \sum_{j=1}^{i} \{\Delta P_j\} \tag{4.4.3}$$

同样，在第 i 级荷载后，位移、应变和应力分别为

$$\left.\begin{aligned} \{\delta_i\} &= \{\delta_0\} + \sum_{j=1}^{i} \{\Delta\delta_j\} \\ \{\varepsilon_i\} &= \{\varepsilon_0\} + \sum_{j=1}^{i} \{\Delta\varepsilon_j\} \\ \{\sigma_i\} &= \{\sigma_0\} + \sum_{j=1}^{i} \{\Delta\sigma_j\} \end{aligned}\right\} \tag{4.4.4}$$

在第 i 级荷载增量作用下，增量法的总体平衡方程为

$$[K_{i-1}(\delta)]\{\Delta\delta_i\} = \{\Delta P_i\} \qquad i=1,\ 2\cdots,\ m \tag{4.4.5}$$

式中，$[K_{i-1}]$为前级荷载终了时的切线刚度矩阵。因为在前一级荷载终了时的应力$\{\sigma_{i-1}\}$、应变$\{\varepsilon_{i-1}\}$为已知值，根据已知的$\{\sigma_{i-1}\}$，$\{\varepsilon_{i-1}\}$以及它们的应力－应变关系可以确定物理矩阵$[D_{i-1}]$，从而可以计算相应的刚度矩阵$[K_{i-1}]$，此时假定在当前的第 i 级荷载增量中取刚度矩阵$[K_{i-1}]$并保持不变。所以，该法的实质是在当前一级荷载增量的计算中，采用前一级末了时的刚度矩阵。$[K_{i-1}]$确定后，即可由方程（4.4.5）求出当前荷载增量作用下的位移增量，并可由式（4.4.4）求出相应的位移、应变和应力。

增量法的优点是适用性强，几乎可以用于一切类型的非线性问题；而且可以得到每一级荷载作用下的计算结果，可以比较全面地了解荷载、位移及应力之间的关系变化过程。但由于事先难以知道荷载增量取多大才能得到较满意的近似解，故该法很难判断所得增量解的近似程度。

2. 迭代法

迭代法的基本思想是：结构在总荷载作用下取某一线性解为问题的第一近似解，然后通过迭代对这一近似解进行连续矫正直至在总荷载$\{P\}$作用下式（4.4.1）得到满足为止，其过程如图4.4.2所示。

首先取初始刚度矩阵$[K_0]$求得位移的第一次近似值 $\{\delta_1\}$，即

$$\{\delta_1\} = [K_0]^{-1}\{P\}$$

由初始位移可求得单元应变，进而求得单元应力，由单元应力再求得相应的结点荷载$\{P_1\}$。然后用相应于$\{\delta_1\}$时的即时切线模量$[K_1]$，在荷载$\{\Delta P_1\} = \{P\} - \{P_1\}$作用下求得位移增量$\{\Delta\delta_2\}$，即

$$\{\Delta P_1\} = \{P\} - \{P_1\}$$

$$\{\Delta\delta_2\} = [K_1]^{-1}\{\Delta P_1\}$$

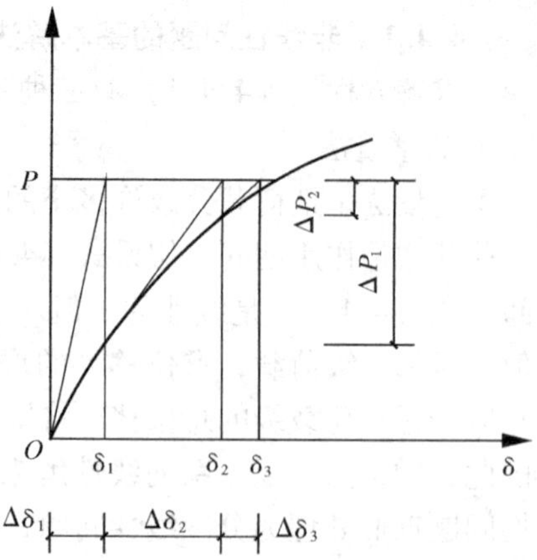

图 4.4.2　切线刚度迭代法

从而求得位移的第二次近似值$\{\delta_2\}$：

$$\{\delta_2\} = \{\delta_1\} + \{\Delta\delta_2\}$$

重复以上步骤，即

$$\left.\begin{aligned}\{\Delta P_k\} &= \{P\} - \{P_k\} \\ \{\Delta\delta_{k+1}\} &= [K_k]^{-1}\{\Delta P_k\} \\ \{\delta_{k+1}\} &= \{\delta_k\} + \{\Delta\delta_{k+1}\}\end{aligned}\right\} \tag{4.4.6}$$

直至$\{\delta_{k+1}\}$与$\{\delta_k\}$充分接近，或$\{\Delta P_k\}$足够小为止。

在上述迭代计算中，利用了前一步结束时的切线刚度，故称为切线刚度迭代法。在各次迭代计算中，若式（4.4.6）中的$[K_k]$采用割线模量或初始刚度$[K_0]$，则为割线刚度迭代法或初始刚度迭代法。

与增量法相比，迭代法的应用和编制程序都较容易。但该法在一些情况下不能保证收敛于精确解；不能用于动态问题及性能与加载路线有关的材料。此外，位移、应力和应变是由总荷载确定的，不能得到结构在加载过程中的性能。

3. 逐步迭代法

逐步迭代法是增量法和迭代法的综合，如图4.4.3所示。分级施加荷载，在施加每级荷载增量之后进行迭代直至达到所指定的精确度。因此，该法吸收了增量法和迭代法的优点，减少了两者的缺点，对每一级荷载增量的计算，由于进行了迭代，可以估计近似程度，但计算量较大。

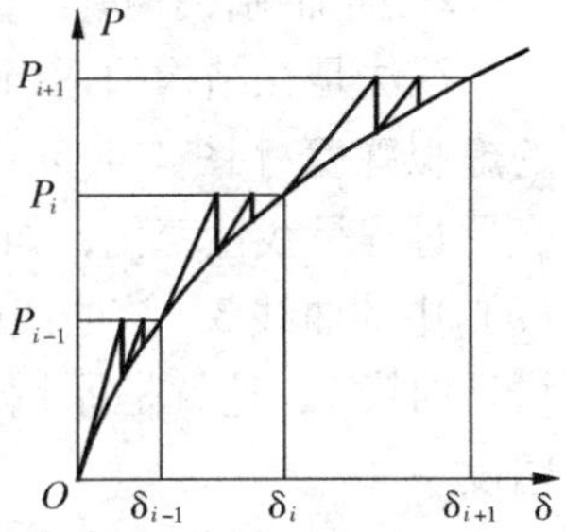

图4.4.3　逐步迭代法

4.4.2　考虑结构负刚度的一些算法

混凝土材料或钢筋混凝土结构在达到极限强度或极限承载力后，其应力－应变曲线或荷载－变形曲线出现下降段（软化段）。由于这时混凝土材料或钢筋混凝土结构呈现出负刚度，其刚度矩阵是非正定的，所以用上述的基本算法无法得到正确结果。为此，各国学者提出了许多处理方法[4.6]，主要有：逐步搜索法、虚加刚性弹簧法、位移控制法、强制迭代法、硬化刚度法和弧长法等。下面介绍其中的二种。

1. 位移控制法

该法是在分析过程中对位移增量进行控制。如对图4.4.4所示的简支梁，将加载点处的集中荷载换为支座，分析时控制该支座位移并求出支座反力，即可得到全过程的荷载－位移曲线。

根据上述思路，对于一般结构，首先找出需要控制的位移，然后将刚度矩阵重新排列，使拟控制的位移排到最后一项（如$\bar{u}_2 = \Delta u_2$），同时将原刚度矩阵分块，则平衡方程变为

$$\begin{bmatrix} K_{11} & K_{12} \\ K_{21} & K_{22} \end{bmatrix}\begin{Bmatrix} \Delta u_1 \\ \Delta u_2 \end{Bmatrix} = \Delta\lambda\begin{Bmatrix} P_1 \\ P_2 \end{Bmatrix} + \begin{Bmatrix} R_1 \\ R_2 \end{Bmatrix} \tag{4.4.7}$$

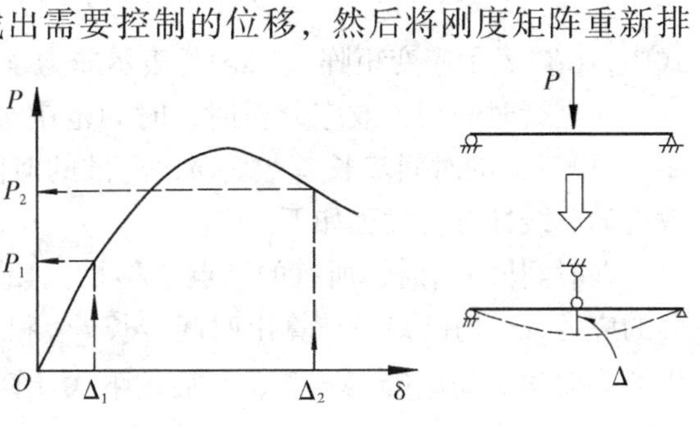

图4.4.4　位移控制法

式中，$\{P_1 \quad P_2\}^{\mathrm{T}}$是参考荷载矢量；$\Delta\lambda$是控制荷载的步长系数；$\{R_1 \quad R_2\}^{\mathrm{T}}$为求

解迭代过程的不平衡力。变换式（4.4.7）得

$$\begin{bmatrix} K_{11} & -P_1 \\ K_{21} & -P_2 \end{bmatrix} \begin{Bmatrix} \Delta u_1 \\ \Delta\lambda \end{Bmatrix} = \begin{Bmatrix} R_1 \\ R_2 \end{Bmatrix} - \begin{Bmatrix} K_{12} \\ K_{22} \end{Bmatrix} \bar{u}_2 \tag{4.4.8}$$

按式（4.4.8）求解方程时可控制指定的位移 $\bar{u}_2$，求出相应的其他位移 Δu_1 以及荷载增量比例因子 $\Delta\lambda$。求解过程仍是一个迭代过程，为满足精度要求，应使不平衡力 $\{R_1 \quad R_2\}^{\mathrm{T}}$ 值趋于零。

由于方程（4.4.8）左边的系数矩阵不对称，也不呈带状，求解时需要的存储单元较多，这是此法的一个缺陷，为此一些学者提出了改进算法。另外，此法用于求解单自由度体系比较容易，而用于多自由度体系的分析比较困难。

2. 虚加刚性弹簧法

该法是在结构的适当部位加上刚度较大的虚拟弹簧［图 4.4.5（a）］，弹簧在全部变形过程呈线性变化，如图 4.4.5（b）中的直线 2。加弹簧后结构的 $P-\delta$ 曲线如图 4.4.5（b）中的曲线 3，该曲线已无负刚度问题，可按一般方法求解。将曲线 3 与曲线 2 相减，可得曲线 1，这就是原钢筋混凝土结构的 $P-\delta$ 曲线，其上升段和下降段均可有足够的精度。

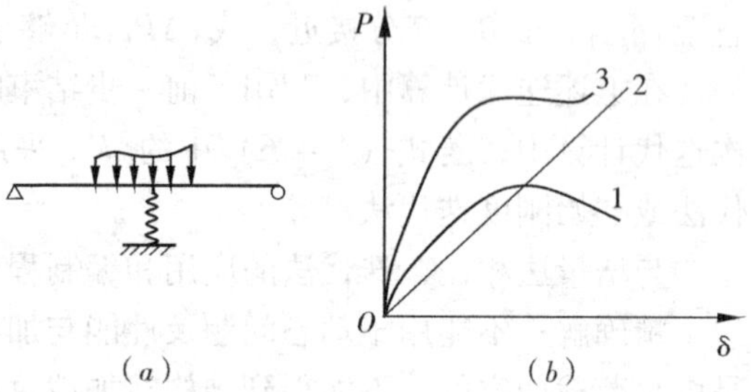

图 4.4.5　虚加刚性弹簧法

4.4.3　考虑时间效应的非线性解法

考虑材料非线性、几何非线性和非力学应变（由混凝土徐变、收缩和温度变化等引起）的结构增量平衡方程可表示为

$$\{\Delta P\} = [K_{\mathrm{t}}]\{\Delta\delta\} \tag{4.4.9}$$

其中

$$\{\Delta P\} = \{\Delta P\}^{j} + \{\Delta P\}^{\mathrm{nm}} \tag{4.4.10}$$

$$[K_{\mathrm{t}}] = [K_{\mathrm{e}}] + [K_{\mathrm{g}}] \tag{4.4.11}$$

式中，$[K_{\mathrm{t}}]$表示切线刚度矩阵；$[K_{\mathrm{e}}]$表示弹性刚度矩阵；$[K_{\mathrm{g}}]$表示几何刚度矩阵；$\{\Delta P\}^{j}$表示结点外荷载增量列阵；$\{\Delta P\}^{\mathrm{nm}}$表示非力学应变产生的等效结点荷载增量列阵，按下式计算

$$\{\Delta P\}^{\mathrm{nm}} = \int_{\mathrm{v}} [B]^{\mathrm{T}} [E_{\mathrm{t}}] \{\Delta\varepsilon\}^{\mathrm{nm}} \mathrm{d}\nu \tag{4.4.12}$$

式中，$[B]$表示应变矩阵；$\{\Delta\varepsilon\}^{\mathrm{nm}}$表示非力学应变增量列阵。

在进行时间相关效应分析时，时间范围被分成许多离散的间隔（每一间隔可以不等距）。设考虑的时间步长总数为 n，离散的时间步长为 t_i（$i=1, 2, \cdots, n$），则考虑时间效应的非线性分析过程如下。

在时间段 t_{i-1}时，所有的结点位移$\{\delta\}$、总应变$\{\varepsilon\}$、总非力学应变$\{\varepsilon\}^{\mathrm{nm}}$和结构各部分的应力$\{\sigma\}$均已知，计算出时间步长 t_{i-1}和 t_i 内由于混凝土徐变、收缩和温度变化所发生的非力学应变增量$\{\Delta\varepsilon\}_i^{\mathrm{nm}}$，然后按下式计算时间步长 t_i 时的等效结点荷载增量$\{\Delta P\}_i^{\mathrm{nm}}$

$$\{\Delta P\}_i^{\mathrm{nm}} = \int_{\mathrm{v}} [B]^{\mathrm{T}} [E_{\mathrm{t}}] \{\Delta\varepsilon\}_i^{\mathrm{nm}} d\nu \tag{4.4.13}$$

在时间段 t_i 时，由结点外荷载增量$\{\Delta P\}_i^j$、上一时间段 t_{i-1} 产生的不平衡荷载$\{P\}_{i-1}^{\mathrm{u}}$ 以及非力学应变产生的等效结点荷载增量$\{\Delta P\}_i^{\mathrm{nm}}$，得到荷载增量$\{\Delta P\}_i$

$$\{\Delta P\}_i=\{\Delta P\}_i^j+\{\Delta P\}_i^{\mathrm{nm}}+\{\Delta P\}_{i-1}^{\mathrm{u}} \tag{4.4.14}$$

将$\{\Delta P\}_i$ 分成 n 个荷载增量$\{\Delta P\}$，对每一荷载步长完成增量荷载分析和不平衡荷载迭代的步骤如下：

（1）根据每一个单元的几何和材料特性，形成各单元的切线刚度；采用各单元的当时应变矩阵，在总体坐标中组装成结构切线刚度矩阵$[K_{\mathrm{t}}]$。

（2）解方程（4.4.9），求出位移增量$\{\Delta\delta\}$，然后转换到局部坐标系中，得到单元端结点位移增量。

（3）根据单元端结点位移增量，用非线性应力－应变关系计算出应变增量$\{\Delta\varepsilon\}$，然后加到上一步的总值中去，得到当时的总应变$\{\varepsilon\}$。

（4）将位移增量$\{\Delta\delta\}$加到上一步的总值中去，得到当时总结点位移$\{\delta\}$。在当时总结点位移$\{\delta\}$的基础上，修改构件几何尺寸，即修改单元长度和应变矩阵。

（5）从当时总应变$\{\varepsilon\}$中减去由于混凝土徐变、收缩和温度变化所产生的非力学应变$\{\varepsilon\}^{\mathrm{nm}}$，得到当时的总力学应变$\{\varepsilon\}^{\mathrm{m}}$。根据当时时间步长 t_i 对应的总力学应变$\{\varepsilon\}^{\mathrm{m}}$，用非线性应力－应变关系计算当时应力$\{\sigma\}$。

（6）在局部坐标系中，对每一单元积分当时总应力，计算出单元端部内力，然后用修改的应变矩阵转换到总体坐标系中，形成内阻抗荷载$\{P\}^i$。

（7）从当时总外结点荷载$\{P\}^j$ 中减去内阻抗荷载$\{P\}^i$，得到不平衡荷载$\{P\}^{\mathrm{u}}$

$$\{P\}^{\mathrm{u}}=\{P\}^j-\{P\}^i \tag{4.4.15}$$

（8）令$\{\Delta P\}=\{P\}^{\mathrm{u}}$，回到步骤（1），不断地执行步骤（1）到（8），直到不平荷载$\{P\}^{\mathrm{u}}$ 达到容许值为止。此处，把当时不平衡荷载$\{P\}^{\mathrm{u}}$ 加到下一荷载步长的荷载增量$\{\Delta P\}$上，重新进行迭代过程（1）到（8）。到最后荷载步长结束时，着手做下一个时间步长 t_{i+1}。

4.4.4 非线性分析步骤

现以某一级荷载增量的作用为例，说明用逐步切线刚度迭代法进行非线性分析的步骤。

在前一级荷载增量$\{\Delta P_{i-1}\}$作用结束时，算出单元中的累计应力，求得相应的混凝土、钢筋等单元的单元刚度，从而得到当时的结构总刚度矩阵。把这些值作为本级荷载增量$\{\Delta P_i\}$作用下计算时的初始值，记为$\{\delta_0\}$，$\{\sigma_0\}$及$[K_0]$等。

在本级荷载增量$\{\Delta P_i\}$作用下，按切线刚度迭代法计算。取$\{\sigma_0\}$，$\{\delta_0\}$作为迭代初始值，并记$\{P\}=\{\Delta P_i\}$。计算步骤如下

（1）按式（4.4.1），即

$$[K_0]\{\Delta\delta_1\}=\{\Delta P_1\}=\{P\} \tag{4.4.16}$$

求出$\{\Delta\delta_1\}$，进而求出$\{\Delta\varepsilon_1\}$，$\{\Delta\sigma_1\}$等，从而得到第一级近似解：

$$\left.\begin{aligned}\{\delta_1\}&=\{\delta_0\}+\{\Delta\delta_1\}\\\{\varepsilon_1\}&=\{\varepsilon_0\}+\{\Delta\varepsilon_1\}\\\{\sigma_1\}&=\{\sigma_0\}+\{\Delta\sigma_1\}\\&\cdots\cdots\end{aligned}\right\} \tag{4.4.17}$$

(2) 计算第二次循环所需的不平衡荷载$\{\Delta P_2\}$。$\{\Delta P_2\}$可由按式（4.4.17）计算的各单元应力$\{\sigma_1\}$与相应于$\{\delta_1\}$和$\{\varepsilon_1\}$按材料应力－应变关系计算的应力$\{\sigma_{1u}\}$之差求得。因此，不平衡荷载可计算如下：

1）对于当应力为$\{\sigma_1\}$时物理关系处于非线性阶段的所有单元（包括应力超过比例极限的钢筋单元、混凝土受压单元以及联结单元等），应力应修正为

$$\{\sigma_{1u}\} = \{\sigma_0\} + \{\Delta\sigma_1\}$$

$$\{\Delta\sigma_1\} = [D_1'] \{\Delta\varepsilon_1\}$$

其中$[D_1']$可按材料的本构关系由$\{\varepsilon_1\}$求出。应释放的超额应力为

$$\{\sigma\}_{ex} = \{\sigma_1\} - \{\sigma_{1u}\}$$

将上式代入式（4.3.3），可求出相应的节点释放力亦即不平衡节点荷载。

2）检查此循环中有无新开裂单元，如果有新开裂单元，则按4.3节所述方法由$\{\sigma_1\}$算出裂缝释放应力（不平衡应力）。由此可以对所有新开裂单元算出单元结点力$\{F\}^e$。

3）检查有无新压碎或双向拉裂的混凝土单元。如有，应把单元中的应力$\{\sigma_1\}$全部释放。在式（4.3.3）中取$\{\sigma\}_{ex} = \{\sigma_1\}$算出单元结点力，单元应力应修正为零。

4）对于钢筋单元，若$\sigma_{s1} > f_y$，则单元轴向应力应修正为f_y，同时将单元刚度修正为零。应释放的超额应力为$\sigma_{ex} = \sigma_{s1} - f_y$。

5）对于联结单元，如双弹簧联结单元，可由弹簧两端钢筋与混凝土的位移差算出相对滑移量s_1。当s_1大于某一定值时，即认为粘结破坏，可类似求出释放结点力及修正后的应力。或按4.3节所述方法处理。

将1）~5）项所有释放结点力叠加，可求得总的不平衡荷载。

(3) 计算与单元实际应力$\{\sigma_{1u}\}$相应的总刚度矩阵$[K_1]$

对于上述1）类单元，先按各自的实际应力$\{\sigma_{1u}\}$算出切线模量矩阵$[D_1']$，如混凝土单元可用式（3.3.35）计算，然后求出单元刚度矩阵。对于上述2）类单元，按4.3节所述方法重新计算单元刚度。对3），4）类单元，其单元刚度矩阵应取为零。

用调整后的单元刚度矩阵及不需调整的单元刚度矩阵集合成总刚度矩阵$[K_1]$。

(4) 将迭代次数向前推进1，重复（1）~（3）步，直至不平衡荷载小于指定误差值为止。此时认为在本级荷载增量作用下结构变形已稳定，并求得了本级荷载下的计算结果，可以转入下一级荷载增量的计算。

参考文献

[4.1] Darwin, D. and Scordelis, A. C. Finite Element Analysis of Reinforced Concrete Beam [J]. ACI Journal, 1967, 64 (3).

[4.2] Ngo, D. and Scordelis, A. C. Finte Element Analysis of Reinforced Concrete Beam [J]. ACI Journal, 1967, 64 (3).

[4.3] Nilson, A. H. Nonlinear Analysis of RC by the Finite Element Method [J]. ACI Journal, 1968, 65 (9).

[4.4] Di, S. L., Song, Q. G. and Shan, B. G. A Finite Element Simulation Model for Cracks in RC [J].

IABSE Collquium on Computational Mechanics of Concrete Structures, Delft, the Netherland, Oct. 1987

[4.5] Goodman, R. E., Taylor, R. and Brekke, T. L. A Model for The Mechanics of Jointed Rock. Journal of the Soil Mechanics and Foundation Division [J]. ASCE, 1968, 94 (SM3)

[4.6] 江见鲸，陆新征，叶列平. 混凝土结构有限元分析 [M]. 北京：清华大学出版社，2005

[4.7] 吕西林，金国芳，吴晓涵. 钢筋混凝土结构非线性有限元理论与应用 [M]. 上海：同济大学出版社，1997

[4.8] 沈聚敏，王传志，江见鲸. 钢筋混凝土有限元与板壳极限分析 [M]. 北京：清华大学出版社，1993

[4.9] Bazant Z P and Cedolin L. Blunt crack band propagation in finite element analysis [J]. ASCE, 1979, EM2: 297 ~ 315

[4.10] 龙渝川，张楚汉，周元德. 钢筋混凝土嵌入式滑移模型 [J]. 工程力学，2007，24 (1)：41 - 45

第5章　混凝土杆系结构有限元分析

第4章介绍了混凝土结构有限元非线性分析的一般方法，原则上可用于对所有混凝土结构进行非线性分析。但对于构件数量庞大的杆系结构（如高层建筑结构、大跨度桥梁等）而言，用此法进行分析显得过于繁复，也不便于应用。因此，本章将介绍混凝土杆系结构有限元非线性分析方法。

对杆系结构进行有限元分析时，一般按杆件划分单元，因而需建立杆件的本构模型，而杆件的本构模型在某种程度上又依赖于杆件截面分析。因此，本章将分别介绍混凝土构件截面非线性分析、混凝土构件非线性分析和混凝土结构整体非线性分析方法。

5.1　混凝土构件截面分析

空间结构中的梁、柱构件常受到单向或双向弯矩、扭矩、剪力和轴力的联合作用，这使结构刚度发生变化，其中弯矩和轴力对构件刚度影响较为显著。在轴拉（压）和弯矩作用下，截面的弯矩－曲率关系，刚度变化特点，混凝土开裂、钢筋屈服和承载力极限状态三种情况下的弯矩、曲率值等均需用基于构件截面的非线性分析后取得。本节主要讨论构件截面内力与变形之间的关系，即构件截面的本构模型，是杆系有限元非线性分析的基础。

5.1.1　纤维截面分析模型

纤维模型[5.1][5.2][5.3]是将钢筋混凝土梁、柱等杆状构件的横截面划分成一定数目的离散小单元，每个小单元的力学特性用钢筋、混凝土的应力－应变关系表示。纤维模型可以很好地反映构件截面材料和钢筋分布特点，可以同时考虑轴力和单向弯矩或双向弯矩对截面恢复力关系的影响，理论上有较高的精度。

1. 基本假定

在用纤维模型进行构件受力和变形全过程分析时，采用以下假定：

（1）平截面假定

构件从受力到破坏的全过程中，截面始终保持平面，应变分布为直线形。由于钢筋混凝土构件材料的非匀质性，混凝土开裂后，在裂缝两侧钢筋和混凝土的滑移区内不再符合平截面假定。特别是在纵筋屈服、受压区高度减小而临近破坏的阶段，裂缝处平截面假定已不适用。从工程实用角度出发，若沿构件轴线取出一段长度（如相邻裂缝间距或截面高度的一半），则该范围内截面的平均应变仍可满足平截面假定。

（2）不考虑钢筋和混凝土之间的相对滑移

构件开裂后，钢筋与混凝土之间产生相对粘结滑移，二者的应变不再相等。但因粘结破坏是一个局部现象，应力状态复杂，而且对构件整体承载力和变形的影响较小，所以在钢筋锚固较好时，可不考虑钢筋和混凝土之间的相对滑移。

(3) 混凝土的应力 - 应变关系

在轴力和弯矩作用下，构件截面上只产生分布的正应力（压或拉），属于一维应力状态，所以混凝土的应力 - 应变关系原则上可采用第3章所述的单轴本构关系模型。假设各混凝土纤维的应力 - 应变关系相同，不考虑在受压区沿截面高度的应变梯度、箍筋的约束作用、尺寸效应、加载速度、持续时间、钢筋和混凝土的相互作用等的影响。

(4) 钢筋的应力 - 应变关系

受压或受拉钢筋应力 - 应变关系可采用第3章所介绍的钢筋应力 - 应变关系。为了使计算精确，钢筋和混凝土的应力 - 应变关系可采用材性标准试验结果所获得的应力、应变参数。

(5) 由于剪应力对构件截面的 $M-\varphi$ 关系（弯矩 - 曲率关系）影响较小，故分析构件截面的 $M-\varphi$ 关系时，可忽略构件剪力的作用。

(6) 忽略时间、温度、湿度等变化引起的构件应力和应变的变化。

下面主要介绍一般纤维截面模型分析的截面分析方法，对于层纤维模型作为前者的简化进行简要介绍。

2. 纤维模型截面划分

纤维模型截面分析前，应对构件截面进行合理分区。截面钢筋和混凝土应按其位置分别划分为不同的纤维。混凝土应按其位置及所受约束情况进行分区[5.4]。譬如，梁、柱构件截面上的保护层混凝土和核心约束区混凝土的应力 - 应变关系会有所不同，应划分为不同纤维加以模拟［见图5.1.1（a）］；剪力墙端柱或端部暗柱的混凝土与墙体中其他部位混凝土的应力 - 应变关系也不同，应分别划分单元［见图5.1.1（b）］。由于构件的纵向钢筋一般位于构件截面的四周，所以常用分布在四角的4纤维模型或均匀分布在截面周边的9纤维模型来模拟，应注意使钢筋单元与原截面钢筋的形心重合，如图5.1.2所示。

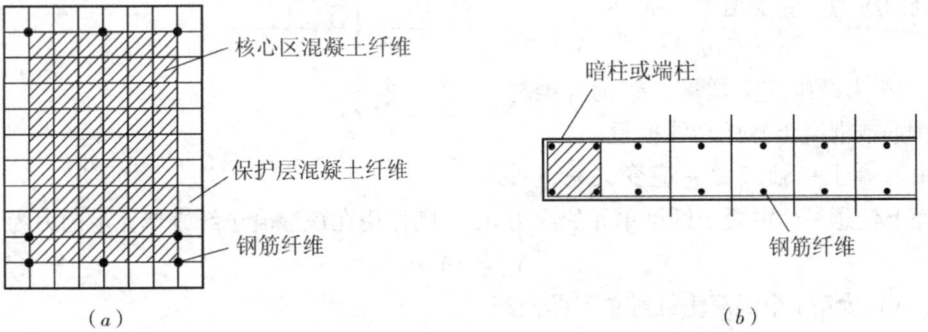

图5.1.1 混凝土纤维划分

3. 基本方程

图5.1.3所示的矩形截面构件，在轴力（N）、双向弯矩（M_y、M_z）作用下产生不均匀应力 - 应变分布。采用纤维模型法将构件截面离散，取与截面边界平行的 Y 轴和 Z 轴为坐标轴。当纤维单元尺寸较小时，其内各点应力、应变均匀分布，可取单元形心坐标（y，z）处的应力、应变值。

设截面形心处的线应变为 ε_0，沿 Y 轴和 Z 轴二方向的曲率分别为 φ_y、φ_z，规定正应

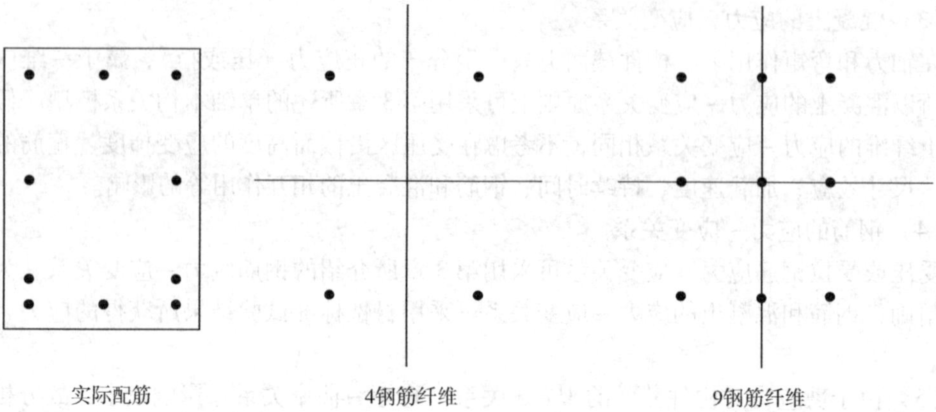

图 5.1.2　钢筋纤维划分

变受压为正，受拉为负；曲率取当 $y \geqslant 0$ 或 $z \geqslant 0$ 为压应变，反之则为拉应变的转动方向为正。由平截面假定可得截面任一点$(y,\ z)$处应变为

$$\varepsilon = \varepsilon_0 + y\varphi_y + z\varphi_z \quad (5.1.1)$$

该点的应变增量为

$$\mathrm{d}\varepsilon = \mathrm{d}\varepsilon_0 + y\mathrm{d}\varphi_y + z\mathrm{d}\varphi_z \quad (5.1.2)$$

假定钢筋和混凝土间无滑移变形，即钢筋和混凝土在截面任一点的应变及应变增量相等，由材料的本构关系，任一点处的应力－应变增量关系为

$$\mathrm{d}\sigma = E_t \mathrm{d}\varepsilon \quad (5.1.3)$$

式中，$\mathrm{d}\sigma$ 为纤维应力增量；E_t 为纤维材料（钢筋或混凝土）的切线模量。

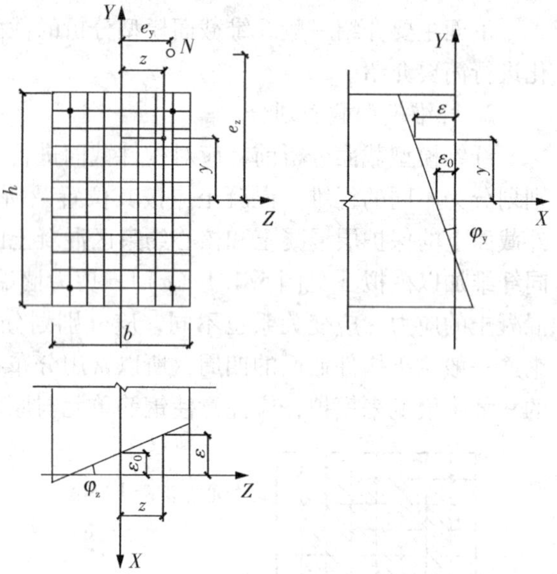

图 5.1.3　截面分析计算图

由混凝土单轴应力－应变关系，可得截面上任意一个混凝土纤维单元的应力 σ_{ci}，则作用在该混凝土纤维单元上的力为

$$N_{ci} = \Delta A_{ci}\sigma_{ci} \quad (5.1.4)$$

式中，ΔA_{ci}为第 i 个混凝土纤维单元的面积。

同理，作用在钢筋单元上的力为

$$N_{si} = A_{si}\sigma_{si} \quad (5.1.5)$$

式中，A_{si}为第 i 个钢筋单元的面积。

设每一纤维单元对 Y 轴及 Z 轴的力矩分别为

$$M_{ci}^{y} = N_{ci}z_i \quad (5.1.6)$$

$$M_{ci}^{z} = N_{ci}y_i \quad (5.1.7)$$

$$M_{sj}^{y} = N_{sj}z_j \quad (5.1.8)$$

$$M_{sj}^{z} = N_{sj}y_j \quad (5.1.9)$$

式中，M_{ci}^{y}、M_{ci}^{z}分别为第i个混凝土纤维单元对Y、Z轴的力矩；M_{sj}^{y}、M_{sj}^{z}分别为第j个钢筋纤维单元对Y、Z轴的力矩；z_i，z_j分别为第i混凝土纤维单元中心及第j钢筋单元中心距Y轴的距离；y_i，y_j分别为第i混凝土纤维单元中心及第j钢筋单元中心距Z轴的距离。

由截面力的平衡条件，得截面轴力N、绕Y轴的弯矩M_y和绕Z轴的M_z分别为

$$N = \sum_i \sigma_{ci}\Delta A_{ci} + \sum_j \sigma_{sj}A_{sj} \tag{5.1.10}$$

$$M_y = \sum_i \sigma_{ci}z_i\Delta A_{ci} + \sum_j \sigma_{sj}z_jA_{sj} \tag{5.1.11}$$

$$M_z = \sum_i \sigma_{ci}y_i\Delta A_{ci} + \sum_j \sigma_{sj}y_jA_{sj} \tag{5.1.12}$$

利用式（5.1.2）和式（5.1.3），将式（5.1.10）~式（5.1.12）写为内力增量与变形增量的形式，即

$$\begin{Bmatrix} dN \\ dM_y \\ dM_z \end{Bmatrix} = \begin{bmatrix} D & D_y & D_z \\ D_y & D_{y^2} & D_{yz} \\ D_z & D_{yz} & D_{z^2} \end{bmatrix} \begin{Bmatrix} d\varepsilon_0 \\ d\varphi_y \\ d\varphi_z \end{Bmatrix} \tag{5.1.13}$$

式中

$$D = \sum_{i=1}^{n} E_c\Delta A_{ci} + \sum_{j=1}^{m} E_sA_{sj}$$

$$D_y = \sum_{i=1}^{n} E_cy\Delta A_{ci} + \sum_{j=1}^{m} E_syA_{sj}$$

$$D_z = \sum_{i=1}^{n} E_cz\Delta A_{ci} + \sum_{j=1}^{m} E_szA_{sj}$$

$$D_{y^2} = \sum_{i=1}^{n} E_cy^2\Delta A_{ci} + \sum_{j=1}^{m} E_sy^2A_{sj}$$

$$D_{z^2} = \sum_{i=1}^{n} E_cz^2\Delta A_{ci} + \sum_{j=1}^{m} E_sz^2A_{sj}$$

$$D_{yz} = \sum_{i=1}^{n} E_cyz\Delta A_{ci} + \sum_{j=1}^{m} E_syzA_{sj}$$

其中，E_c和E_s分别为混凝土和钢筋的切线模量。

从式（5.1.13）消去$d\varepsilon_0$，可得弯矩增量与曲率增量的关系

$$\begin{Bmatrix} dM_y \\ dM_z \end{Bmatrix} = \begin{bmatrix} D_{y^2} - \dfrac{D_y^2}{D} & D_{yz} - \dfrac{D_yD_z}{D} \\ D_{yz} - \dfrac{D_yD_z}{D} & D_{z^2} - \dfrac{D_z^2}{D} \end{bmatrix} \begin{bmatrix} d\varphi_y \\ d\varphi_z \end{bmatrix} + \begin{bmatrix} \dfrac{D_y}{D} \\ \dfrac{D_z}{D} \end{bmatrix} dN \tag{5.1.14}$$

4. 分层纤维截面模型

分层纤维模型是上述纤维截面模型的简化形式，主要用于钢筋混凝土平面受力构件在轴力和单向弯矩作用下的截面非线性分析。

图5.1.4所示构件截面上作用有轴力N和弯矩M_z，沿截面高度将截面划分为若干个混凝土和钢筋有限条带，利用上述分析方法容易得到分层模型的弯矩－曲率增量方程，读者可以自行推导。

5. 弯矩－曲率计算步骤

式（5.1.14）表示的弯矩－曲率关系为一非线性方程组，其基本计算步骤如下：

(1) 将荷载分为多个 (s) 增量步;

(2) 将截面划分为 n 个混凝土单元和 m 个钢筋单元，分别计算混凝土单元和钢筋纤维的截面面积；形成混凝土面积向量和钢筋面积向量；给定截面初始应力和应变状态；

(3) 根据各混凝土单元和钢筋单元的应力状态，由相应的应力－应变关系确定其切线模量，形成混凝土切线模量向量和钢筋切线模量向量；

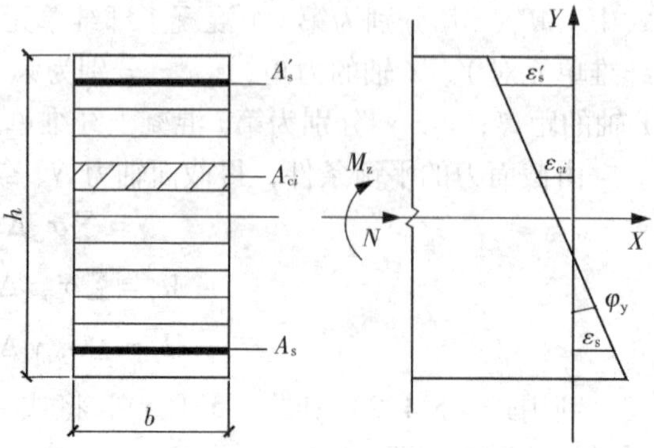

图 5.1.4　分层截面分析模型及计算图

(4) 若荷载向量与基本变量间耦合，则采用 Euler 方法解耦；

(5) 计算 D、D_y、D_z、D_{y^2}、D_{z^2}及 D_{yz}等;

(6) 求解基本变量的增量 $\{d\varepsilon_0 \quad d\varphi_y \quad d\varphi_z\}^T$;

(7) 按增量途径和迭代途径求解应力增量向量和总应力向量；

(8) 计算混凝土和钢筋的应变增量；计算截面总内力；

(9) 在每一荷载增量步内按求解非线性方程组的方法进行迭代，计算不平衡力，若其大于给定的容许误差值，则转入步骤 (5) 继续迭代；否则进入下一荷载增量步，重复 (3) ~ (9) 的步骤，直到计算完成。

5.1.2 屈服面模型

这种模型[5.5][5.6][5.7]以构件截面为对象，将单轴截面的试验结果和塑性力学基本原理相结合，建立截面的多维恢复力模型、本构关系、加卸载准则等。目前较为成熟及实用的是考虑双轴弯矩作用的双轴恢复力模型。

当构件受到轴向力和双向弯矩作用时，应考虑双向弯矩耦合的影响，耦合方程为

$$\left(\frac{M_z}{M_{uz}}\right)^n + \left(\frac{M_y}{M_{uy}}\right)^n = 1 \tag{5.1.15}$$

式中，M_y、M_z 分别表示截面关于 Y 轴和 Z 轴的弯矩；M_{uy}、M_{uz}分别表示单轴加载时截面关于 Y 轴和 Z 轴的极限弯矩；n 为轴力水平系数，当轴力为零时，可取 2，轴力水平较高时，n 取 1 ~2 之间的数值。

考虑混凝土构件单轴受力本构关系的特点，将构件截面受力状态分为三个阶段——弹性阶段、开裂阶段和屈服阶段。

截面的开裂加载曲面函数可表示为

$$\left(\frac{|M_z - C_{cz}|}{M_{cz}}\right)^n + \left(\frac{|M_y - C_{cy}|}{M_{cy}}\right)^n = 1 \tag{5.1.16}$$

式中，(C_{cz}，C_{cy}) 表示开裂加载曲面中心坐标；M_{cy}、M_{cz}分别表示单向加载时关于 Y 轴和 Z 轴的开裂弯矩。

截面的屈服加载曲面函数可表示为

$$\left(\frac{|M_z - C_{yz}|}{M_{yz}}\right)^n + \left(\frac{|M_y - C_{yy}|}{M_{yy}}\right)^n = 1 \tag{5.1.17}$$

式中，(C_{yz}，C_{yy}) 表示屈服加载曲面中心坐标；M_{yy}、M_{yz}分别表示单向加载时关于 Y 轴和

Z 轴的屈服弯矩。

双轴弯矩空间内的构件开裂和屈服后加载曲面将会发生变化，屈服面在空间的移动和硬化可利用塑性力学中的等强硬化和随动硬化理论给出。按照强化理论，可得加载曲面中心的移动向量表达式。下面以 Mroz 强化理论为例进行简要说明。

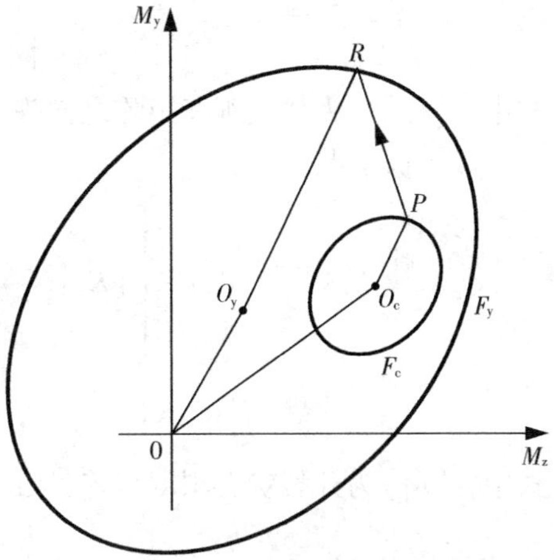

图 5.1.5　Mroz 模型的开裂面、屈服面及移动规则

图 5.1.5 所示为加载点 P、开裂加载曲面 F_c、屈服加载曲面 F_y 的位置以及加载曲面中心 O_c 和 O_y 的位置。当加载点 P 在开裂曲面内时，截面处于弹性受力状态，加载曲面不发生移动。当加载点 P 到达开裂加载曲面上，截面开始开裂，继续加载，开裂曲面与加载点一起运动。假设加载点发生变化 $\{dM\}$，开裂面将沿 PR 方向移动，点 R 的位置是通过点 O_y 绘制平行于 O_cP 且与屈服面 F_y 相交确定。按 Mroz 强化规则，可得加载曲面中心移动增量表达式，即

$$\left.\begin{aligned}\{dC_c\} &= \frac{[([M_u]-[I])\{M\}-([M_u]\{M_c\}-\{M_y\})]\left(\dfrac{\partial F_c}{\partial\{M\}}\right)^{T}\{dM\}}{\left(\dfrac{\partial F_c}{\partial\{M\}}\right)^{T}[([M_u]-[I])\{M\}-([M_u]\{M_c\}-\{M_y\})]}\\ \{dC_y\} &= \frac{(\{M\}-\{M_y\})\left(\dfrac{\partial F_y}{\partial\{M\}}\right)^{T}\{dM\}}{\left(\dfrac{\partial F_y}{\partial\{M\}}\right)^{T}(\{M\}-\{M_y\})}\end{aligned}\right\} \quad (5.1.18)$$

$\{M\} = [M_z \quad M_y]^T$;

$\{M_c\} = [C_{cz} \quad C_{cy}]^T$;

$\{M_y\} = [C_{yz} \quad C_{yy}]^T$;

式中，$\{dM\}$ ——弯矩增量，$\{dM\}=[dM_z \quad dM_y]^T$；

$\{dC_i\}$ ——加载曲面中心移动增量向量，$\{dC_i\}=[dC_{iz} \quad dC_{iy}]^T$ $(i=c,\ y)$；

$[I]$ ——单位矩阵；

$[M_u]$ ——对角阵，$[M_u]=diag\left[\dfrac{M_{yz}}{M_{cz}},\ \dfrac{M_{yy}}{M_{cy}}\right]$；

$\dfrac{\partial F_i}{\partial\{M\}}$ ——加载曲面上加载点处的梯度向量，$\dfrac{\partial F_i}{\partial\{M\}}=\left[\dfrac{\partial F_i}{\partial M_z} \quad \dfrac{\partial F_i}{\partial M_y}\right]^T$ $(i=c,\ y)$。

为了建立截面的本构关系，截面的变形增量 $\{du\}$ 被分为弹性分量 $\{du_e\}$、开裂分量 $\{du_c\}$ 和屈服分量 $\{du_y\}$，即

$$\{du\}=\{du_e\}+\{du_c\}+\{du_y\} \quad (5.1.19)$$

其中，开裂分量 $\{du_c\}$ 和屈服分量 $\{du_y\}$ 可由塑性力学中的正交流动法则及全微分形式的不变性求得，整理后可得截面的本构关系为：

（1）弹性状态

$$\{\mathrm{d}u\} = [K_e]^{-1}\{\mathrm{d}M\} \tag{5.1.20}$$

式中，$[K_e]^{-1}$为弹性刚度矩阵之逆阵。

（2）开裂状态

$$\{\mathrm{d}u\} = \left[[K_e]^{-1} + \frac{\left(\frac{\partial F_c}{\partial\{M\}}\right)\left(\frac{\partial F_c}{\partial\{M\}}\right)^{\mathrm{T}}}{\left(\frac{\partial F_c}{\partial\{M\}}\right)^{\mathrm{T}}[K_c]\left(\frac{\partial F_c}{\partial\{M\}}\right)} \right]\{\mathrm{d}M\} \tag{5.1.21}$$

式中，$[K_c]$为开裂状态刚度矩阵，$[K_c] = \begin{bmatrix} \frac{\partial M_z}{\partial u_{cz}} & \frac{\partial M_z}{\partial u_{cy}} \\ \frac{\partial M_y}{\partial u_{cz}} & \frac{\partial M_y}{\partial u_{cy}} \end{bmatrix}$。

（3）屈服状态

$$\{\mathrm{d}u\} = \left[[K_e]^{-1} + \frac{\left(\frac{\partial F_c}{\partial\{M\}}\right)\left(\frac{\partial F_c}{\partial\{M\}}\right)^{\mathrm{T}}}{\left(\frac{\partial F_c}{\partial\{M\}}\right)^{\mathrm{T}}[K_c]\left(\frac{\partial F_c}{\partial\{M\}}\right)} + \frac{\left(\frac{\partial F_y}{\partial\{M\}}\right)\left(\frac{\partial F_y}{\partial\{M\}}\right)^{\mathrm{T}}}{\left(\frac{\partial F_y}{\partial\{M\}}\right)^{\mathrm{T}}[K_y]\left(\frac{\partial F_y}{\partial\{M\}}\right)} \right]\{\mathrm{d}M\} \tag{5.1.22}$$

式中，$[K_y]$为屈服状态刚度矩阵，$[K_y] = \begin{bmatrix} \frac{\partial M_z}{\partial u_{yz}} & \frac{\partial M_z}{\partial u_{yy}} \\ \frac{\partial M_y}{\partial u_{yz}} & \frac{\partial M_y}{\partial u_{yy}} \end{bmatrix}$。

位于加载开裂面、加载屈服面上点的变化可分为：卸载——加载点由开裂曲面进入弹性区域；中性变载——加载点沿同一开裂曲面或同一屈服曲面上移动，不会进入弹性区，也不会产生塑性变形或强化；加载——加载点沿不同开裂曲面或屈服曲面移动，继续产生塑性变形。其判别准则为：

$$\frac{\partial F_i}{\partial\{M\}}\{\mathrm{d}M\} \begin{cases} >0 & \text{加载} \\ =0 & \text{中性变载} \quad (i=c,\ y) \\ <0 & \text{卸载} \end{cases} \tag{5.1.23}$$

$[K_c]$和$[K_y]$的非对角元素不为零，反映了双向弯矩的相互影响。在利用单轴本构关系向多轴情况推广过程中，通常忽略其相互作用，而对单轴本构关系模型的各种参数进行修正。

5.1.3 多弹簧截面模型

纤维截面模型的计算精度与所划分的单元数目密切相关，一般来说，划分单元数目越多，计算结果越精确。为了简化计算，Shing-sham Lai，M. Saiidi，Yang Jing 等[5.8]~[5.12]先后提出了九弹簧截面模型、五弹簧截面模型和四弹簧截面模型。图 5.1.6 所示为九弹簧和五弹簧截面模型。多弹簧模型的特点是用尽可能少的混凝土单元、钢筋单元或混凝土钢筋组合单元，进行截面的非线性分析。与纤维模型相比，多弹簧模型的计算工作量减少了许多，并有较高的计算精度。

按多弹簧截面模型进行构件截面非线性分析时，首先应确定各等效弹簧的基本参数，即等效钢筋面积、等效混凝土面积、等效弹簧间距等。下面以五弹簧截面模型为例说明上述参数的确定方法。

图 5.1.6 所示的五弹簧模型是由位于四角的组合弹簧和位于截面中央的混凝土弹簧组成。其中组合弹簧是由等效钢筋和等效混凝土组合而成的轴向弹簧。等效钢筋面积 A_{si}（$i=1, 2, 3, 4$）可由构件截面 1/4 区域内的实际配筋情况求得，它代表钢筋的真实应力－应变特性。四角的等效混凝土面积 A_{ci}（$i=1, 2, 3, 4$）是一个假定值，由截面在破坏弯矩 M_b 及轴力 N_b 作用下的平衡条件确定。

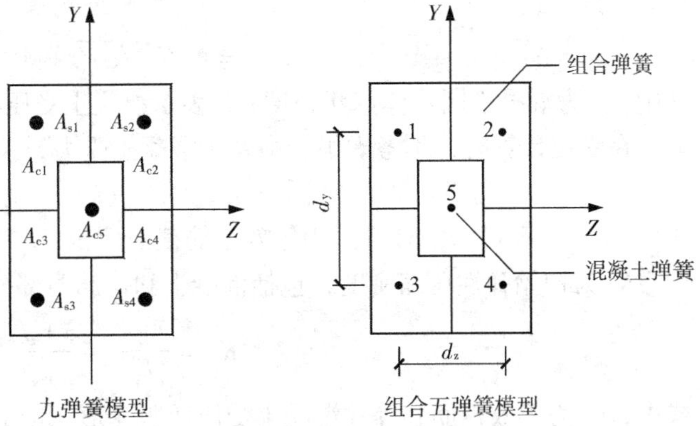

图 5.1.6　弹簧截面模型

中央混凝土弹簧的面积 A_{c5} 等于截面面积 A 减去截面钢筋总面积 A_s 和四角组合弹簧等效混凝土面积 $A_c\left(A_c = \sum_{i=1}^{4} A_{ci}\right)$，即

$$A_{c5} = A - \sum_{i=1}^{4} A_{ci} - A_s \tag{5.1.24}$$

沿 Y 和 Z 轴方向等效组合弹簧的间距 d_y 和 d_z，可由弹簧单元的破坏弯矩与原截面破坏弯矩相等的条件确定。

与纤维截面模型对应的五弹簧截面模型可用于构件在轴力和双向弯矩作用下的截面非线性分析。同样，与分层纤维截面模型对应，我们可以将五弹簧截面模型简化为三弹簧截面模型。它由沿截面高度方向排布的三个弹簧组成，包括两个位于截面两端的组合弹簧和一个位于截面中央的混凝土弹簧。三弹簧截面模型中的等效钢筋面积、等效混凝土面积、等效弹簧间距等可参见五弹簧截面模型的方法求得。

组合弹簧和混凝土弹簧均可视为单轴受力构件。为便于应用，结合钢筋混凝土构件截面的受力特点及材料特性，下面分别给出组合弹簧和混凝土弹簧的刚度计算公式。

1. 四角组合弹簧刚度[5.13][5.14]

假定混凝土与钢筋之间的粘结应力为常数，且纵向钢筋的应力沿锚固长度 l_d 为线性分布。在此基础上考虑梁柱节点核心区钢筋粘结滑移引起的弹簧拉伸变形，可得初始弹性拉伸刚度 K_t，即

$$K_t = \frac{2A_{si}E_s}{l_d} \tag{5.1.25}$$

式中，A_{si}（$i=1, 2, 3, 4$）为等效钢筋截面面积；E_s 为钢筋弹性模量；l_d 为钢筋锚固长度，按下式确定

$$l_d = \frac{A_b f_y}{\pi d_b \tau_u} \tag{5.1.26}$$

其中，f_y 为钢筋的屈服强度值；A_b 为单根钢筋截面面积；d_b 为钢筋直径；τ_u 为平均粘结

应力，按下式计算

$$\tau_u = 1.17\sqrt{\alpha f'_c}\ (\mathrm{MPa}) \tag{5.1.27}$$

其中，f'_c为混凝土圆柱体抗压强度；α 表示混凝土受压区等效应力图形系数，取0.85。

在受拉计算时，不考虑组合弹簧中混凝土受力，拉伸屈服力用下式计算

$$P_{siy} = A_{si} f_y \qquad (i=1、2、3、4) \tag{5.1.28}$$

式中，A_{si}（$i=1$，2，3，4）为等效钢筋截面面积；f_y 为钢筋的屈服强度值。

K_c 为初始弹性压缩刚度，包括混凝土和钢筋两部分的刚度，其表达式为

$$K_c = \frac{2A_{si}E_s}{l_d} + \frac{\alpha A_{ci} f'_c}{u_y} \tag{5.1.29}$$

式中，u_y 为等效钢筋和等效混凝土受压屈服变形，按下式计算

$$u_y = \frac{A_{si} f_y}{K_t} \tag{5.1.30}$$

屈服后的弹簧刚度 K_y 可取上述弹性刚度的0.02~0.05倍。

2. 中央混凝土弹簧

不考虑中央混凝土的抗拉作用，受压屈服力 P_{cy}的计算公式为

$$P_{cy} = \alpha A_{c5} f'_c \tag{5.1.31}$$

式中，α 表示混凝土受压区等效应力图形系数取0.85；A_{c5}为混凝土弹簧等效面积；f'_c为混凝土圆柱体抗压强度。

假定截面混凝土和钢筋同时受压屈服，则混凝土弹簧的受压屈服位移 u_{cy} 可由公式（5.1.30）确定。

中央混凝土弹簧的初始弹性压缩刚度 K_c 为

$$K_c = \frac{P_{cy}}{u_{cy}} \tag{5.1.32}$$

3. 截面刚度特性

设五个弹簧的刚度为 k_i（$i=1\sim5$），由图5.1.7所示几何关系可得偏心距 e_z 和 e_y 的表达式为

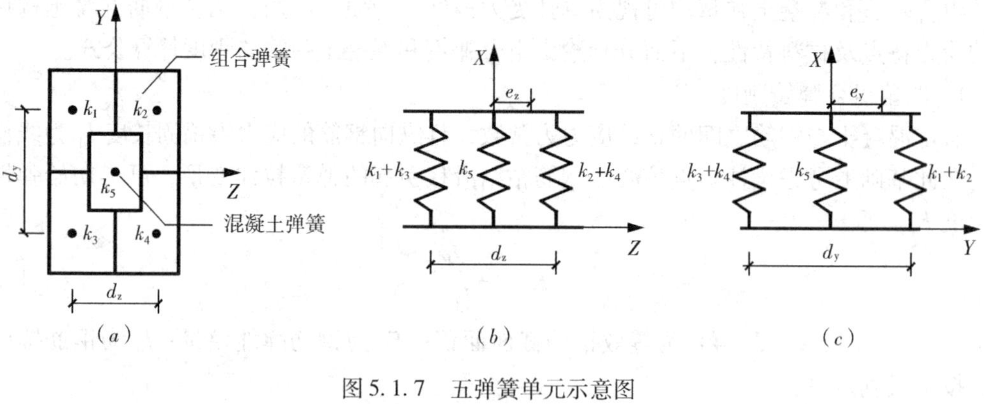

图5.1.7　五弹簧单元示意图

$$e_z = \frac{d_z}{2}\left[\frac{(k_2+k_4)-(k_1+k_3)}{k_1+k_2+k_3+k_4+k_5}\right] \tag{5.1.33}$$

$$e_{y}=\frac{d_{y}}{2}\left[\frac{(k_{1}+k_{2})-(k_{3}+k_{4})}{k_{1}+k_{2}+k_{3}+k_{4}+k_{5}}\right] \tag{5.1.34}$$

式中，d_z、d_y 分别为四角弹簧沿 Z、Y 方向的间距。

五弹簧截面模型绕 Z、Y 轴的抗弯刚度 $k_{\theta z}$、$k_{\theta y}$及轴向刚度 k_N 分别为

$$k_{\theta z}=\left(\frac{d_{y}}{2}\right)^{2}(k_{1}+k_{2})+\left(\frac{d_{y}}{2}\right)^{2}(k_{3}+k_{4}) \tag{5.1.35}$$

$$k_{\theta y}=\left(\frac{d_{z}}{2}\right)^{2}(k_{2}+k_{4})+\left(\frac{d_{z}}{2}\right)^{2}(k_{1}+k_{3}) \tag{5.1.36}$$

$$k_{N}=k_{1}+k_{2}+k_{3}+k_{4}+k_{5} \tag{5.1.37}$$

由变分原理，得五弹簧单元的刚度矩阵$[k_t]$

$$[k_{t}]=\begin{bmatrix} k_{N} & 0 & 0 & -k_{N} & 0 & 0 \\ 0 & k_{\theta z} & 0 & 0 & -k_{\theta z} & 0 \\ 0 & 0 & k_{\theta y} & 0 & 0 & -k_{\theta y} \\ -k_{N} & 0 & 0 & k_{N} & 0 & 0 \\ 0 & -k_{\theta z} & 0 & 0 & k_{\theta z} & 0 \\ 0 & 0 & -k_{\theta y} & 0 & 0 & k_{\theta y} \end{bmatrix} \tag{5.1.38}$$

5.2 混凝土构件分析

钢筋混凝土结构体系是大量钢筋混凝土基本构件的有机组合，结构体系的非线性分析实质上是对这些非线性基本构件组合体的计算。因此，研究构件在不同荷载工况下的变形、强度等的变化特点，是对结构体系进行非线性分析的前提条件。

上一节我们讨论了构件截面分析方法，研究了截面受力和截面变形之间的关系。在此基础上，结合杆系结构有限元分析特点，本节主要介绍钢筋混凝土构件的非线性分析问题，内容包括：一般杆件非线性有限元分析；钢筋混凝土构件非线性分析。

5.2.1 一般杆件非线性有限元分析

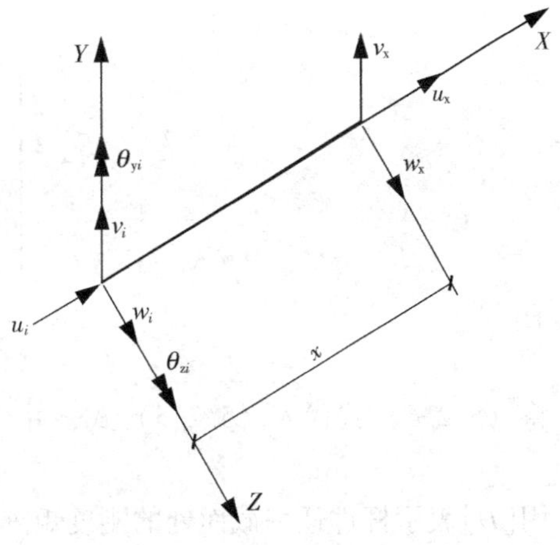

图 5.2.1 空间受力杆件示意图

一空间受力杆单元的局部坐标系如图 5.2.1 所示，其中 X 坐标与构件截面形心轴重合。设杆件长度为 l，不考虑杆件的扭转变形时，端部节点的位移（图 5.2.1）向量为

$$\{U\}_{i}=[u_{i} \quad v_{i} \quad w_{i} \quad \theta_{yi} \quad \theta_{zi}]^{T} \quad (i=1,\ 2) \tag{5.2.1}$$

按有限元方法进行杆件分析时，可将杆件沿杆长方向划分为若干单元，杆单元内任一点（坐标为 x）的位移向量为

$$\{u\}=[u_{x} \quad v_{x} \quad w_{x}]^{T} \tag{5.2.2}$$

令 $\xi=x/l$，取单元形函数分别为

$$N_{u1}=1-\xi$$
$$N_{u2}=\xi$$
$$N_{v1}=N_{w1}=1-3\xi^2+2\xi^3$$
$$N_{v2}=N_{w2}=3\xi^2-2\xi^3$$
$$N_{\theta_y1}=-N_{\theta_z1}=-l\xi+2l\xi^2-l\xi^3$$
$$N_{\theta_y2}=-N_{\theta_z2}=-l\xi^2+l\xi^3$$

杆件的形函数矩阵为

$$[N]=\begin{bmatrix} N_{u1} & 0 & 0 & 0 & 0 & N_{u2} & 0 & 0 & 0 & 0 \\ 0 & N_{v1} & 0 & 0 & N_{\theta_z1} & 0 & N_{v2} & 0 & 0 & N_{\theta_z2} \\ 0 & 0 & N_{w1} & N_{\theta_y1} & 0 & 0 & 0 & N_{w2} & N_{\theta_y2} & 0 \end{bmatrix} \tag{5.2.3}$$

则 x 截面处的线位移向量与杆端位移向量有如下关系：

$$\{u\}=[N]\{U\}^e \tag{5.2.4}$$

其中，$\{U\}^e$ 为杆端位移列向量。

该点的变形向量包括沿 X 方向的轴向应变 ε 和 Y 与 Z 方向的曲率 φ_y 和 φ_z，由材料力学可得

$$\varepsilon=-\frac{du_x}{dx} \qquad \varphi_y=-\frac{d^2\nu_x}{dx^2} \qquad \varphi_z=-\frac{d^2w_x}{dx^2}$$

令

$$\{\nu\}=[\varepsilon \quad \varphi_y \quad \varphi_z]^T$$

$$[S]=\begin{bmatrix} -\frac{d}{dx} & 0 & 0 \\ 0 & -\frac{d^2}{dx^2} & 0 \\ 0 & 0 & -\frac{d^2}{dx^2} \end{bmatrix}$$

有

$$\{\nu\}=[S]\{u\} \tag{5.2.5}$$

将（5.2.4）式代入（5.2.5）式，并令$[B]=[S][N]$，有

$$\{\nu\}=[B]\{U\}^e \tag{5.2.6}$$

用$[D]$表示杆件任一截面处的刚度矩阵，该处的内力增量向量和变形向量的关系为

$$\{\Delta F\}=[D]\{\Delta\nu\} \tag{5.2.7}$$

式中

$$[D]=\begin{bmatrix} D_x & D_{xy} & D_{xz} \\ D_{xy} & D_y & D_{yz} \\ D_{xz} & D_{yz} & D_z \end{bmatrix} \tag{5.2.8}$$

式中，D_x 为轴向刚度；D_y、D_z 分别为杆绕 Y、Z 轴弯曲刚度；D_{xy}、D_{xz} 分别为杆轴向与绕 Y、Z 轴弯曲的耦合刚度。

若杆单元节点荷载增量为$\{\Delta P\}^e$，由虚功原理可得

$$\delta\{U\}^{eT}\{\Delta P\}^{e} = \int_l \delta\{\nu\}^{T}\{\Delta F\}\,dx \qquad (5.2.9)$$

将式（5.2.6）和式（5.2.7）代入式（5.2.9），简化后得

$$\{\Delta P\}^{e} = [K]^{e}\{\Delta U\}^{e} \qquad (5.2.10)$$

式中，$\{\Delta U\}^{e}$ 为杆单元节点位移增量向量；$[K]^{e}$ 为杆单元刚度矩阵，即

$$[K]^{e} = \int_l [B]^{T}[D][B]\,dx \qquad (5.2.11)$$

将各单元节点荷载增量向量集成为构件总节点荷载增量$\{\Delta P\}$，各单元刚度矩阵集成为总的刚度矩阵$[K]$，单元节点位移向量集成为构件总的节点位移增量向量，构件分析的增量基本方程为

$$\{\Delta P\} = [K]\{\Delta U\} \qquad (5.2.12)$$

进行一般杆件非线性分析时，可采用荷载增量迭代法求解。其主要计算步骤为：(1) 将总荷载向量划分为若干荷载增量步，节点荷载增量向量还应包括上一次迭代结束时的不平衡力向量。(2) 由式（5.2.12）可得杆端位移增量向量，进而可得单元节点位移增量向量，由式（5.2.10）即得单元节点荷载增量向量，计算此增量下杆单元的刚度矩阵和节点位移向量，集合为总刚度矩阵和总结点荷载增量向量。(3) 荷载增量向量与上述求得的刚度矩阵和节点位移向量乘积之差即为不平衡力向量，若不平衡力向量小于给定的允许值，进入下一荷载增量步计算，否则继续迭代，直到小于允许值或达到规定的最大迭代次数。

在分析过程中常遇到负刚度情况，所谓负刚度是指构件单元或材料达到最大承载力后出现下降段。对于局部混凝土开裂或压屈后下降段的处理方法是将原有应力逐级下调，将下调应力作为超额应力转化为节点力并入下一步计算予以释放。对于构件单元在负刚度情况下的分析，常用“位移控制法”、“附加虚拟弹簧法”、“弧长法”等方法进行处理，如4.4.2小节所述。

5.2.2 钢筋混凝土杆件非线性分析

杆件的非线性分析原则上可利用5.2.1小节所述方法求解，对于工程中应用广泛的钢筋混凝土单轴受力构件的非线性分析还可以进行简化。本小节主要介绍钢筋混凝土梁在弯矩作用下的强度和变形计算以及柱在弯矩和轴力作用下的强度和变形计算问题。

1. 钢筋混凝土梁的荷载－挠度（$P-\delta$）曲线计算

5.1.1小节采用分级加荷载方法讨论了弯矩－曲率（$M-\varphi$）关系的计算。利用这种方法求得构件各截面曲率后，就可求出构件任意点的挠度。在计算时，将杆件划分为若干小段，为保证计算精度，分段数量不应太少，一般不小于16。在每一小段内的曲率假定是线性变化的，用共轭梁法可得任一截面的转角和挠度。

钢筋混凝土梁的荷载－挠度曲线求解也可采用分级加荷载或分级加变形方法。由于当构件达到极限承载力后$P-\delta$曲线进入下降段，使得分级加荷载方法的计算精度难以控制，所以多采用分级加变形方法求解。分级加变形方法可以分为分级加曲率或分级加挠度两种，前者是以构件最大弯矩处截面曲率为控制值，逐级加曲率，后者则是以梁中最大挠度为控制值，逐级加挠度。下面以分级加曲率方法说明计算过程。其计算步骤如下：

(1) 取 $\varphi_{km}=\varphi_{(k-1)m}+\Delta\varphi$；

(2) 由 φ_{km}确定最大弯矩 M_{mk}；

(3) 由 M_{mk}计算梁上作用的荷载 P；

(4) 由 P 计算各截面弯矩 M_{ik}；

(5) 由 M_{ik}确定 φ_{ik}；

(6) 由 φ_{ik}求得挠度 δ_{ik}，重复上述（1）~（6）步，直至构件的最大挠度达到预定值。

2. 钢筋混凝土压弯构件（$P-\delta$）曲线计算[5.15]

钢筋混凝土压弯构件是指构件截面上作用有轴向力 N 和弯矩 M 的构件。如图 5.2.2 所示的压弯构件，在水平荷载作用下构件产生挠度，则在轴向力作用下会产生附加弯矩，附加弯矩的作用又将加大构件挠度。附加弯矩也称为二阶弯矩。

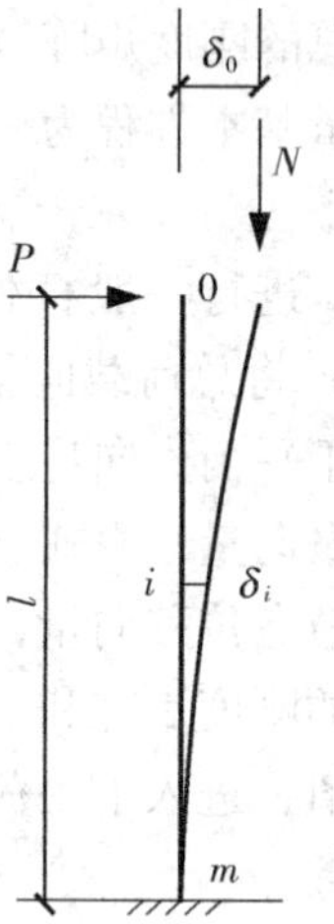

图 5.2.2　压弯构件受力－变形示意

图 5.2.2 所示构件受到荷载 P 和 N 的共同作用，在固定端的弯矩达到最大，其计算式为

$$M_m=Pl+N\delta_0=M_1+M_2 \tag{5.2.13}$$

式中，M_m 为固定端弯矩；l 为杆长；δ_0 为自由端初始挠度；M_2 即由轴向力 N 引起的附加弯矩。

为便于求解压弯构件的 $P-\delta$ 曲线，将式（5.2.13）变换为

$$P=(M_m-N\delta_0)/l \tag{5.2.14}$$

由于挠度和附加弯矩的相互影响，在计算中必须采用反复迭代，逐次逼近真实解。一般来说，对于存在下降段的单个构件，常用逐级加变形进行求解，采用逐级加曲率计算的具体步骤如下：

(1) 取 $\varphi_{km}=\varphi_{(k-1)m}+\Delta\varphi$；

(2) 由 φ_{km}计算最大截面弯矩 M_m；

(3) 假定各截面的挠度值 $\delta^0_{n,k}=\delta_{n,k-1}$（下标 $n=0$，1，…s 表示各结点，s 表示微段数，$k-1$ 表示 k 步挠度可取 $k-1$ 步的值，$k=1$ 时，假定杆的挠度呈三角形分布）；

(4) 由 M_m、N、$\delta_{0,k-1}$，利用公式（5.2.14）求 P_k；

(5) 由 P_k、N、$\delta_{n,k-1}$求各截面的 $M^0_{n,k}$（$n=0$，1，…s），再由 $M^0_{n,k}$得到 $\varphi^0_{n,k}$；

(6) 由 $\varphi^0_{n,k}$求得新的截面的挠度值 $\delta^1_{n,k}$（$n=0$，1，…s）以及各截面新的 $M^1_{n,k}$，并由 $M'_{n,k}$得到新的 $\varphi^1_{n,k}$；

(7) 以 $\delta^1_{n,k}$为假定值重复（4）~（6）步，得 $\delta^2_{n,k}$，$\delta^3_{n,k}$，…，$\delta^q_{n,k}$；若 $\delta^q_{n,k}$与 $\delta^{q-1}_{n,k}$之差小于给定的允许值，则结束 k 步循环，进行 $k+1$ 步计算，直到得出整个 $P-\delta$ 曲线。

5.3　混凝土杆系结构有限元分析

本节主要介绍结构静力非线性有限元分析问题，对结构的动力非线性分析也作了一些介绍，最后给出一些计算实例。

5.3.1　一般说明

5.1 节推导了一般空间杆元的非线性刚度矩阵，给出了增量基本方程及其求解步

骤。5.2 节又研究了钢筋混凝土受弯杆件和压弯构件的非线性分析过程。为了准确地把握杆元的非线性特性，应沿杆轴划分为若干微段，理论上讲微段数量越多，计算结果越精确，但是计算量也会成倍的增大。当结构体系包括的杆件单元数量较少或为单一构件时，可以考虑采用前述的杆单元模拟结构构件，形成结构整体分析模型，进行结构非线性分析。

对于包含大量基本构件的钢筋混凝土结构体系，通常采用简化的杆件非线性单元进行非线性分析，并考虑结构空间特点、计算精度要求等选取合适的结构整体分析模型。下面对结构整体分析模型、钢筋混凝土非线性单元模型以及基本方程和数值分析方法等问题进行简要介绍。

1. 结构整体分析模型

目前常用的结构整体分析模型主要有：

(1) 层模型

这种模型是将结构质量集中于楼层处，并将整个结构的竖向构件合并为一根竖杆。结构每层的等效侧移刚度代表层刚度，形成底部嵌固的串联多质点系模型，如图 5.3.1 (*a*) 所示。

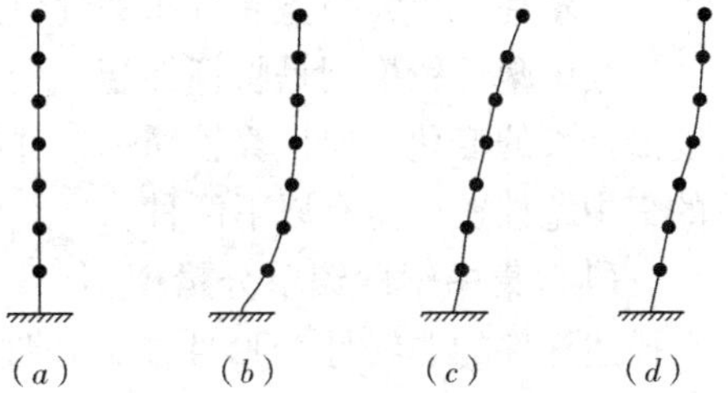

图 5.3.1 层模型

建立结构层模型的计算假定为：楼板在自身平面内刚度无穷大，水平地震作用下，同一楼层各竖向构件侧移相同；结构刚度中心和质量中心重合，不考虑扭转的影响。

根据结构侧向变形特点可将层模型分为三类：剪切型、弯曲型和剪弯型。当结构侧向变形主要为整体剪切变形时，则为剪切型 [图 5.3.1 (*b*)]；当结构侧向变形主要为整体弯曲变形时，则为弯曲型 [图 5.3.1 (*c*)]；当结构侧向变形为剪切变形与弯曲变形综合而成，则为剪弯型 [图 5.3.1 (*d*)]。

层模型可确定结构的层间剪力和层间侧移，对结构整体性态进行评估；但不能计算结构中各构件的内力与变形，计算精度低，难以在工程设计中应用。

(2) 杆系模型

杆系结构分析模型（图 5.3.2）是将结构自然离散为梁、柱、墙等基本构件，并将这些构件作为计算单元，先研究这些单元的基本特征，然后再将其组成结构整体模型进行计算。杆系有限元分析时常用杆件单元模拟结构中的梁、柱等构件，用带刚域的杆或薄壁杆模拟剪力墙。杆系模型能够考虑各个构件逐个进入非线性反应状态的过程及构件非线性反应对结构整体反应的影响，具有较高的计算精度，但计算量较大。

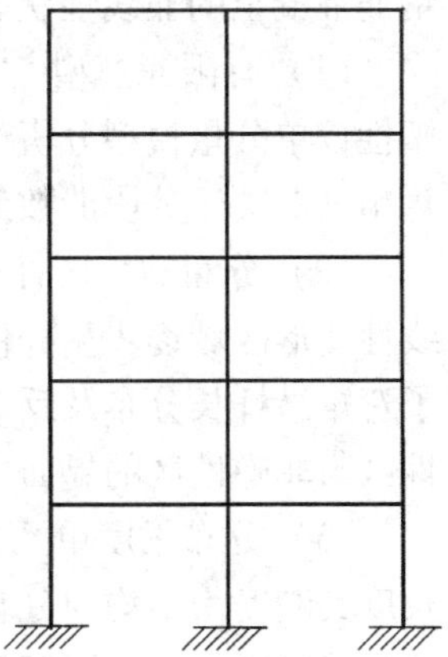
图 5.3.2 杆系模型

(3) 杆系 - 层模型

杆系 - 层模型是杆系模型与层模型的综合。它将结构质量集中于楼层，形成层模型计算简图。与层模型的不同之处是杆系 - 层模型不使用层恢复力模型来确定层刚度矩阵，而是利用杆件的恢复力模型，按杆件体系确定层刚度矩阵。该模型不但可以计算结构的层间剪力与变形，还可确定结构构件的内力与变形。由于采用了楼板刚性假定，杆系 - 层模型计算工作量较杆系模型少，但计算精度也有所降低。

2. 钢筋混凝土构件非线性单元模型

常用的钢筋混凝土构件非线性分析单元包括两大类：微观单元和宏观单元。

钢筋混凝土构件非线性分析的微观模型主要有三种：分离式、组合式和整体式，详见本书第4章。为保证非线性分析计算精度，微观单元模型要求将结构或构件划分为足够小的单元，计算量较大，适用于构件或较小规模结构的非线性分析。对大型结构进行非线性分析时，一般采用下述的构件宏观单元模型。

钢筋混凝土宏观单元模型是以结构中的各构件为基本的非线性分析单元。目前用于结构非线性分析的宏观单元，根据建立单元刚度矩阵是否考虑杆单元刚度沿杆长的变化，分为集中塑性铰单元模型和分布塑性单元模型两大类。

集中塑性铰模型是将杆件塑性变形集中于杆端，杆件中部保持弹性。没有考虑杆件刚度沿杆长的变化，但计算较简单，并能基本满足计算精度要求，应用较广。目前比较常用的集中塑性铰模型有以下两种：

（1）集中塑性铰单分量模型[5.16]。此模型采用单一塑性转角来描述杆件的非线性变形性能，杆件两端的弹塑性特征参数相互独立，杆件中部保持线弹性，如图5.3.3所示。该模型不考虑杆端塑性铰区的长度，等效弹簧长度为零。

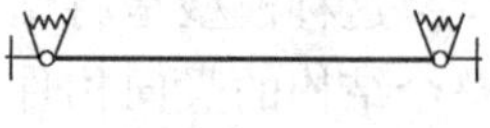

图5.3.3　单分量模型

（2）集中塑性铰多弹簧模型。此模型用杆两端的多弹簧来模拟杆端非线性变形性能，杆件中部为线弹性，如图5.3.4。多弹簧模型也没有考虑塑性铰区的长度，认为等效弹簧长度为零。该模型可模拟柱子的双向弯曲特性。

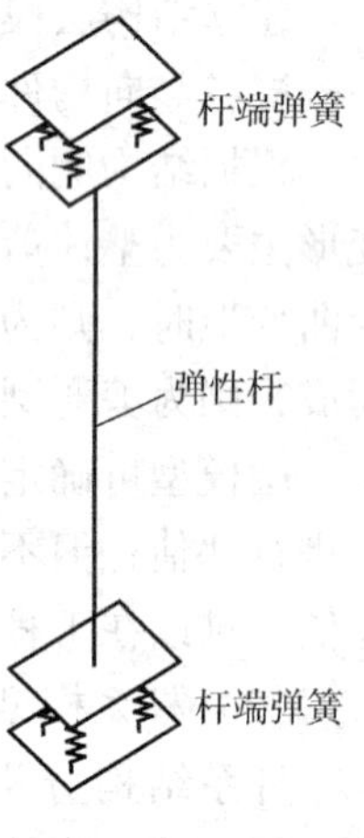

图5.3.4　多弹簧模型

分布塑性单元模型可克服集中塑性铰模型的不足，更合理地描述钢筋混凝土的非线性状态，常用的分布塑性单元模型有：

（1）有限元模型[5.17]。此模型将杆件细分为若干段，各段按集中塑性铰单分量模型分析，并由此建立整个杆件的单元刚度矩阵，其计算精度取决于分段的数量。

（2）分布塑性区杆单元[5.18]。在这种模型中，随着荷载增加，非线性变形区域逐步从杆件端部截面向构件中部截面扩展。该模型考虑了弯矩沿杆长分布及反弯点移动对杆件刚度分布的影响，但在杆件弹性区与非弹性区的界面上出现刚度突变，如图5.3.5所示。

（3）分布柔度单元模型[5.19]。该模型假定构件一旦开裂，沿构件长度其刚度为不均匀分布，进而假定杆件的弯曲柔度 $1/EI$ 沿杆长为二次抛物线分布，曲线形状取决于由滞回模型给定的杆端柔度值、弹性刚度及沿杆长的弯矩分布等。该模型没有刚度突变现象，如图5.3.6所示。

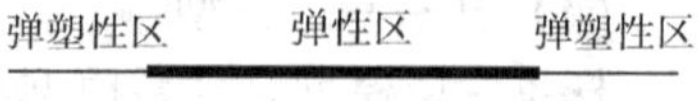

图5.3.5　分布塑性区模型

一般来说，若结构变形规律简单，如以剪切变形为主的结构，可以考虑使用平均刚度模型的杆系单元；若构件受力情况较清楚，塑性铰分布可以准确估计其受力性能，可以采用集中塑性铰模型；若构件受力较复杂，不好估计反弯点及塑性铰的分布，可考虑使用分布刚度或分布柔度模型。

3. 基本方程和数值分析方法

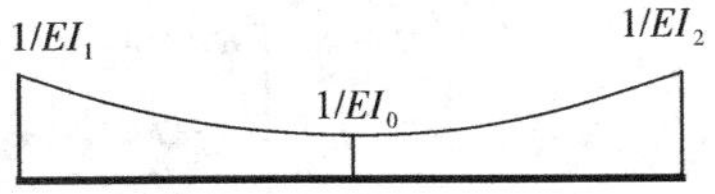

图5.3.6 分布柔度模型

结构在荷载作用下的有限元分析，通常采用直接刚度法，其基本方程为

$$[K]\{U\}=\{P\} \tag{5.3.1}$$

式中，$[K]$为结构总刚度矩阵，由各单元刚度矩阵组装而成；$\{U\}$为节点位移列向量；$\{P\}$为荷载列向量。

对上述非线性方程组的求解可采用增量法。其基本做法是：将结构所受的总荷载分成若干荷载增量；每次施加一级荷载增量，逐级加载直到结构达到预定状态；在每级荷载增量内认为结构为线弹性的，刚度矩阵为常数，由式（5.3.1）求得相应的位移，并根据位移由单元内力矩阵求得内力增量；累加各级位移、内力增量即可确定结构的总位移和总内力。

为形成单元非线性刚度矩阵，常将单元力－变形关系曲线进行简化，采用简化刚度法。$M-\varphi$ 关系常简化为图5.3.7所示的折线型，其中（a）为三线形模型，其屈服后刚度为零；（b）亦为三线形模型，但屈服后刚度为负值；（c）为四线形模型，极限弯矩后刚度亦为负值。图中 M_{cr}、M_y、M_u 分别表示开裂弯矩、屈服弯矩和极限弯矩；φ_{cr}、φ_y、φ_u 分别为与上述弯矩对应的曲率。从图中可以看出，由于进行了线性简化，使得在一定范围内的单元刚度为一常数。由于结构构件受有轴向力的作用，将会产生附加弯矩，还应考虑几何非线性的影响。结构几何非线性刚度矩阵可以由单元几何刚度矩阵组装而成，也可在结构整体水平上考虑几何刚度矩阵影响。后者由于计算较准确、简便，在工程中应用较多。

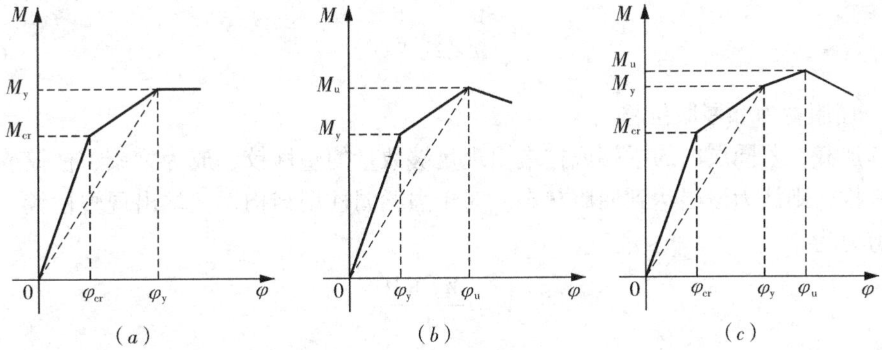

图5.3.7 $M-\varphi$ 关系曲线

5.3.2 层模型的刚度矩阵

1. 层模型的刚度矩阵

图5.3.8所示的剪切型层模型，其位移列向量可表示为

$$\{U\}=\{u_1 \quad u_2 \quad \cdots \quad u_i \quad \cdots \quad u_n\}^T$$

其中 u_i（$i=1, \cdots, n$）表示第 i 层的侧移。

若第 i 层的层剪切刚度为 k_i，则结构第 i 层的层剪力为

$$V_i=k_i(u_i-u_{i-1}) \tag{5.3.2}$$

层模型的侧向刚度矩阵$[K]$可表达为

$$[K]=\begin{bmatrix} k_1+k_2 & -k_2 & 0 & 0 & 0 \\ -k_2 & k_2+k_3 & -k_3 & 0 & 0 \\ 0 & \cdots & \cdots & \cdots & 0 \\ 0 & 0 & -k_{n-1} & k_{n-1}+k_n & -k_n \\ 0 & 0 & 0 & -k_n & k_n \end{bmatrix} \tag{5.3.3}$$

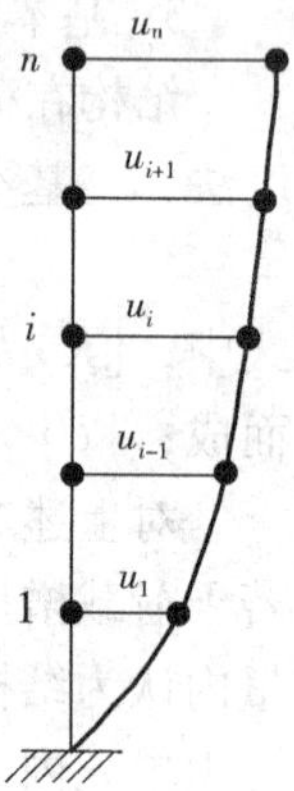

图5.3.8 层模型侧移图

若为弯曲型或弯剪型，刚度矩阵应为满阵。为简化计算，可仍采用上述刚度矩阵的形式，但在层刚度计算时应考虑构件弯曲、剪切和轴向变形影响。

2. 力－变形曲线特征参数的确定

层模型的力－侧移关系可采用图5.3.8所示的简化刚度模型，其中的弹性侧向刚度、开裂剪力、开裂位移、屈服剪力、屈服位移等可按下述方法确定。

（1）层弹性侧向刚度 k_e^i 的确定

层模型弹性侧向刚度为本层中各柱的弹性侧向刚度之和。

（2）开裂剪力和开裂位移

假定各层柱上、下端的弯矩同时达到其开裂弯矩，则由平衡条件可得柱的开裂剪力为

$$V_{cr}^{c}=\frac{M_{cr}^{u}+M_{cr}^{l}}{H_n} \tag{5.3.4}$$

式中，M_{cr}^{u}、M_{cr}^{l}分别为柱上、下端的开裂弯矩；H_n 为柱净高；V_{cr}^{c}为柱开裂剪力。

第 i 层开裂剪力 V_{cr}^{i}为该层所有柱开裂剪力之和。第 i 层开裂位移 u_{cr}^{i}可表示为

$$u_{cr}^{i}=\frac{V_{cr}^{i}}{k_e^i} \tag{5.3.5}$$

（3）屈服剪力和屈服位移

继续加载，若同层内的梁端或柱端出现足够数量的塑性铰，成为梁铰、柱铰或混合铰的侧移机构，则认为该层达到屈服状态。对于强梁弱柱型结构，柱端出现塑性铰，此时柱的屈服剪力为

$$V_{y}^{c}=\frac{M_{y}^{u}+M_{y}^{l}}{H_n} \tag{5.3.6}$$

式中，M_{y}^{u}、M_{y}^{l} 分别为柱上、下端的屈服弯矩；H_n 为柱净高；V_{y}^{c} 为柱屈服剪力。

对于强柱弱梁型结构，塑性铰出现在梁端，由梁柱节点平衡条件可得柱端弯矩值，此时的柱端屈服剪力为

$$V_{y}^{c}=\frac{M_{c}^{u}+M_{c}^{l}}{H_n} \tag{5.3.7}$$

式中，M_{c}^{u}、M_{c}^{l} 分别为由梁柱节点平衡条件分配到的柱上、下端的弯矩；H_n 为柱净高；V_{y}^{c} 为柱屈服剪力。

对于混合型结构，塑性铰可能出现在梁端也可能出现在柱端，若柱端出现塑性铰，则对应的柱端弯矩即为该柱端的屈服弯矩；若柱端未出现塑性铰，则该柱端弯矩应由柱端所在节点弯矩平衡条件求得，由柱的弯矩和剪力平衡关系，参照式（5.3.6）和式（5.3.7）

可得柱的屈服剪力 V_y^c。第 i 层屈服剪力 V_y^i 即为该层各柱屈服剪力之和，第 i 层层间屈服位移为

$$u_y^i = \frac{V_y^i}{\alpha_{yi} k_e^i} \tag{5.3.8}$$

式中，α_{yi}为第 i 层层间屈服点割线刚度降低系数，可按公式（5.3.49）计算。

上面给出了层模型特征参数的简化计算方法，适用于剪切型层模型的计算。对于其他两种模型的特征参数则应采用静力弹塑性分析方法确定。

5.3.3 杆系模型的刚度矩阵

1. 杆单元刚度矩阵

由简化刚度法建立单元刚度矩阵时，首先应确定单元弹性刚度矩阵$[k]^e$，下面给出各种杆单元模型及其刚度矩阵。

（1）平面一般杆单元弹性刚度矩阵

图 5.3.9 所示的平面杆单元，由结构力学可知，杆端力向量和杆端位移向量应满足下列基本方程：

$$\{P\}^e = [k]^e \{U\}^e \tag{5.3.9}$$

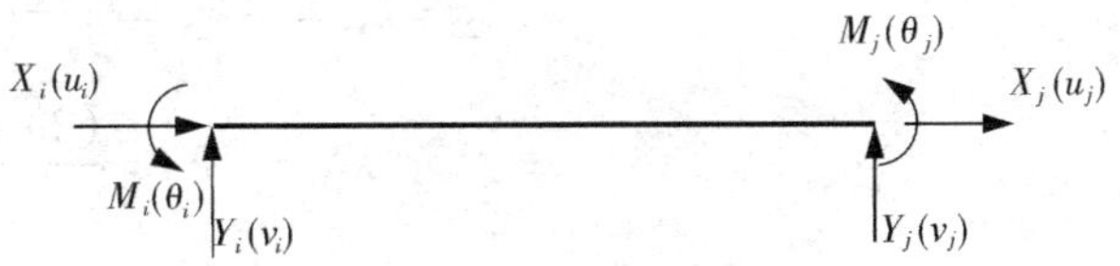

图 5.3.9 平面杆单元

式中，$\{P\}^e = \{X_i \quad Y_i \quad M_i \quad X_j \quad Y_j \quad M_j\}^T$，为杆端力列向量，$i$、$j$ 为杆端编号；$\{U\}^e = \{u_i \quad \nu_i \quad \theta_i \quad u_j \quad \nu_j \quad \theta_j\}^T$，为杆端位移列向量。

当同时考虑杆件弯曲变形、轴向变形和剪切变形的影响时，杆单元弹性刚度矩阵$[k]^e$可表达为

$$[k]^e = \begin{bmatrix} \frac{EA}{l} & 0 & 0 & -\frac{EA}{l} & 0 & 0 \\ 0 & \frac{12EI}{(1+\beta)l^3} & \frac{6EI}{(1+\beta)l^2} & 0 & -\frac{12EI}{(1+\beta)l^3} & \frac{6EI}{(1+\beta)l^2} \\ 0 & \frac{6EI}{(1+\beta)l^2} & \frac{(4+\beta)EI}{(1+\beta)l} & 0 & -\frac{6EI}{(1+\beta)l^2} & \frac{(2-\beta)EI}{(1+\beta)l} \\ -\frac{EA}{l} & 0 & 0 & \frac{EA}{l} & 0 & 0 \\ 0 & -\frac{12EI}{(1+\beta)l^3} & -\frac{6EI}{(1+\beta)l^2} & 0 & \frac{12EI}{(1+\beta)l^3} & -\frac{6EI}{(1+\beta)l^2} \\ 0 & \frac{6EI}{(1+\beta)l^2} & \frac{(2-\beta)EI}{(1+\beta)l} & 0 & -\frac{6EI}{(1+\beta)l^2} & \frac{(4+\beta)EI}{(1+\beta)l} \end{bmatrix} \tag{5.3.10}$$

式中，l 为杆单元长度；I 为杆单元截面惯性矩；A 为杆单元截面面积；E 为弹性模量；$\beta = \frac{12\mu EI}{GAl^2}$，为剪切变形影响系数；$\mu$ 为截面剪应力分布不均匀系数，矩形截面取 1.2；G 为剪切弹性模量。

（2）三段杆件变刚度模型[5.20]

图 5.3.10 所示的三段变刚度杆单元，节点力和位移的方向为正。单元坐标系下的刚

度矩阵为

$$
[\bar{k}] = \begin{bmatrix} k_{11} & 0 & 0 & k_{14} & 0 & 0 \\ & k_{22} & k_{23} & 0 & k_{25} & k_{26} \\ & & k_{33} & 0 & k_{35} & k_{36} \\ & & & k_{44} & 0 & 0 \\ & \text{对称} & & & k_{55} & k_{56} \\ & & & & & k_{66} \end{bmatrix} \tag{5.3.11}
$$

式中

$$k_{11} = -k_{14} = k_{44} = \frac{EA}{l}$$

$$k_{22} = k_{55} = -k_{25} = \frac{2(a_1 + a_2 + b_1)\ b_2}{l_2}$$

$$k_{23} = -k_{35} = \frac{(2a_2 + b_1)b_2}{l}$$

$$k_{26} = -k_{56} = \frac{(2a_1 + b_1)b_2}{l}$$

$$k_{33} = 2a_2b_2 \qquad k_{36} = b_1b_2 \qquad k_{66} = 2a_1b_2$$

$$a_1 = p_2q_2^3 - p_1(1-q_1)^3 + p_1 + 1$$

$$a_2 = p_1q_1^3 - p_2(1-q_2)^3 + p_2 + 1$$

$$b_1 = p_2q_2^2(3-2q_2) + p_1q_1^2(3-2q_1) + 1$$

$$b_2 = \frac{6EI_0}{4a_1a_2l - b_1^2l}$$

$$p_1 = \frac{EI_0}{EI_1} - 1 \qquad p_2 = \frac{EI_0}{EI_2} - 1$$

$$q_1 = l_1/l \qquad q_2 = l_2/l$$

式中，l_1、l_2 分别为两端塑性区的长度；EI_1、EI_2 分别为相应的截面刚度；l_0 为中间弹性区段的长度；EI_0 为其截面刚度；l 为杆件总长度。

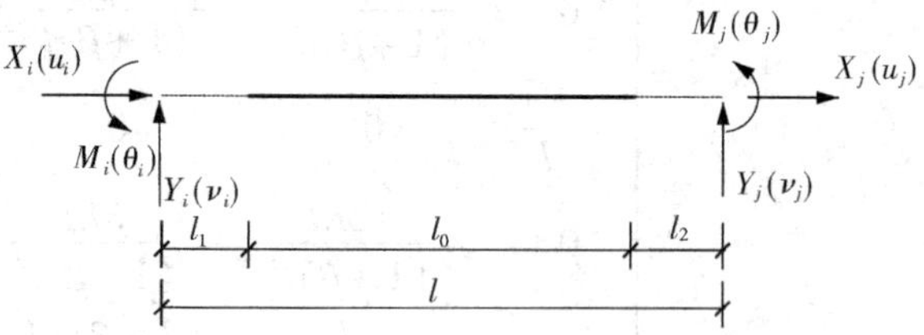

图 5.3.10　三段变刚度杆单元

（3）一般空间杆单元弹性刚度矩阵

图 5.3.11 所示一空间杆单元，由结构力学可知，杆端力向量和杆端位移向量（图 5.3.11）满足下列基本方程

$$\{P\}^e = [k]^e\{U\}^e \tag{5.3.12}$$

式中，$\{P\}^e = \{X_i\ \ Y_i\ \ Z_i\ \ M_{xi}\ \ M_{yi}\ \ M_{zi}\ \ X_j\ \ Y_j\ \ Z_j\ \ M_{xj}\ \ M_{yj}\ \ M_{zj}\}^T$，为杆端力向量；$\{U\}^e = [u_i\ \ \nu_i\ \ w_i\ \ \theta_{xi}\ \ \theta_{yi}\ \ \theta_{zi}\ \ u_j\ \ \nu_j\ \ w_j\ \ \theta_{xj}\ \ \theta_{yj}\ \ \theta_{zj}]^T$，为杆端位移列向量；$i$、$j$ 为杆端编号。

杆单元弹性刚度矩阵$[k]^e$ 可表达为

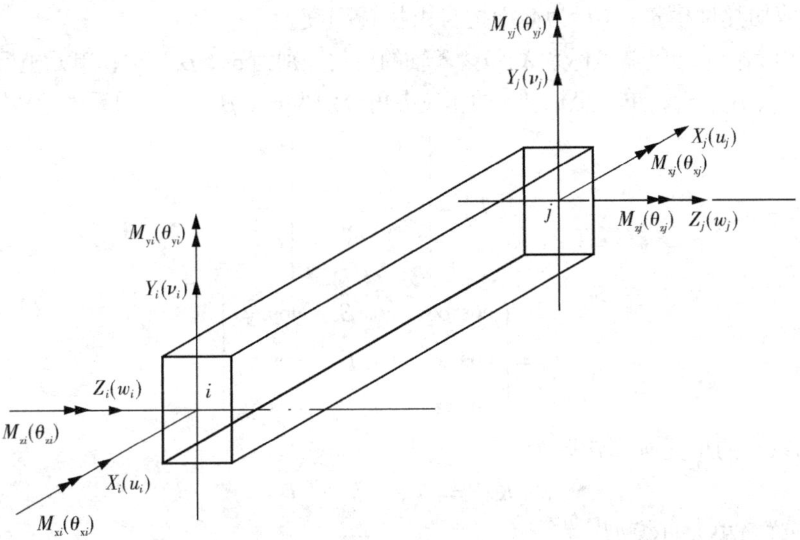

图 5.3.11　空间杆单元

$$
[k]^{e}=\begin{bmatrix}
\frac{EA}{l} & 0 & 0 & 0 & 0 & 0 & -\frac{EA}{l} & 0 & 0 & 0 & 0 & 0\\
 & \frac{12EI_z}{l^3} & 0 & 0 & 0 & \frac{6EI_z}{l^2} & 0 & -\frac{12EI_z}{l^3} & 0 & 0 & 0 & \frac{6EI_z}{l^2}\\
 & & \frac{12EI_y}{l^3} & 0 & -\frac{6EI_y}{l^2} & 0 & 0 & 0 & -\frac{12EI_y}{l^3} & 0 & -\frac{6EI_y}{l^2} & 0\\
 & & & \frac{GI_t}{l} & 0 & 0 & 0 & 0 & 0 & -\frac{GI_t}{l} & 0 & 0\\
 & & & & \frac{4EI_y}{l} & 0 & 0 & 0 & -\frac{6EI_y}{l^2} & 0 & \frac{2EI_y}{l} & 0\\
 & & & & & \frac{4EI_z}{l} & 0 & -\frac{6EI_z}{l^2} & 0 & 0 & 0 & \frac{2EI_z}{l}\\
 & & & & & & \frac{EA}{l} & 0 & 0 & 0 & 0 & 0\\
 & & \text{对称} & & & & & \frac{12EI_z}{l^3} & 0 & 0 & 0 & -\frac{6EI_z}{l^2}\\
 & & & & & & & & \frac{12EI_y}{l^3} & 0 & \frac{6EI_y}{l^2} & 0\\
 & & & & & & & & & \frac{GI_t}{l} & 0 & 0\\
 & & & & & & & & & & \frac{4EI_y}{l} & 0\\
 & & & & & & & & & & & \frac{4EI_z}{l}
\end{bmatrix}
\tag{5.3.13}
$$

式中，l 为杆件长度；I_y、I_z 为截面关于 y 轴和 z 轴的惯性矩；E 为弹性模量；A 为杆截面面积；G 为剪切弹性模量；GI_t 为截面抗自由扭转刚度。

设单元坐标轴 x 与整体坐标系 X、Y、Z 轴的夹角分别为 α_x、β_x、γ_x；单元坐标轴 y 的相应夹角分别为 α_y、β_y、γ_y；单元坐标轴 z 的相应夹角分别为 α_z、β_z、γ_z。单元坐标转换矩阵为：

$$[T]=\begin{bmatrix} t & & & \\ & t & & \\ & & t & \\ & & & t \end{bmatrix} \tag{5.3.14}$$

$$[t]=\begin{bmatrix} \cos\alpha_x & \cos\beta_x & \cos\gamma_x \\ \cos\alpha_y & \cos\beta_y & \cos\gamma_y \\ \cos\alpha_z & \cos\beta_z & \cos\gamma_z \end{bmatrix} \tag{5.3.15}$$

则整体坐标系下的单元刚度矩阵为：

$$[K]^e=[T]^T[k]^e[T] \tag{5.3.16}$$

（4）五弹簧单元杆模型[5.21]

图 5.3.12 所示为五弹簧杆单元模型，它由位于构件两端的弹簧部分和处于二者之间的线弹性单元构成，该模型为空间单元模型。单元共四个节点，图 5.3.12（a）给出了节点编号（分别为 i、j、m、n）；图 5.3.12（b）中给出了各节点的节点力和节点位移，图示方向为其正方向；图 5.3.12（c）和（d）分别表示聚缩单元及其对应的节点位移和节点力。

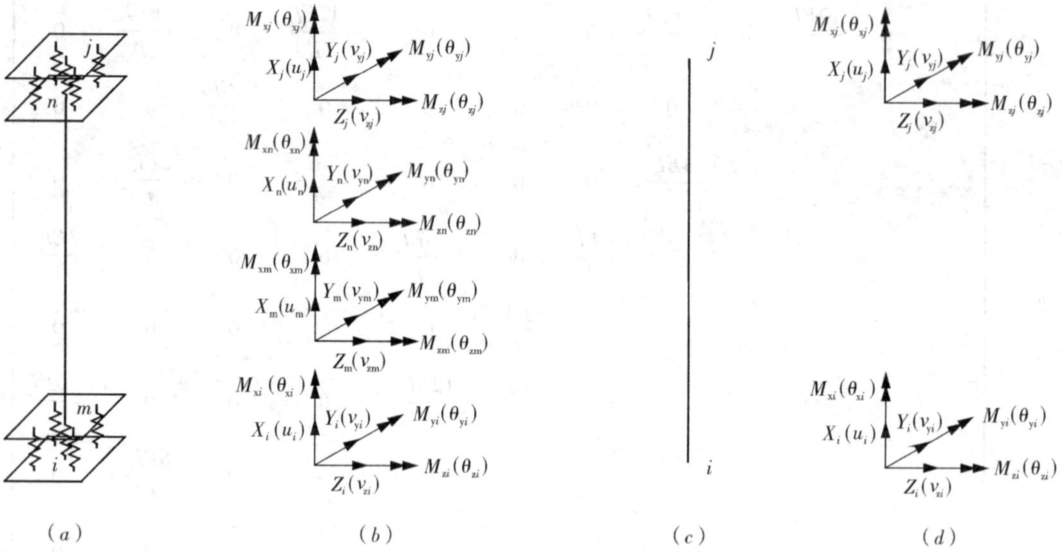

图 5.3.12　五弹簧模型节点编号及节点力和位移示意

由于五弹簧单元仅考虑轴向力和双向弯矩的影响，故 i 与 m 和 j 与 n 节点的节点力（如图 5.3.12b）间有如下关系

$$Z_i=Z_m \quad Y_i=Y_m \quad M_{xi}=M_{xm} \quad Z_j=Z_n \quad Y_j=Y_n \quad M_{xj}=M_{xn}$$

同样，i 与 m 和 j 与 n 节点的节点位移（如图 5.3.12b）间有如下关系

$$v_{zi}=v_{zm} \quad v_{yi}=v_{ym} \quad \theta_{xi}=\theta_{xm} \quad v_{zj}=v_{zn} \quad v_{yj}=v_{yn} \quad \theta_{xj}=\theta_{xn}$$

因此，图 5.3.12 所示共 18 个独立自由度。

由图 5.3.12 知，节点 1~4 共有 18 个独立自由度，组合成 18×18 的单元刚度矩阵，将其分块，静力聚缩后可得单元刚度矩阵 $[k]^{e}_{12\times12}$，再利用坐标转换矩阵即得单元在整体坐标系下的刚度矩阵 $[K]^{e}$。

2. 杆件单元弹塑性刚度矩阵[5.22]

杆件刚度矩阵随内力和变形的增大而降低，因而在不同加载阶段刚度矩阵应不同。现以集中塑性铰单分量模型（图 5.3.3）为例，介绍弹塑性刚度矩阵的形成过程。

单分量模型两端的等效弹簧反映了杆件的弹塑性变形性质，其刚度可用任意恢复力模型确定。在计算中忽略其他相邻杆件对计算杆件的影响，同时对同一杆件的两端忽略其相互影响。

设杆端 i 的转角为 θ_i，可将其分为弹性转角 θ_i^e 和塑性转角 θ_i^p 两部分，即

$$\theta_i=\theta_i^e+\theta_i^p \quad (i=1,\ 2) \tag{5.3.17}$$

当 θ_i^p 为零时杆件处于弹性状态。

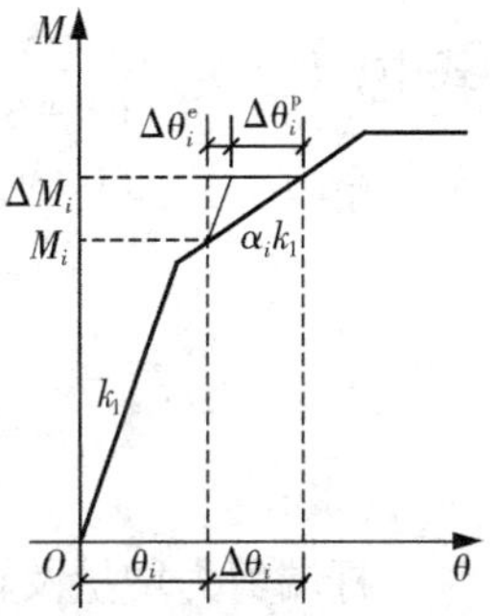

图 5.3.13 杆件 M-θ 关系曲线

取杆端弯矩 M 与杆端转角 θ 的关系曲线如图 5.3.13 所示。采用增量形式，则式（5.3.17）可表示为

$$\Delta\theta_i=\Delta\theta_i^e+\Delta\theta_i^p \quad (i=1,\ 2) \tag{5.3.18}$$

由图 5.3.13 可得

$$\left.\begin{aligned}\Delta\theta_i&=\frac{\Delta M_i}{\alpha_i k_1}\\ \Delta\theta_i^e&=\frac{\Delta M_i}{k_1}\end{aligned}\right\}\quad (i=1,\ 2) \tag{5.3.19}$$

将式（5.3.19）代入式（5.3.18），整理后得

$$\Delta\theta_i^p=\Delta M_i\frac{1-\alpha_i}{\alpha_i k_1} \quad (i=1,\ 2) \tag{5.3.20}$$

上式即为杆端塑性转角增量与杆端弯矩增量的关系，其中 α_i（$i=1,\ 2$）为 i 端刚度降低系数。

弹性阶段杆端力与杆端位移关系的增量形式为：

$$\{\Delta P\}^e=[k]^e\{\Delta U\}^e \tag{5.3.21}$$

其中，$\{\Delta P\}^e$ 为杆端力增量列向量，$\{\Delta P\}^e=\{\Delta X_1\ \ \Delta Y_1\ \ \Delta M_1\ \ \Delta X_2\ \ \Delta Y_2\ \ \Delta M_2\}^T$；$\{\Delta U\}^e$ 为杆端弹性位移增量列向量，$\{\Delta U\}^e=\{\Delta u_1\ \ \Delta v_1\ \ \Delta\theta_1^e\ \ \Delta u_2\ \ \Delta v_2\ \ \Delta\theta_2^e\}^T$；$[k]^e$ 为考虑杆件弯曲变形、轴向变形和剪切变形的单元弹性刚度矩阵。

由式（5.3.21）得

$$\left.\begin{aligned}\Delta M_1&=b_1(\Delta v_1-\Delta v_2)+c_1\Delta\theta_1^e+d\Delta\theta_2^e\\ \Delta M_2&=b_2(\Delta v_1-\Delta v_2)+d\Delta\theta_1^e+c_2\Delta\theta_2^e\end{aligned}\right\} \tag{5.3.22}$$

将式（5.3.18）代入式（5.3.22）式，有

$$\left.\begin{aligned}\Delta M_1&=b_1(\Delta v_1-\Delta v_2)+c_1(\Delta\theta_1-\Delta\theta_1^p)+d(\Delta\theta_2-\Delta\theta_2^p)\\ \Delta M_2&=b_2(\Delta v_1-\Delta v_2)+d(\Delta\theta_1-\Delta\theta_1^p)+c_2(\Delta\theta_2-\Delta\theta_2^p)\end{aligned}\right\} \tag{5.3.23}$$

将式（5.3.20）代入式（5.3.23）得

$$\left.\begin{aligned}\Delta M_1 &= b_1\ (\Delta\nu_1-\Delta\nu_2)+c_1\left(\Delta\theta_1-\Delta M_1\,\frac{1-\alpha_1}{\alpha_1k_1}\right)+d\left(\Delta\theta_2-\Delta M_2\,\frac{1-\alpha_2}{\alpha_2k_1}\right)\\ \Delta M_2 &= b_2\ (\Delta\nu_1-\Delta\nu_2)+d\left(\Delta\theta_1-\Delta M_1\,\frac{1-\alpha_1}{\alpha_1k_1}\right)+c_2\left(\Delta\theta_2-\Delta M_2\,\frac{1-\alpha_2}{\alpha_2k_1}\right)\end{aligned}\right\}\quad(5.3.24)$$

式中，$b_1=b_2=\dfrac{6EI}{(1+\beta)l^2}$；$c_1=c_2=\dfrac{(4+\beta)EI}{(1+\beta)l}$；$d=\dfrac{(2-\beta)EI}{(1+\beta)l}$；$\beta=\dfrac{12\mu EI}{GAl^2}$

解（5.3.24）式，得

$$\left.\begin{aligned}\Delta M_1 &= \tilde{b}_1\ (\Delta\nu_1-\Delta\nu_2)+\tilde{c}_1\Delta\theta_1+\tilde{d}\Delta\theta_2\\ \Delta M_2 &= \tilde{b}_2\ (\Delta\nu_1-\Delta\nu_2)+\tilde{d}\Delta\theta_1+\tilde{c}_2\Delta\theta_2\end{aligned}\right\}\quad(5.3.25)$$

杆端剪力增量及轴力增量可表示为

$$\left.\begin{aligned}\Delta Y_1 = -\Delta Y_2 &= \frac{\Delta M_1+\Delta M_2}{l}=\tilde{a}\ (\Delta\nu_1-\Delta\nu_2)+\tilde{b}_1\Delta\theta_1+\tilde{b}_2\Delta\theta_2\\ \Delta X_1 = -\Delta X_2 &= \frac{EA}{l}(\Delta u_1-\Delta u_2)=\tilde{e}\ (\Delta u_1-\Delta u_2)\end{aligned}\right\}\quad(5.3.26)$$

将式（5.3.25）和式（5.3.26）表示为矩阵形式，即得杆件的弹塑性增量方程

$$\{\Delta P\}^{\mathrm{e}}=[k]^{\mathrm{e}}_{\mathrm{ep}}\{\Delta U\}^{\mathrm{e}}\quad(5.3.27)$$

式中，$[k]^{\mathrm{e}}_{\mathrm{ep}}$为杆单元弹塑性刚度矩阵，可表示为

$$[k]^{\mathrm{e}}_{\mathrm{ep}}=\begin{bmatrix}\tilde{e} & 0 & 0 & -\tilde{e} & 0 & 0\\ 0 & \tilde{a} & \tilde{b}_1 & 0 & -\tilde{a} & \tilde{b}_2\\ 0 & -\tilde{b}_1 & \tilde{c}_1 & 0 & -\tilde{b}_1 & \tilde{d}\\ -\tilde{e} & 0 & 0 & \tilde{e} & 0 & 0\\ 0 & -\tilde{a} & -\tilde{b}_1 & 0 & \tilde{a} & -\tilde{b}_2\\ 0 & \tilde{b}_2 & \tilde{d} & 0 & -\tilde{b}_2 & \tilde{c}_2\end{bmatrix}\quad(5.3.28)$$

式中

$$\tilde{e}=\frac{EA}{l}\qquad \tilde{a}=\frac{\tilde{b}_1+\tilde{b}_2}{l}$$

$$\tilde{b}_1=\frac{\tilde{c}_1+\tilde{d}}{l}\qquad \tilde{b}_2=\frac{\tilde{c}_2+\tilde{d}}{l}$$

$$\tilde{c}_1=\frac{1+\beta+\left(1-\dfrac{\beta}{2}\right)\alpha_2}{1+\beta\left(1-\dfrac{\beta}{2}\right)(\alpha_1+\alpha_2)}\alpha_1k_1$$

$$\tilde{c}_2 = \frac{1+\beta+\left(1-\frac{\beta}{2}\right)\alpha_1}{1+\beta+\left(1-\frac{\beta}{2}\right)(\alpha_1+\alpha_2)}\alpha_2 k_1$$

$$\tilde{d} = \frac{\left(1-\frac{\beta}{2}\right)\alpha_1\alpha_2 k_1}{1+\beta+\left(1-\frac{\beta}{2}\right)(\alpha_1+\alpha_2)}$$

$$k_1 = \frac{6EI}{l(1+\beta)} \qquad \beta = \frac{12EI\mu}{GAl^2}$$

其中，α_1、α_2 为杆件两端的刚度折减系数，其值由杆件恢复力模型及杆端受力情况确定。若$\alpha_1=\alpha_2=1$ 则为弹性杆。

3. 结点刚域的处理

杆系有限元分析中，常将梁、柱简化为无质量杆，梁柱结点简化为一个点。实际上梁柱结点是有一定空间尺寸的几何体，将其视为一不变形的刚域较为符合实际情况，特别是在壁式框架中。这样，梁柱杆件即成为带刚域的杆件，如图 5.3.14 所示。

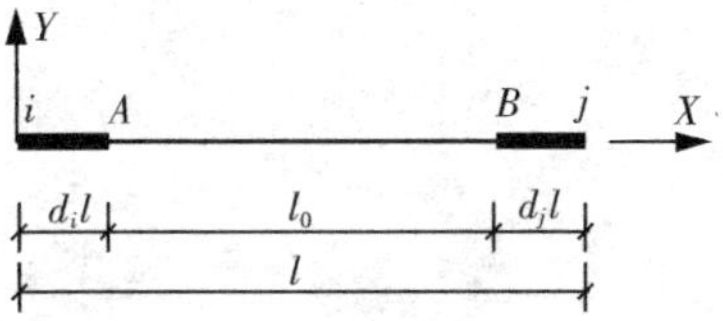

图 5.3.14　带刚域杆单元

在图 5.3.14 中，i、j 为杆端结点，AB 段为弹性杆，iA、jB 为杆端刚域，杆件 ij 的单元刚度矩阵可将 AB 段刚度矩阵加以变换求得。

带刚域杆的杆端位移列向量为$\{U_r\}=\{u_i \quad v_i \quad \theta_i \quad u_j \quad v_j \quad \theta_j\}^T$，中间弹性杆的杆端位移列向量为$\{U_b\}=\{u_A \quad v_A \quad \theta_A \quad u_B \quad v_B \quad \theta_B\}^T$。由于刚域的约束，二者间有如下几何关系

$$\{U_b\}=[B]\{U_r\} \tag{5.3.29}$$

式中，位移变换矩阵$[B]$可表达为

$$[B]=\begin{bmatrix} 1 & 0 & 0 & 0 & 0 & 0 \\ 0 & 1 & -d_i l & 0 & 0 & 0 \\ 0 & 0 & 1 & 0 & 0 & 0 \\ 0 & 0 & 0 & 1 & 0 & 0 \\ 0 & 0 & 0 & 0 & 1 & -d_j l \\ 0 & 0 & 0 & 0 & 0 & 1 \end{bmatrix} \tag{5.3.30}$$

式中，l 为杆件长度；d_i、d_j 分别为杆端刚域长度与 l 的比值。

带刚域杆杆端力$\{P_r\}$与一般杆杆端力$\{P_b\}$之间的关系为

$$\{P_r\} = [B]^T\{P_b\} \tag{5.3.31}$$

式中，$\{P_r\}=\{X_i \quad Y_i \quad M_i \quad X_j \quad Y_j \quad M_j\}^T$，为带刚域杆杆端内力列向量；

$\{P_b\}=\{X_A \quad Y_A \quad M_A \quad X_B \quad Y_B \quad M_B\}^T$，为一般杆杆端内力列向量。

杆端力与位移向量间的关系为

$$\{P_r\}=[k_r]\{U_r\} \tag{5.3.32}$$

$$\{P_b\}=[k_b]\{U_b\} \tag{5.3.33}$$

式中，$[k_r]$、$[k_b]$分别为带刚域杆单元刚度矩阵和一般杆单元刚度矩阵。由式（5.3.31）~

式（5.3.33），变换后得

$$[k_r] = [B]^T[k_b][B] \tag{5.3.34}$$

4. 单元几何刚度矩阵的影响

框架柱在轴力 N 作用下，将引起杆件的弯矩变化和变形增长。由于二阶效应，将产生附加弯矩，可通过引进几何刚度矩阵来考虑其影响。引入几何刚度矩阵后，方程（5.3.1）的增量式为

$$([K]-[K_g])\{\Delta U\} = \{\Delta P\} \tag{5.3.35}$$

其中，$[K_g]$为结构几何刚度矩阵；$\{\Delta U\}$为节点位移增量的列向量；$\{\Delta P\}$为节点力增量列向量。

结构总的几何刚度矩阵由单元几何刚度矩阵组成，单元几何刚度矩阵可由假定的杆件挠曲线（假定为三次抛物线）按能量法推导。对于平面杆单元，在单元坐标系下的几何刚度矩阵可表示为

$$[k_g]^e = \frac{N}{30l}\begin{bmatrix} 0 & 0 & 0 & 0 & 0 & 0 \\ 0 & 36 & 3l & 0 & -36 & 3l \\ 0 & 3l & 4l^2 & 0 & -3l & -l^2 \\ 0 & 0 & 0 & 0 & 0 & 0 \\ 0 & -36 & -3l & 0 & 36 & -3l \\ 0 & 3l & -l^2 & 0 & -3l & 4l^2 \end{bmatrix} \tag{5.3.36}$$

其中，$[k_g]^e$ 为杆件的几何刚度矩阵；N 为杆件的轴力；l 为杆长。

空间杆的几何刚度矩阵为

$$[k_g]^e = \frac{N}{30l}\begin{bmatrix} 0 & 0 & 0 & 0 & 0 & 0 & 0 & 0 & 0 & 0 & 0 & 0 \\ & 36 & 0 & 0 & 0 & 3l & 0 & -36 & 0 & 0 & 0 & 3l \\ & & 36 & 0 & -3l & 0 & 0 & 0 & -36 & 0 & -3l & 0 \\ & & & 0 & 0 & 0 & 0 & 0 & 0 & 0 & 0 & 0 \\ & & & & 4l^2 & 0 & 0 & 0 & 3l & 0 & -l^2 & 0 \\ & & & & & 4l^2 & 0 & -3l & 0 & 0 & 0 & -l^2 \\ & & & & & & 0 & 0 & 0 & 0 & 0 & 0 \\ & & & \text{对称} & & & & 36 & 0 & 0 & 0 & -3l \\ & & & & & & & & 36 & 0 & 3l & 0 \\ & & & & & & & & & 0 & 0 & 0 \\ & & & & & & & & & & 4l^2 & 0 \\ & & & & & & & & & & & 4l^2 \end{bmatrix} \tag{5.3.37}$$

5. 剪力墙单元模型

传统的杆系模型常用带刚域一维杆元来模拟钢筋混凝土剪力墙的性态。钢筋混凝土剪力墙的非线性性态非常复杂，一维杆元难以模拟其剪切特性。为此，国内外学者研究并提出了许多剪力墙宏观非线性模型。主要有以下几种：等效梁模型、墙板模型和等效支撑模型、三垂直杆模型、多垂直杆模型、修正的多垂直杆模型等。

（1）等效梁模型

等效梁模型是建立最早和应用最广泛的剪力墙宏观模型。该模型采用单分量模型，即剪力墙单元是由杆端带有非线性转动弹簧的线弹性梁单元组成的，构件的屈服集中发生在杆端塑性铰处，其最大缺陷是没有考虑由于非线性而引起的剪力墙横截面中性轴的移动。这种模型多用于模拟宽度较小、高宽比较大、墙体整体弯曲效应较明显的剪力墙。

（2）墙板单元和等效支撑单元[5.23]

墙板单元是将剪力墙用墙柱代替，上下端设刚域，并与框架梁柱节点铰接。等效支撑模型是将墙用具有等效抗剪刚度的支撑替换，同时对支撑两侧柱截面面积按等效抗弯刚度进行修正，支撑与框架梁柱节点铰接。

以上两个模型或因非线性分析有一定的困难，或因模型不能体现轴向刚度变化对剪力墙力学性能的影响，在实际中应用较少。

（3）三竖线单元模型[5.24]

1984 年，Kabeysawa 等人在试验的基础上提出了三竖线单元模型（图 5.3.15），它是将均匀受弯的墙构件理想化为在上下楼面处具有无限刚梁的三竖线单元，其中两外侧桁架单元代表边缘柱的轴向刚度 k_1 和 k_2，中央单元为具有刚度分别为 k_v、k_h、k_θ 的竖向弹簧、水平弹簧和转动弹簧组成的单分量模型。这一模型克服了等效梁模型的缺点，能模拟墙横截面中性轴的移动和轴向荷载的变化，但代表中间墙板弯曲特性的转动弹簧很难与边柱的变形协调。

（4）多竖线单元模型

为解决三竖线模型的变形协调问题，1988 年 Vulcano 等人[5.26]提出了一个修正模型，即多竖线单元模型（图 5.3.16）。在此模型中，上、下刚性梁由许多相互平行的竖向桁架单元相连，其中两侧竖向桁架单元代表两边柱的轴向刚度，而其他内部竖向桁架单元代表墙体的剪切刚度，墙体绕着形心轴上的 A 点发生转动。该模型克服了三竖线模型的缺陷而

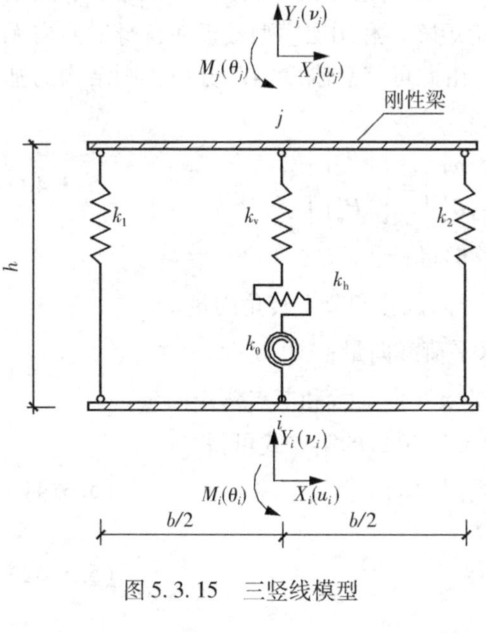

图 5.3.15　三竖线模型

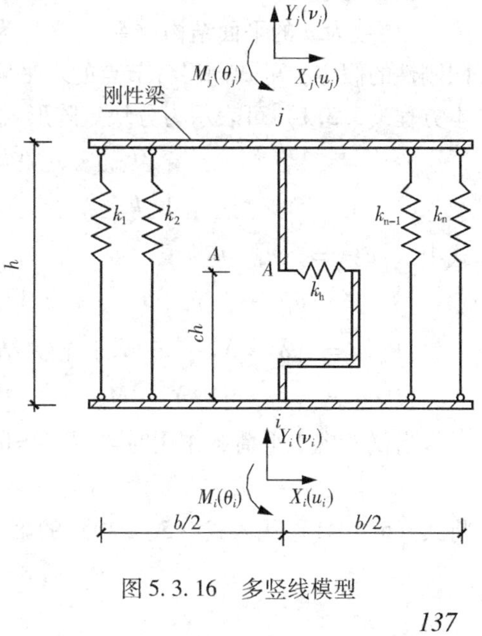

图 5.3.16　多竖线模型

保留了其优点，且能考虑墙体的轴力对其刚度和抗弯性能的影响，力学概念清晰，计算量不大，是较理想的宏观模型。1993 年，Colotti[5.27]对多竖线单元模型进行了修正，把代表中间墙板部分的竖向、水平和转动弹簧用一个二维的非线性剪切板单元代表，该模型提高了计算精度，但计算量增加了很多。

图 5.3.16 所示的多竖线单元模型，杆端位移分量为

$$\{U\} = \{u_i \quad \nu_i \quad \theta_i \quad u_j \quad \nu_j \quad \theta_j\}^{\mathrm{T}}$$

杆端力向量为

$$\{P\} = \{X_i \quad Y_i \quad M_i \quad X_j \quad Y_j \quad M_j\}^{\mathrm{T}}$$

杆端力和位移的关系为：

$$\{P\} = [k]^{\mathrm{e}}\{U\} \tag{5.3.38}$$

其中，$[k]^{\mathrm{e}}$ 为单元刚度矩阵，可由变分原理求得，c 的取值一般在 0.33 ~ 0.5 之间（c 见图 5.3.16）。$[k]^{\mathrm{e}}$ 按下式确定

$$[k]^{\mathrm{e}} = \begin{bmatrix} k_{\mathrm{h}} & 0 & chk_{\mathrm{h}} & -k_{\mathrm{h}} & 0 & (1-c)hk_{\mathrm{h}} \\ & \sum k_i & -\sum k_i x_i & 0 & -\sum k_i & \sum k_i x_i \\ & & (ch)^2 k_{\mathrm{h}} + k_{\theta} & -chk_{\mathrm{h}} & \sum k_i x_i & (1-c)ch^2 k_{\mathrm{h}} - k_{\theta} \\ & & & k_{\mathrm{h}} & 0 & -(1-c)hk_{\mathrm{h}} \\ & \text{对} & \text{称} & & \sum k_i & -\sum k_i x_i \\ & & & & & (1-c)ch^2 k_{\mathrm{h}} + k_{\theta} \end{bmatrix} \tag{5.3.39}$$

其中，k_{h} 为剪切弹簧刚度，$k_{\mathrm{h}} = GA_{\mathrm{s}}/h$；$G$ 为剪切模量；A_{s} 为有效剪切面积；h 为单元高度；k_i 为第 i 竖向单元的轴向刚度，$k_i = E_i A_i / h$；E_i、A_i 为第 i 竖向单元的弹性模量和截面面积；k_{θ} 为单元的转动刚度，$k_{\theta} = \sum_{i=1}^{N} k_i x_i^2$，$x_i$ 为第 i 竖向单元到形心的距离。

5.3.4 杆系－层模型的刚度矩阵

根据前述的杆单元刚度矩阵，用直接刚度法可得结构总刚度矩阵 $[K]$。对于节点数为 r、层数为 n 的平面结构体系，$[K]$ 为 $3r \times 3r$ 阶矩阵。利用层模型楼板在自身平面内无限刚性的假定，可知同层各节点的水平侧移相等，由此可将总刚度矩阵分块，则结构的基本方程（5.3.1）可表示为分块矩阵形式，即

$$\begin{bmatrix} [k_{\mathrm{uu}}]_{\mathrm{n \times n}} & [k_{\mathrm{u\delta}}]_{\mathrm{n \times 2r}} \\ [k_{\mathrm{\delta u}}]_{\mathrm{2r \times n}} & [k_{\mathrm{\delta\delta}}]_{\mathrm{2r \times 2r}} \end{bmatrix} \begin{Bmatrix} \{u\} \\ \{\delta\} \end{Bmatrix} = \begin{Bmatrix} \{P_{\mathrm{u}}\} \\ \{P_{\mathrm{\delta}}\} \end{Bmatrix} \tag{5.3.40}$$

式中：$\{u\} = \{u_1 \quad u_2 \quad \cdots \quad u_{\mathrm{n}}\}^{\mathrm{T}}$，为结构层侧移向量；

$\{\delta\} = \{\nu_1 \quad \cdots \quad \nu_{\mathrm{r}} \quad \theta_1 \quad \cdots \quad \theta_{\mathrm{r}}\}^{\mathrm{T}}$，为节点竖向位移和节点转角向量；

$\{P_{\mathrm{u}}\} = \{X_1 \quad X_2 \quad \cdots \quad X_{\mathrm{s}}\}^{\mathrm{T}}$，为结构各层水平荷载向量；

$\{P_{\mathrm{\delta}}\} = \{Y_1 \quad \cdots \quad Y_{\mathrm{m}} \quad M_1 \quad \cdots \quad M_{\mathrm{m}}\}^{\mathrm{T}}$，为节点竖向荷载和节点弯矩向量。

当仅考虑水平荷载作用时，$\{P_{\mathrm{\delta}}\} = 0$，由式（5.3.40）的第二式可得

$$\{\delta\} = -[k_{\mathrm{\delta\delta}}]^{-1}[k_{\mathrm{\delta u}}]\{u\} \tag{5.3.41}$$

将式（5.3.41）代入式（5.3.40）的第一式可得

$$[K]\{u\} = \{P_{\mathrm{u}}\} \tag{5.3.42}$$

显然，

$$[K]=[k_{uu}]-[k_{\delta u}][k_{\delta\delta}]^{-1}[k_{\delta u}] \tag{5.3.43}$$

$[K]$即为层模型刚度矩阵。

5.3.5 结构动力非线性有限元分析

前面主要介绍了杆系模型的静力非线性分析问题。结构在地震作用、风荷载、机械振动、爆炸冲击等动力作用下，将产生动力非线性反应，故应进行结构动力分析，以求得结构的动力特性以及在动荷载作用下的内力和变形。与静力分析不同，结构在动力荷载作用下将产生与其质量有关的惯性力，以及与结构中质点运动有关的阻尼力。用杆系有限元方法进行结构动力分析的基本思路是：将结构离散为基本结构构件，并用前述单元模型进行模拟；建立单元刚度矩阵、质量矩阵、阻尼矩阵及结点力向量；建立体系的运动方程；根据边界和初始条件，求解体系的动力特性和结构非线性动力反应。在上述内容基础上，下面主要介绍与动力分析相关的问题。

1. 恢复力模型

在结构非线性动力分析中，需要对钢筋混凝土单元或截面的实际力－变形关系，即恢复力特性进行简化，使其成为某种确定的恢复力曲线模型。目前应用的恢复力模型可分为曲线型和折线型两大类（图 5.3.17）。曲线形恢复力模型［图 5.3.17（a）］给定的刚度是连续变化的，与工程实际较接近，但在刚度确定和计算分析时有诸多不便。因此，人们普遍选用折线型恢复力模型［图 5.3.17（b）］，其特点是简单实用，但存在人为拐点。常用的折线型模型有：二线型模型和三线型模型。

（1）刚度退化二线型模型

刚度退化二线型模型如图 5.3.18 所示，是用两段折线模拟往复加载、卸载情况下的恢复力骨架曲线，它考虑了构件刚度退化特性。图中的 k_1、k_2 分别为弹性刚度和弹塑性刚度；P_y 为屈服荷载；u_y 为与 P_y 对应的变形。根据是否考虑结构或构件屈服后的硬化状况，刚度退化二线型恢复力模型可分为两种情况：考虑屈服后硬化($k_2\neq0$)和不考虑屈服后硬化($k_2=0$)。

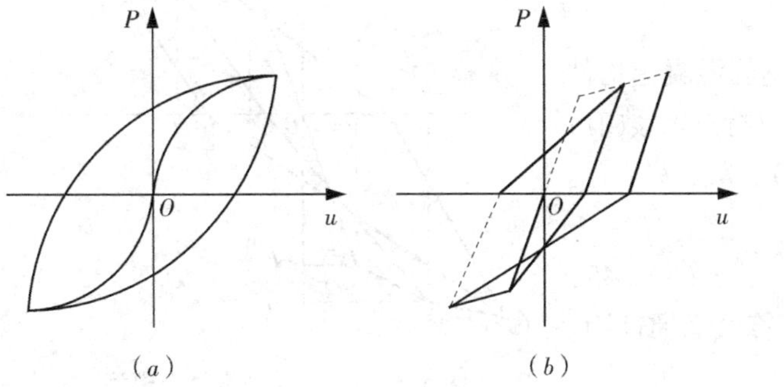

图 5.3.17　恢复力模型

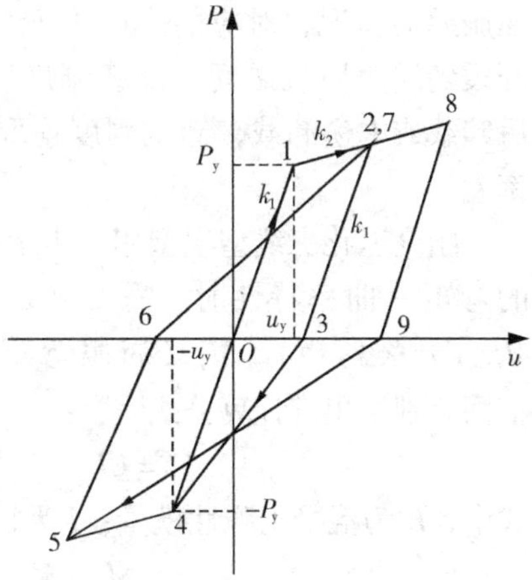

图 5.3.18　退化双线型模型

刚度退化二线型模型的主要特点是：转折点 1 为荷载 P_y 和对应变形 u_y；卸载刚度可不考虑刚度退化取为 k_1，或考虑卸载刚度退化；卸载后反向加载时考虑刚度退化；弹塑性阶段卸载后第一次反向加载时直线指向反向加载屈服点，其后的反向加载直线指向所经历过的最大变形点；中途卸载时，卸载刚度为 k_1。

退化二线型模型需确定的参数是：k_1、k_2、P_y，若考虑屈服后的硬化效应，一般取 $k_2=(0.02\sim0.1)k_1$。该模型可用于描述钢筋混凝土构件的恢复力特性，使用较为方便，但模型较粗糙。

常用 Clough[5.28] 弯矩－曲率模型（图 5.3.19）来反映钢筋混凝土构件的弯矩－曲率关系。在这个模型中，反向加载曲线指向所经历过的最大变形点，且可考虑卸载刚度的退化。其卸载刚度 k_3 为

$$k_3=k_1\left|\frac{\varphi_y}{\varphi_u}\right|^{\alpha} \tag{5.3.44}$$

其中，φ_y，φ_u 分别表示构件截面的屈服曲率和极限曲率；α 为卸载刚度降低系数，可取 0.4。

（2）刚度退化三线型模型

刚度退化三线型恢复力模型用三段直线段分别代表正、反向恢复力骨架曲线，同时考虑了混凝土结构构件的刚度退化性质，可以较好地反映钢筋混凝土结构构件的恢复力曲线特性。退化三线型模型也分为考虑屈服后硬化（$k_3\neq0$）和不考虑屈服后硬化（$k_3=0$）两种情况。

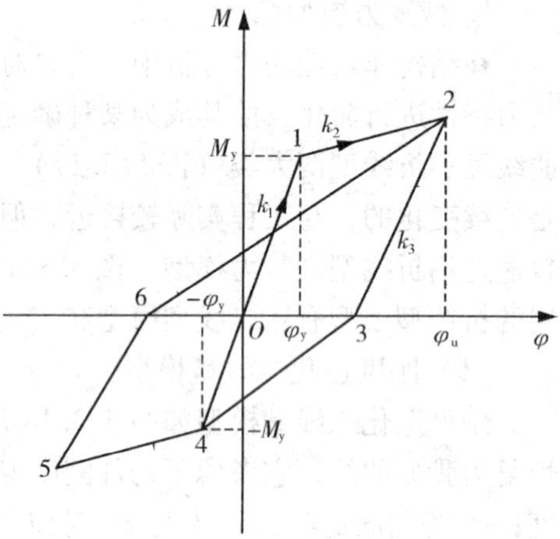

图 5.3.19　Clough 弯矩－曲率模型

图 5.3.20 中 1 点表示构件开裂点，2 点表示构件屈服点。与 1 点对应的力为 P_{cr}，变形为 u_{cr}；与 2 点对应的力为 P_y，变形为 u_y。三折线的第一段表示弹性阶段，对应的刚度为 k_1；第二段表示开裂至屈服阶段，对应的刚度为 k_2；第三段代表屈服后的情况，对应的刚度为 k_3。若卸载发生在开裂到屈服阶段之间，卸载刚度取为 k_1。若屈服后卸载或中途卸载，卸载刚度均取为割线 02 的斜率 k_4。

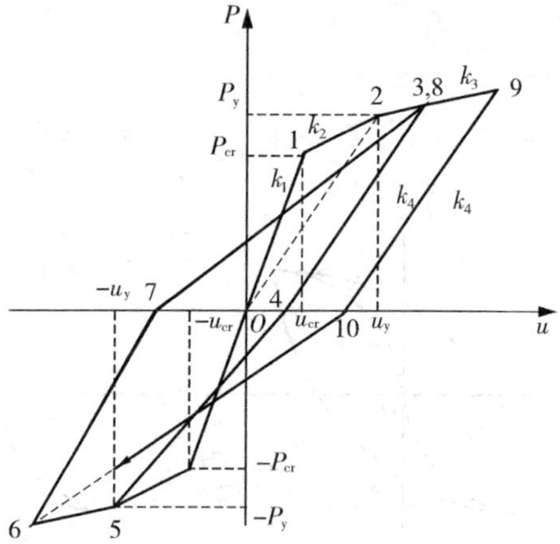

图 5.3.20　三线型恢复力模型

刚度退化三线型模型用于表示钢筋混凝土构件的弯矩－曲率特性时，需要确定的特征参数有：M_{cr}（开裂弯矩）、M_y（屈服弯矩）、k_1、k_2、k_4。下面分别给出其计算公式[5.29]：

$$k_1=EI \tag{5.3.45}$$

式中，E 为混凝土弹性模量；I 为换算截面惯性距。

$$k_2=\alpha k_1=\frac{M_y-M_{cr}}{\varphi_y-\varphi_{cr}} \tag{5.3.46}$$

式中，φ_{cr}、φ_y 分别表示开裂曲率和屈服曲率；α 为弹塑性阶段刚度降低系数，按下式确定

$$\alpha=\frac{M_y-M_{cr}}{\varphi_y-\varphi_{cr}}\frac{1}{k_1} \tag{5.3.47}$$

$$k_4=\alpha_y k_1 \tag{5.3.48}$$

式中，α_y 为屈服点割线刚度降低系数。

$$\alpha_y=0.035\left(1+\frac{a}{h_0}\right)+0.27n+1.65\frac{E_s}{E_c}\rho_s \tag{5.3.49}$$

式中，$\frac{a}{h_0}$为构件剪跨比；n 为柱轴压比；E_s、E_c 分别为钢筋和混凝土的弹性模量；ρ_s 为纵向受拉钢筋配筋率。

由于

$$\varphi_{cr}=\frac{M_{cr}}{k_1},\ \varphi_y=\frac{M_y}{k_4}=\frac{M_y}{\alpha_y k_1} \tag{5.3.50}$$

将式（5.3.50）代入式（5.3.47），整理后得

$$\alpha=\frac{\left(\frac{M_y}{M_{cr}}-1\right)\alpha_y}{\frac{M_y}{M_{cr}}-\alpha_y} \tag{5.3.51}$$

空间受力的钢筋混凝土截面需要考虑轴力和双向弯曲的相互影响，主要方法有纤维截面模型、屈服面模型、多弹簧模型，详见5.1节。

目前对钢筋混凝土截面或构件的恢复力模型的研究较多，本书不再一一列举。

2. 结构动力方程及求解方法

由达朗贝尔原理，结构体系的振动平衡方程为

$$\{f_s\}+\{f_c\}+\{f_I\}=\{P(t)\} \tag{5.3.52}$$

式中，$\{f_s\}$、$\{f_c\}$、$\{f_I\}$分别表示结构的弹性恢复力、阻尼力和惯性力向量；$\{P(t)\}$为外荷载向量。其中，$\{f_s\}$、$\{f_I\}$可进一步表示为

$$\{f_I\}=-[M]\{\ddot{U}\} \qquad \{f_s\}=-[K]\{U\} \tag{5.3.53}$$

式中，$[M]$和$[K]$分别表示结构总质量矩阵和总刚度矩阵；$\{U\}$表示位移向量；$\{\ddot{U}\}$表示与$\{U\}$对应的加速度向量。

采用粘滞阻尼假定，即阻尼力与速度成正比，有

$$\{f_c\}=-[C]\{\dot{U}\} \tag{5.3.54}$$

式中，$[C]$为阻尼矩阵；$\{\dot{U}\}$表示与$\{U\}$对应的速度向量。

动力方程中的质量矩阵可采用分布质量求得，为简化计算常用集中质量矩阵，将单元质量按照动能相等的原理，集中在单元的结点上。这样，单元刚度矩阵叠加后形成的总质量矩阵就是对角阵，大大减少了计算工作量。阻尼矩阵采用瑞利阻尼假定，即

$$[C]=\alpha[M]+\beta[K] \tag{5.3.55}$$

式中，$\alpha=2\omega_i\omega_j(\zeta_j\omega_i-\zeta_i\omega_j)/(\omega_i^2-\omega_j^2)$

$\beta=2(\zeta_i\omega_i-\zeta_j\omega_j)/(\omega_i^2-\omega_j^2)$

其中，ω_i、ω_j 分别为第 i 振型和第 j 振型的原频率；ζ_i、ζ_j 分别为第 i 振型和第 j 振型的阻尼比。

结构动力特性的求解方法有：Jacobi 方法、QR 方法、乘幂法和反乘幂法以及 G－H 方法等。结构动力反应的求解方法有：振型分解法、中心差分法、线性加速度法、Wilson-θ 法等。这些计算方法在结构动力学等教材中均有详细介绍，读着可以自行查阅。

5.4 杆系结构非线性分析实例

5.4.1 SRC 框架结构非线性分析

李惠[5.30]等用非线性杆系有限元动力时程分析方法计算了某 10 层组合框架结构。框架柱为钢管高强混凝土柱，钢管为 Q235 钢，其截面尺寸为 $D \times t = 400\text{mm} \times 8\text{mm}$，内填 C60 高强混凝土；框架梁为钢筋高强混凝土梁，截面尺寸为 $b \times h = 200\text{mm} \times 400\text{mm}$，也采用 C60 高强混凝土；框架跨度为 6m，层高为 3m。选用 Elcentro 波为地震输入，加速度峰值为 0.3g。

图 5.4.1 给出了非线性时程分析过程中塑性铰的位置及发展过程；图 5.4.2 为由时程分析所得的楼层侧移曲线。可见，塑性铰均出现在梁上，柱上没塑性铰，这是用 Elcentro 波为地震输入所得结果。

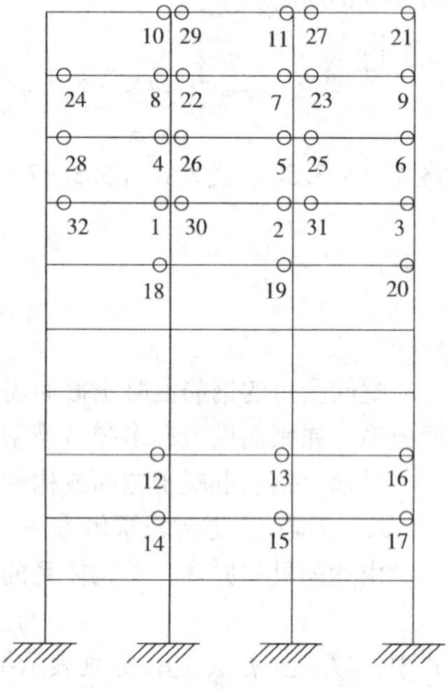

图 5.4.1 塑性铰发展过程

5.4.2 复杂高层建筑结构整体非线性分析

叶艳霞[5.31]等在整体模型振动台实验研究基础上，对某高层商住楼采用线性和非线性单元建立了结构分析的空间整体杆系有限元计算模型。该商住楼总高 108m，地下 1 层，地上 33 层；抗震设防烈度为 7 度，丙类建筑；场地类别为Ⅱ类，场地内无断层。地上 1～3 层为大空间商业用房，4～33 层为商品住宅。图 5.4.3 中给出了转换层及转换层以上楼层结构的平面布置，梁、框支柱的主要截面尺寸，楼板开洞及连接构件的平面位置等情况。

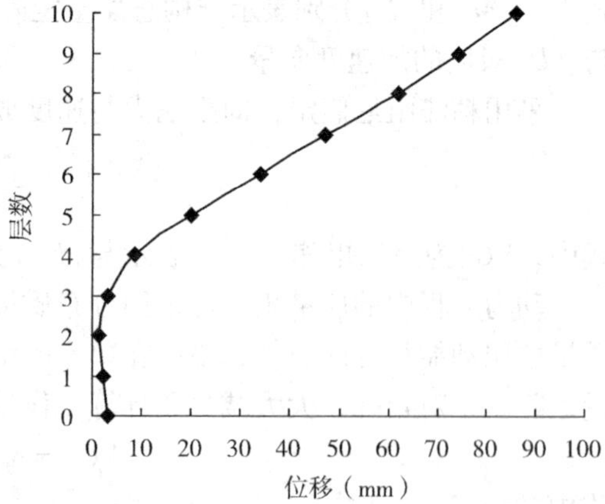

图 5.4.2 楼层侧移曲线

由于结构体系较为复杂，楼板开有较大的洞口，不满足刚性楼板假定，故应建立空间分析模型。在建模时，首先进行了整体模型振动台试验和弹性时程分析，得到受力较大的结构构件和较为薄弱的结构构件；然后，将上述构件用非线性分析单元模拟，其他构件则采用弹性分析单元进行模拟；最后，建立整体结构分析模型。

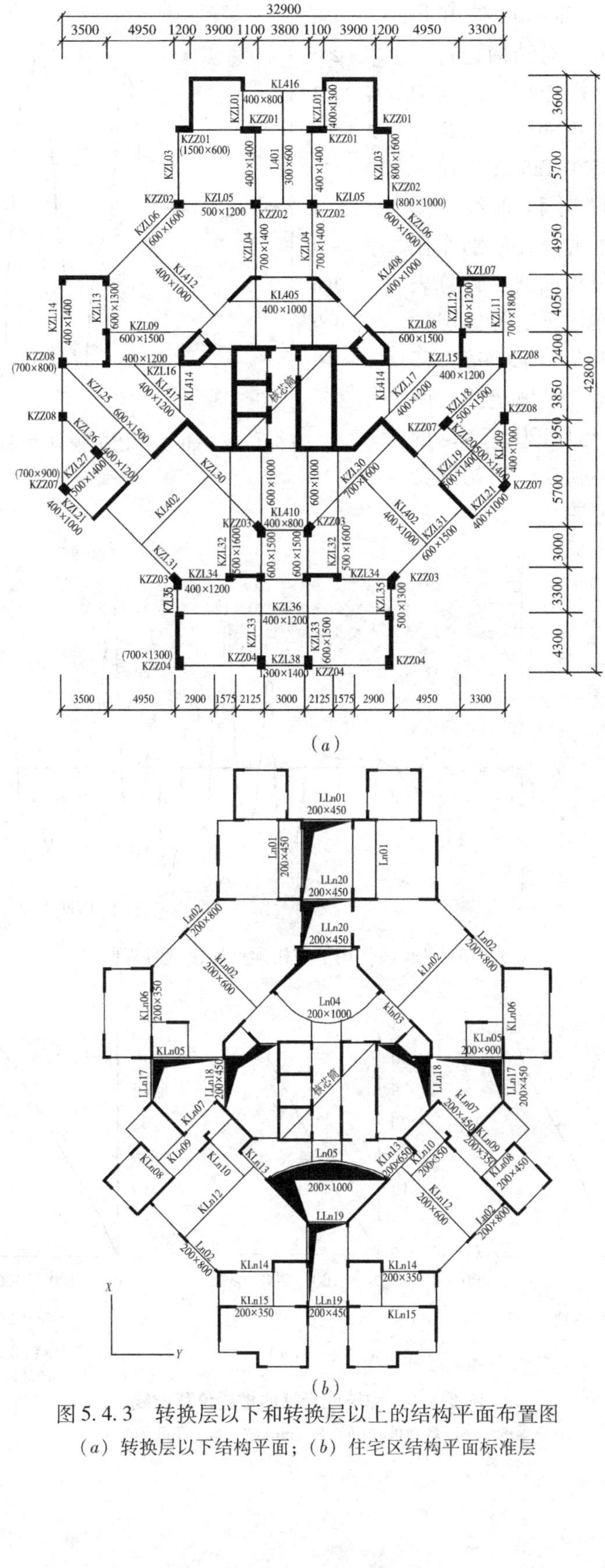

(*a*)

(*b*)

图 5.4.3　转换层以下和转换层以上的结构平面布置图

（*a*）转换层以下结构平面；（*b*）住宅区结构平面标准层

选择 Taft 波、Elcentro 波和场地波作为地震输入，对结构进行了多遇地震和罕遇地震作用下的动力时程分析。图 5.4.4 和图 5.4.5 分别给出了结构顶点在 Taft 波作用下的位移和加速度时程曲线；图 5.4.6 给出了三种地震波分别作用下结构楼层最大位移曲线。计算表明，在罕遇地震作用下，各楼层的层间位移角的范围在 1/540 ~ 1/255 之间，均小于规范[5.32]规定的层间位移角限值$[\theta_p]=1/120$，结构的相对薄弱楼层在转换层，结构的变形性能满足规范的要求。

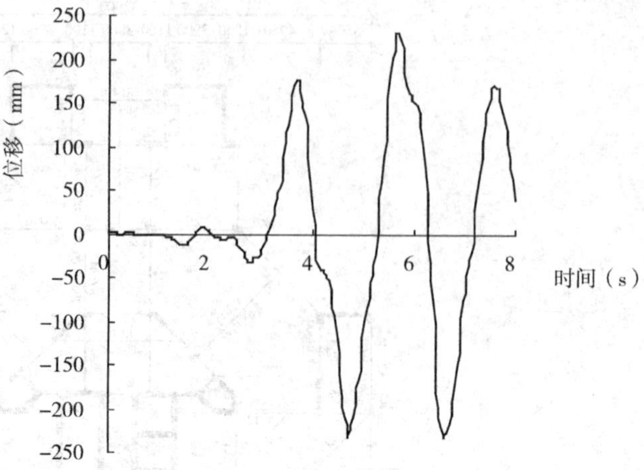

图 5.4.4　Taft 波作用下顶点位移时程曲线

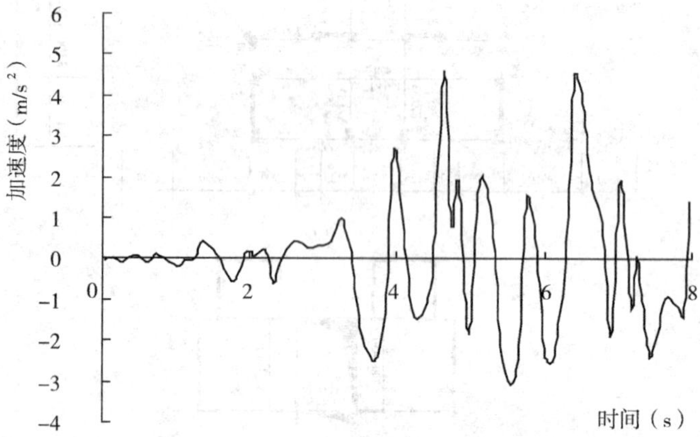

图 5.4.5　Taft 波作用下结构顶点加速度时程曲线

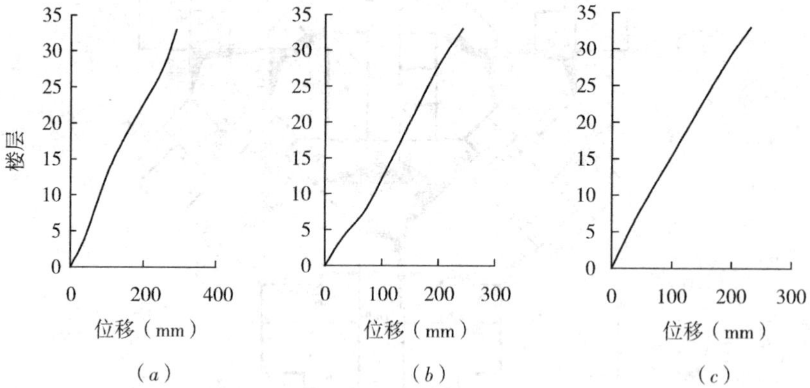

图 5.4.6　弹塑性计算的楼层位移曲线

(*a*) 场地波；(*b*) Elcentro 波；(*c*) Taft 波

参考文献

[5.1] Albert Parducci and Macro Mczzi. Nonsymmetric Response of Symmetric R/C Structures to Biaxial Seismic Inputs [C]. Seventh World Conference on Earthquake Engineering, Vol. 7, 1980

[5.2] C. A. Zeris and S. A. Mehim. Analytical Predition of Biaxial Response of a R/C shake Table Model [C]. 3rd U. S. National Conference on Earthquake Engineering, Vol. Ⅱ, 1986

[5.3] 过镇海著. 钢筋混凝土原理 [M]. 北京：清华大学出版社，1999

[5.4] 江见鲸，卢新征，叶列平编著. 混凝土结构有限元分析 [M]. 北京：清华大学出版社，2005

[5.5] S. K. Kumath and A. Mi Reinhom. Model for Inelastic Biaxial Bending Interaction of Reinforced concrete Beam-Columns [J]. ACI, Structural Journal Vol. 87, No. 3, 1990

[5.6] 张寰华. 空间框架结构多维地面运动的弹塑性动力反应 [J]. 地震工程与工程振动，Vol. 3，No. 1，1983

[5.7] 杜宏彪，沈聚敏. 在任意加载路径下双轴弯曲钢筋混凝土柱的非线性分析 [J]. 地震工程与工程振动，Vol. 10，No. 3，1990

[5.8] Shing-sham Lai, George T. will and Shunsuke Otani. Model for Inelastic Biaxial Bending of Concrete Member [J]. Journal of Structural Engineering, ASCE, Vol. 110

[5.9] S. S. Lai and George T. Will. R/C Space Frames with Column Axial Force and Biaxial Bending Moment Interactions [J]. Journal of Structural Engineering, Vol. 112, No. 7, 1986

[5.10] M. Saiidi, G. Ghusn and Y. Jiang. Five-Spring Elements for Biaxially Bend R/C Columns [J]. Journal of Structural Engineering, ASCE, Vol. 115, No. 2, 1989

[5.11] Y. Jiang, M. Saiidi. Four-Spring Element for Cycle Response of R/C Columns [J]. Journal of Structural Engineering, ASCE, Vol. 116, No. 4, 1990

[5.12] 李宏男. 结构多维抗震理论与设计方法 [M]. 北京：科学出版社，1998

[5.13] M. Saiidi, G. Ghusn and Y. Jiang. Five-Spring Elements for Biaxially Bend R/C Columns [J]. Journal of Structural Engineering, ASCE, Vol. 115, No. 2, 1989

[5.14] Shing-Sham Lai, George T. Will and Shunsuke Otani, Model for Inelastic Biaxial Bending of Concrete Members [J]. Journal of Structural Engineering, ASCE, Vol. 110, No. 11, 1984

[5.15] 吕西林，金国芳，吴晓涵编著. 钢筋混凝土非线性有限元理论与应用 [M]. 上海：同济大学出版社，1997

[5.16] M. F. Giberson. Two Nolineer Beams with Difinitions of Ductility [J]. Journal of Structural Division. ASCE. Vol. 95. No. ST 2. 137 – 157. 1969

[5.17] R. K. Wen and J. G. Janssen. Dynamic Analysis of Elasto-inelastic Frames [C]. Proc. Of 3th WCEE, Vol. 11, New Zavaland, 1965

[5.18] D. Soleimani, E. P. Popor and V. V. Bertero. Nonlinear Beam Model for RC Frame Analysis [C]. 7th

Conf on Electronic Commutation, ST. Louis, Missouri, Aug. 1979, ASCE

[5.19] H. Takizawa. Strong Motion Response Analysis of Reinforced Concrete Buildings [J]. Concrete Journal, Japan National Council on Concrete, 2 (2), 1973

[5.20] 顾祥林，孙飞飞．混凝土结构的计算机仿真 [M]．上海：同济大学出版社．2002

[5.21] 江建．钢筋混凝土框架－剪力墙结构空间非线性地震反应分析与主动控制 [D]．湖南大学申请博士学位论文．1996.6

[5.22] 包世华编著．新编高层建筑结构 [M]．北京：中国水利水电出版社，2001

[5.23] Hiraishi K. Tool for Dynamic Analysis of Reinforced Concrete Framed Shear-wall [J]. Computer and Structures, Vol. 46, No. 4, 1989

[5.24] Kabeysawa., T. et al. U. S. – Japan Cooperative Research on R/C Full-Scale Building Test-Part 5: Discussion on Dynamic Response System [C]. Proc 8th WCEE, San Francisco, 1984.6

[5.25] 张令心，孙景江，江近仁．钢筋混凝土剪力墙结构基于自平衡力的非线性地震反应分析 [J]．地震工程与工程振动，2001.4

[5.26] Vulcano A., Bertero V. V., and Colotti V. Analytical Modeling of R/C Structural Walls [J], Procs 9thWCEE. 1988, Ⅵ

[5.27] Colotti. V., Shear Behavior of R/C Structural Walls [J], J. Struct. Engrg, 1993, 119 (3)

[5.28] Clough. R. W, K. L. Beauska, E. L. Wilson. Inelastic Earthquake Response of Tall Building [C]. Proc. 3rd, WCEE, Vol. 2, 1965

[5.29] 张新培编著．钢筋混凝土抗震结构非线性分析 [M]．北京：科学出版社，2003

[5.30] 李惠著．高强混凝土及其组合结构 [M]．北京：科学出版社．2004

[5.31] 叶艳霞．框支分区剪力墙结构抗震性能及空间精细分析和简化分析方法研究 [D]．西安建筑科技大学博士学位论文．2003.9

[5.32] 建筑抗震设计规范（GB50011－2001）[S]．中国建筑工业出版社，2001

第6章 静力弹塑性分析

目前，混凝土结构非线性地震反应分析方法主要有两种：动力弹塑性分析方法和静力弹塑性分析方法。动力弹塑性分析方法是较为理想的结构非线性地震反应分析方法，它能够计算结构在地震反应全过程中各时刻的内力和变形，给出结构的开裂和屈服顺序，发现应力和塑性变形集中的部位，从而判别结构的屈服机制、薄弱环节和可能的破坏类型，因此该法被认为是结构弹塑性分析的最可靠方法。目前，对一些特殊的、重要的和复杂的结构，一般需要采用动力弹塑性分析法进行计算分析。但是，由于地震的随机性和结构性能的复杂性，此法涉及的一些关键技术（如输入地震波及构件恢复力模型的不确定性等）尚未得到很好解决，并且该法对工程技术人员的素质要求较高。上述原因影响了这种方法在实际工程中的广泛应用。相对而言，静力弹塑性分析方法（Static Elastoplastic Analysis Procedure），亦称推覆分析方法（Pushover Analysis Procedure）具有良好的工程实用性，它用较少的时间和费用达到工程设计所需要的变形验算精度，可以求出塑性铰的位置和转角，给出结构的薄弱部位，因而近年来重新受到人们的重视。

静力弹塑性分析方法出现于20世纪80年代[6.1]，近20多年来人们对该方法进行了许多研究和应用。本章在介绍静力弹塑性分析方法基本原理和方法的基础上，将介绍近几年提出的一些改进方法，如适时谱Pushover分析方法[6.2]、振型Pushover分析方法[6.3]等。

6.1 基本原理和方法

静力弹塑性分析方法本质上是一种与反应谱相结合的弹塑性分析方法，它是按一定的水平荷载加载方式，对结构施加单调递增的水平荷载，逐步将结构推覆至预定的目标位移（target displacement）或某一极限状态，以便分析结构的非线性性能，判别结构及构件的受力及变形是否满足设计要求。

6.1.1 静力弹塑性分析方法的基本假定

静力弹塑性分析方法没有特别严密的理论基础，其基本假定如下[6.4]：

(1) 结构（一般为多自由度体系）的地震反应与该结构的等效单自由度体系相关，这意味着结构的地震反应仅由其第一振型控制。

(2) 结构的侧移由位移形状向量 $\{\boldsymbol{\Phi}\}$ 表示，且在整个地震反应过程中，无论侧移大小，其位移形状向量 $\{\boldsymbol{\Phi}\}$ 保持不变。

这两个假定在理论上是不完全正确的。但已有的研究表明[6.4]，对于地震反应以第一振型为主的结构，其最大地震反应可以用静力弹塑性分析方法得到合理的估计。

6.1.2 等效单自由度体系

静力弹塑性分析中，需要将多自由度体系转化为等效单自由度体系。将原多自由度体系转化为与其等效的单自由度体系的方法并不唯一。下面介绍一种等效方法[6.5][6.6]。

考虑具有 n 个自由度的多自由度体系［图6.1.1（a）］，现将其转换为等效单自由度体系［图6.1.1（d）］。为此假定：（1）多自由度体系按假定的侧移形状产生地震反应；（2）多自由度体系与等效单自由度体系的基底剪力相等；（3）水平地震力在两种体系上所做的功相等。

根据假定（1），多自由度体系的位移向量$\{u(\xi, t)\}$可表示为

$$\{u(\xi, t)\} = \{\Phi(\xi)\} z(t) \tag{6.1.1}$$

式中：$\Phi(\xi)$表示多自由度体系的侧移形状函数，可根据具体结构的质量和刚度沿高度分布情况，采用某一侧移函数；$z(t)$为与时间有关的函数。

如假定质点沿水平方向的振动为简谐振动，则式（6.1.1）可写为

$$\{u(\xi, t)\} = Y_0 \operatorname{Sin} \omega t \{\Phi(\xi)\} \tag{6.1.2}$$

式中，Y_0 为振幅；ω 表示圆频率。

由式（6.1.2）可得多自由度体系的加速度向量 $\{a(\xi, t)\}$：

$$\{a(\xi, t)\} = -\{\Phi(\xi)\} \omega^2 Y_0 \operatorname{Sin} \omega t = -\omega^2 \{u(\xi, t)\} \tag{6.1.3}$$

设等效单自由度体系的等效质量为 M_{eff}、等效刚度为 K_{eff}、等效阻尼比为 ζ_{eff}，相应的等效位移为 u_{eff}，基底剪力为 V_{b}，如图6.1.1（d）所示。

将多自由度体系各质点的侧移 u_i 除以等效位移 u_{eff}，并用 c_i 表示，即

$$c_i = u_i / u_{\mathrm{eff}} \tag{6.1.4}$$

由式（6.1.3）可见，每个质点的加速度 a_i 与位移 u_i 成比例，故有

$$c_i = a_i / a_{\mathrm{eff}} \tag{6.1.5}$$

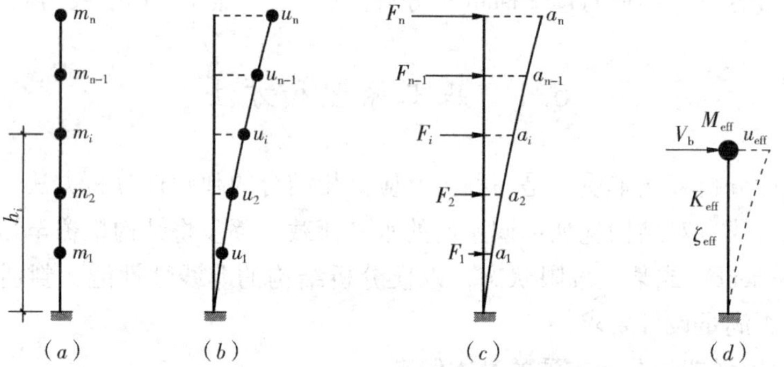

图6.1.1　多自由度体系及等效单自由度体系

（a）多自由度体系；（b）位移形状；（c）加速度和惯性力；（d）等效单自由度体系

式中，a_{eff}为等效单自由度体系的等效加速度。

多自由度体系质点 i 的水平地震作用可表示为

$$F_i = m_i a_i = m_i c_i a_{\mathrm{eff}} \tag{6.1.6}$$

根据假定（2）可得

$$V_{\mathrm{b}} = \sum_{i=1}^{n} F_i = \left(\sum_{i=1}^{n} m_i c_i\right) a_{\mathrm{eff}} = M_{\mathrm{eff}} a_{\mathrm{eff}} \tag{6.1.7}$$

则等效质量 M_{eff}为

$$M_{\mathrm{eff}}=(\sum_{i=1}^{n}m_iu_i)/u_{\mathrm{eff}} \tag{6.1.8}$$

由式（6.1.5）、式（6.1.6）和式（6.1.7），可得原结构各质点的水平地震作用 F_i，即

$$F_i=\frac{m_iu_i}{\sum_{j=1}^{n}m_ju_j}V_{\mathrm{b}} \tag{6.1.9}$$

由假定（3），水平地震力在两种体系上所做的功相等，即

$$V_{\mathrm{b}}\cdot u_{\mathrm{eff}}=\sum_{i=1}^{n}F_iu_i$$

将式（6.1.9）代入上式，可得

$$u_{\mathrm{eff}}=\frac{\sum_{i=1}^{n}m_iu_i^2}{\sum_{i=1}^{n}m_iu_i} \tag{6.1.10}$$

如将结构各点的侧移用位移形状向量和结构顶点位移 u_{r}（roof displacement）表示，则有

$$u_i=\phi_{1i}u_{\mathrm{r}} \tag{6.1.11}$$

将式（6.1.11）分别代入式（6.1.8）和式（6.1.10），可得用位移形状向量表达的等效质量和等效位移，即

$$M_{\mathrm{eff}}=\frac{(\sum_{i=1}^{n}m_i\phi_{1i})^2}{\sum_{i=1}^{n}m_i\phi_{1i}{}^2} \tag{6.1.12}$$

$$u_{\mathrm{eff}}=\frac{u_{\mathrm{r}}}{\gamma_1} \tag{6.1.13}$$

$$\gamma_1=\frac{\sum_{i=1}^{n}m_i\phi_{1i}}{\sum_{i=1}^{n}m_i\phi_{1i}^2} \tag{6.1.14}$$

式中：γ_1 表示第一振型的振型参与系数；ϕ_{1i}表示第一振型第 i 质点的振型值。

由式（6.1.13）得到一个重要的转换关系：如已知原多自由度体系的顶点位移 u_{r}，则相应的等效单自由度体系的等效位移即可求得；反之，如已知等效单自由度体系的等效位移 u_{eff}，则相应的原多自由度体系的顶点位移 $u_{\mathrm{r}}=\gamma_1u_{\mathrm{eff}}$。

由式（6.1.11）和式（6.1.13），可得到另一个重要的转换关系：如已知等效单自由度体系的等效位移 u_{eff}，则相应的原多自由度体系各质点的位移 $u_i=\gamma_1\phi_{1i}u_{\mathrm{eff}}$。

等效单自由度体系的等效刚度 K_{eff}取最大位移所对应的割线刚度（图 6.1.2），其中最大位移取其等效位移。

等效单自由度体系的周期 T_{eff}可按下式计算：

$$T_{\mathrm{eff}}=2\pi\sqrt{\frac{M_{\mathrm{eff}}}{K_{\mathrm{eff}}}} \tag{6.1.15}$$

等效阻尼比 ζ_{eff}可表示为：

$$\zeta_{\mathrm{eff}}=\zeta_{\mathrm{vis}}+\zeta_{\mathrm{hys}} \tag{6.1.16}$$

式中：ζ_{vis}表示粘滞阻尼比；ζ_{hys}表示滞回阻尼比。

关于钢筋混凝土结构等效周期和等效阻尼比的计算，众多研究者进行了广泛的研究，提出了许多计算方法。Rosenblueth 和 Herrera[6.18]将实际的力－位移关系简化为双线性力－位移模型，并取屈服后刚度与初始弹性刚度之比为α，得到下列计算公式

$$\frac{T_{eff}}{T}=\sqrt{\frac{\mu}{1-\alpha+\alpha\mu}} \tag{6.1.17a}$$

$$\zeta_{eff}=\zeta_0+\frac{2}{\pi}\left[\frac{(1-\alpha)(\mu-1)}{(1-\alpha)\mu+\alpha\mu^2}\right] \tag{6.1.17b}$$

Gülkan 和 Sozen[6.7]采用 Kakeda 滞回模型和小比例钢筋混凝土框架结构模型的振动台试验结果，提出下列经验公式

$$\frac{T_{eff}}{T}=\sqrt{\frac{\mu}{1-\alpha+\alpha\mu}} \tag{6.1.18a}$$

$$\zeta_{eff}=\zeta_0+0.2(1-1/\sqrt{\mu}) \tag{6.1.18b}$$

Iwan[6.8]应用依据弹性单元与滑移单元组合所得到的滞回模型进行时程分析，根据大量数值分析结果所提出的经验公式为

$$\frac{T_{eff}}{T}=1+0.121(\mu-1)^{0.939} \tag{6.1.19a}$$

$$\zeta_{eff}=\zeta_0+0.0587(\mu-1)^{0.371} \tag{6.1.19b}$$

Kowalsky[6.9]也采用 Kakeda 滞回模型及双线型力－位移关系，并取卸载刚度系数为 0.5，屈服后刚度与初始刚度之比为α，提出了等效阻尼比计算公式，即

$$\zeta_{eff}=\zeta_0+\frac{1}{\pi}\left(1-\frac{1-\alpha}{\sqrt{\mu}}-\alpha\sqrt{\mu}\right) \tag{6.1.20}$$

式（6.1.17）～式（6.1.20）中：μ表示位移延性需求；ζ_0表示弹性阶段的粘滞阻尼比，一般可取为 0.05；T表示体系的弹性周期。

上述四种方法均是基于等效线性化原理建立的。即实际非弹性体系的最大位移需求，可用一个比实际非弹性体系低的侧向刚度（较大的周期）和高的阻尼比的等效线弹性体系计算。

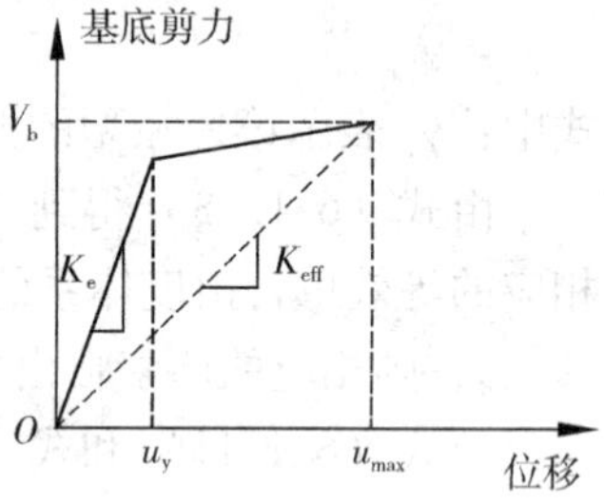

图 6.1.2　等效刚度

Eduardo M 等[6.14]对上述四种方法的计算结果进行了分析评估，得到如下结论：由 Rosenblueth 和 Herrera 法所得的最大位移需求比时程分析结果低 50%，其他三种方法所得的最大位移需求总体上与时程分析结果较接近。在中、长周期范围内，这三种方法的计算结果更精确；在短周期范围内，Gülkan 和 Sozen 以及 Kowalsky 方法的计算结果明显地高估了最大位移需求，而 Iwan 的方法则低估了最大位移需求，特别是在周期小于 0.4 秒的范围内。

6.1.3　目标位移

结构的目标位移是指结构在地震动输入下可能达到的最大位移（一般指结构的顶点位移）。由式（6.1.13）可知，如能求出等效单自由度体系的等效位移，则不难求出目标位移。所以，求解目标位移的基本方法，是先将多自由度体系转化为等效单自由度体系，然后采用弹塑性时程分析法或弹塑性位移谱法求出等效单自由度体系的最大位移，从而计算

结构的目标位移。目前，求解目标位移的简化方法较多，下面介绍两种有代表性的方法。

1. 位移修正系数法（Displacement Modification Procedure）

美国联邦救援署（Federal Emergency Management Agency）的研究报告 FEMA－440 对原报告 FEMA－356 的位移修正系数法进行了改进，提出采用下列公式计算目标位移[6.10]：

$$\delta_t = C_0 C_1 C_2 C_3 S_a \left(\frac{T_e}{2\pi}\right)^2 g \tag{6.1.21}$$

式中：C_0 表示等效单自由度体系谱位移与多自由度体系建筑物顶点位移关系的修正系数；C_1 表示最大非弹性位移期望值与线弹性位移关系的修正系数；C_2 表示滞回曲线形状、刚度退化和强度退化对最大位移反应影响的修正系数；C_3 表示由于 $P-\Delta$ 效应使位移增大的修正系数；S_a 表示与单自由度体系的等效周期和阻尼比相应的谱加速度反应；T_e 表示结构的等效周期。

系数 C_0 可采用下列方法之一确定：（1）采用控制点处的第一振型参与系数；（2）将结构顶层位移达到目标位移时的侧移作为形状向量、计算得到的第一振型参与系数作为 C_0；（3）按表 6.1.1 取值（其他层数可插值）。

修正系数 C_0 的取值 **表 6.1.1**

层数	1	2	3	5	≥10
修正系数 C_0	1.0	1.2	1.3	1.4	1.5

FEMA440 对修正系数 C_1 推荐了两个备选方案，即

方案 1：
$$C_1 = 1 + \left[\frac{1}{a\,(T_e/T_g)^b} - \frac{1}{c}\right]\cdot(R-1) \tag{6.1.22}$$

方案 2：
$$C_1 = 1 + \left[\frac{1}{a\,(T_e/T_g)^b}\right]\cdot(R-1) \tag{6.1.23}$$

其中
$$R = \frac{mS_a}{F_y} \tag{6.1.24}$$

上列各式中，a，b，c 为与场地类别有关的系数，可按表 6.1.2 取值；其中 B 类表示岩石（rock），其平均剪切波速范围为（760～1525）m/s；C 类表示硬土或软岩石（very dense soil or soft rock），其平均剪切波速范围为（360～760）m/s；D 类表示密实土（stiff soil），其平均剪切波速范围为（180～360）m/s；T_g 为地面运动特征周期；R 表示强度比，即体系的弹性强度需求与屈服强度之比；式（6.1.24）中的 S_a 为按体系初始弹性周期确定的谱加速度值；m 为体系的质量；F_y 为由计算得到的结构屈服强度。

修正系数 C_1 取值 **表 6.1.2**

场地类别	方案 1				方案 2		
	a	b	c	T_g（s）	a	b	T_g（s）
B	42	1.60	45	0.75	151	1.60	1.60
C	48	1.80	50	0.85	199	1.83	1.75
D	57	1.85	60	1.05	203	1.91	1.85

系数 C_1 和 C_2 的简化形式如下

$$C_1 = 1 + \frac{R-1}{aT_e^2} \tag{6.1.25}$$

$$C_2 = 1 + \frac{1}{800}\left(\frac{R-1}{T_e}\right)^2 \tag{6.1.26}$$

式（6.1.25）中常数 a，对 B，C，D 类场地，分别取 130，90，60；当 T_e 小于 0.2s 时，取 C_1 等于 0.2；当 T_e 大于 1.0s 时，取 C_1 等于 1.0。对于式（6.1.26），当 T_e 小于 0.2s 时，取 C_2 等于 0.2；当 T_e 大于 0.7s 时，取 C_2 等于 1.0。

FEMA356 建议，对于具有正的屈服后刚度的结构，调整系数 C_3 取 1.0；对于具有负的屈服后刚度的结构，调整系数 C_3 按下式计算

$$C_3 = 1 + \frac{|\alpha|(R-1)^{3/2}}{T_e} \tag{6.1.27}$$

式中，α 为结构屈服后的刚度与初始弹性刚度的比值。而 FEMA440 则建议取消 C_3，用限制强度比 R 来防止非线性分析过程中的不稳定性。

2. 能力谱法

能力谱法最早是由 Freeman[6.11] 于 1975 年提出的，后经发展被美国 ATC-40[6.12] 等推荐使用，1999 年 Chopra 等人[6.13] 针对 ATC-40 方法的不足提出了改进的能力谱法。此法的基本思想是在同一图上建立两条谱曲线，一条是将力-位移曲线转化为能力谱曲线，另一条为将加速度反应谱转化为需求谱曲线，把两条曲线绘在同一图上，两条曲线的交点为"目标位移点"，亦称"性能点"。该图以位移为横坐标，加速度为纵坐标，称为 ADRS（Acceleration Displacement Response Spectrum）格式。由于通常意义上的"谱"是以周期为横坐标的，所以"能力谱"和"需求谱"应分别称之为"能力曲线（capacity curve）"和"需求曲线（demand curve）"。其中建立能力曲线和需求曲线是能力谱法的关键。

1）在结构上施加静力荷载，进行 Pushover 分析，直至结构倒塌或整体刚度矩阵 $\det|K| \leqslant 0$，可以得到结构的基底剪力 V_b-顶点位移 u_r 曲线［图 6.1.3（a）］。

2）建立能力曲线。假定结构的地震反应以第一振型为主，且在整个地震反应过程中结构沿高度的侧移可以用一个不变的形状向量表示，这样就可以将原结构等效为一个单自由度体系，而 V_b-u_r 曲线也相应地按下式逐点转化为等效自由度体系的谱加速度 S_a-谱位移 S_d 曲线（ADRS 格式）［图 6.1.3（b）］，即

$$S_a = \frac{V_b}{M_1^*}, \qquad S_d = \frac{u_r}{\gamma_1} \tag{6.1.28}$$

式中：γ_1，M_1^* 分别为结构第一振型的振型参与系数和模态质量，第一振型向量按顶点向量位移为 1 正则化。

3）建立需求曲线。可采用两种方法建立需求曲线：一是将规范的加速度反应谱转化为需求曲线，二是采用地面运动加速度时程作为结构的输入直接建立需求曲线。如采用前者，则可以按下式将标准的加速度反应谱（S_a-T 谱）转化为 S_a-S_d 谱曲线（ADRS 格式），即

$$S_d = \left(\frac{T}{2\pi}\right)^2 S_a \tag{6.1.29}$$

式中，T 为结构自振周期。

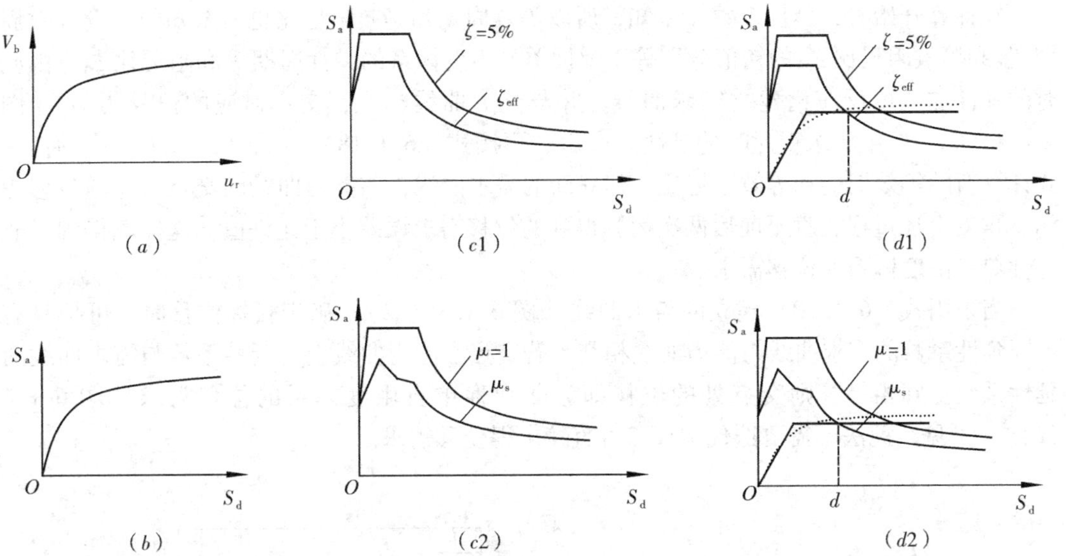

图6.1.3　能力谱法

（*a*）pushover 曲线；（*b*）能力谱；（*c*1）折减的弹性需求谱；（*c*2）弹塑性需求谱；（*d*1）与等效阻尼比有关的能力谱方法；（*d*2）与延性有关的能力谱方法

对于不同的阻尼比，可以按式（6.1.29）建立不同的需求曲线，如图 6.1.3（*c*1）所示。

Chopra 等[6.13]提出采用弹塑性反应谱建立需求曲线，且采用的是等延性加速度反应谱。非弹性位移与加速度、周期之间存在以下关系：

$$S_{dp}=\frac{\mu}{R}S_d=\frac{\mu}{R}\left(\frac{T}{2\pi}\right)^2 S_a \tag{6.1.30}$$

式中：S_a，S_d 分别为单自由度弹性体系的谱加速度和谱位移；S_{dp} 为单自由度非弹性体系的谱位移；μ 为位移延性系数；R 表示由于结构的非弹性变形对弹性地震力的折减系数，按下列各式确定

$$R=(\mu-1)\frac{T}{T_0}+1 \qquad T\leqslant T_0 \tag{6.1.31a}$$

$$R=\mu \qquad T\geqslant T_0 \tag{6.1.31b}$$

$$T_0=0.65\mu^{0.3}T_g\leqslant T_g$$

式中，T_g 为场地特征周期。

对于不同的延性比 μ，可以按式（6.1.30）建立不同的需求曲线，如图 6.1.3（*c*2）所示。

4）确定目标位移。将能力曲线与需求曲线绘在同一张图（ADRS 格式）上，其交点对应的位移为等效单自由度体系的等效位移 u_{eff}，再按式（6.1.13）将其转化为原结构的顶点位移，即“目标位移”。

当采用式（6.1.29）建立的需求曲线［图 6.1.3（*c*1）］确定目标位移时，需确定等效单自由度体系的等效周期和等效阻尼比，可采用式（6.1.18）~式（6.1.20）中任一式确定。

在计算开始时，延性系数μ未知，所以等效周期和等效阻尼比也是未知的。设等效周期T_{eff}和等效阻尼比ζ_{eff}的初值分别等于弹性单自由度体系的弹性周期T和阻尼比ζ_0，由此时的弹性加速度反应谱建立需求曲线，并与能力曲线相交，交点对应的位移为D_1［图6.1.4（a）］，由D_1求得此时的延性需求μ_1，再按式（6.1.18）～式（6.1.20）中的任一式计算新的等效周期和等效阻尼比，建立新的需求曲线，与能力曲线的交点对应的位移为D_2，重复上述过程，直至前后两次运算得到的位移需求误差小于允许值，这样就得到了非弹性单自由度体系的位移需求。

当采用式（6.1.30）建立的需求曲线［图6.1.3（c2）］确定目标位移时，可把具有不同延性系数的需求曲线与能力曲线相交，若交点在能力曲线上的延性系数与需求曲线的延性系数正好相等，则交点处的位移即为非弹性单自由度体系的位移需求［图6.1.4（b）］。可见，此法不需要迭代运算，可直接求得位移需求。

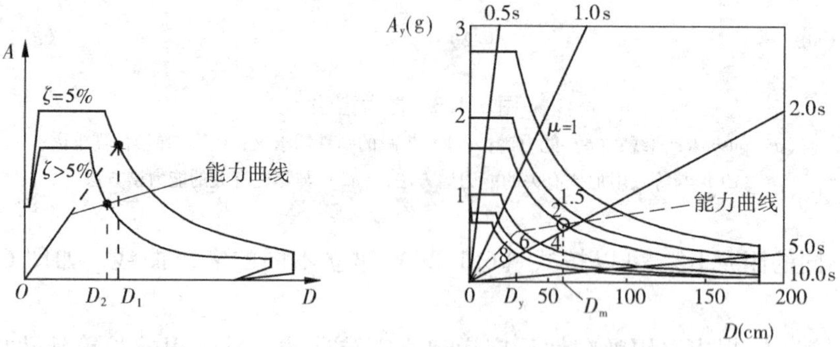

图6.1.4 目标位移的确定

（a）ATC－40方法；（b）改进能力谱法

6.1.4 水平荷载的加载模式

从理论上讲，水平荷载模式应该与地震作用下结构各层惯性力的分布一致，它所产生的内力、位移以及结构的破坏模式能大致反映地震作用下结构的状况。目前在Pushover分析中所采用的加载模式大概有以下几种。

（1）均布加载模式

$$F_i = \frac{G_i}{\sum_{j=1}^{n} G_j} V_b \tag{6.1.32}$$

（2）倒三角形加载模式

$$F_i = \frac{G_i H_i}{\sum_{j=1}^{n} G_j H_j} V_b \tag{6.1.33}$$

（3）抛物线形加载模式

$$F_i = \frac{G_i H_i^k}{\sum_{j=1}^{n} G_j H_j^k} V_b \tag{6.1.34}$$

式中：F_i，$G_i(G_j)$，H_i（H_j）分别表示第 i（j）楼层处的水平荷载、重力荷载代表值和计算高度；V_b 表示结构底部总剪力；k 为参数，与结构基本周期 T 有关，按下式确定

$$k=\begin{cases}1.0 & T\leqslant 0.5\text{s}\\ 1.0+\dfrac{T-0.5}{2.5-0.5} & 0.5\text{s}<T\leqslant 2.5\text{s}\\ 2.0 & T\geqslant 2.5\text{s}\end{cases} \tag{6.1.35}$$

（4）多振型加载模式

根据加载前一步结构的周期和振型，用振型分解反应谱法计算结构各楼层的地震剪力（层间剪力），再由各层层间剪力反算各层楼面处的水平荷载，作为下一步的水平荷载模式。具体公式如下

$$F_{ji}=\alpha_j\gamma_j\phi_{ji}G_i \tag{6.1.36}$$

$$V_{ji}=\sum_i^n F_{ji} \tag{6.1.37}$$

$$V_i=\sqrt{\sum_{j=1}^m V_{ji}^2} \tag{6.1.38}$$

$$F_i=V_i-V_{i+1} \tag{6.1.39}$$

式中：α_j，γ_j 分别表示第 j 振型的地震影响系数和振型参与系数；F_{ji}，ϕ_{ji}，V_{ji} 分别表示 j 振型 i 楼层的水平地震作用、水平振型值和楼层地震剪力；F_i，V_i（V_{i+1}）分别表示第 i（$i+1$）楼层的水平地震作用和楼层地震剪力；m 为考虑的振型数；n 为结构总层数。

上述（1）~（3）加载模式属不变的加载模式，即不考虑结构受力过程中其刚度和强度变化而产生的地震力分布变化。这可能使 Pushover 分析结果在某些情况下与实际的非线性动力反应有较大差别，特别是在高振型影响较大以及结构层间剪力与层间变形关系对所采用的加荷载模式特别敏感时尤为明显。因此，对高振型影响较大的结构，应至少采用两种以上的加载模式进行 Pushover 分析。第（4）种加载模式考虑了高振型以及结构刚度变化对加载模式的影响。除此之外，还有适时谱 Pushover 分析[6.2]、振型 Pushover 分析[6.3]等加载模式，这将在第 6.2 节和 6.3 节介绍。

6.1.5 实施步骤

（1）建立结构分析模型。模型中应包括那些对结构重力、强度、刚度、稳定和受力及变形性能有较大影响的构件。确定各种构件的极限承载力或变形能力：对于梁，应求出其两端上、下两个方向的极限弯矩和极限转角，以及两端的极限受剪承载力；对于柱，则应求出其 $M-N$ 关系曲线上的三个控制点（轴压、平衡和纯弯）。

（2）计算结构在重力荷载代表值作用下的内力，以便随后与水平荷载作用下的内力进行叠加。

（3）选择合适的水平加载模式。可根据具体结构形式在上述四种或其他加载模式中选取，通常应至少采用两种以上的加载模式进行分析比较。加载方式一般有两种：一种是位移控制加载方式，适用于结构荷载未知的情况；另一种是力控制加载方式，适用于结构荷载已知并且结构能够承受这些荷载的情况。

（4）根据所选的加载模式，逐步施加水平荷载，直至水平荷载产生的内力与第（2）步重力荷载代表值产生的内力叠加后，恰好能使一个或一批构件进入屈服。修改结构分析模型中已屈服构件的刚度特性，可采用以下方式：在弯曲构件达到屈服承载力处设置一个

铰（一般在梁、柱的端部或墙的底部）；取消某些楼层达到受剪承载力的剪力墙的刚度；取消已经屈曲并且屈曲后强度下降很快的支撑；如果构件在刚度减小后能继续承担荷载，修正其刚度。

这相当于形成了一个“新结构”。求出这个“新结构”的自振周期、基底剪力等参数，在“新结构”上再施加一定量的水平荷载，又使一个或一批构件进入屈服。

（5）重复第（4）步，直至结构的侧移达到某一水准地震作用下的目标位移或由于塑性铰数量过多而形成机构。对每一加载步，计算结构的内力和变形，累计施加的荷载。

（6）绘出结构控制点位移（一般取结构顶点位移）与基底剪力在不同加载阶段的关系曲线，作为结构非线性反应的代表曲线；曲线上的斜率变化表示不同构件依次发生屈服。

通过以上步骤，得到了结构的力－位移关系曲线。为了应用方便，可以采用等能量法进一步简化为双线性或三线性骨架曲线，然后就可以用前述的能力谱法进行结构抗震性能评估。

6.2 适应谱 Pushover 分析方法

第 6.1 节中介绍的位移修正系数法和能力谱法，为了能利用反应谱，必须将多自由度体系转化为等效单自由度体系；而目前规范中的反应谱都是线弹性的，所以又必须将非线性体系等效成线性体系。这两部分等效关系必然带来一定的误差，因此位移修正系数法和能力谱法只适用于中、低层结构，对于高振型影响不能忽略的结构则不适用。适应谱 Pushover 分析方法（Adaptive Spectra-based Pushover Procedure）则克服了上述的不足。此法与传统的 Pushover 分析方法相比，最主要的区别在于以下两个方面：一是直接利用反应谱来定义加载特性；二是施加的侧向荷载始终随结构动力特性变化而变化。即加载模式虽然是静力加载，但同样能体现出结构反应的动力特性，也能反映结构与地震频谱特性的耦联效应。该法的实施步骤如下：

（1）建立结构分析模型。具体要求与 6.1.5 小节（1）相同。

（2）确定结构各层的力－位移关系。

（3）计算输入地震动的弹性反应谱 S_a（T）。

（4）计算弹性阶段结构各振型的自振周期 T_j、振型值 ϕ_{ji} 和相应的振型参与系数 γ_j。

（5）计算各层的侧向荷载 F_{ji}，即

$$F_{ji}=\gamma_j\phi_{ji}m_iS_{aj} \tag{6.2.1}$$

式中：m_i 表示集中于第 i 楼层处的质量；S_{aj} 表示相应于第 j 振型的最大绝对加速度。

（6）将上式得到的侧向荷载作用于结构上，计算第 j 振型的基底剪力 V_j，即

$$V_j=\sum_{i=1}^{n}F_{ji} \tag{6.2.2}$$

（7）考虑多振型的影响，按下式确定结构的基底剪力 V

$$V=\sqrt{\sum_{j=1}^{m}V_j^2} \tag{6.2.3}$$

式中：m 为考虑的振型数。

（8）将第（6）步得到的基底剪力 V_j 分成若干增量逐步施加到结构上，即

$$\Delta V_j = S_n V_j \tag{6.2.4}$$

$$S_n = \frac{V_B}{N_s V}$$

式中：S_n 表示增量系数；V_B 为 j 振型基底剪力的估计值；N_s 为加载步数。

（9）用上一步求得的相应于各振型的荷载增量 ΔV_j，对结构进行 Pushover 分析。

（10）计算对应于每一振型荷载增量的楼层位移、层间位移、层间剪力等增量，并将各振型所得到的值平方和开方，得到这一步的楼层位移、层间位移、层间剪力等增量值，并加到前一步的结果中。

（11）在每一个循环结束时，比较计算得到的层间剪力与相应的层间剪力屈服值。若有某一层或某几层已经屈服，则调整刚度矩阵后回到第（4）步计算新的特征值和特征向量后，继续下面的步骤。

（12）重复以上步骤，直至达到规定的最大位移值或最大基底剪力。

由上述可见，适应谱 Pushover 分析方法中每一步施加的荷载增量都是基于结构瞬时的动力特性。只要有某一层或某几层达到屈服，就需要修正结构的刚度矩阵，重复以上的反应谱分析。即使对于强度和刚度分布不均匀的结构，这种加载模式也可以反映结构在各瞬间的反应特性。而且此法考虑了多振型的组合，因而给出的惯性力分布形式是可信的。另外，该法不需要进行一系列的等效过程，所得到的是多自由度体系的能力曲线，但所用到的荷载特征是基于弹性反应谱的。

6.3 振型 Pushover 分析方法

振型 Pushover 分析方法（Modal Pushover Analysis Procedure）是 Chopra 等人[6.3]于 2002 年提出的。该法利用振型分解原理，根据每个振型的惯性力分布特点，对每个振型分别进行 Pushover 分析，求出相应的地震反应，然后采用平方和开方法则将各振型的地震反应进行组合，求出结构的总地震反应。

6.3.1 单自由度弹性体系的地震反应

在地震作用下，单自由度弹性体系的运动微分方程可表示为

$$\ddot{x}(t) + 2\zeta\omega\dot{x}(t) + \omega^2 x(t) = -\ddot{x}_g(t) \tag{6.3.1}$$

式中：$x(t)$ 表示时刻 t 质点的相对位移；$\ddot{x}_g(t)$ 表示时刻 t 的地面运动加速度；ζ、ω 分别表示单自由度体系的阻尼比和圆频率。

式（6.3.1）的解为

$$x(t) = -\frac{1}{\omega}\int_0^t \ddot{x}_g(\tau) e^{-\zeta\omega(t-\tau)} \sin\omega(t-\tau)\,\mathrm{d}\tau \tag{6.3.2}$$

对式（6.3.2）求二阶导数，经整理后可得

$$a = \ddot{x}_g(t) + \ddot{x}(t) = \omega\int_0^t \ddot{x}_g(\tau) e^{-\zeta\omega(t-\tau)} \sin\omega(t-\tau)\,\mathrm{d}\tau \tag{6.3.3}$$

式（6.3.2）为单自由度弹性体系在任意时刻 t 的地震位移反应，由此式可以建立结构的弹性位移反应谱。式（6.3.3）为单自由度弹性体系在任意时刻 t 的绝对加速度反应，

由该式可以建立结构的弹性加速度反应谱。

6.3.2 多自由度弹性体系的地震反应及 Pushover 分析

1. 多自由度弹性体系的地震反应分析

在地震作用下，多自由度弹性体系的运动微分方程可表示为

$$[M]\{\ddot{x}\}+[C]\{\dot{x}\}+[K]\{x\}=-[M][I]\ddot{x}_{g}(t) \tag{6.3.4}$$

式中，$[M]$、$[C]$、$[K]$分别表示体系的质量矩阵、阻尼矩阵和刚度矩阵；$\{\ddot{x}\}$、$\{\dot{x}\}$、$\{x\}$分别表示体系的加速度、速度和位移列阵；$[I]$为单位矩阵。

设质点 i 在任意时刻 t 的地震位移反应 $x_i(t)$ 为

$$x_i(t)=\sum_{j=1}^{n}q_j(t)\phi_{ji} \tag{6.3.5}$$

式中：$q_j(t)$ 为第 j 振型的广义坐标；ϕ_{ji}为第 j 振型 i 质点的振型值。

式（6.3.5）亦可写成矩阵形式

$$\{x(t)\}=[\Phi]\{q(t)\} \tag{6.3.6}$$

式中：$[\Phi]$表示振型矩阵；$\{q(t)\}$表示广义坐标列阵。

将式（6.3.6）代入式（6.3.4），并对式（6.3.4）中的各项前乘以$\{\Phi\}_j^{\mathrm{T}}$，利用振型的正交性，则式（6.3.4）可变为

$$\ddot{q}_j(t)+2\zeta_j\omega_j\dot{q}_j(t)+\omega_j^2q_j(t)=-\gamma_j\ddot{x}_g(t)\quad(j=1,\ 2,\ \cdots n) \tag{6.3.7}$$

将式（6.3.7）与式（6.3.1）比较，可见式（6.3.7）可理解为用 j 振型广义坐标 $q_j(t)$ 表达的第 j 振型等效单自由度体系的运动微分方程，参照式（6.3.2），其解可表示为

$$q_j(t)=-\frac{\gamma_j}{\omega_j}\int_0^t\ddot{x}_g(\tau)e^{-\zeta_j\omega_j(t-\tau)}\sin\omega_j(t-\tau)\mathrm{d}\tau \tag{6.3.8}$$

上式亦可写为

$$q_j(t)=\gamma_j\Delta_j(t) \tag{6.3.9}$$

其中

$$\Delta_j(t)=-\frac{1}{\omega_j}\int_0^t\ddot{x}_g(\tau)e^{-\zeta_j\omega_j(t-\tau)}\sin\omega_j(t-\tau)\mathrm{d}\tau \tag{6.3.10}$$

式中：ω_j、ζ_j 表示第 j 振型等效单自由度体系的圆频率、阻尼比；γ_j 为第 j 振型的振型参与系数，按下式确定

$$\gamma_j=\frac{\{\Phi\}_j^{\mathrm{T}}[M]\{I\}}{\{\Phi\}_j^{\mathrm{T}}[M]\{\Phi\}_j} \tag{6.3.11}$$

将式（6.3.9）代入式（6.3.5），可得质点 i 的地震位移反应

$$x_i(t)=\sum_{j=1}^{n}\gamma_j\phi_{ji}\Delta_j(t) \tag{6.3.12}$$

相应的加速度反应为

$$\ddot{x}_i(t)=\sum_{j=1}^{n}\gamma_j\phi_{ji}\ddot{\Delta}_j(t) \tag{6.3.13}$$

在任意时刻 t，质点 i 的惯性力 $F_i(t)$ 可表示为：

$$F_i(t)=-m_i[\ddot{x}_g(t)+\ddot{x}_i(t)] \tag{6.3.14}$$

由于 $\sum_{j=1}^{n}\gamma_j\phi_{ji}=1$，故 $\ddot{x}_g(t)$ 可表示为 $\ddot{x}_g(t)=\sum_{j=1}^{n}\gamma_j\phi_{ji}\ddot{x}_g(t)$，则式(6.3.14) 可写为

$$F_i(t) = -m_i \sum_{j=1}^{n} \gamma_j \phi_{ji} [\ddot{x}_g(t) + \ddot{\Delta}_j(t)] \tag{6.3.15}$$

由上式可求出质点 i 在每一时刻的水平地震作用，故通常称为时程分析，这里指的是弹性时程分析。质点 i 在整个地震过程中的最大水平地震作用可表示为

$$F_i = \sum_{j=1}^{n} \gamma_j m_i \phi_{ji} S_{aj} = \sum_{j=1}^{n} F_{ji} \tag{6.3.16}$$

$$F_{ji} = \gamma_j m_i \phi_{ji} S_{aj} \tag{6.3.17}$$

式中：F_{ji}表示 j 振型 i 质点的最大水平地震作用；S_{aj}表示与 j 振型周期 T_j 相应的等效单自由度体系的最大绝对加速度（谱加速度），可由加速度反应谱确定。

参照式（6.3.17），多自由度体系第 j 振型各质点的最大水平地震作用可表示为

$$\{F\}_j = \gamma_j [M] \{\Phi\}_j S_{aj} \tag{6.3.18}$$

其中，S_{aj}可根据多自由度体系第 j 振型的周期 T_j 由加速度反应谱确定。

多自由度体系在 j 振型最大水平地震作用［式（6.3.18）］下，其最大水平地震作用效应可表示为

$$S_j = S_j^{st} \cdot S_{aj} \tag{6.3.19}$$

式中：S_j^{st} 表示 j 振型的静力反应值，如楼层侧移、层间侧移、层间剪力等。

结构的水平地震作用效应可按下式确定

$$S = \sqrt{\sum_{j=1}^{n} S_j^2} \tag{6.3.20}$$

2. 静力弹性分析（Pushover 分析）

上述方法称为振型分解反应谱分析法，是一种动力分析方法。上述结果亦可用下述的静力分析方法得到。

参考式（6.3.18），设第 j 振型的侧向力沿房屋的高度分布为

$$\{F\}_j^* = [M] \{\Phi\}_j \tag{6.3.21}$$

根据式（6.3.12），在上述分布的侧向力作用下，第 j 振型结构顶点处的最大侧移 x_{jr} 可由下式确定

$$x_{jr} = \gamma_j \phi_{jr} \Delta_j \tag{6.3.22}$$

式中：ϕ_{jr}表示 j 振型结构顶点处的振型值；Δ_j 表示与 j 振型自振周期 T_j 相应的谱位移，可由弹性位移反应谱确定。

在 j 振型的侧向力［其沿高度的分布应符合式（6.3.21）］作用下，对结构进行 Pushover 分析，使其顶点位移达到 x_{jr}［式（6.3.22）］，可得到相应的反应值 S_j（如楼层侧移、层间侧移、层间剪力、杆端截面转角等值），再由式（6.3.20）确定结构的总地震作用效应。

6.3.3 多自由度非弹性体系的地震反应及 Pushover 分析

1. 多自由度非弹性体系的地震反应分析

与方程（6.3.4）相似，多自由度非弹性体系的运动微分方程可表示为

$$[M]\{\ddot{x}\} + [C]\{\dot{x}\} + \{F(t)\} = -[M][I]\ddot{x}_g(t) \tag{6.3.23}$$

式中，$\{F(t)\}$表示多自由度非弹性体系的恢复力向量。

采用与上述多自由度弹性体系相似的分析方法，式（6.3.23）可变换为

$$\ddot{q}_j(t)+2\zeta_j\omega_j\dot{q}_j(t)+\frac{F_j(t)}{M_j}=-\gamma_j\ddot{x}_g(t)\qquad(j=1,\ 2,\ \cdots n)\tag{6.3.24}$$

式中：$F_j(t)$ 表示第j振型等效单自由度体系的恢复力，其值与广义坐标 q_j 有关；M_j 表示第j振型的模态质量，按下式确定

$$M_j=\{\Phi\}_j^{\mathrm{T}}[M]\{\Phi\}_j\tag{6.3.25}$$

对于非弹性体系，由于其他振型对j振型的反应有影响，所以方程（6.3.24）是n阶耦联方程，求解比较困难。根据多自由度弹性体系各振型之间的正交性，可以推断，对非弹性体系第j振型的地震反应，第j振型起主要作用，其他振型对它的影响较小，可以忽略不计。因此，方程（6.3.24）的解可近似地用式（6.3.9）表达，其中 $\Delta_j(t)$ 由下式确定

$$\ddot{\Delta}_j(t)+2\zeta_j\omega_j\dot{\Delta}_j(t)+\frac{F_j(t)}{\gamma_jM_j}=-\ddot{x}_g(t)\tag{6.3.26}$$

此处，$F_j(t)$ 值与 $\Delta_j(t)$ 有关。式（6.3.26）是第j振型等效单自由度非弹性体系的运动微分方程，由于此式与式（6.3.1）具有相同的形式，所以由它可以建立非弹性位移反应谱。或者说，式（6.3.26）中的 $\Delta_j(t)$ 的最大值可以直接由非弹性位移反应谱确定。

解方程（6.3.26），可以求出 $\Delta_j(t)$，进而按下式确定与第j振型等效单自由度非弹性体系相应的结构各楼层处的侧移

$$\{x\}_j=\gamma_j\{\Phi\}_j\Delta_j(t)\tag{6.3.27}$$

结构各振型的地震作用效应仍可按式（6.3.19）计算，其中 S_{aj} 可由非弹性加速度反应谱确定；结构的总地震作用效应按式（6.3.20）确定。

2. 非弹性位移反应谱

由上述分析可见，如欲求等效单自由度体系的最大位移反应，一种方法是求解方程（6.3.26），这不仅需要确定地震动特性等参数，而且需要确定结构的恢复力模型等；另一种方法是直接由位移反应谱确定，本章将采用后一种方法。在目前尚无适合我国实际的位移反应谱的情况下，暂时根据弹性加速度反应谱，按式（6.1.29）和式（6.1.30）换算为非弹性位移反应谱。

3. 多自由度非弹性体系的 Pushover 分析

（1）建立结构的力学模型。

（2）计算多自由度弹性体系各振型的周期 T_j 和相应的振型$\{\Phi\}_j$，并按式（6.3.11）确定第j振型的振型参与系数 γ_j。

（3）按第j振型的水平力分布［式（6.3.21）］，对结构进行 Pushover 分析，得到结构第j振型的基底剪力－顶点位移（$V_{bj}-u_{jr}$）推覆曲线，并将其简化为双线型曲线，如图6.3.1所示。图中 V_{bjy} 和 u_{jry} 分别表示屈服点对应的基底剪力和顶点位移。

（4）将双线型的推覆曲线按下式转化为等效单自由度非弹性体系的力－变形曲线（图6.3.2）

$$F_j=\frac{V_{bj}}{\gamma_j}\qquad\Delta_j=\frac{u_{jr}}{\gamma_j\phi_{jr}}\tag{6.3.28}$$

式中：F_j，Δ_j 分别表示等效单自由度体系的水平地震力和相应的位移；ϕ_{jr} 表示多自由度体系顶点处第j振型的振型值。

$F_j/L_j-\Delta_j$ 关系曲线中，对应于屈服点处的 F_{jy}/L_j 和 Δ_{jy} 分别为

$$\frac{F_{jy}}{L_j}=\frac{V_{bjy}}{L_j\gamma_j}\qquad \Delta_{jy}=\frac{u_{jry}}{\gamma_j\phi_{jr}}\tag{6.3.29}$$

式中：$L_j=\{\Phi\}_j^{\mathrm{T}}[M]\{1\}$。

根据式（6.3.29）的第一式，可得第 j 振型等效单自由度非弹性体系的自振周期 T_j 为

$$T_j=2\pi\left(\frac{L_j\Delta_{jy}}{F_{jy}}\right)^{1/2}\tag{6.3.30}$$

（5）按式（6.3.30）所确定的自振周期 T_j，用非弹性位移反应谱确定与 T_j 相应的等效单自由度非弹性体系的位移 Δ_j。

（6）根据式（6.3.27）的关系，由下式确定 j 振型结构顶点位移最大值 x_{jr}

$$x_{jr}=\gamma_j\phi_{jr}\Delta_j$$

（7）从推覆分析所得的数据中，找出与 x_{jr} 相对应的 j 振型的地震作用效应 S_j（如楼层侧移，层间侧移，层间剪力，节点转角，塑性铰转角等）以及塑性铰的分布等。

（8）对各振型，重复第 3～7 步，可得各振型的地震作用效应 S_j。

（9）结构的总地震作用效应按式（6.3.20）确定。

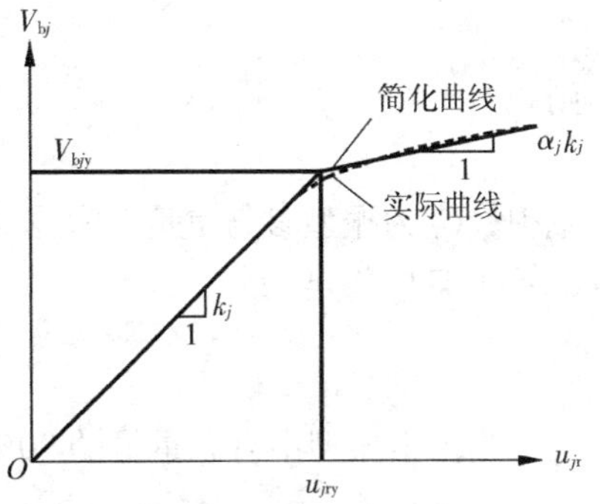

图 6.3.1　推覆曲线及其简化

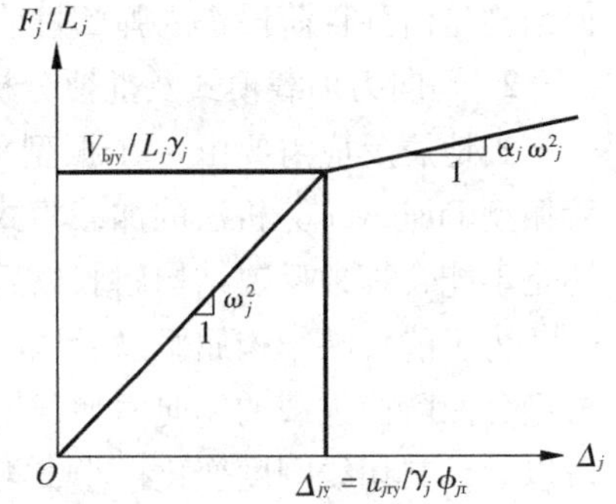

图 6.3.2　$F_j/L_j-\Delta_j$ 关系

6.3.4　对振型 Pushover 分析方法的几点改进

由上述可见，振型 Pushover 分析方法考虑了高振型的影响，其加载模式亦较合理，是对传统的 Pushover 分析方法的重大改进。但是，该法尚未明确提出需要考虑的振型数，而且结构屈服前后采用同一加载模式［式（6.3.21）］是否合理，尚需进一步研究。文献[6.15]对这些问题进行了研究，并提出了改进方法。

1. 参与计算振型数的确定

根据振型分解反应谱理论，n 层建筑物的地震反应应包括全部 n 个振型反应，每个振型的反应都可以由等效单自由度体系加以模拟，各振型的最大反应可以由地震反应谱计算，而组合各振型的最大值就可以求得总反应的最大估计值，但各振型的反应对建筑物总反应的贡献大小不一。由于各振型的地震作用与振型参与重量有关，故可以根据振型参与重量来确定对建筑物总反应起决定作用的振型数。

根据静力平衡条件，j 振型相应的结构基底剪力为

$$V_{j0}=\sum_{i=1}^{n}F_{ji}\tag{6.3.31}$$

将式（6.3.17）代入上式并经整理后得

$$V_{j0}=\frac{S_{aj}}{g}\frac{\left(\sum_{i=1}^{n}G_i\phi_{ji}\right)^2}{\sum_{i=1}^{n}G_i\phi_{ji}^2}=\frac{S_{aj}}{g}G_j\tag{6.3.32}$$

则

$$G_j = \frac{[\sum_{i=1}^{n} G_i \phi_{ji}]^2}{\sum_{i=1}^{n} G_i \phi_{ji}^2} \tag{6.3.33}$$

式中，G_j 为振型参与重量。根据式（6.3.33），将各振型的参与重量按降序排列 G_{j1}，G_{j2}，G_{j3}…，且应满足

$$\sum_{i=1}^{n} G_{ji} = \sum_{j=1}^{n} G_j = G$$

当基本振型中有总重量的90%以上参与时，可仅取第一振型的推覆结果；当前 m 个 G_j 之和满足$\frac{\sum_{j=1}^{m} G_j}{G} \geqslant 90\%$[6.16]时，可取前 m 个 G_j 对应的振型来计算各振型的反应，然后利用平方和开平方法（SRSS）来计算总反应的最大值。尽管以上结论是由弹性分析得到的，但结构是由弹性阶段进入弹塑性阶段的，故也可近似地应用于静力弹塑性分析。

2. 侧向力加载模式及推覆分析

当地震反应需要由 m 个振型来计算时，随之加载模式也应根据相应的振型来确定。尽管振型 Pushover 分析法的加载模式［式（6.3.21）］能较合理地模拟地震作用，但该方法还是不能合理地反映结构屈服以后地震力沿楼层分布的变化。

为了能反映结构屈服以后地震力的变化，参考上述加载模式，这里采用对每一个计算振型分两阶段加载的侧向力加载模式。由初始推覆曲线（图6.3.1）可见，结构进入强化段以后，其切线刚度变化很小，类似于直段，可近似认为振型不发生变化，在弹性段和强化段之间的弹塑性阶段，尽管振型在不断地发生变化，但经大量试算表明，以初始推覆结果的等效屈服点对应的振型为分界点的两阶段加载模式，能很好地反映结构进入屈服以后的破坏趋势。该加载模式的具体步骤为：

（1）按第 j 振型的水平侧向力分布［式（6.3.21）］对结构进行推覆分析；

（2）将结构第 j 振型的基底剪力和顶点位移（$V_{bj} - u_{jr}$）推覆曲线按照等能量的原则简化为双线型曲线，如图6.3.1所示，图中 V_{bjy} 和 u_{jry} 分别表示屈服点对应的基底剪力和顶点位移；

（3）从推覆结果中找出与 V_{bjy} 对应的各楼层位移并归一化，作为楼层屈服以后的振型向量$\{\Phi\}_{jy}$；

（4）以$\{F\}_j^* = [M]\{\Phi\}_j$ 为第一阶段加载模式，$\{F\}_{jy}^* = [M]\{\Phi\}_{jy}$ 为第二阶段加载模式，分两步加载将结构推覆到目标位移值；

（5）对各振型均按上述方法求出结构的地震反应（如层间位移、层间剪力、节点转角、塑性转角等），然后用振型组合法求出结构的总地震反应。

实际计算时，第（2）、（3）和（4）步可仅取第一振型的计算值，因为高阶振型在达到目标位移时一般不可能屈服，所以高阶振型取初始推覆值与改进后的第一振型推覆值进行组合。

3. 目标位移的确定

由上述可知，为了求出各振型的地震反应，需要确定结构在某一强度水准地震作用下的最大水平位移，即目标位移。采用结构顶点位移作为目标位移［式（6.3.22）］。

目前求谱位移的简单有效方法是采用非线性位移反应谱。对于双线型单自由度非弹性

体系，可采用式（6.1.29）和式（6.1.30）。为此，必须首先确定位移延性系数 μ，$\mu=\Delta_u/\Delta_y$。由于 Δ_u 较难准确求解，这里根据位移延性系数 μ 与楼层屈服强度系数 ξ_y 的关系，利用初始推覆结果来反求位移延性系数 μ。楼层屈服强度系数 ξ_y 按下式确定

$$\xi_y=\frac{V_y}{V_e} \tag{6.3.34}$$

式中，V_y 为等效单自由度体系的屈服剪力，由推覆分析的 V_{bjy} 确定，$V_y=\gamma_j V_{bjy}$；V_e 为等效单自由度体系的弹性剪力。对图 6.3.3 所示的力 – 位移关系，不同频率结构的 ξ_y 与 μ 的关系如下：

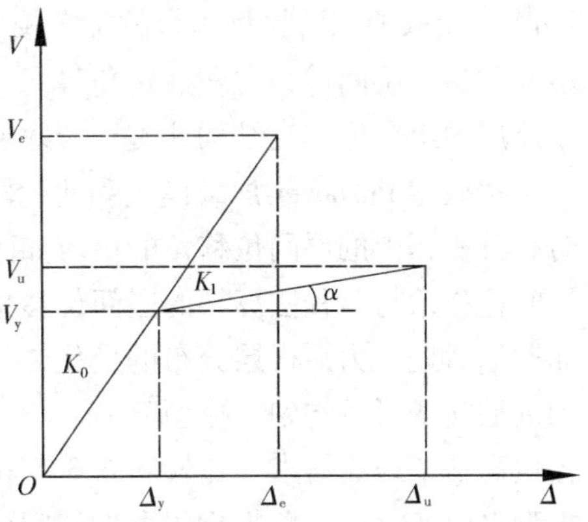

图 6.3.3　等效单自由度体系的力 – 位移关系

低频（<2Hz）
$$\xi_y=\frac{1}{\mu} \tag{6.3.35}$$

中频（2～20Hz）
$$\mu=1-\frac{1}{\alpha}+\frac{\sqrt{(1-\alpha)\ \xi_y^2+\alpha}}{\alpha\xi_y} \tag{6.3.36}$$

高频（>20Hz）
$$\xi_y=1 \tag{6.3.37}$$

式中，α 为模量比，$\alpha=\frac{K_1}{K_0}$，其中，K_1、K_0 分别为等效单自由度体系强化段刚度和弹性刚度。

4. 算例及其分析

结构为一幢 1 跨 30 层强柱弱梁型抗弯钢框架结构，其构件截面由 SAP2000 自动优选，结构平面布置如图 6.3.4 所示。底层层高为 4m，其他层为 3.2m，结构总高度为 96.8m。考虑结构在 9 度罕遇地震作用下的反应，地震动参数 $\alpha_{max}=1.4$，设计地震分组为第三组，Ⅱ类场地，$T_g=0.45$s。构件的截面尺寸和前三阶自振周期如表 6.3.1 所示。

按式（6.3.33）计算的振型参与重量以及各振型参与重量占结构总重量的百分比如表 6.3.2 所示，前三阶振型的振型参与重量之和占结构总重量的 91.7%，故应取前三阶振型推覆结果的组合值（SRSS）对结构进行抗震性能评估。按本小节第 3 部分介绍的方法确定的结构目标位移，第 2 部分介绍的两阶段加载模式，利用 DRAIN2D$^+$ 对钢框架结构进行静力推覆分析。由于第二、三振型楼层屈服时的顶层位移分别为 $S_{dy2}=447$mm 和 $S_{dy3}=198$mm，而第二、三振型的顶层位移如表 6.3.2 所示，分别为 $S_{d2}=171.3$mm 和 $S_{d3}=76.6$mm，这说明第二、三振型在推覆到目标位移时结构并没有屈服，因而，可取第二、三振型的推覆结果与第一振型的两阶段法的推覆结果进行组合。

为了进行比较，选择了拟合规范反应谱较好的输入地震记录，样本容量取 3 条实际地震波和 1 条人造地震波来进行时程分析。以层间位移角来说明按振型参与重量之和大于 90% 的合理性。图 6.3.5 和图 6.3.6 是按本节方法的计算结果与时程分析法计算结果的比较。由表 6.3.2 可见，尽管第一振型的目标位移对结构目标位移的贡献达 99.3%，但振型参与重量占结构总重量的 75.8%。从图 6.3.5 可见，若以顶点位移作为控制目标，仅取基本振型的层间位移角，则较时程法的层间位移角有较大的误差；而取前两阶振型的层间位移角与前三阶振型的相差不大，都较接近时程法的层间位移角，这也说明 Tysh Shang

Jan[6.17]仅取前两阶振型组合的加载模式的合理性。计算结果也表明，从整体上来说（如层间位移、层间剪力、塑性转角等），按振型参与重量之和大于90%的准则，取前三阶振型反应的组合值作为结构地震反应才能达到较好的计算精度。

按振型 Pushover 加载模式和两阶段加载模式算得的三阶振型组合的层间位移角与动力时程分析算得的层间位移角的比较如图 6.3.6 所示。可以看出，采用两阶段加载法算得的层间位移角与时程法算得的层间位移角拟合的较好，这是因为两阶段加载法能够反映结构屈服以后地震力沿楼层分布的变化，能较好地模拟结构地震反应。从图 6.3.6 可见，该结构的层间变形较均匀，振型 Pushover 法和两阶段法均在上部楼层低估了地震需求，在下部楼层高估了地震需求。比较图 6.3.5 和 6.3.6 可见，两阶段法的基本振型的层间位移角与振型 Pushover 法三阶振型组合的层间位移角基本相等。因此采用两阶段加载法在增加工作量不大的情况下，能取得较理想的结果。

构件的截面尺寸及结构自振周期　　表 6.3.1

楼层	柱	梁	楼层	柱	梁	楼层	柱	梁
1	W14×342	W14×61	11	W14×193	W14×82	21	W14×74	W14×61
2	W14×342	W14×74	12	W14×193	W14×82	22	W14×68	W14×53
3	W14×311	W14×90	13	W14×159	W14×74	23	W14×61	W14×48
4	W14×283	W14×90	14	W14×159	W14×74	24	W14×53	W14×48
5	W14×283	W14×90	15	W14×132	W14×68	25	W14×48	W14×43
6	W14×257	W14×90	16	W14×132	W14×68	26	W14×43	W14×38
7	W14×257	W14×90	17	W14×109	W14×68	27	W14×38	W14×34
8	W14×257	W14×90	18	W14×109	W14×68	28	W14×34	W14×30
9	W14×233	W14×82	19	W14×90	W14×61	29	W14×30	W14×26
10	W14×233	W14×82	20	W14×82	W14×61	30	W14×26	W12×19
$T_1=3.974$s，$T_2=1.519$s，$T_3=0.937$s								

各振型参与重量及顶点位移　　表 6.3.2

G_1（kN）	2062.19	G_1/G	75.8%
G_2（kN）	400.53	G_2/G	11.7%
G_3（kN）	142.83	G_3/G	4.2%
G（kN）	3432.25	$\sum_{i=1}^{3}\frac{G_i}{G}$	91.7%
S_{d1}（mm）	1540.0	S_{d1}/S_d	99.3%
S_{d2}（mm）	171.3	S_{d2}/S_d	11.0%
S_{d3}（mm）	76.6	S_{d3}/S_d	4.9%
S_d（mm）	1551.4	S_d^*（mm）	1523

注：S_d^* 为动力时程分析法的平均值。

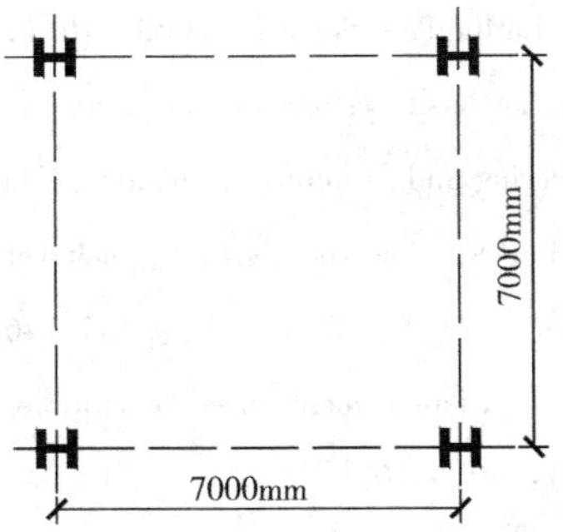

图 6.3.4　结构平面图

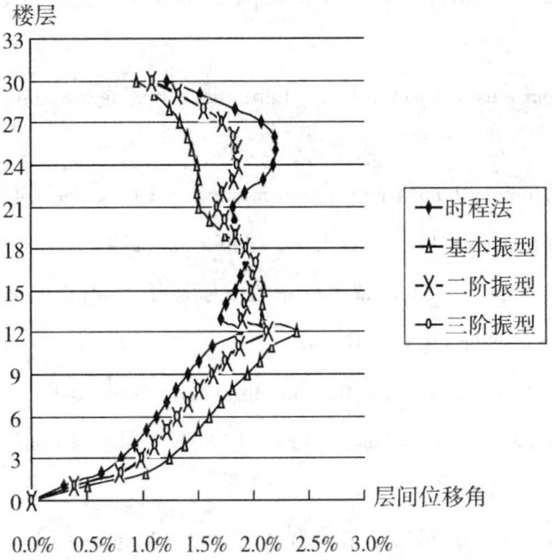

图 6.3.5　振型参与数比较图

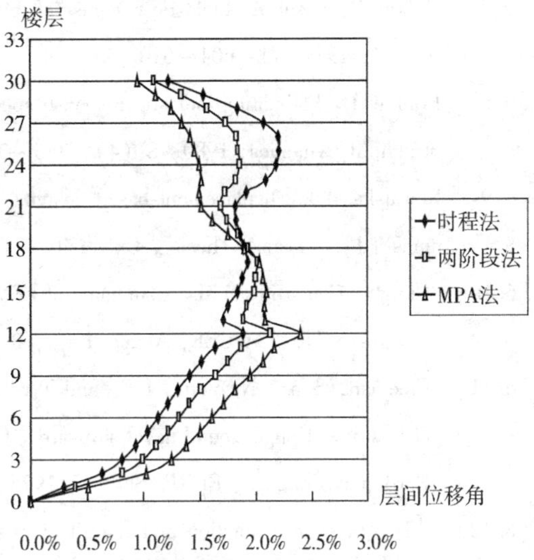

图 6.3.6　加载方法比较图

由上述分析可见:(1) 利用振型参与重量来确定对地震反应起主要作用的振型数,能够考虑某些高阶振型的影响,并能剔除那些影响很小而却排在前面的低阶振型的影响,具有较好的准确性和可操作性。(2) 以等效单自由度体系的屈服点为界限,分别取屈服前后的振型向量作为加载模式的振型向量,分两步加载的侧向加载模式能较好地模拟楼层屈服以后的地震作用沿楼层分布的变化。(3) 考虑楼层屈服强度系数 ξ_y 与 μ 的关系,利用非线性位移反应谱求目标位移的方法简单,从表 6.3.2 可以看出,采用此法计算目标位移一般来说比时程法算得的顶点位移大。

参 考 文 献

[6.1] Fajfar P, Fischinger M. N2-a method for nonlinear seismic analysis of regular structures [C]. Proceedings of the 9th World Conference of Earthquake Engineering, Vol. 5: 111 ~ 116, Tokyo-Kyoto, Japan, 1988

[6.2] Balram Gupta, M. EERI, and Sashi K. Kunnath. Adaptive spectra-based pushover procedure for seismic evaluation of structures [J]. Earthquake Spectra, 2000, 16 (2): 367 - 392

[6.3] Chopra A K, Goel R K. A modal pushover analysis procedure for estimating seismic demands for buildings [J]. Earthquake Engineering and Structural Dynamics, 2002, 31 (3): 561 ~ 582

[6.4] Krawinkler H, Senevriatna G D P K. Pros and cons of a pushover analysis of seismic performance evaluation [J]. Engineering Structures, 1998, 20 (4 ~ 6): 452 ~ 464

[6.5] Medhekar M S, Kennedy D T L. Displacement-based seismic design of buildings-theory [J]. Engineering Structures, 2000, 22 (3): 201 ~ 209

[6.6] 梁兴文，黄雅捷，杨其伟．钢筋混凝土框架结构基于位移的抗震设计方法研究 [J]. 土木工程学报，2005，38 (9)：53 ~ 60

[6.7] Gulkan P, Sozen M. Inelastic response of reinforced concrete structures to earthquake motions [J]. ACI Journal, 1974, 71: 604 ~ 610

[6.8] Iwan W D. Estimating inelastic response spectra from elastic spectra [J]. Earthquake Engineering and Structural Dynamics, 1980, 8 (4): 375 ~ 388

[6.9] Kowalsky M J. Displacement-based design—a methodology for seismic design applied to RC bridge columns [J]. Master's Thesis, University of California at San Diego, La Jolla, California, 1994

[6.10] Craig D. Comartin, et al. A summary of FEMA440: improvement of nonlinear static seismic analysis procedures [C]. 13WCEE, August 1 ~ 6, 2004, Vancouver, B. C., Canada

[6.11] Freeman, S. a., Nicoletti, J. P. and Tyrdl, J. V. Evaluation of existing buildings for seismic risk—A case study of puget sound naval shipyard [C]. Bremerton, Washington, Proc. 1st U. S. National Conf. Earthquake Engng., EERI, Berkley, 1975, PP. 113 ~ 122

[6.12] ATC. Seismic evaluation and retrofit of esisting concrete buildings. Report ATC - 40. Redwood City: Applied Technology Council, 1996

[6.13] Chopra A. K., Goel R. K. Capacity-demand-diagram methods for estimating seismic deformation of inelastic structures: SDF Systems. Report No. PEER - 1999/02, Berkeley: Pacific Earthquake Engineering Research Center, 1999, 1 ~ 65

[6.14] Eduardo Miranda, Jorge Ruiz-Garcia. Evaluation of approximate methods to estimate maximum inelastic displacement demands [J]. Earthquake Engineering and Structural Dynamics, 2002, 31 (3): 539 - 560

[6.15] 刘清山，梁兴文，黄雅捷．对结构静力弹塑性分析方法的几点改进 [J]. 建筑科学，12 (4)：28 - 33

[6.16] 龚思礼主编．建筑抗震设计手册 [M]. 北京：中国建筑工业出版社，2002

[6.17] Tysh shang Jan et. An upper-bound Pushover analysis procedure for estimating the seismic demand of high-rise buildings [J]. Engineering Structures, 2004, 26 (1): 117 ~ 128

[6.18] Rosenblueth E, Herrera I. On a kind of hysteretic damping [J]. Journal of Engineering Mechanics Division ACSE, 1964; 90 (4): 37 ~ 48

第 7 章　动力弹塑性分析

7.1　动力弹塑性分析

在地震作用下，多自由度体系的运动微分方程可表示为

$$[M]\{\ddot{x}\}+[C]\{\dot{x}\}+f(x)=-[M]\{\ddot{x}_g(t)\} \tag{7.1.1}$$

式中：$[M]$、$[C]$ 分别表示体系的质量矩阵、阻尼矩阵；$\{\ddot{x}\}$、$\{\dot{x}\}$、$\{x\}$ 分别表示体系的反应加速度、速度和位移列阵；$f(x)$ 表示恢复力列向量，是位移 x 的函数；$\ddot{x}_g(t)$ 表示地面运动加速度。

在解上述运动方程时，将涉及结构计算模型和恢复力模型的确定、地面运动加速度的选取和动力方程的数值解法等。结构计算模型一般根据结构形式和受力特点、分析精度要求、计算机容量等确定，可参见 5.3 节的有关内容；动力方程的数值解法已在较多文献[7.1]中有阐述。本节仅简要说明结构动力弹塑性分析涉及的其他几个问题。

7.1.1　恢复力模型

1. 恢复力特性曲线形式及特性

结构或构件在受扰产生变形时企图恢复原有状态的抗力称为恢复力，恢复力与变形之间关系的曲线称为恢复力特性曲线。一般借助对结构或构件进行反复循环加载试验而获得恢复力曲线，其形状取决于结构或构件的材料性能以及受力状态等。恢复力特性曲线可以用构件控制截面的弯矩与转角、弯矩与曲率、荷载与位移或应力与应变等的对应关系来表示。

图 7.1.1 为一钢筋混凝土柱的荷载－位移恢复力曲线。在柱顶水平荷载 F 的反复作用下，柱顶水平荷载 F 与水平位移 Δ 形成一系列滞回环线。由图可见，在 F 值较小时，柱基本上处于弹性阶段，F-Δ 关系基本上为直线。随着 F 值增加，柱受力最大截面出现裂缝，其刚度下降，曲线斜率减小；当 F 值增加至柱受力最大截面屈服时，曲线趋于水平；当 F 值略增加时，柱达到其最大水平承载力；此后随柱顶水平位移增加，柱的水平承载力下降，即出现承载力（强度）退化现象。当柱在最大承载力后卸载时，卸载曲线的斜率随着卸载点的向前推进而减小，卸载至零时，出现残余变形；当荷载反向施加时，曲线指向上一循环中滞回环的最高点，曲线斜率较之上一循环明显降低，即出现刚度退化现象，柱所经历的塑性变形愈大，这种现象愈显著。滞回曲线的包络线称为骨架曲线，如图 7.1.1 中的虚线所示。

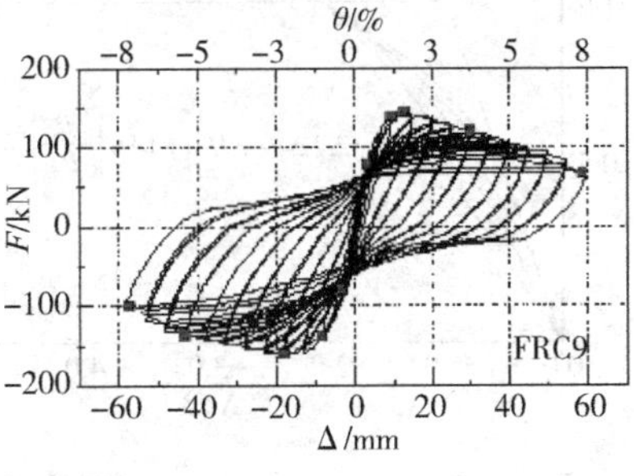

图 7.1.1　钢筋混凝土柱恢复力曲线

恢复力特性曲线反映了结构或构件的强度、刚度、延性和耗能能力等力学特征。

2. 恢复力模型

在结构动力弹塑性分析中，如直接采用图 7.1.1 所示的恢复力曲线，则计算非常复杂，因此须加以模型化。

恢复力模型建立在三个层次上：即基于材料的模型、基于截面的模型和基于构件的模型。基于材料的模型是对构件截面按材料组成和位置划分为一系列层或纤维，层与层之间或纤维与纤维之间，服从平截面假定的位移协调关系，各种材料采用各自的本构模型，具体分析方法见 5.1.1 小节。基于截面的模型一般根据试验结果和理论分析建立截面的恢复力模型，详见 5.1.2 小节。基于构件的模型是直接建立构件杆端力-杆端变形关系，详见 5.3 节。

恢复力模型主要包括骨架曲线和滞回规则。骨架曲线应能反映构件开裂、屈服、破坏等主要特征；滞回规则一般需确定正、负向加、卸载过程中的行走路线以及强度退化、刚度退化和滑移、捏缩等特征。

结构在低周往复水平荷载作用下，当按照位移控制加载时，为保持峰值荷载对应的位移相同，出现随着循环次数增加峰值荷载逐渐降低的现象，称为强度退化。当保持峰值荷载不变时，随循环次数的增加，峰值荷载对应的位移也随之增加，称为刚度退化。刚度的退化性质可用滞回环峰值点的割线刚度（等效刚度）或卸载至零点时的切线刚度（零载刚度）来表示。

结构的恢复力模型分曲线型和折线型两种。曲线型恢复力模型所给出的刚度变化是连续的，比较符合实际情况，但由于刚度的确定及计算方法上存在较多的不足，所以应用较少。目前广泛使用的是折线型恢复力模型。折线型恢复力模型主要分为双线性、三线性、四线性（带负刚度段）、退化二线性、退化三线性、指向原点型及滑移型等。

20 世纪 60 年代以后，研究人员提出了多种恢复力模型，其中较为常用的有：Romberg-Osgood 模型、Clough 模型、Takeda 模型等。

（1）Romberg-Osgood 模型

Romberg-Osgood 模型最初是用来表示金属材料恢复力特性的模型（图 7.1.2，图 7.1.3），后来逐渐应用于土木工程结构。Romberg-Osgood 模型中骨架曲线用屈服强度 P_y、屈服位移 Δ_y 和形状指数 γ 三个基本参数来表征，即

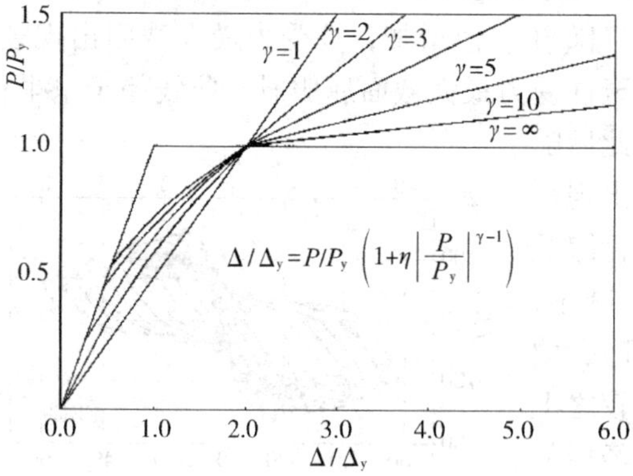

图 7.1.2 Romberg-Osgood 模型骨架曲线图

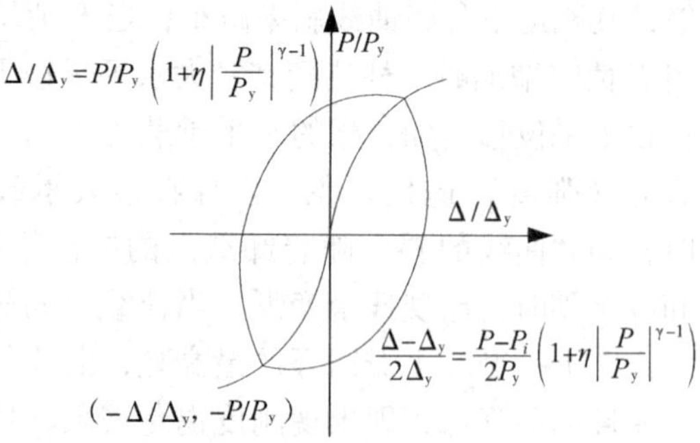

图 7.1.3 Romberg-Osgood 滞回模型

$$\frac{\Delta}{\Delta_y}=\frac{P}{P_y}\left(1+\eta\left|\frac{P}{P_y}\right|^{\gamma-1}\right) \tag{7.1.2}$$

式中，η 为常系数，η 的取值需根据材料特性的不同而确定；P、Δ 分别表示加载至某一点对应的荷载、位移；P_y、Δ_y分别表示屈服荷载和屈服位移。

滞回环形状定义为

$$\frac{\Delta-\Delta_y}{2\Delta_y}=\frac{P-P_i}{2P_y}\left(1+\eta\left|\frac{P-P_i}{2P_y}\right|^{\gamma-1}\right) \tag{7.1.3}$$

式中，(Δ_i，P_i) 为卸载时的坐标。

(2) Clough 退化双线性模型

Clough 模型（图 7.1.4）于 20 世纪 60 年代提出，主要应用于钢筋混凝土受弯构件。早期的 Clough 恢复力模型没有考虑刚度退化，现在常用的 Clough 恢复力模型采用下式所示的刚度退化模型：

$$K_r=K_y\left|\frac{\Delta_m}{\Delta_y}\right|^{-\alpha} \tag{7.1.4}$$

式中，K_r为相对应于 Δ_m的退化刚度；Δ_m为最大位移；α 为刚度退化指数。

该模型的滞回规则为：从开始加载到结构达到屈服荷载之前，恢复力曲线沿骨架曲线进行，当结构达到屈服荷载之后，卸载刚度按式（7.1.4）采用；当荷载卸载至零进行反方向加载时，则指向反向位移的最大值处（若反向未达到屈服，则指向反向屈服点），次滞回规则与主滞回规则相同。Clough 恢复力模型中的骨架曲线可以根据实际需要取为平顶或坡顶两种形式。

Clough 恢复力模型较好地反映了钢筋混凝土构件的主要动力性能，同时，由于其所应用的滞回规则比较简单，因此应用较为广泛。一般来说，对坡顶型骨架曲线，屈服后刚度常取为屈服前刚度的 5% ~10% 。

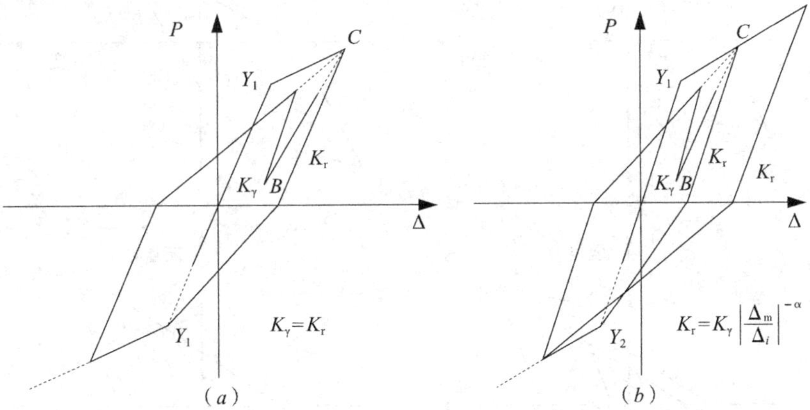

图 7.1.4　Clough 退化双线性模型

(3) Takeda 三线性模型

Takeda 三线性模型（图 7.1.5）适用于以弯曲破坏为主的结构或构件，具有以下特点：

1）考虑由于结构或构件开裂所导致的刚度降低的现象，骨架曲线取为三折线；第一段直线适用于结构或构件达开裂荷载之前的线弹性阶段，第二段直线适用于混凝土受拉开裂后至屈服之前，第三段直线适用于纵向受拉钢筋屈服后。

2）卸载时的刚度退化规律与 Clough 模型相似，即卸荷刚度随着变形的增加而降低，按下式计算：

$$K_r = \frac{P_f + P_y}{\Delta_f + \Delta_y}\left|\frac{\Delta_m}{\Delta_y}\right|^{-\alpha} \tag{7.1.5}$$

式中，（Δ_f，P_f）为开裂点；（Δ_y，P_y）为屈服点。

3）采用了较为复杂的主、次滞回规则。其要点可为：卸载刚度按式（7.1.5）采用，主滞回反向加载时，按反方向是否开裂、屈服分别考虑，次滞回反向加载时，指向外侧滞回曲线的峰值点。依据以上原则，可列出 4 种滞回曲线，其中图 7.1.5（*a*）所示的滞回曲线是仅在一个方向开裂的典型，图 7.1.5（*b*）所示的滞回曲线是仅在一个方向屈服的典型，图 7.1.5（*c*）与图 7.1.5（*d*）所示的滞回曲线是中、小振幅的典型滞回曲线，后两图主要用来说明外侧滞回曲线峰值点的含义。

对于钢筋混凝土构件和型钢混凝土构件来说，由试验得到的滞回曲线比较复杂。为了尽可能真实详尽地模拟试验结果，往往需要采用一些较复杂的函数表达式和烦琐的计算规则，容易导致模型的复杂化。虽然在结构反应分析中复杂模型对于计算机计算时间的影响并不显著，但复杂模型毕竟不如简单模型便于应用，因此有必要将其简化为较为简单的、在形式上人们比较熟悉的模型。模型的简化不是任意的，必须在某些重要方面与原模型等效。在如何建立简化模型方面，日本学者北川博通过对结构的振动特性与滞回曲线的几何形状之间关系的讨论，提出了能够真实反映模型振动特性的等效模型的几何条件：

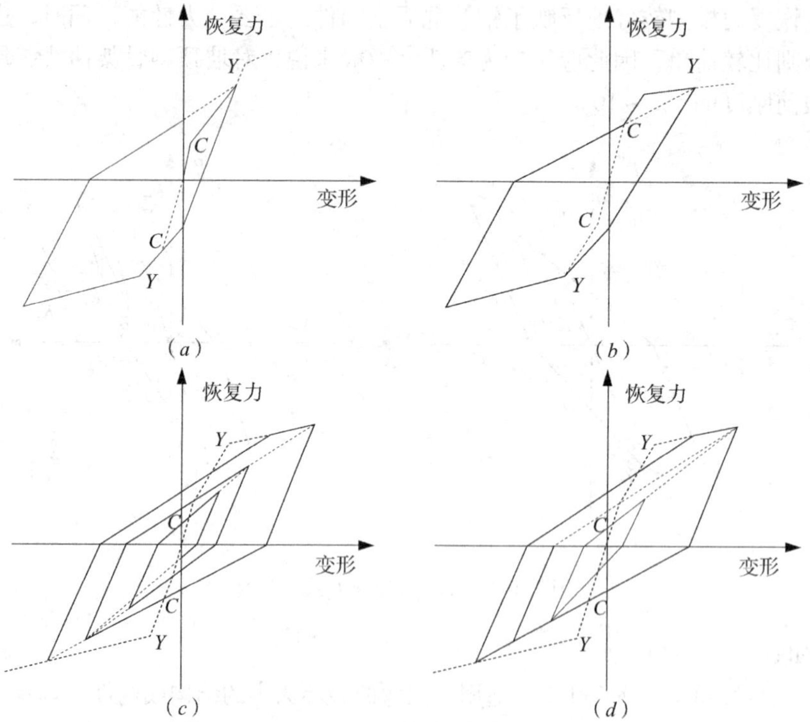

图 7.1.5　Takeda 三线性模型

（1） 等效模型的滞回环面积与原模型相等；

（2） 等效模型的外包线与原模型相同。

当等效模型满足上述条件时，实际上便保证了等效模型与原模型具有相同的某种形式上的等效线性化体系。需要注意的是，实际结构物的恢复力特性与模型之间是有一定差异的，由于结构物的复杂性，模型不可能精确模拟实际结构物的恢复力特性，而只能模拟其主要倾向。

7.1.2 地震波的选取

1. 基本原则

地震动具有强烈的随机性，分析表明，结构的地震反应随输入地震波的不同而差异很大，相差高达几倍甚至十几倍之多。如要保证时程分析结果的合理性，必须合理选择输入地震波。一般来讲，选择输入地震波时应当考虑以下几方面的因素：地震波的峰值、频谱特性、地震动持时以及地震波数量，其中前三个因素称为地震动的三要素。

（1） 地震波峰值加速度的调整

地震波的峰值加速度一定程度上反映了地震波的强度，因此要求输入结构的地震波峰值加速度应与设防烈度要求的多遇地震或罕遇地震的峰值加速度相当，否则应按下式对该地震波的峰值进行调整：

$$A'(t) = \frac{A'_{max}}{A_{max}}A(t) \tag{7.1.6}$$

式中，$A(t)$、A_{max}分别表示原地震波时程曲线任意时刻t的加速度值、峰值加速度值；$A'(t)$、A'_{max}分别表示调整后地震波时程曲线任意时刻t的加速度值、峰值加速度值。

（2） 地震波的频谱特性

频谱即地面运动的频率成分及各频率的影响程度。它与地震传播距离、传播区域、传播介质及结构所在地的场地土性质有密切关系。地面运动的特性测定表明，不同性质的土层对地震波中各种频率成分的吸收和过滤的效果是不同的。一般来说，同一地震，震中距近，则振幅大，高频成分丰富；震中距远，则振幅小，低频成分丰富。因此，在震中附近或岩石等坚硬场地土中，地震波中的短周期成分较多；在震中距很远或当冲积土层很厚而土质又较软时，由于地震波中的短周期成分被吸收而导致长周期成分为主。合理的地震波选择应符合下列两条原则：

1）所输入地震波的卓越周期应尽可能与拟建场地的特征周期一致；

2）所输入地震波的震中距应尽可能与拟建场地的震中距一致。

（3） 地震动持时

地震动持时也是结构破坏、倒塌的重要因素。结构在开始受到地震波的作用时，只引起微小的裂缝，在后续的地震波作用下，破坏加大，变形积累，导致大的破坏甚至倒塌。有的结构在主震时已经破坏但没有倒塌，但在余震时倒塌，就是因为地震动时间长，破坏过程在多次地震反复作用下完成，即所谓低周疲劳破坏。总之，地震动的持续时间不同，地震能量损耗不同，结构地震反应也不同。工程实践中确定地震动持续时间的原则是：

1）地震记录最强烈部分应包含在所选持续时间内；

2）若仅对结构进行弹性最大地震反应分析，持续时间可取短些；若对结构进行弹塑性最大地震反应分析或耗能过程分析，持续时间可取长些；

3）一般可考虑取持续时间为结构基本周期的5~10倍。

（4）地震波的数量

输入地震波数量太少，不足以保证时程分析结果的合理性；输入地震波数量太多，则工作量较大。研究表明，在充分考虑地震波幅值、频谱特性和持时的情况下，采用3~5条地震波可基本保证时程分析结果的合理性。

2. 现行有关标准的建议

（1）《建筑抗震设计规范》和《高层建筑混凝土结构技术规程》的建议

我国的《建筑抗震设计规范》[7.2]和《高层建筑混凝土结构技术规程》[7.3]规定，结构进行时程分析时，应符合下列要求：

1）应按建筑场地类别和设计地震分组选取实际地震记录和人工模拟的加速度时程曲线，其中实际记录的数量不应少于总数量的2/3，多组时程曲线的平均地震影响系数曲线应与振型分解反应谱法所采用的地震影响系数曲线在统计意义上相符；弹性时程分析时，每条时程曲线计算所得结构底部剪力不应小于振型分解反应谱法计算结果的65%，多条时程曲线计算所得结构底部剪力的平均值不应小于振型分解反应谱法计算结果的80%。

2）地震波的持续时间不宜小于建筑结构基本自振周期的5倍和15s，地震波的时间间距可取0.01s或0.02s。

3）输入地震加速度的最大值可按表7.1.1采用。

4）当取三组时程曲线进行计算时，结构地震作用效应宜取时程法计算结果的包络值与振型分解反应谱法计算结果的较大值；当取七组及七组以上时程曲线进行计算时，结构地震作用效应可取时程法计算结果的平均值与振型分解反应谱法计算结果的较大值。

时程分析所用地震加速度时程的最大值（cm/s^2） **表7.1.1**

地震影响	6度	7度	8度	9度
多遇地震	18	35（55）	70（110）	140
设防地震	50	100（150）	200（300）	400
罕遇地震	125	220（310）	400（510）	620

注：7、8度时括号内数值分别用于设计基本加速度为0.15g和0.30g的地区，此处g为重力加速度。

（2）《建筑工程抗震性态设计通则》的建议

中国工程建设标准化协会标准《建筑工程抗震性态设计通则》[7.4]建议，对建筑结构进行时程分析时，地震加速度时程应采用实际地震记录和人工模拟的加速度记录。当选用实际地震加速度记录时，应按下述方法从中选取"最不利设计地震动"。

1）按目前认为最可能反映地震动潜在破坏势的各种参数（峰值加速度、峰值速度、峰值位移、有效峰值加速度、有效峰值速度、强震持续时间、最大速度增量、最大位移增量以及各种谱烈度值），对所有强地震动记录进行排队，将所有排名在前面的记录汇集在一起，组成最不利的地震动备选数据库。

2）将收集到的备选强地震动记录做第二次排队。主要考虑和比较这些强地震动记录的位移延性和耗能值，将这两项指标最高的强地震动记录挑选出来；再进一步考虑场地条件、结构自振周期、规范有关规定等因素，最后得到给定场地条件及结构自振周期下的最不利地震动记录。

3）将结构按其自振周期分为三个频谱段：短周期段（0～0.5s）、中周期段（0.5～1.5s）和长周期段（1.5～5.5s），并将地震动记录按四类场地划分，这样对应每种不同周期频谱段与不同场地类别的组合，均得到3条最不利地震动记录（国外地震动记录2条、国内1条），作为推荐的设计地震加速度时程。表7.1.2中列出了这些地震动记录信息。

《建筑工程抗震性态设计通则》推荐的设计地震　　表7.1.2

场地类别	短周期（0～0.5s）		中周期（0.5～1.5s）		长周期（1.5～5.5s）	
	组号	地震动记录名称	组号	地震动记录名称	组号	地震动记录名称
Ⅰ	F1	1985，La Union，Michoacan Mexico	F1	1985，La Union，Michoacan Mexico	F1	1985，La Union，Michoacan Mexico
	F2	1994，Los Angeles Griffith Observation，Northirdge	F2	1994，Los Angeles Griffith Observation，Northirdge	F2	1994，Los Angeles Griffith Observation，Northirdge
	N1	1988，竹塘A浪琴	N1	1988，竹塘A浪琴	N1	1988，竹塘A浪琴
Ⅱ	F3	1971，Castaic Oldbrdige Route，San Fernando	F4	1979，EI Centro，Array #10，Imperial Valley	F4	1979，EI Centro，Array #10，Imperial Valley
	F4	1979，EI Centro，Array #10，Imperial Valley	F5	1952，Taft，Kern County	F5	1952，Taft，Kern County
	N2	1988，耿马1	N2	1988，耿马1	N2	1988，耿马1
Ⅲ	F6	1984，Coyote Lake Dam，Morgan Hill	F7	1940，EI Centro-Imp Vall. Irr. Dist，EI Centro	F7	1940，EI Centro-Imp Vall. Irr. Dist，EI Centro
	F7	1940，EI Centro-Imp Vall. Irr. Dist，EI Centro	F12	1966，Cholame Shandon Array2，Parkfield	F5	1952，Taft，Kern County
	N3	1988，耿马2	N3	1988，耿马2	N3	1988，耿马2
Ⅳ	F8	1949，Olympia Hwy Test Lab，Western Washington	F8	1949，Olympia Hwy Test Lab，Western Washington	F8	1949，Olympia Hwy Test Lab，Western Washington
	F9	1981，Westmor and，Westmoreland	F10	1984，Parkfield Fault Zone 14，Coalinga	F11	1979，EI Centro Array#6，Imperial Valley
	N4	1976，天津医院，唐山地震	N4	1976，天津医院，唐山地震	N4	1976，天津医院，唐山地震

（3）美国FEMA P695报告的建议

美国FEMA P695报告[7.5]基于以下八条原则，针对中硬场地土，建议了22组（每组2个分量）远场地震波和28组（每组2个分量）近场地震波，分别见表7.1.3和表7.1.4。

1）地震震级大于6.5级。地震震级影响地震动的频谱和持时特性，震级过小的地震释放的能量小，影响范围也小，一般不会对建筑结构造成严重的损坏，更不会引起结构倒塌。因此，当分析强震作用下建筑结构的地震响应时，应将震级较小的地震排除在外。

2）震源机制为走滑或逆冲层。这是针对美国加利福尼亚州以及西部其他地区的地震震源特性所制定的规则，因为这些地区的绝大多数浅源地震均属于这两种震源机制，几乎没有其他震源机制的强震记录。

3）场地为岩石或硬土场地。美国规范IBC 2006将场地划分为A～F6类，其中A类和B类为坚硬的岩石，这类场地上记录到的强震记录数量很少。E类和F类为软弱土层，在地震中可能出现地基破坏而非结构本身的破坏。因此，针对大量的一般建筑结构抗震性能研究中，将上述4类场地排除在外，只采用C类和D类场地上记录到的地震波。

4）震中距大于10km。因为近场地震具有许多与远场地震非常不同的特性，对建筑结构的影响也相差很大，因此应将这两种地震动区别对待。

5）来自同一地震的地震波不多于2条。为了使所选的地震波具有更广泛的适用性，当同一地震中记录到的地震波有2条以上均符合其他所有条件时，选取地面运动峰值速度（*PGV*）最大的两条。

6）地震波的峰值加速度（*PGA*）大于0.2g，*PGV*大于15cm/s。这是为了排除地震波峰值过小，不大可能对结构安全造成影响的地震波。

7）地震波的有效周期至少达到4s。对于高层或大跨建筑等周期较长的结构，遭遇地震损伤后结构的自振周期可能进一步增大，故要求地震波的有效周期至少应达到4s，以正确反映地震波的中、长周期成分对结构安全性的影响。

8）强震仪安放在自由场地或小建筑的地面层。结构-土耦合作用会对地震波产生非常显著的影响，因此只选用放在自由场地上或很小的建筑物地面上的设备记录到的地震波。

远场（震中距大于10km）地震动记录 **表7.1.3**

分组编号	震级	发生年份	地震名称	记录台站名称	分量	PGA_{max}/g	PGV_{max}/cm/s
1	6.7	1994	Northridge，USA	Beverly Hills-Mulhol	NORTHR/MUL009/279	0.52	63
2	6.7	1994	Northridge，USA	Canyon Country-WLC	NORTHR/LOS000/270	0.48	45
3	7.1	1999	Duzce，Turkey	Bolu	DUZCE/BOL000/090	0.82	62
4	7.1	1999	Hector Mine，USA	Hector	HECTOR/HEC000/090	0.34	42
5	6.5	1979	Imperial Valley，USA	Delta	IMPVALL/H-DLT262/352	0.35	33
6	6.5	1979	Imperial Valley，USA	EI Centro Array #11	IMPVALL/H-E11140/11230	0.38	42
7	6.9	1995	Kobe，Japan	Nishi-Akashi	KOBE/NIS000/090	0.51	37
8	6.9	1995	Kobe，Japan	Shin-Osaka	KOBE/SHI000/090	0.24	38
9	7.5	1999	Kocaeli，Turkey	Duzce	KOCAELI/DZC180/270	0.36	59
10	7.5	1999	Kocaeli，Turkey	Arcelik	KOCAELI/ARC000/090	0.22	40
11	7.3	1992	Landers，USA	Yermo Fire Station	LANDERS/YER270/360	0.24	52
12	7.3	1992	Landers，USA	Coolwater	LANDERS/CLW-LN/TR	0.42	42
13	6.9	1989	Loma Prieta，USA	Capitola	LOMAP/CAP000/090	0.53	35
14	6.9	1989	Loma Prieta，USA	Gilroy Array #3	LOMAP/G03000/03090	0.56	45
15	7.4	1990	Manjil，Iran	Abbar	MANJIL/ABBAR-L/T	0.51	54
16	6.5	1987	Superstition Hills，USA	EI Centro Imp. Co.	SUPERST/B-ICC000/090	0.36	46
17	6.5	1987	Superstition Hills，USA	Poe Road（temp）	SUPERST/B-POE270/360	0.45	36
18	7.0	1992	Cape Mendocino，USA	Rio Dell Overpass	CAPEMEND/RIO270/360	0.55	44
19	7.6	1999	Chi-Chi，Taiwan	CHY101	CHICHI/CHY101-E/N	0.44	115
20	7.6	1999	Chi-Chi，Taiwan	TCU045	CHICHI/TCU045-E/N	0.51	39
21	6.6	1971	San Fernando，USA	LA-Hollywood Sto	SFERN/PEL090/180	0.21	19
22	6.5	1976	Friuli，Italy	Tolmezzo	FRIULI/A-TMZ000/270	0.35	31

注：表中NORTHR/MUL009/279是NORTHR/MUL009与NORTHR/MUL279的简写，表示2个水平地震分量，其余类推。

近场（震中距小于10km）地震动记录 **表7.1.4**

分组编号	震级	发生年份	地震名称	记录台站名称	分量	PGA_{max}/g	PGV_{max}/cm/s
脉冲型子集							
1	6.5	1979	Imperial Valley-06	EI Centro Array #6	IMPVALL/H-E06_ 233/323	0.44	111.9
2	6.5	1979	Imperial Valley-06	EI Centro Array #7	IMPVALL/H-E07_ 233/323	0.46	108.9
3	6.9	1980	Irpinia，Italy-01	Sturno	ITALY/A-STU_ 223/313	0.31	45.5
4	6.5	1987	Superstition Hills-02	Parachute Test Site	SUPERST/B-PTS_ 037/127	0.42	106.8
5	6.9	1989	Loma Prieta	Saratoga-Aloha	LOMAP/STG_ 038/128	0.38	55.6
6	6.7	1992	Erzican，Turkey	Erzican	ERZIKAN/ERZ_ 032/122	0.45	95.5
7	7.0	1992	Cape，Mendocino	Petrolia	CAPEMEND/PET_ 260/350	0.63	82.1
8	7.3	1992	Landers	Lucerne	LANDERS/LCN_ 239//329	0.79	140.3
9	6.7	1994	Northridge-01	Rinaldi Receiving Sta	NORTHR/RRS_ 032/122	0.87	167.3
10	6.7	1994	Northridge-01	Sylmar-Olive View	NORTHR/SYL_ 032/122	0.73	122.8
11	7.5	1999	Kocaeli，Turkey	Izmit	KOCAELI/IZT_ 180/270	0.22	29.8
12	7.6	1999	Chi-Chi，Taiwan	TCU065	CHICHI/TCU065_ 272/002	0.82	127.7
13	7.6	1999	Chi-Chi，Taiwan	TCU102	CHICHI/TCU102_ 278/008	0.29	106.6
14	7.1	1999	Duzce，Turkey	Duzce	DUZCE/DZC_ 172/262	0.52	79.3
非脉冲型子集							
15	6.8	1984	Gazly，USSR	Karakyr	GAZLI/GAZ_ 177/267	0.71	71.2
16	6.5	1979	Imperial Valley-06	Bonds Corner	IMPVALL/H-BCR_ 233/323	0.76	44.3
17	6.5	1979	Imperial Valley-06	Bonds Corner	IMPVALL/H-CHI_ 233/323	0.28	30.5
18	6.8	1985	Nahanni，Canada	Site 1	NAHANNI/S1_ 070/160	1.18	43.9
19	6.8	1985	Nahanni，Canada	Site 2	NAHANNI/S2_ 070/160	0.45	34.7
20	6.9	1989	Loma Prieta	BRAN	LOMAP/BRN_ 038/128	0.64	55.9
21	6.9	1992	Loma Prieta	Corralitos	LOMAP/CLS_ 038/128	0.51	45.5
22	7.0	1992	Cape Mendocino	Cape Mendocino	CAPEMEND/CPM_ 260/350	1.43	119.5
23	6.7	1994	Northridge-01	LA-Sepulveda VA	NORTHR/0637_ 032/122	0.73	70.1
24	6.7	1994	Northridge-01	Northridge-Saticoy	NORTHR/STC_ 032/122	0.42	53.2
25	7.5	1999	Kocaeli，Turkey	Yarimca	KOCAELI/YPT_ 180/270	0.31	73.0
26	7.6	1999	Chi-Chi，Taiwan	TCU067	CHICHI/TCU067_ 285/015	0.56	91.8
27	7.6	1999	Chi-Chi，Taiwan	TCU084	CHICHI/TCU084_ 271/001	1.16	115.1
28	7.9	2002	Denali，Alaska	TAPS Pump Sa #10	DENALI/ps10_ 199/289	0.33	126.4

注：IMPVALL/H-E06_ 233/323 是 IMPVALL/H-E06_ 233 与 IMPVALL/H-E06_ 323 的简写，表示 2 个水平地震分量，其余类推。

7.1.3 地震动强度指标的选取

选定了地震波之后，必须确定地震动强度指标以综合反映该地震波对结构的影响。地震对建筑结构的影响主要与地面振动的幅值、频谱特性和强震持时这三个因素有关。因此，合理的地震动强度指标应能反映上述的强震三要素以及结构地震响应指标或损伤指标。

目前结构抗震分析中采用的地震动强度指标主要有以下两类：

（1）单一参数的地震动强度指标。如地面运动峰值加速度（*PGA*）、峰值速度（*PGV*）、峰值位移（*PGD*）以及谱加速度峰值（*PSA*）、谱速度峰值（*PSV*）、谱位移峰值（*PSD*）等。其中 *PGA*、*PGV* 和 *PGD* 反映了地震动峰值，我国抗震规范以及世界上大多数国家的抗震规范采用 *PGA* 作为地震动强度指标，日本则以 *PGV* 作为地震动强度指标；而 *PSA*、*PSV* 和 *PSD* 则反映了结构的地震反应，例如，可采用结构弹性基本周期对应的有阻尼的谱加速度值 $S_a(T_1)$ 作为地震动强度指标。

单一的地震动强度指标无法综合反映各因素对结构地震反应的影响。但一些研究结果表明，与 *PGA* 相关的指标在短周期结构范围内比较适用；与 *PGV* 相关的指标在中周期结构范围内比较适用；与 *PGD* 相关的指标在长周期结构范围内比较适用。将 $S_a(T_1)$ 作为地震动强度指标，可大大降低结构地震反应分析的离散性，但只适用于中、短周期的结构，对受高阶振型影响较大的长周期结构适用性较差。

（2）复合型地震动强度指标。如能够较好地描述地震动强度与结构损伤指标并考虑强震持时的 Park-Ang 指标、Fajfar 指标，以及 Riddell 提出的三参数地震动强度指标等。

一些研究结果表明[7.1]：从结构抗震性能分析结果来看，与 *PGV* 或 $S_a(T_1)$ 相比，Riddell 的三参数指标无明显优势。因此，目前结构抗震分析中，复合型地震动强度指标应用较少。

7.1.4 动力弹塑性分析实例

1. 工程概况

按现行规范[7.2]设计的一幢 6 层框架结构宿舍楼，抗震设防烈度 7（0.15g）度，Ⅱ类场地，设计地震分组第一组，结构抗震等级为二级。取出其中一榀横向框架进行分析。考虑楼板对梁承载能力的加强作用，分析中采用 T 形截面梁（250mm×600mm），梁一侧翼缘宽度取 6 倍板厚，板的配筋仅考虑重力荷载作用。结构分析采用 ABAQUS 有限元软件进行建模，采用混凝土塑性损伤模型，钢筋采用弹塑性强化模型。单元划分：节点核心区 100mm，其他 300mm。

钢筋混凝土框架结构几何尺寸如图 7.1.6 所示。纵筋及箍筋均采用 HRB400 级钢筋，其屈服强度平均值取 435MPa，其峰值拉应变和极限拉应变分别取 0.002 和 0.01。混凝土材料力学性能见表 7.1.5，各构件配筋见表 7.1.6。

混凝土力学性能指标 **表 7.1.5**

力学指标	E_c/MPa	f_t/MPa	f_c/MPa	ε_t	ε_c	ε_{tu}	ε_{cu}
指标值	31500	3.01	32.01	0.0001	0.002	0.0001	0.0033

框架结构梁、柱配筋表 **表 7.1.6**

楼层编号	柱截面		梁截面		梁截面配筋/mm²				柱截面配筋/mm²	
					边梁		中梁		边柱	中柱
	b_c/mm	h_c/mm	b_c/mm	h_b/mm	底部	顶部	底部	顶部		
1	600	600	250	600	1520	2029	1900	3041	1388	1520
2	600	600	250	600	1520	2029	1900	3041	1256	1520
3	600	600	250	600	1520	2029	1900	3041	1256	1256
4	600	600	250	600	1140	1520	2281	2661	1256	1256
5	500	500	250	600	1140	1520	2281	2661	1256	1256
6	500	500	250	600	1015	760	1520	2029	1256	1256

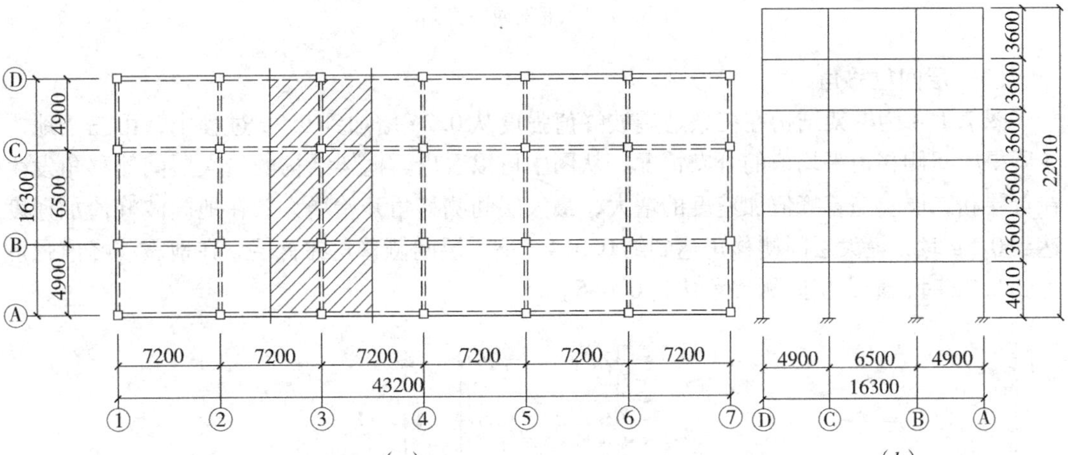

图 7.1.6 框架结构示意图

(*a*) 结构平面图；(*b*) 横向框架计算简图

2. 非线性动力分析结果

地震波选用 1-953 Northridge、3-1602 Duzce，Turkey 和 7-1111 Kobe，Japan 三条波。分别按照 0.2g，0.3g，0.4g，0.5g，0.6g，0.7g 进行调幅，以便比较结构在不同强度下的屈服机制、动力响应以及损伤状况。

(1) 框架结构的破坏及损伤状况

图 7.1.7 列出了 3-1602 Duzce，Turkey 地震波峰值强度从 0.2g 增加到 0.7g 过程中框架结构的塑性铰分布情况。从图 7.1.7 (*a*) 可以看出，框架结构在地震波峰值强度为 0.4g、最大层间侧移角为 0.007 时，除第一、二层梁端出现塑性铰外，底层柱底也产生了塑性铰，该截面钢筋的最大应变为 0.0027，而梁端塑性铰截面的钢筋应变为 0.0024。当峰值强度达到 0.6g (图 7.1.7*c*)、最大层间侧移角达到 0.02 时，框架结构首层、二层、三层、四层的梁端均已屈服形成塑性铰，并且首层和二层的柱上、下端均形成铰，成为薄弱层，底层柱底截面钢筋的最大应变达到 0.0140。在峰值强度达到 0.7g 时 (图 7.1.7*d*)，框架结构的底部 4 层均形成薄弱层。分析中还显示，框架结构的层间侧移角达到 0.015 左右时，首层、二层的中柱节点屈服，发生破坏。

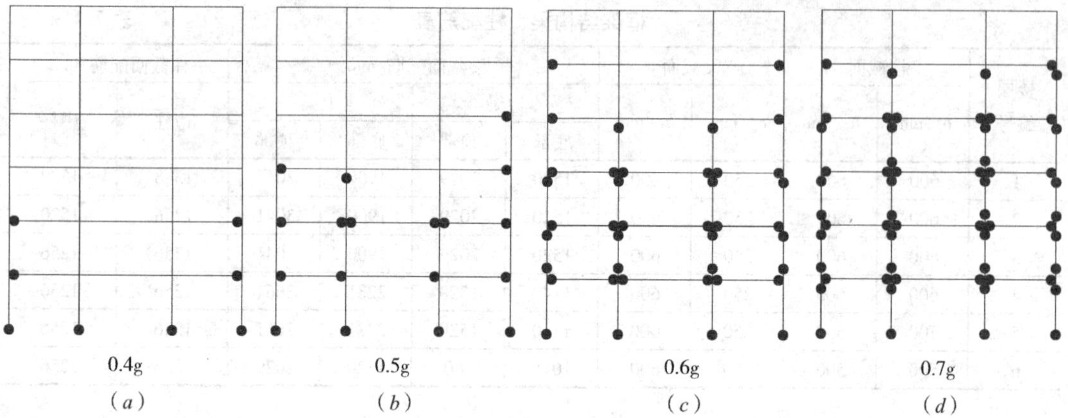

图 7.1.7 框架屈服机制图

(2) 层间位移角

图 7.1.8 为框架结构在三条地震波峰值强度从 0.2g 增加到 0.7g 过程中，由三条地震波所得层间侧移角平均值的分布情况。从图中可以看出，框架结构的最大层间侧移角发生在首层和二层。随着峰值加速度的增大，最大层间侧移角开始增大。在地震波峰值加速度达到 0.5g 时，最大层间侧移角达到约 0.014，最大层间侧移角在首层。在地震波峰值强度达到 0.7g 时，最大层间侧移角达到 0.045。

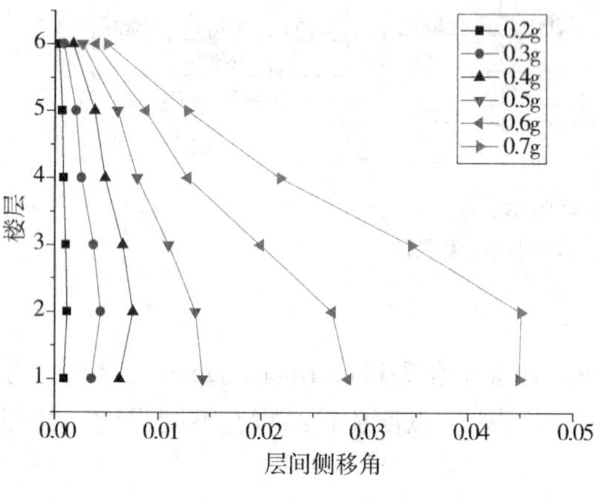

图 7.1.8 层间位移角

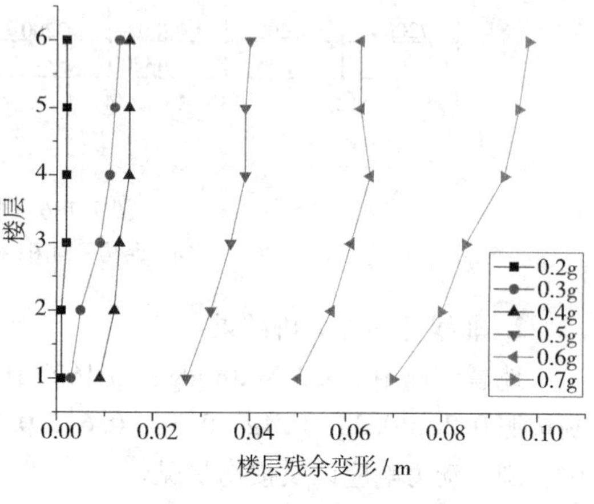

图 7.1.9 框架结构的残余变形

(3) 残余变形

结构或构件的残余变形和残余强度是强震后判断结构是否可继续使用或可修复的重要参数，也是评估结构或构件损伤程度和判断结构是否倒塌的重要依据。图 7.1.9 为三条地震波峰值强度从 0.2g 增加到 0.7g 过程中，框架结构楼层残余变形平均值的分布情况。由图可见，随地震波峰值加速度增加，框架结构的残余变形增大。

(4) 耗散能量

工程中经常关注的能量有外部荷载做的功、弹性应变能、塑性耗能、阻尼耗能等。图 7.1.10 列出了 3-1602 Duzce, Turkey 地震波峰值为 0.7g 时框架结构的各种耗能状况。

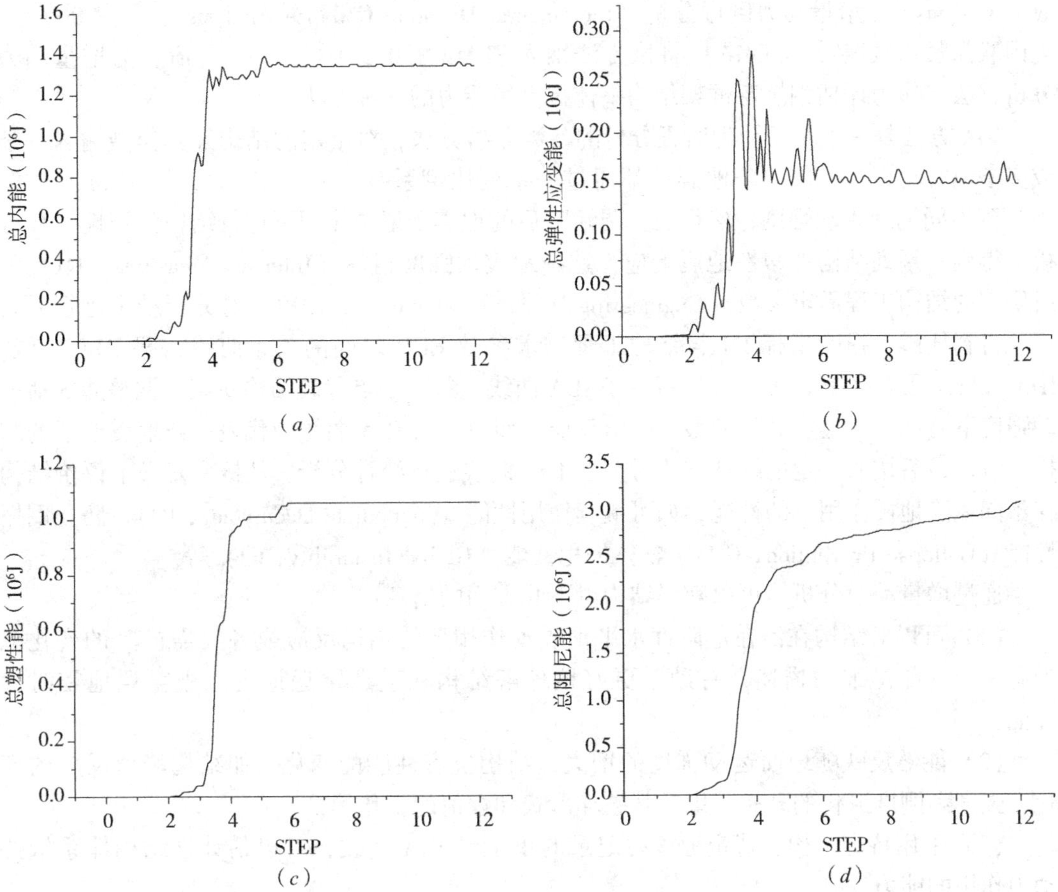

图 7.1.10　框架结构的耗能

（*a*）内能；（*b*）弹性应变能；（*c*）塑性耗能；（*d*）阻尼耗能

7.2　增量动力分析

第 7.1 节所述的动力弹塑性分析方法采用一个或几个不同地震动记录进行分析，每一次分析获得一个或几个“单点”的分析结果，主要用于检验结构设计或评估某一强度地震作用下结构的抗震性能。而基于性能的抗震设计和性能评估要求确定结构在不同水准地震作用下的抗震性能。借鉴静力推覆分析中将单一的静力分析扩展到增量静力分析的思想，将单一的动力时程分析扩展到增量的动力时程分析，可得到不同水准地震作用下结构的动力响应，这种方法被称为增量动力分析（Incremental Dynamic Analysis，简称 IDA）方法。

7.2.1　增量动力分析的基本原理与方法

1. 基本原理

IDA 方法的基本思想最早于 1977 年由 Bertero[7.6] 提出，他建议将多个非线性时程分析结果放在同一坐标系中，以便观察逐级放大的地震作用对结构非线性发展的影响规律。但局限于当时的数值计算方法和手段，此法未引起重视。直至上世纪末，随着基于性能的抗震设计理论与方法的发展，此法再次被采用，在当时被称为动力推覆分析（Dynamic Pushover Analysis）、增量动力倒塌分析（Incremental Dynamic Collapse Analysis）[7.7]。2000 年，美国联邦紧急救援署（FEMA）将该方法纳入 FEMA 350/351[7.8][7.9]，并命名为增量动力分析方法，作为评估钢抗弯框架结构整体抗倒塌能力的一种方法。

IDA 方法是一个基于动力时程分析的参数分析方法，对给定的结构计算模型输入一条或多条地震动记录，每一条地震动都通过一系列比例系数（Scale Factor，简称 SF）“调幅”到不同的地震动强度；然后在“调幅”后的地震动记录作用下进行结构弹塑性时程分析，得到一系列结构弹塑性地震响应；选择地震动强度指标（Intensity Measures，IM）和所研究的结构工程需求参数（Engineering Demand Parameters，EDP）对分析结果进行后处理，得到地震动强度指标 IM 与结构工程需求参数 EDP 之间的关系曲线，即 IDA 曲线。IDA 分析结果有多条 IDA 曲线，每一条 IDA 曲线上每一个点代表结构在某一调整后的地震动强度下，在某一地震波下的最大峰值反应，而每一条 IDA 曲线则代表一条地震波下的结构反应。最后按照一定的统计方法对多条 IDA 曲线进行统计分析，从概率意义上评价结构在不同风险地震作用下的性能，如可继续使用性能（Immediate Occupancy，IO）、防止倒塌性能（Collapse Prevention，CP）、整体失稳性能（Global Instability，GI）等。

通过增量动力分析，可以获得结构以下几方面的信息：

（1）可以对结构在潜在危险性水平地震动作用下的结构反应或者“需求”的变化范围有一个完全详细的描述，有助于更好地理解结构在遭遇罕遇地震或极罕遇地震时的性能；

（2）能够反映随地面运动强度的增大，结构抗震性能的变化，如结构峰值反应的变化，强度和刚度退化的开始，以及其破坏形式和幅值的变化等；

（3）采用特定结构、特定地震动记录的单记录 IDA 曲线，可以估计该结构体系抵抗动力作用的能力；

（4）通过对多记录 IDA 曲线族的统计分析，研究结构工程需求参数对于地震动记录的稳定性和变异性。

2. 输入地震动记录的选取和调整

地震波的选取可参考 7.1.2 节所述方法。对实际地震记录进行调整时，一般做法是根据结构所在场地的地震特性和不同烈度水准下的地震动峰值，在时域内进行时间调整或幅值调整。幅值调整是将地震动加速度时程各时刻的值按一定比例放大或缩小，使其峰值加速度等于设计地震动加速度峰值，这种调整只是针对原地震波的幅值强度进行的，基本上保留了实际地震动的频谱特性。

3. 地震动强度指标和结构性能参数的选取

一个 IDA 分析结果需要以地震动强度指标与相应的结构工程需求参数在二维坐标系中表达。地震动强度指标的选取可参考 7.1.3 节所述方法。结构工程需求参数或者称为结构状态变量，是用于表征结构在地震作用下动力响应的参数，它应能够描述结构在地震作用下的动力响应，并且能够直接从相应的非线性分析结果中提取或者通过理论分析获得。常用的工程需求参数有结构最大基底剪力、节点转角、楼层最大延性比、楼层最大层间位移角、结构顶点位移、各种能够描述结构损伤的参数（如整体累积损伤耗能、整体 Park-Ang 指数）等。

对 IDA 法的研究表明，合理的选择地震动强度指标是一个关键问题。在地震动强度指标一定时，工程需求参数的偏差越小，需要选择的地震动记录就越少，计算工程需求参数对地震动强度指标中位值的非线性分析次数就越少。而选择一个合理的工程需求参数依赖于其用途和结构本身，有时甚至需要用两个或更多的工程需求参数来评估结构的不同反应特性。研究表明，如果对一个多层框架结构的非结构构件破坏状态进行评估，楼面峰值加速度是最好的选择；而对于框架结构的结构性破坏，最大层间位移角则是最佳选择，因为它与节点转动、楼层层间变形能力直接相关。

4. 计算法则

目前 IDA 法的计算法则主要有三种：

（1）等步长法。按等步长增加地震动强度指标，调幅地震记录进行分析计算，记录工程需求参数值，直至结构倒塌。等步长的取值应对不同结构取不同的值，一般地，对 3～12 层的多层结构，在地震动强度指标取 $S_a(T_1, 5\%)$ 时，调幅步长可取 0.2g；对大于 12 层的高层建筑结构，步长可取 0.1g。

（2）变步长法。等步长法虽然简单，但不一定有效。对于某条地震动记录来讲，分析时选取的步长可能偏大或者偏小，曲线趋近于平直线的地震动强度指标的差异性使得到每条 IDA 曲线所需要的分析步数不同，因此应对等步长法进行改进。步长值可根据计算结果的收敛性，在等步长的基础上增加或者减小。

（3）hunt & fill 法。在变步长的基础上，在最大的收敛与最小的不收敛的地震动强度指标值间隔之间取一个地震动强度指标值进行分析，直至其间隔小于容许值，再取间隔最大的两个地震动指标值的中值进行分析，直到最大的收敛地震动强度指标值间隔小于容许值。

5. 曲线插值拟合和极限状态定义

IDA 曲线是由有限个离散点连接而成，通过合理的插值，不仅可以减少重复的计算工作量，还可以得到近似完整的 IDA 曲线。插值方法有线性插值和曲线插值两种。

为了评价结构各种极限状态，需要在 IDA 曲线上定义结构各种性能水准的极限状态。IDA 曲线有一个明显的线弹性阶段，范围从坐标原点到 $\theta_{max}=1\%$ 左右。然后曲线开始出现屈服，此时曲线的切线斜率称为弹性刚度 K_e。FEMA P695 规定，在曲线斜率开始发生较大变化的点，定义为屈服点（Immediate Occupancy，简称 IO 点）；斜率等于弹性段的 20% 对应的点定义为结构不倒塌极限状态点（Collapse Prevention，简称 CP 点）；如果计算整体层间侧移角极限值 θ_{max} 大于 10%，则取 $\theta_{max}=10\%$；曲线开始出现平缓直线时定义为结构整体动力失稳点（Global Dynamic Instability，简称 GI 点）。

6. 多条 IDA 曲线的统计方法

由于 IDA 曲线与地震动记录的选取有关，单一的 IDA 曲线不能完全预测结构的性能，因此需要选择一系列地震动记录对结构进行分析。地震动记录的差异性造成了 IDA 曲线的差异性，故必须使用合理的方法来降低这种差异性。

根据多条地震动记录得到的 IDA 曲线有两种统计方法：

（1）按地震动强度指标统计。求出不同地震动记录在同一强度等级 $S_a(T_1, 5\%)$ 下不同 θ_{max} 的中位值 η_D 和自然对数的标准偏差 β_D，再将不同强度的点对［η_D，$S_a(T_1, 5\%)$］连成曲线得到 50% 分位数曲线。计算 $\eta_D e^{\pm\eta_D}$，不同地震动强度的点对［$\eta_D e^{\pm\eta_D}$，$S_a(T_1, 5\%)$］

分别连成曲线，得到16%和84%分位数曲线。

（2）按结构工程需求参数统计。求出不同地震动记录在同一 θ_{max} 下不同 $S_a(T_1, 5\%)$ 的中位值 η_C 和自然对数的标准偏差 β_C，再将不同强度的点对［θ_{max}，η_D］连成曲线得到50%分位数曲线。计算 $\eta_C e^{\pm\eta_C}$，不同地震动强度的点对［θ_{max}，$\eta_C e^{\pm\eta_C}$］分别连成曲线，得到16%和84%分位数曲线。

7. 实施步骤

（1）建立结构分析模型。结构分析模型应能反映结构质量和刚度的空间分布，使分析结果足以反映结构动力反应的主要特征。

（2）选择代表结构所处场地的一系列地震动记录（可参考7.1.2节）。

（3）选择地震动强度指标（可参考7.1.3节，如采用 *PGA* 等）和结构工程需求参数（如层间位移角 θ、损伤指数 D 等）。

（4）用某条地震动记录对结构进行弹塑性时程分析，并在二维坐标系中（横轴表示工程需求参数（如层间位移角 θ 等），纵轴表示地震动强度指标（如峰值加速度 *PGA* 等））标出地震动强度指标与工程需求参数对应的点。连接坐标原点与该点成一直线，直线的斜率被作为该地震动记录的弹性斜率。用同样的方法计算其他地震动记录作用下的弹性斜率，并将全部地震动记录的弹性斜率的中位值作为弹性斜率的参考值，记作 K_e。

（5）取一条地震动记录进行第一次非线性动力时程分析，记录分析结果得到第一个点（PGA_1，θ_1），记为 P_1。对该条地震动记录进行调幅，再次进行非线性动力时程分析，得到第二个点（PGA_2，θ_2），记为 P_2。连接点 P_1 和 P_2，如果该线的斜率小于 $0.2K_e$（小于 $0.2K_e$ 时出现数值发散，此时可认为结构倒塌），则 θ_1 是这条地震动记录下该结构的整体层间侧移角限值。否则增大地震动记录幅值，进行非线性动力时程分析，直至 P_i、P_{i+1} 的连线斜率小于 $0.2K_e$，此时取 θ_i 作为该结构整体层间位移角限值。如果 θ_{i+1} 大于等于0.02，则位移能力0.02作为极限值。

（6）重复以上步骤，对多条地震动记录进行计算，获得相应的IDA曲线。

（7）对IDA分析结果进行后处理分析。对每条地震动记录获得的与地震动强度指标相关的工程需求参数点进行插值，得到相应的IDA曲线。定义并评估每条IDA曲线极限状态。按16%、50%和84%的比例归纳IDA曲线及其极限状态值。

（8）用IDA数据结果评估结构的抗震性能。

7.2.2 基于增量动力分析的结构地震易损性分析

1. 结构地震易损性分析的基本原理

地震易损性（Seismic Fragility）是指一个确定区域内由于地震造成损失的程度，其研究对象可以是单个结构或一类结构，也可以是某个地区。结构地震易损性是指结构在不同强度地震作用下，发生不同破坏程度的可能性或者说是结构达到某一极限状态的概率。

如地震动强度指标取 $S_a(T_1, 5\%)$，则地震易损性可表示如下：

$$P_{DV\setminus IM}(0|S_a) = \sum P_{DV\setminus LS}(0|C) P_{DM\setminus IM}(Z > C|S_a) \tag{7.2.1}$$

式中，*DV* 是一个描述结构是否达到某个极限状态的二值指示变量，$DV=0$ 表示结构达到了极限状态；$P_{DV\setminus IM}(0|S_a)$ 表示地震动强度为 S_a 时结构达到极限状态的概率，对它的分析即是地震易损性分析；*LS* 是结构的能力指标，$P_{DV\setminus LS}(0|C)$ 表示当结构的抗震能力为

C 时结构达到极限状态的概率，对它的分析为概率抗震能力分析；$P_{DM\setminus IM}(Z>C|S_a)$ 表示地震动强度为 S_a 时结构的地震反应（地震需求 D）大于抗震能力 C 的概率，对它的分析为概率地震需求分析。

2. 结构地震易损性分析

结构工程需求参数（EDP）样本与地震动强度指标（IM）之间的关系满足下式：

$$EDP = \alpha(IM)^{\beta} \tag{7.2.2}$$

假设工程需求参数的中位值 $\overline{D}$ 与地震动强度指标 IM（此处选择阻尼比为5%结构基本周期对应的加速度谱值 $S_a(T_1, 5\%)$）服从指数关系：

$$\overline{D} = \alpha(S_a(T_1, 5\%))^{\beta} \tag{7.2.3}$$

对上式两边取对数，得

$$\ln\overline{D} = a + b\ln(S_a(\mathrm{T}_1, 5\%)) \tag{7.2.4}$$

式中，$a=\ln\alpha$，$b=\beta$，其中，a、b 可通过对结构进行大量增量动力分析所得的数据进行统计分析得到，则可求得 α，β 值。

结构反应的概率函数 D 用对数正态分布函数表示，其统计参数为

$$\lambda_d = \ln\overline{D} \tag{7.2.5}$$

$$\beta_d = \sqrt{\frac{1}{N-2}\sum_{i-1}^{N}(\ln D - \ln\overline{D})} \tag{7.2.6}$$

式中，λ_d 为 D 的对数平均值；β_d 为 D 的对数标准差；N 为样本数量。

同理，假设结构能力参数的概率函数 C 也可用对数正态分布函数表示，该函数由结构能力参数对数平均值 λ_c 和对数标准差 β_c 两个参数定义。

结构的易损性曲线表示在不同强度地震作用下结构反应 D 超过破坏阶段所定义的结构能力参数的条件概率，即

$$P_f = P(C/D < 1) \tag{7.2.7}$$

上式可写为 $P_f=P(C-D<0)$，令 $Z=C-D$，假定 C、D 均为独立的随机变量，且它们均服从正态分布，则 $Z=C-D$ 也服从正态分布，其平均值为 $\lambda_z=\lambda_c-\lambda_d$，标准差为 $\beta_z=\sqrt{\beta_c^2+\beta_d^2}$。

结构的失效概率可通过 $Z<0$ 的概率来表达，即

$$P_f = P(Z<0) = \int_{-\infty}^{0} f(Z)dZ = \int_{-\infty}^{0}\frac{1}{\beta\sqrt{2\pi}}\exp\left[-\frac{1}{2}\left(\frac{Z-\lambda_Z}{\beta_Z}\right)^2\right]dZ \tag{7.2.8}$$

将 $N(\lambda_Z, \beta_Z)$ 化成标准正态变量 $N(0, 1)$。令 $t=\dfrac{Z-\lambda_Z}{\beta_Z}$，则 $dZ=\beta_Z dt$，$Z=\lambda_Z+t\beta_Z<0$，$t<-\dfrac{\lambda_Z}{\beta_Z}$。故式（7.2.8）可写为

$$\begin{aligned} P_f &= P\left(t<-\frac{\lambda_Z}{\beta_Z}\right) = \int_{-\infty}^{-\frac{\lambda_Z}{\beta_Z}}\frac{1}{\sqrt{2\pi}}\exp\left[-\frac{t^2}{2}\right]dt = \Phi\left(-\frac{\lambda_Z}{\beta_Z}\right) \\ &= \Phi\left(-\frac{\lambda_c-\lambda_d}{\sqrt{\beta_c^2+\beta_d^2}}\right) = \Phi\left(-\frac{\ln\overline{C}-\ln\overline{D}}{\sqrt{\beta_c^2+\beta_d^2}}\right) \end{aligned} \tag{7.2.9}$$

所以特定阶段的失效概率为

$$P_f = \Phi\left(-\frac{\ln(\overline{C}/\overline{D})}{\sqrt{\beta_c^2+\beta_d^2}}\right) = \Phi\left(\frac{\ln(\overline{D}/\overline{C})}{\sqrt{\beta_c^2+\beta_d^2}}\right) = \Phi\left(-\frac{\ln[\alpha(S_a(T_1, 5\%))^{\beta}/\overline{C}]}{\sqrt{\beta_c^2+\beta_d^2}}\right) \tag{7.2.10}$$

式中，P_f表示结构在地震作用下的反应超过某性能水准的概率，IO、LS 和 CP 三个性能水准所对应的$\overline{C}$值可由 IDA 分析结果获取；β_c和β_d可由统计获得，也可根据结构易损性曲线参数由 FEMA350 取值，当易损性曲线以$S_a(T_1, 5\%)$为自变量时，$\sqrt{\beta_c^2+\beta_d^2}$取 0.4；$\Phi(x)$为正态分布函数，其值可通过查标准正态分布表来确定。求出对应于不同性能水准的失效概率，所得曲线即为结构模型的地震易损性曲线。

7.2.3 结构地震易损性分析实例

工程概况与 7.1.4 小节相同。

1. 有限元分析模型

采用三维非线性分析软件 PERFORM-3D[7.10]对框架结构分别建立纤维模型和塑性铰模型，指定刚性隔板，底层柱下端与基础顶面固接，柱构件考虑 P-Δ 效应，然后进行静力与动力弹塑性分析。

纤维模型是基于平截面假定将材料的应力－应变关系变成构件的力－变形关系，此时程序通过材料的本构关系自动确定截面特性。梁柱单元均由两端的塑性区和中间的弹性杆组成。塑性区长度采用 PERFORM-3D 的推荐值，分别取 0.5 倍的梁截面高度和 0.5 倍的柱截面宽度[7.10]。塑性区由纤维截面组成，纤维划分的精细程度对计算结果的准确性和运算量有很大影响。本节将梁塑性区沿梁截面高度划分为 12 个纤维，柱截面划分为 37 个纤维（包括非约束混凝土纤维、约束混凝土纤维和钢筋纤维）。钢材的本构模型采用双线性弹塑性模型，而混凝土材料的本构模型采用 Kent-Park 约束混凝土本构模型。

在塑性铰模型中，塑性区由塑性铰单元构成。塑性铰采用曲率型塑性铰，利用美国 Imbsen Software Systems 公司开发的构件弹塑性分析程序 XTRACT 进行构件弹塑性分析，计算截面承载力，确定塑性铰截面参数。由此得 $M-\phi$、$P-\varepsilon$、$P-M$、$P-M2-M3$ 关系，同时考虑强度退化和刚度退化，在 PERFORM-3D 中定义构件屈服面形状。

2. 地震动记录的选取和倒塌判别准则

本节采用 FEMA P-695 报告[7.5]推荐的 22 组远场地震动（共 44 条）进行分析，如表 7.1.3 所示。所选地震动记录的加速度反应谱如图 7.2.1 所示。为了能更好地反映结构弹塑性变形随地震动调幅的变化，采用 hunt&fill 算法[7.11]进行地震动调幅，即倒塌点搜索（hunt）和回插（fill）。该算法先采用某一算法逐步逼近倒塌点，然后在所得的收敛点间按一定规则（如取两收敛点的中点）补充一定的数据点，使 IDA 曲线光滑可靠。

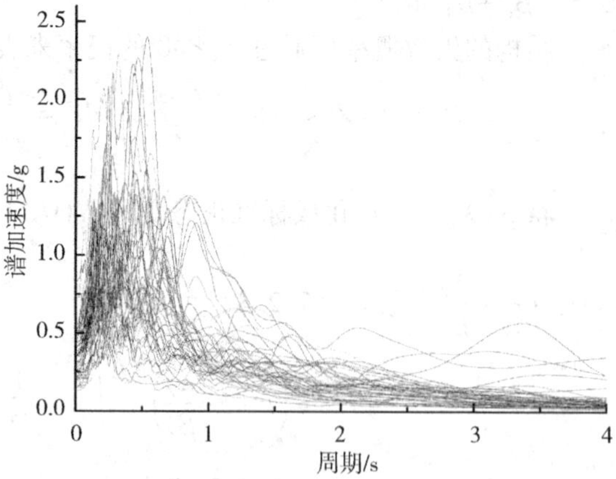

图 7.2.1　地震动记录对应的阻尼比 5% 的加速度反应谱曲线

对倒塌的判断，采用 FEMA 350[7.8]建议的基于结构 IDA 曲线的倒塌判别方法，即当结构切线刚度退化为初始弹性刚度的 20% 或者结构的最大层间位移角超过 10% 时，认为结构倒塌。

3. 地震动强度指标和工程需求参数的选取

选取 $S_a(T_1)$ 作为地震动强度指标，θ_{max} 作为工程需求参数。

4. IDA 分析结果

对框架结构进行模态分析，由纤维模型结构所得的基本周期 $T_1=0.9343s$，由塑性铰模型结构所得的基本周期 $T_1=0.9387s$。由地震波加速度反应谱曲线查出 T_1 对应的阻尼比为 5% 的谱加速度值 $S_a(T_1)$，据此进行调幅，采用 hunt&fill 算法，第一次分析时取 $S_a=0.01g$，调幅步长取 0.2g，步长增量取 0.05g。将纤维模型和塑性铰模型的 IDA 分析结果进行样条插值处理后得到 IDA 曲线，如图 7.2.2 所示。

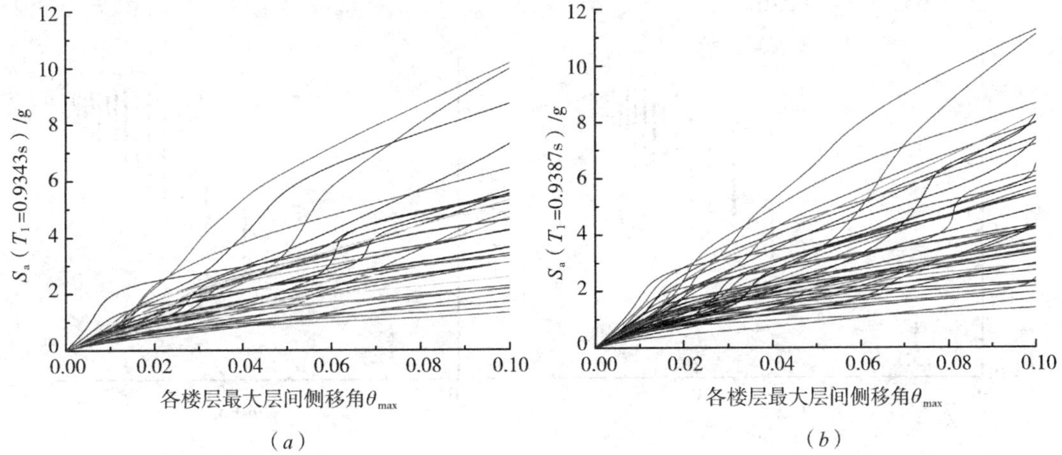

图 7.2.2 各模型的 IDA 曲线

(a) 纤维模型的 IDA 曲线；(b) 塑性铰模型的 IDA 曲线

由图 7.2.2 可见：

(1) 两种模型结构的 IDA 曲线走势基本相同，对于选取的 44 条地震动记录，塑性铰模型结构倒塌时的最大地震动强度比纤维模型的大，且对于各模型结构的 IDA 曲线，初始斜率大致不变，表明在地震动强度较小时，结构为弹性状态，结构响应与地震动强度基本呈线性关系。随着地震动强度的加大，各曲线表现出明显的差异，结构响应与地震动强度之间的非线性关系显著。

(2) 对比两个模型结构的 IDA 曲线可以看出，在初始弹性阶段，即地震动强度较小时，两个模型结构的 IDA 曲线差异很小，表明在地震作用强度较小时，模型的差异对结构的地震响应基本没有影响。随着地震动强度的增大（$S_a>2.0g$ 时），两个模型结构的 IDA 曲线出现差别，纤维模型结构倒塌时的地震动强度 S_a 集中在 2.0g ~ 5.0g，而塑性铰模型结构倒塌时的地震动强度 S_a 在 2.0g ~ 8.0g 之间离散分布，这一区别直接导致两个模型结构的倒塌概率差异较大。

5. 结构倒塌易损性分析

IDA 法通过大量的计算分析得到结构在不同强度水平地震动作用下的响应，而地震易损性分析则需计算结构在不同强度水平地震作用下达到或者超过某种极限状态的条件概率，计算依据即为 IDA 法提供的分析结果。

结构工程需求参数 *EDP* 与地震动参数 *IM* 之间的关系满足式（7.2.2）。假设工程需求参数的中位值 θ_{max} 和地震动强度指标 $S_a(T_1)$ 服从上述关系，对地震动强度指标 $S_a(T_1)$ 和结构工程需求参数 θ_{max} 分别取对数，以 $\ln(S_a(T_1, 5\%))$ 为横坐标轴，$\ln\theta_{max}$ 为纵坐标轴，建立坐标系 $\ln S_a - \ln\theta_{max}$，如图 7.2.3 所示，然后对坐标图中的数据点进行线性回归分析，由此得到结构工程需求概率函数为

$$\ln\theta_{max} = -4.0197 + 1.0338\ln S_a \quad \text{（纤维模型）} \tag{7.2.11}$$

$$\ln\theta_{max} = -4.1035 + 1.0276\ln S_a \quad \text{（塑性铰模型）} \tag{7.2.12}$$

对两个模型进行线性回归分析，拟合优度 R^2 分别为 0.94127 和 0.94174，均接近于 1，说明回归直线对散点值的拟合程度较好。对应式（7.2.2），可求出相关参数 α 和 β。其中纤维模型结构 $\ln\alpha = -4.0197$，则 $\alpha = 0.0180$，$\beta = 1.0338$，塑性铰模型结构 $\ln\alpha = -4.1035$，则 $\alpha = 0.0165$，$\beta = 1.0276$。

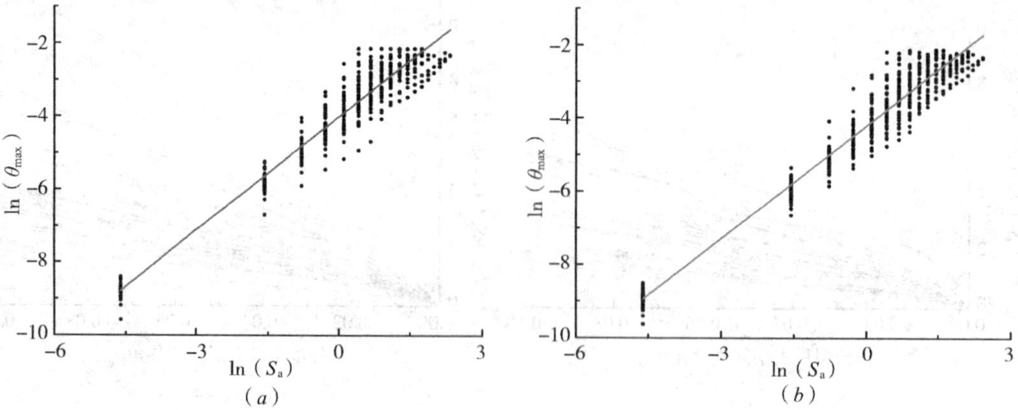

图 7.2.3　各模型的线性回归分析

（*a*）纤维模型线性回归分析；（*b*）塑性铰模型线性回归分析

地震易损性分析还需进行概率抗震能力分析。以结构基本振型下的倒三角形侧向分布荷载作为水平加载模式，对各模型进行 Pushover 分析，得到结构顶点位移与基底剪力的 Pushover 曲线（图 7.2.4），确定各模型的顶点屈服位移角。

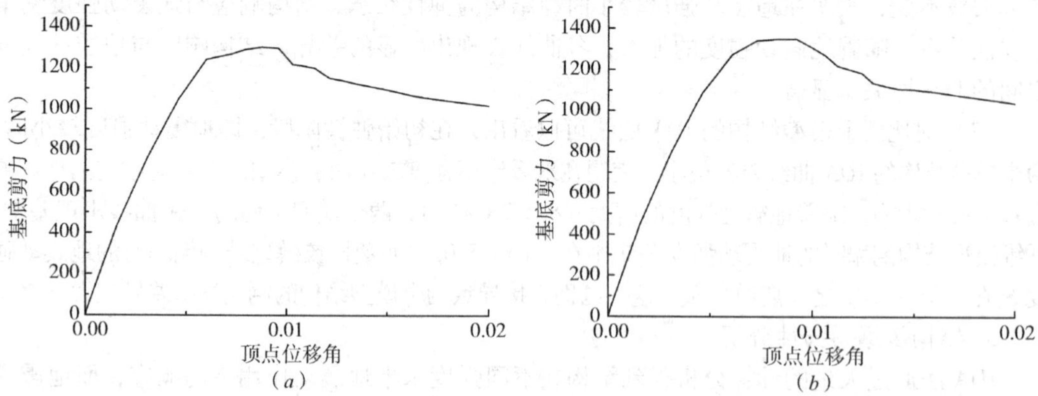

图 7.2.4　各模型的 Pushover 曲线

（*a*）纤维模型 Pushover 曲线；（*b*）塑性铰模型 Pushover 曲线

参照国内外关于结构性能水平的划分，将结构性能水平划分为正常使用（NO）、暂时使用（IO）、生命安全（LS）、防止倒塌（CP）四个水平，各水平对应的量化指标限值[7.12]如表7.2.1所示。

结构各性能水平对应的量化指标限值 **表7.2.1**

结构性能水平	NO	IO	LS	CP
量化指标限值	θ_y	$2\theta_y$	$4\theta_y$	$10\theta_y$

注：θ_y为结构顶点屈服位移角。

根据图7.2.4各模型的Pushover曲线，找出曲线拐点（屈服点），确定各模型的顶点屈服位移角θ_y。其中，纤维模型结构的屈服位移角为0.00607，塑性铰模型结构的屈服位移角为0.00616。结合表7.2.1确定两个模型对应性能水平的顶点位移角量化指标限值，如表7.2.2所示。

顶点位移角量化指标限值 **表7.2.2**

结构性能水平	NO	IO	LS	CP
纤维模型 θ_y	0.00607	0.01214	0.02428	0.06070
塑性铰模型 θ_y	0.00616	0.01232	0.02464	0.06160

将上述计算结果代入式（7.2.10），得到S_a（T_1）与各模型特定性能水平下超越概率P_f之间的关系式为

$$P_f(S_a)=\Phi\left[\frac{\ln(0.0180S_a^{1.0338}/\overline{C})}{\sqrt{\beta_c^2+\beta_d^2}}\right]\quad（纤维模型）\tag{7.2.13}$$

$$P_f(S_a)=\Phi\left[\frac{\ln(0.0165S_a^{1.0276}/\overline{C})}{\sqrt{\beta_c^2+\beta_d^2}}\right]\quad（塑性铰模型）\tag{7.2.14}$$

以S_a（T_1）为横坐标，地震作用下结构超越不同性能水平的概率P_f为纵坐标，绘制各模型的易损性曲线，如图7.2.5所示。

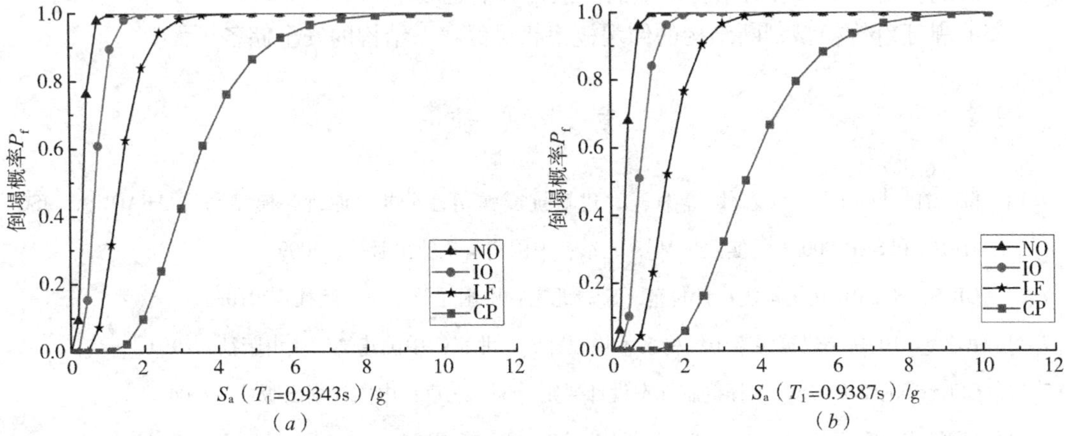

（*a*）　　　　（*b*）

图7.2.5　各模型的易损性曲线

（*a*）纤维模型易损性曲线；（*b*）塑性铰模型易损性曲线

根据易损性曲线可以对不同地震动强度下结构的四个性能水平进行定量的概率评估。在强震作用下，人们最为关注的是结构能否保证生命安全，即结构受损对人身安全危害程度较低，或者虽然结构损坏严重，有较大的侧向变形，但主要竖向受力构件可以保持结构不倒塌，震后结构可以保持稳定。这两种情况分别对应四个性能水平中的生命安全和防止倒塌，对这两个性能水平单独考虑，做易损性曲线如图 7.2.6 所示。

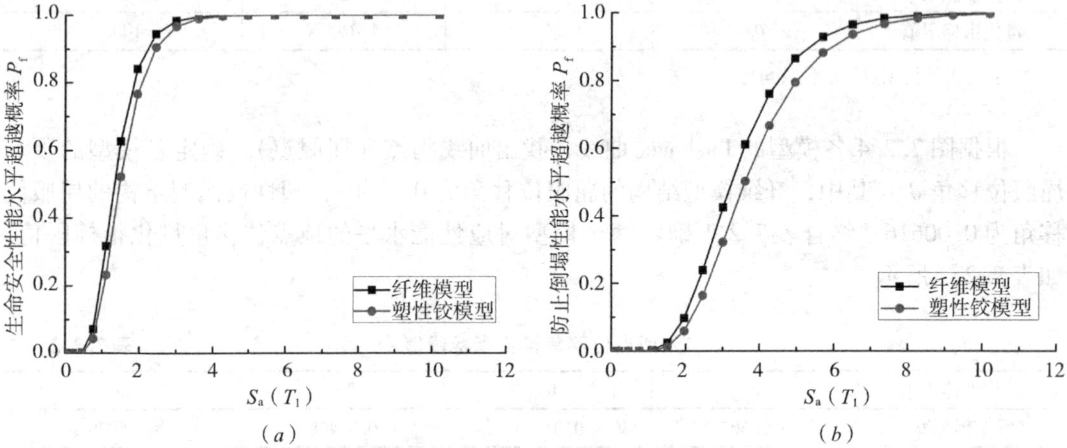

图 7.2.6　两种模型的性能对比

（*a*）生命安全性能对比；（*b*）防止倒塌性能对比

由以上分析可知：

（1）结构在罕遇地震水平下 S_a(5%，50yrs)　=0.30g 时，纤维模型和塑性铰模型超越生命安全性能的概率分别为 0.006% 和 0.002%，对人身安全有充分的保障，发生倒塌的概率接近于 0，基本可以保证不发生倒塌；当 S_a = 1.50g 时，发生倒塌的概率也仅为 2.32% 和 1.22%。说明按照我国现行规范设计的框架结构，可以有效地控制结构的倒塌风险，但在结构设计上存在一定的浪费。

（2）纤维模型与塑性铰模型相比较，IDA 曲线表现更为集中，地震动的随机性对纤维模型的影响波动较小，且对结构响应的离散性影响也较小。

（3）基于纤维模型判断结构的倒塌概率相对保守，结构的安全储备更大。

参 考 文 献

[7.1]　陆新征，叶列平，廖志伟 等编著．建筑抗震弹塑性分析—原理、模型与在 ABAQUS，MSC. MARC 和 SAP2000 上的实践［M］. 北京：中国建筑工业出版社，2009.

[7.2]　GB 50011-2010 建筑抗震设计规范［S］. 北京：中国建筑工业出版社，2010.

[7.3]　JGJ 3-2010 高层建筑混凝土结构技术规程［S］. 北京：中国建筑工业出版社，2010.

[7.4]　CECS 160：2004 建筑工程抗震性态设计通则［S］. 北京：中国计划出版社，2004.

[7.5]　FEMA P-695（2009）. Quantification of Building Seismic Performance Factors［R］. Federal Emergency Management Agency，Washington D. C.

[7.6] Bertero V. V. Strength and deformation capacities of buildings under extreme environments [J]. Structural Engineering and Structural Mechanics, 1977: 211-215

[7.7] Mwafy A., Elnashai A. S. Static pushover versus dynamic collapse analysis of RC buildings [J]. Engineering Structures, 2001, 23 (5): 407-424.

[7.8] Federal Emergency Management Agency. Recommended Seismic Design Criteria for New Steel Moment-frame Buildings [R]. Report No. FEMA-350, SAC Joint Venture, Federal Emergency Management Agency, Washington, DC, 2000.

[7.9] Federal Emergency Management Agency. Recommended Seismic Evaluation and Upgrade Criteria for Existing Welded Steel Moment-frame Buildings [R]. Report No. FEMA-351, SAC Joint Venture, Federal Emergency Management Agency, Washington, DC, 2000.

[7.10] Perform-3D Nonlinear Analysis and Performance for 3D Structures Components and Elements [R]. University Avenue, Berkeley, California, USA, Computers and Structures Inc., 2011: 58.

[7.11] Vamvatsikos D, Cornell C. A. Incremental dynamic analysis [J]. Earthquake Engineering & Structural Dynamics, 2002, 31 (3): 491-514.

[7.12] FEMA 273. NEHRP Guidelines for the Seismic Rehabilitation of Buildings [S]. Washington DC: Federal Emergency Management Agency, ASCE, 1997.

第 8 章　混凝土结构极限分析

在荷载作用下，逐渐加载直至整个结构变成几何可变体系，变形无限制地增长，从而丧失承载能力，达到破坏，这种状态称为结构承载能力极限状态。结构极限分析所取的阶段就是这种极限状态。本章简要介绍混凝土构件、钢筋混凝土构件和钢筋混凝土板的极限分析方法。

8.1　结构极限分析的基本原理及方法

8.1.1　结构极限分析必须满足的三个条件

（1）极限条件。即当结构达到极限状态时，结构任一截面的内力都不能超过该截面的承载能力。对于理想弹塑性材料，极限条件也称屈服条件。

（2）机动条件。即在极限荷载作用下结构丧失承载能力时的运动形式，此时整个结构应是几何可变体系。

（3）平衡条件。即外力（包括支座反力）和内力处于平衡状态。平衡条件既可用力的平衡方程表达，也可假设虚位移用虚功方程表达，后者在形式上是能量方程，本质上仍是平衡方程。

8.1.2　结构极限分析的基本假设

在结构极限分析方法中，一般采用以下的基本假设：

（1）材料是理想刚塑性的。即假设应力小于屈服极限 σ_y 时，不产生任何变形；应力一旦达到屈服极限 σ_y，变形将无限制地增加，产生塑性流动，如图 8.1.1 所示。刚塑性假设虽然不能描述真实材料的全部性能，但它能反映塑性变形过程中最本质的性质，且在计算上非常简单，用来研究结构的极限荷载问题具有重要的使用价值。

（2）结构的变形足够小，因此变形前后都能使用同一平衡方程，而且材料变形的几何关系是线性的。

（3）在达到极限荷载前，结构不会失去稳定性，也不会发生混凝土压溃、剪切和钢筋粘结锚固等脆性破坏。

（4）所有荷载都按同一比例增加，即满足简单加载条件或比例加载条件。

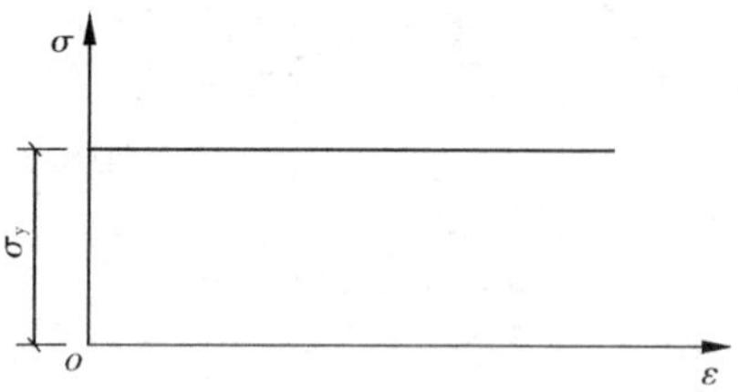

图 8.1.1　刚塑性变形模型

8.1.3　极限定理

在结构极限分析中，要用到静力容许的应力（内力）场和机动容许的位移场两个概念。凡是满足平衡条件和力的边界条件，且不破坏极限条件的应力（内力）场，则称为静力容许的应力（内力）场。当结构处于极限状态时，其真实的应力（内力）场必定是静力容许的应力（内力）场。凡满足几何约束条件，并使外力作正功的位移场，称为机动容许的位移场。在极限状态时的位移场必定是机动容许的位移场。但在一般情况下，静力容许的应力（内力）场并不一定是极限状态时的真实应力（内力）场；机动容许的位移场也并不一定是极限状态时的真实位移场。

（1）下限定理。对于一个结构，可以取各种可能的既满足平衡条件和力的边界条件，又不破坏极限条件的内力场（静力容许的内力场），与每一个静力容许内力场相应的荷载称为可接受荷载。这些可接受荷载都小于极限荷载，其中最大的一个荷载就是极限荷载。

（2）上限定理。对于一个结构，可以取各种可能的既满足几何约束条件，又满足使外力作正功的位移场（机动容许的位移场），与每一个破坏机构（满足机动容许的位移场）相应的荷载称为可破坏荷载。这些可破坏荷载都大于极限荷载，其中最小的一个荷载就是极限荷载。

（3）单值定理。如果一个荷载既是极限荷载的上限，又是它的下限，则这个荷载满足极限分析理论中的全部条件，它就是结构真实的极限荷载。

8.1.4 求极限荷载的具体方法

在结构极限分析时，如果极限条件、机动条件和平衡条件同时满足，则得到的解答就是结构的真实极限荷载。对于复杂结构，同时满足三个条件的真实解答，一般难以直接求得，通常采用近似解法，即上限解法和下限解法。

（1）上限解法。此法仅满足机动条件及平衡条件。一般是选取一个破坏机构（满足机动容许的位移场），然后建立虚功方程或平衡方程，据此可求得极限荷载值。利用功能方程求解时称为机动法或功能法，直接建立平衡方程式时称为极限平衡法。

在一般情况下，上限解法求得的荷载值不是真实的极限荷载值，而是大于真实解。这是由于结构并不满足极限条件，有的截面内力可能超过该截面所能负担的内力。结构的破坏机构可能有很多个，因此理论上应取多种破坏机构，分别计算得出结果，选取其中最小的一个荷载作为极限荷载的近似值。

（2）下限解法。此法仅满足极限条件和平衡条件。一般是选取内力场，这种内力场满足平衡条件以及力的边界条件，同时又满足结构的极限条件，即所选取的内力场中任何一处都不超过该截面所能负担的内力。然后用平衡条件求结构的极限荷载。

在一般情况下，下限解法求得的荷载值也不是真实的极限荷载值，而是小于真实解。这是由于结构并不满足机动条件，并未达到破坏阶段。因为结构的可能内力分布场有很多个，所以理论上应选取多个内力场，分别计算得出结果，然后选取其中最大的一个荷载值作为极限荷载的近似值。

8.1.5 结构的极限分析与极限设计

当结构构件的截面尺寸、材料等已定，则截面所能负担的内力已知，经过分析求出结构所能负担的极限荷载值，这称之为结构极限分析。当结构所作用的荷载值已知，根据荷载作用下的结构内力值，去确定结构构件的截面尺寸和材料等，则称为极限设计。

以上所述的结构极限承载力分析的三个条件及各种解法，都是从极限分析的角度去论述的，即如何去求已知结构的极限荷载值。实际上，对于钢筋混凝土结构，以上所述同样适用于结构的极限设计。

无论是应用何种解法，最后都是建立平衡方程。对于结构的极限分析问题，根据截面所能负担的内力用平衡方程求出结构所能负担的极限荷载值。对于结构的极限设计问题，则根据已知的荷载值由平衡方程求出结构内力，从而进行截面配筋计算。

8.2 混凝土构件极限分析

用上限解法求构件的极限荷载时，需用虚功方程，因此需要研究构件达极限状态时的塑流变形及内功计算方法。本节在计算时假定混凝土为刚塑性材料，且符合 Mohr-Coulomb 强度准则。

8.2.1 塑流变形

1. 用主应力表达的塑流变形

物体中任意一点塑流变形的大小和方向，可根据其分量用几何合成方法求得。而各塑流变形分量的大小可由流动法则确定，方向与相应的应力分量同向。

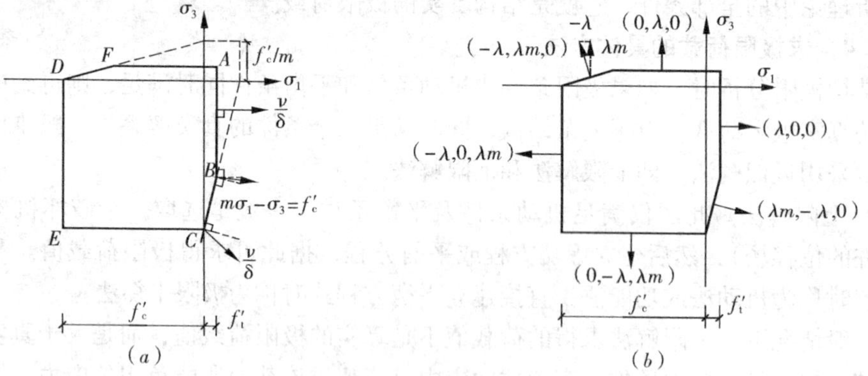

图 8.2.1　屈服准则和流动规律

（a）平面应力问题的屈服线；（b）塑流变形的方向

由式（1.2.19）可知，用流动法则求塑流变形时，应先知道屈服函数。对于修正的 Mohr-Coulomb 准则，其平面应力问题的屈服线如图 8.2.1（a）所示。其中表示拉断破坏部分（图中 AB 和 AF 线）的屈服函数为 $f=\sigma-f_t$，其余部分的屈服函数为 $f=m\sigma_1-\sigma_3-f'_c$。

根据上述屈服函数及流动法则，可求得各塑流变形分量，如表 8.2.1 所示。表中表示双向受压的屈服函数 $f=-\sigma_1-f'_c$ 或 $f=-\sigma_3-f'_c$，实际应写为 $f=m\sigma_2-\sigma_1-f'_c$ 及 $f=m\sigma_2-\sigma_3-f'_c$。此时虽然 $\sigma_2=0$，但 σ_2 有微小变化时，引起函数 f 也发生微小变化，故有 $\varepsilon_2=\lambda\dfrac{\partial f}{\partial\sigma_2}=\lambda m$。

塑流变形分量 ε_i　　　　**表 8.2.1**

f（屈服函数）	$\varepsilon_1=\lambda\dfrac{\partial f}{\partial\sigma_1}$	$\varepsilon_3=\lambda\dfrac{\partial f}{\partial\sigma_3}$	$\varepsilon_2=\lambda\dfrac{\partial f}{\partial\sigma_2}$
$f=\sigma_1-f_t$	λ	0	0
$f=\sigma_3-f_t$	0	λ	0
$f=m\sigma_1-\sigma_3-f'_c$	λm	$-\lambda$	0
$f=m\sigma_3-\sigma_1-f'_c$	$-\lambda$	λm	0
$f=-\sigma_1-f'_c$	$-\lambda$	0	λm
$f=-\sigma_3-f'_c$	0	$-\lambda$	λm

图 8.2.1（b）给出了塑流变形的方向。由图 8.2.1（b）及表 8.2.1 可知，三个变形分量有两个为零，一个不为零，则为拉断破坏；而有一个为零，两个不为零时，则为剪切滑移破坏。塑流变形总量的大小和方向可用几何合成方法得到。另外，根据流动法则的正交条件，塑流变形总量的方向始终是屈服线的外法线方向。

2. 以破坏斜面（破损线）上的复合应力 σ 及τ表达的塑流变形

当混凝土剪切滑移破坏时，塑流变形总量的方向如图 8.2.2 所示。由式（2.3.1）可得相应的屈服函数，即

$$f=\tau-c+\sigma\tan\phi$$

根据流动法则［式（1.2.19）］可得塑性变形分量

$$\varepsilon=\lambda\frac{\partial f}{\partial\sigma}=\lambda\tan\phi\qquad\gamma=\lambda\frac{\partial f}{\partial\tau}=\lambda$$

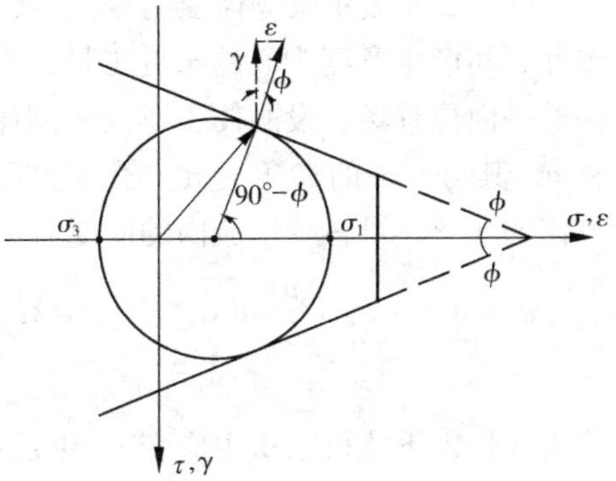

图 8.2.2　$\sigma-\tau$ 坐标系中的塑流变形

滑移面上塑流变形总量的大小和方向为

$$\nu=\sqrt{\varepsilon^2+\gamma^2}=\lambda\sqrt{1+\tan^2\phi}$$

$$\tan\alpha=\frac{\varepsilon}{\gamma}=\tan\phi$$

即

$$\alpha=\phi\tag{8.2.1}$$

式中，α 表示塑流变形总量与破损面之夹角。可见，当符合 Mohr-Coulomb 强度准则时，此夹角就等于材料的内摩擦角。另由图 8.2.2 可见，破损面与 σ_1 所在主平面之夹角为$\frac{1}{2}\times(90°-\phi)$，亦即$45°-\frac{\phi}{2}$。而塑流变形总量与 σ_1 所在主平面之夹角为 $\beta=45°+\frac{\phi}{2}$，如图 8.2.3 所示。

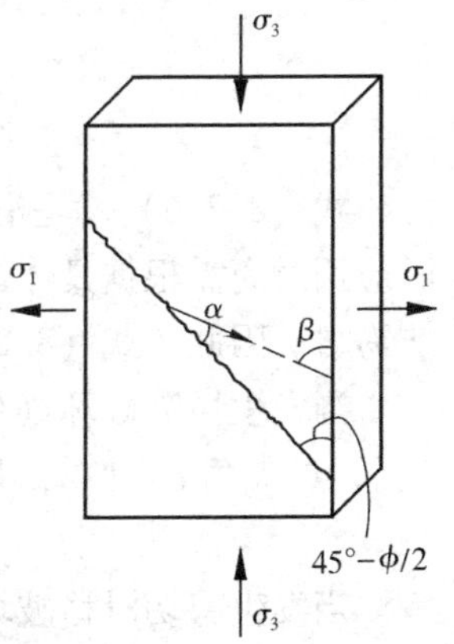

图 8.2.3　塑流变形的方向

8.2.2　内功计算

根据刚塑性假定，刚体部分无变形，因此无内功。塑流变形发生在塑性域，仅这部分有内功。塑性域的内力满足屈服条件，即内力处于屈服面上。因此计算内功时所取内力为屈服面上的内力，亦即破损线上的内力，以主应力表达或破坏斜面上的复合应力 σ 及τ表达。当用主应力及相应的主应变表达时，单位体积的内功 D_A 为

$$D_A=\sigma_1\varepsilon_1+\sigma_2\varepsilon_2+\sigma_3\varepsilon_3\tag{8.2.2}$$

当用破坏面上的复合应力及相应的应变表示时，则为

$$D_A=\tau\gamma+\sigma\varepsilon\tag{8.2.3}$$

式中，ε_1，ε_2，ε_3，γ，ε 为相应的应变，按流动法则确定。

当按式（8.2.2）计算内功时，其中 ε_1 和 ε_3 可利用流动法则确定，由此得到的内

功表达式中因包含有多个塑流变形，有时应用不够方便。由于计算外功时，需用到位移 ν，故内功也可用位移 ν 来表达。下面讨论用位移 ν 表达的沿破损线（面）单位长度内功的普遍公式。

图 8.2.4 表示某物体受力变形后，在刚体Ⅰ与刚体Ⅱ之间产生宽度为 δ 的窄变形域，在变形域内有均匀的平面位移场。设刚体Ⅰ不动，刚体Ⅱ产生相对位移 ν，其与 x 轴的夹角为 α。根据图示坐标系及变形域内的变形，可得变形域内的应变为

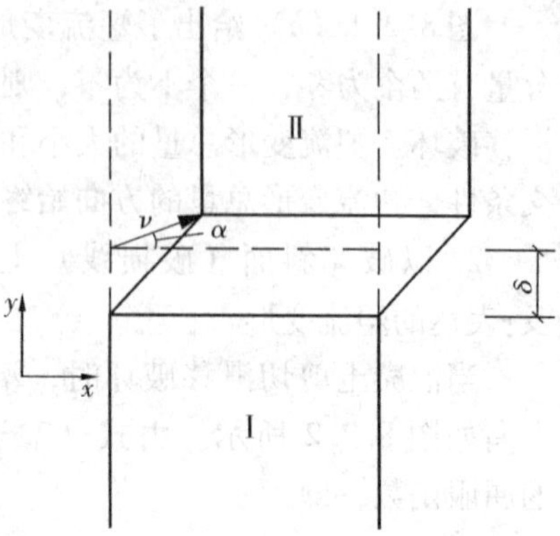

图 8.2.4　两刚体之间的变形域

$$\varepsilon_x = 0 \qquad \varepsilon_y = \frac{\nu}{\delta}\sin\alpha \qquad \gamma_{xy} = 2\varepsilon_{xy} = \frac{\nu}{\delta}\cos\alpha \tag{8.2.4}$$

将上式代入下式可求得主应变 ε_1 和 ε_3：

$$\begin{Bmatrix}\varepsilon_1\\ \varepsilon_3\end{Bmatrix} = \frac{\varepsilon_x+\varepsilon_y}{2} \pm \left[\left(\frac{\varepsilon_x-\varepsilon_y}{2}\right)^2 + \varepsilon_{xy}^2\right]^{1/2} = \frac{\nu}{2\delta}(\sin\alpha \pm 1) \tag{8.2.5}$$

将式（8.2.5）代入式（8.2.2），并设该物体厚度为 b，则沿破损线单位长度的内功为

$$\begin{aligned} W_1 &= \left[\sigma_1 \frac{\nu}{2\delta}(1+\sin\alpha) + \sigma_3 \frac{\nu}{2\delta}(\sin\alpha - 1)\right]\delta b \\ &= \sigma_1 \frac{\nu b}{2}(1+\sin\alpha) - \sigma_3 \frac{\nu b}{2}(1-\sin\alpha) \end{aligned} \tag{8.2.6}$$

式（8.2.6）就是沿破损线单位长度上内功的普遍公式，因式中包含有 σ_1 和 σ_3，实际应用时尚需根据具体情况予以确定。对于比较复杂的问题，判别何为 σ_1，何为 σ_3，并非易事。因此，式（8.2.6）应进一步简化。

当发生拉断破坏（应力点处于图 8.2.1（*a*）中的 *AB* 段）时，塑流变形 ν 与破损线（面）的夹角 $\alpha=\pi/2$，且 $\sigma_1 = f_t'$，代入式（8.2.6）则得

$$W_1 = \nu b f_t' \qquad (\alpha = \pi/2) \tag{8.2.7}$$

当发生剪切滑移破坏（应力点处于图 8.2.1（*a*）中的 *BC* 段）时，由式（8.2.1）知塑流变形总量与破损面之夹角 $\alpha=\phi$，且由式（2.3.4）得

$$1+\sin\phi = m(1-\sin\phi)$$

将上式代入式（8.2.6），并注意到塑性域的内力满足式（2.3.6）的屈服条件，则得

$$\begin{aligned} W_1 &= \sigma_1 \frac{\nu b}{2} m(1-\sin\phi) - \sigma_3 \frac{\nu b}{2}(1-\sin\phi) \\ &= \frac{\nu b}{2}(1-\sin\phi)(m\sigma_1 - \sigma_3) \\ &= \frac{1}{2}\nu b(1-\sin\phi) f_c' \qquad (\alpha=\phi) \end{aligned} \tag{8.2.8}$$

当应力状态处于图 8.2.1（*a*）中的 *B* 点（即拉断破坏与剪切滑移破坏的分界点）时，这时 $\sigma_1 = f_t'$，$\sigma_3 = mf_t' - f_c'$，将其代入式（8.2.6），并注意到式（2.3.4），则得

$$W_1 = \nu b\left(\frac{1-\sin\alpha}{2}f_c' + \frac{\sin\alpha - \sin\phi}{1-\sin\phi}f_t'\right) \quad \left(\phi \leqslant \alpha \leqslant \frac{\pi}{2}\right) \tag{8.2.9}$$

如令 $\alpha=\pi/2$，则由上式可得式（8.2.7）；令 $\alpha=\phi$ 时，由上式可得式（8.2.8）。

当应力状态处于图 8.2.1（a）中的 C 点时，$\sigma_1=0$，$\sigma_3=-f'_c$，则由式（8.2.6）得

$$W_I=\frac{1}{2}\nu b(1-\sin\alpha)f'_c \qquad (0\leqslant\alpha\leqslant\phi) \tag{8.2.10}$$

当 $\alpha=\phi$ 时，由此可得式（8.2.8）。

当应力状态处于图 8.2.1（a）中的 CE 段（受压破坏）时，仍可用式（8.2.10）计算内功，但应取 $\alpha=-\pi/2$。

式（8.2.6）~（8.2.10）是根据式（8.2.2）的内功表达式推导的，同样也可用式（8.2.3）得到上述结果，请读者自行推导。

8.2.3 应用实例

1. 矩形 Disk 的单向受压

设矩形 Disk 的厚度为 b，宽度为 l，高度为 h，上、下面作用均匀压力 p（N/mm^2），如图 8.2.5 所示。

首先利用混凝土强度理论分析这个问题。由于是平面应力问题，故 $\sigma_2=\sigma_A=0$，因而 $\sigma_1=\sigma_B=0$，$\sigma_3=-p$，破损面与 σ_1 主应力面之夹角为 $45°-\phi/2$，与水平轴之夹角 $\beta=45°+\phi/2$。设破坏面上部块体相对于下部块体产生位移 ν，其与破损面之夹角为 ϕ，所以位移 ν 的竖向分量为

$$\nu\cos[\phi+(45°-\phi/2)]=\nu\cos(45°+\phi/2)$$

相应的外功为

$$W_E=plb\nu\cos(45°+\phi/2)$$

破损面的斜长为 $l/\cos\beta=l/\cos(45°+\phi/2)$，由式（8.2.8）得破损面上的总内功为

$$W_I=\frac{1}{2}\nu b(1-\sin\phi)f'_c l/\cos(45°+\phi/2)$$

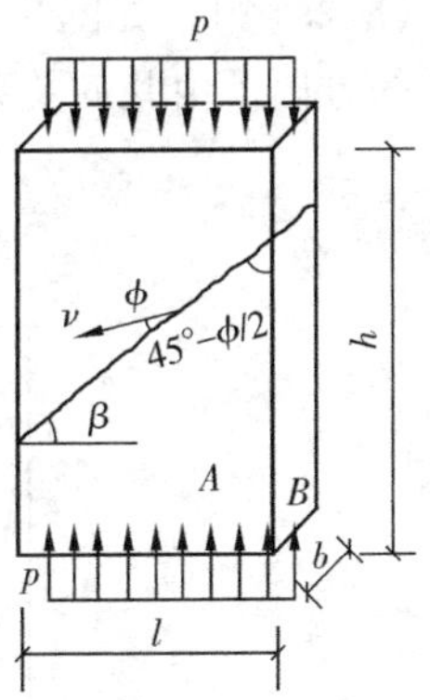

图 8.2.5 Disk 单向受压破坏机构

令 $W_E=W_I$，并经化简后得

$$p=f'_c \tag{8.2.11}$$

由上述分析可见，用混凝土强度理论求解时，需找出 σ_1，σ_2，σ_3，对简单问题比较容易分析，对于复杂问题则难以得到。因此，对于大多数问题，一般采用上限解法。现对本例用上限解法分析如下。

假设破损面与水平轴的夹角为 β（图 8.2.5），则外功和内功分别为

$$W_E=plb\nu\cos(90°-\beta+\phi)=plb\nu\sin(\beta-\phi)$$

$$W_I=\frac{1}{2}\nu b(1-\sin\phi)f'_c\frac{l}{\cos\beta}$$

令外功与内功相等，则得

$$p=\frac{1-\sin\phi}{2\cos\beta\sin(\beta-\phi)}f'_c=\frac{1-\sin\phi}{\sin(2\beta-\phi)-\sin\phi}f'_c \tag{8.2.12}$$

式中 β 表示与破坏机构有关的参数，即不同的 β 值对应不同的破坏机构。而使极限荷载最小的破坏机构则为最危险的破坏机构，即

$$\frac{\mathrm{d}p}{\mathrm{d}\beta}=\cos\ (2\beta-\phi)(1-\sin\phi)=0$$

由此得 $\beta=45°+\phi/2$，代入式（8.2.12）得

$$p=f_c'$$

2. 圆柱体的劈裂试验

用圆柱体的劈裂试验确定混凝土受拉强度时，一般根据弹性理论求解。但是，由于此时混凝土已产生了相当的塑性，故宜采用塑性理论分析。

这是平面应变问题，故取一个薄片分析。根据弹性理论分析结果，沿圆柱体直径大部分为拉应力，且拉应力为常数；近直径端部有很大的压应力，所以取图 8.2.6（a）所示的破坏机构。其中竖向破损线为拉断破坏，斜向破损线为滑移破坏。

根据 Mohr-Coulomb 强度理论，当发生剪切滑移破坏时，滑移面与主应力 σ_1 所在平面的夹角为$(45°-\phi/2)$。现在的问题是直径端部受力复杂，难以判别 σ_1 所在平面的位置。因此，假设楔块的顶角为 2β。另外，此时塑流变形总量 ν 与滑移面的夹角为 ϕ［式(8.2.1)］，如图 8.2.6（b）所示。图中 ν 的方向是取楔块不动，下部劈裂部分向上滑移的方向。由几何关系，楔块向下的竖向位移 Δ_D 和半圆体向外的水平位移 Δ_R 分别为

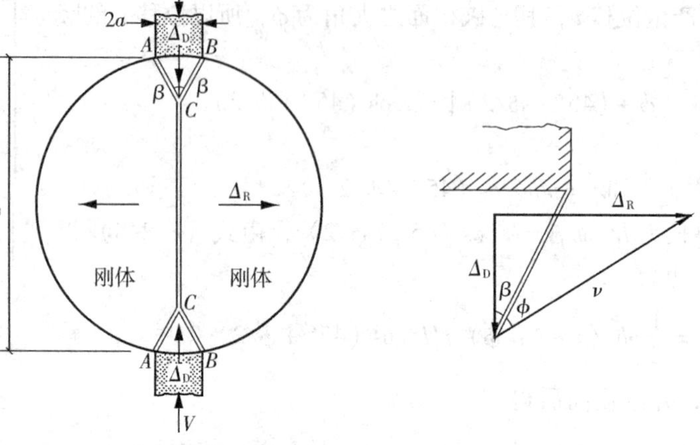

图 8.2.6　圆柱体的劈裂破坏机理

$$\Delta_D=\nu\cos\ (\beta+\phi)\qquad \Delta_R=\nu\sin\ (\beta+\phi)\tag{8.2.13}$$

设圆柱体长度为 l，则式（8.2.8）中的 $b=l$。由外功与内功相等可得

$$2V_u\cdot\Delta_D=4\,\frac{\nu l f_c'}{2}(1-\sin\phi)\frac{a}{\sin\beta}+2\Delta_R\left(d-\frac{2a}{\tan\beta}\right)lf_t\tag{8.2.14}$$

将式（8.2.13）代入式（8.2.14），并经整理后得

$$V_u=\frac{a}{\sin\beta}\left[\frac{f_c'l\ (1-\sin\phi)}{\cos\ (\beta+\phi)}-2f_t'l\cos\beta\tan\ (\beta+\phi)\right]+f_t'ld\tan\ (\beta+\phi)\tag{8.2.15}$$

式中符号意义见图 8.2.6。

上式包含与滑移面方向有关的参数 β，为求得上限解中的最小值，应使 $\partial V_u/\partial\beta=0$，由此求得

$$\cot\beta = \tan\phi + \frac{1}{\cos\phi}\left\{1 + \frac{d/(2a)\cos\phi}{(f_c'/f_t')[(1-\sin\phi)/2] - \sin\phi}\right\}^{1/2} \tag{8.2.16}$$

圆柱体标准试件的尺寸为 $2a = 1/2\text{in}$，$d = 6\text{in}$；对混凝土，f_c'/f_t'的平均值约为 10，取 $\phi = 30$，则由上式求得 $\beta = 16.1°$，代入式（8.2.15）得

$$V_u = 1.83 ldf_t' \tag{8.2.17}$$

从而

$$f_t' = 0.548\frac{V_u}{ld} \tag{8.2.18}$$

3. 混凝土局部受压强度[8.6]

在局部荷载作用下，可把结构端部比拟为一个带多根拉杆的拱，如图 8.2.7 所示。距

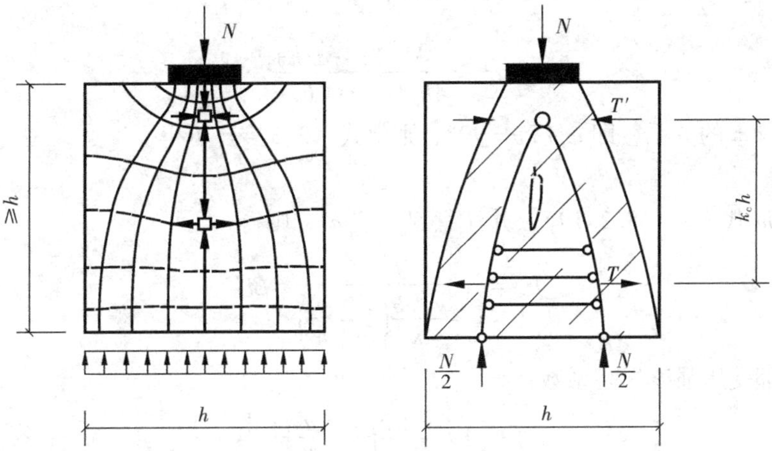

图 8.2.7　混凝土局部受压机理

承压板较深部位的混凝土处于拱的拉杆部位，承受横向拉力；紧靠承压板下的混凝土位于拱顶部位，承受纵向荷载和拱顶的侧向内压，处于多轴受压状态。

在极限状态下，假定承压面下部楔形体高度范围内的混凝土处于三轴受压状态，纵向压应力为 σ_3，侧向压应力分别为 σ_1 和 σ_2。按照 Mohr 强度理论，忽略中间应力 σ_2 的影响，取计算简图如图 8.2.8 所示。由于楔形体外围混凝土的作用，楔形体承受侧压力 T_c'。假定侧压力 T_c'沿楔体高度均匀分布，压应力为 σ_1。

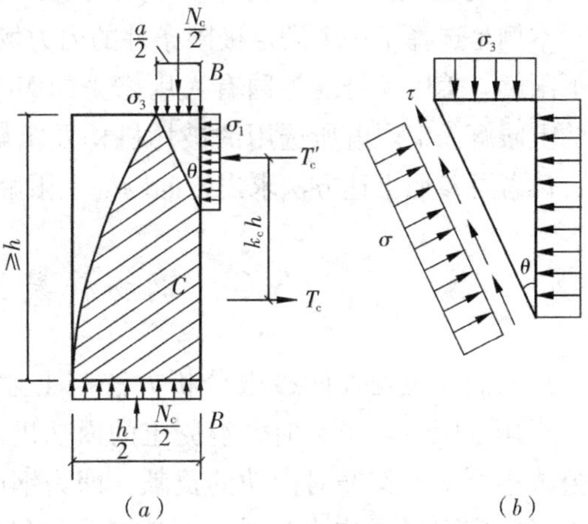

图 8.2.8　局部受压计算简图

假设承压板下核芯混凝土在 σ_1，σ_3 作用下符合 Mohr-Coulomb 强度准则，则由式（2.3.6）可得混凝土局部受压强度 f_{cc}' 为

$$f_{cc}' = \sigma_3 = f_c' + m\sigma_1 \tag{8.2.19}$$

在极限状态下，σ_1 的平均值为

$$\sigma_1 = T'_c / A_0 \tag{8.2.20}$$

式中，A_0 为楔形体沿中心轴的面积，$A_0 = a \cdot \frac{a}{2}\cot\theta$；$T'_c$为侧向压力。

根据图 8.2.8 脱离体的力矩平衡条件，得

$$T'_c = \frac{\frac{N_c}{2}\left(\frac{h}{4} - \frac{a}{4}\right)}{k_c h} = \frac{N_c}{8k_c}\left(1 - \frac{a}{h}\right)$$

式中，$k_c h$ 为内力臂，按弹性分析，$k_c = 0.50$。临近破坏时，由于内力重分布，k_c 有所变化，参照试验结果，取 $k_c = 0.55$。

将 T'_c和 $A_0 = \frac{1}{2}a^2\cot\theta$ 代入式（8.2.20），得

$$\sigma_1 = \frac{N_c}{4k_c a^2}\ \frac{(1 - a/h)}{\cot\theta} \tag{8.2.21}$$

根据 θ 与 ϕ 的关系，即 $\phi + 2\theta = 90°$，则由式（2.3.4）可得

$$m = \cot^2\theta$$

将 σ_1，m 代入式（8.2.19），并注意 $N_c = f'_{cc}a^2$，则得

$$f'_{cc} = \frac{f'_c}{1 - \frac{\cot\theta}{4k_c}\left(1 - \frac{a}{h}\right)} = \beta f'_c \tag{8.2.22}$$

式中 β 为局部受压强度提高系数：

$$\beta = \left[1 - \frac{\cot\theta}{4k_c}\left(1 - \frac{a}{h}\right)\right]^{-1}$$

实际工程中，局部受压构件的侧向压应力 σ_1 不会很高，因此 ϕ 可取平均值40°，相应的$\theta = 25°$。将 $\theta = 25°$，$k_c = 0.55$，$a/h = \sqrt{A_c/A_d}$代入上式，得

$$\beta = \sqrt{A_d/A_c} \tag{8.2.23}$$

式中，A_c 为混凝土构件上的局部承压面积，A_d 为局部受压时的计算底面积。

本例是选择了一个满足极限条件的内力场，然后用平衡条件求极限荷载，故所得结果为下限解。美国、丹麦等国有人用修正的 Mohr-Coulomb 理论，根据内外功平衡求得该问题的上限解。上限解所选用的破坏机构及求解过程与上述圆柱体劈裂试验有许多相似之处，读者可参照上述方法求出该问题的上限解。

8.3 钢筋混凝土构件极限分析

钢筋混凝土构件的极限分析方法与上述混凝土构件基本相同，仅需考虑钢筋的作用。当用上限解法求解时，混凝土的内功仍可用式（8.2.6）～（8.2.10）计算，在这些公式中再加上钢筋对内功的贡献，即为钢筋混凝土的内功。用下限解法求解时，除考虑混凝土应力（或内力）外，尚应考虑钢筋的应力（或内力）。下面通过实例来说明具体解法。

8.3.1 钢筋混凝土隔板（Diaphragm）的受剪强度

1. 上限解

图 8.3.1 表示作用两个集中荷载 P 的钢筋混凝土隔板，板厚为 t，图中虚线表示均匀放置的水平钢筋，钢筋总面积为 A_s，屈服强度为 f_y。下面分析该板的受剪强度。

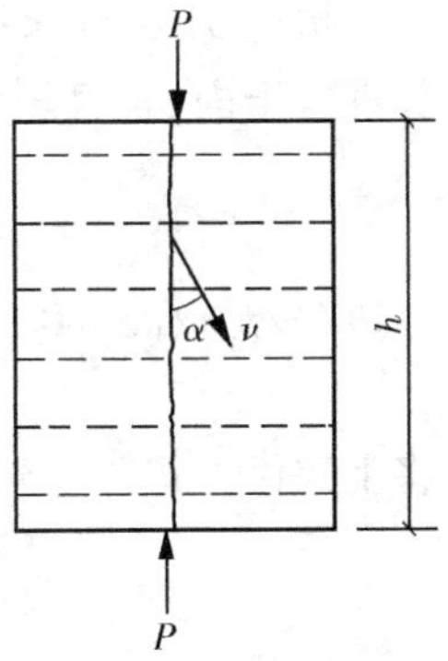

图 8.3.1 隔板受剪破坏机构

假定板的破坏机构为在两个集中荷载作用点之间出现破损线，破损线右侧板相对于左侧板产生位移 ν，与破损线的夹角为 α，如图 8.3.1 所示。外功为

$$W_E = P\nu\cos\alpha \tag{8.3.1}$$

内功由两部分组成，一是混凝土对内功的贡献，可用式（8.2.6）～（8.2.10）计算；二是钢筋对内功的贡献，若忽略钢筋的销栓作用，则钢筋内功为

$$W_{IR} = A_s f_y \nu\sin\alpha \tag{8.3.2}$$

现分四种情况讨论板的受剪强度。

情况 1：$\alpha > \phi$。此时应力点处于图 8.2.1（a）中的 B 点，混凝土总内功可由式（8.2.9）计算，即

$$W_{Ic} = \nu\left(\frac{1-\sin\alpha}{2}f'_c + \frac{\sin\alpha - \sin\phi}{1-\sin\phi}f'_t\right)ht \tag{8.3.3}$$

板破损线上的平均剪应力 τ 及配筋特征值 ψ 可表示为

$$\tau = \frac{P}{ht} \tag{8.3.4}$$

$$\psi = \frac{A_s f_y}{htf'_c} \tag{8.3.5}$$

令 $W_E = W_{Ic} + W_{IR}$，并经整理后可得

$$\frac{\tau}{f'_c} = \frac{1-\sin\alpha}{2\cos\alpha} + \frac{\sin\alpha - \sin\phi}{(1-\sin\phi)\cos\alpha}\frac{f'_t}{f'_c} + \psi\tan\alpha \tag{8.3.6}$$

上式中含有待定参数 α，为求得最小上限解，应令 $\partial(\tau/f'_c)/\partial\alpha = 0$，则得

$$\sin\alpha = 1 - \frac{2(\psi + f'_t/f'_c)(1-\sin\phi)}{1-\sin\phi - 2(f'_t/f'_c)\sin\phi} \tag{8.3.7}$$

将上式代入式（8.3.6），得

$$\frac{\tau}{f'_c} = \left(\psi + \frac{f'_t}{f'_c}\right)\sqrt{\frac{1-\sin\phi - 2(f'_t/f'_c)\sin\phi}{(\psi + f'_t/f'_c)(1-\sin\phi)} - 1} \tag{8.3.8}$$

上式要求 $\alpha > \phi$，即 $\sin\alpha > \sin\phi$，由式（8.3.7）可得

$$\psi < \frac{1-\sin\phi}{2} - (1+\sin\phi)\frac{f'_t}{f'_c}$$

亦即当板的配筋特征值 ψ 满足上式时，才发生 $\alpha > \phi$ 的破坏形式。

情况 2：$\alpha = \phi$。此时应力点处于 8.2.1（a）中的 BC 段，即发生剪切滑移破坏。由于上述 B 点位于拉断破坏与剪切滑移破坏的分界点上，故式（8.3.6）当 $\alpha = \phi$ 时亦适用于 BC 段，故有

$$\frac{\tau}{f'_c}=\frac{1-\sin\phi}{2\cos\phi}+\psi\tan\phi \tag{8.3.9}$$

情况3：$0<\alpha<\phi$ 。此时应力点处于图8.2.1（a）中的C点，应采用式（8.2.10）计算混凝土内功，其余与上述相同。相应的上限解为

$$\frac{\tau}{f'_c}=\frac{1-\sin\alpha}{2\cos\alpha}+\psi\tan\alpha \tag{8.3.10}$$

令 $\partial(\tau/f'_c)/\partial\alpha=0$ ，得

$$\sin\alpha=1-2\psi \tag{8.3.11}$$

将上式代入式（8.3.10）得

$$\frac{\tau}{f'_c}=\sqrt{\psi(1-\psi)} \tag{8.3.12}$$

上式要求 $0<\alpha<\phi$ ，亦即 $0<\sin\alpha<\sin\phi$ ，由式（8.3.11）得

$$\frac{1-\sin\phi}{2}<\psi<\frac{1}{2} \tag{8.3.13}$$

即当 ψ 满足上式时，才发生 $0<\alpha<\phi$ 的破坏形式。

情况4：$\alpha=0$ 。此时位移 ν 方向与破损线平行，为纯剪受力状态。由于这时位移与钢筋方向垂直，故 $W_{IR}=0$ 。在式（8.3.10）中令 $\alpha=0$ ，则得

$$\frac{\tau}{f'_c}=\frac{1}{2} \tag{8.3.14}$$

2. 下限解

板中钢筋的最大承载力为 $T=A_sf_y$，将 T 均匀分布在破损面上，则混凝土中的水平压应力为

$$\sigma=-\frac{T}{ht}=-\psi f'_c \tag{8.3.15}$$

破损面上的平均剪应力τ为

$$\tau=\frac{P}{ht} \tag{8.3.16}$$

分析时采用修正的 Mohr－Coulomb 强度准则，其在 $\sigma-\tau$ 坐标系中的曲线如图8.3.2所示。当 $\alpha>\phi$ 时，应力点处于图中的 Q 点，其坐标为（σ，τ）。由图示几何关系，有

$$(R-f'_t+\sigma)^2+\tau^2=R^2 \tag{8.3.17}$$

式中 R 为圆的半径，同样由几何关系得

$$R=\frac{1}{2}f'_c-f'_t\frac{\sin\phi}{1-\sin\phi} \tag{8.3.18}$$

将式（8.3.15）及（8.3.18）代入式（8.3.17），得板受剪强度下限解，结果与式（8.3.8）相同。

当 $\alpha=\phi$ 时，应力点处于图8.3.2的屈服准则的直线上，其屈服准则为

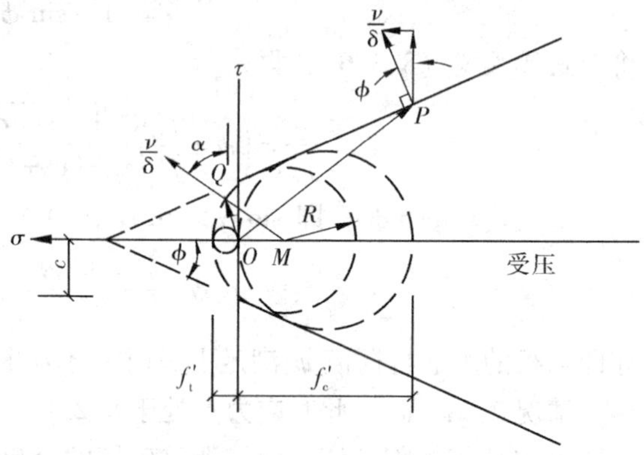

图8.3.2　修正的 Mohr-Coulomb 准则

$$\tau = c - \sigma \tan \phi$$

由式（2.3.9）得 $c=\frac{1}{2}(1-\sin\phi)f_c'/\cos\phi$，将 c 及式（8.3.15）代入上式即得相应的下限解，其结果与式（8.3.9）相同。

当假定为平面应力问题时，三个主应力中有一个恒为零。在 $\sigma-\tau$ 坐标系（图 8.3.2）中，最大莫尔圆通过点（0，0）和（f_c'，0），该圆的方程为

$$\left(\sigma+\frac{1}{2}f_c'\right)^2+\tau^2=\left(\frac{1}{2}f_c'\right)^2 \tag{8.3.19}$$

将式（8.3.15）代入上式，得到一个下限解，结果与式（8.3.12）相同，适用范围为 $0<\alpha<\phi$。

当配筋特征值 $\psi>1/2$ 时，板破坏时钢筋还未屈服，板的受剪强度达极限值 $\tau/f_c'=1/2$，这与式（8.3.14）相同，适用于 $\alpha=0$。

对本例来说，上限解与下限解相同，故上述结果为精确解。当然，这是在假定混凝土符合 Mohr-Coulomb 准则的前提下得出的。

8.3.2 钢筋混凝土梁的受剪强度

图 8.3.3 表示承受两个对称集中荷载的 T 形截面简支梁，腹板宽度为 b，梁内配置等间距的箍筋。梁受压区可理想化为承受压力 C 的受压带；受拉区理想化为承受拉力 T 的受拉带；受剪区为腹板。受拉带与受压带之间的距离为 h。

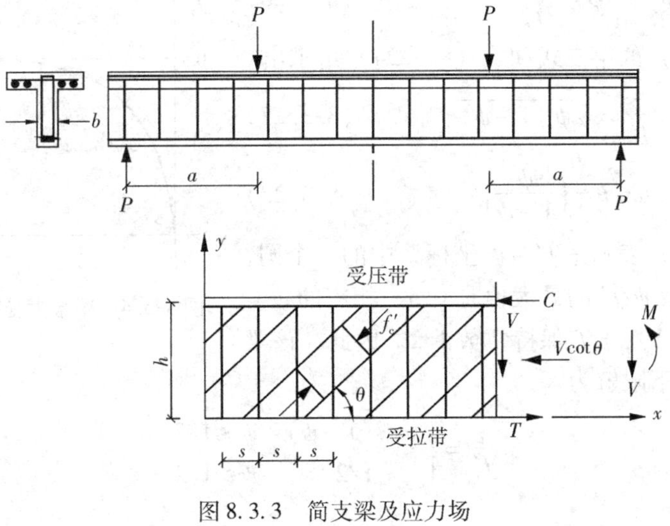

图 8.3.3 简支梁及应力场

1. 下限解

为了求下限解，首先选取一个静力容许的应力场。设腹板内有一均匀应力场，假定混凝土抗拉强度为零，则应力场由与 x 轴夹角为 θ 的单轴压应力 f_c' 组成。这个应力场称为斜压场（Diagonal compression field），它较好地模拟了开裂腹板（裂缝平行于单向压应力方向）的受力机理。

由图示 xy 坐标系，应力场的法向应力和剪应力分别为

$$\sigma_x = -f'_c\cos^2\theta \qquad \sigma_y = -f'_c\sin^2\theta \qquad \tau = |\tau_{xy}| = f'_c\sin\theta\cos\theta \tag{8.2.20}$$

截面上的平均剪应力τ为

$$\tau = \frac{V}{bh} \tag{8.2.21}$$

式中，V为梁截面上的剪力。

设箍筋屈服强度为f_y，间距为s，在$b\times s$范围箍筋面积为A_{sv}，则相应的应力场为

$$\sigma_x = \tau_{xy} = 0 \qquad \sigma_y = \frac{A_{sv}f_y}{bs} = \rho_{sv}f_y \tag{8.3.22}$$

式中，ρ_{sv}为配箍率，$\rho_{sv}=\dfrac{A_{sv}}{bs}$。

由混凝土和箍筋承担的总应力为

$$\sigma_x = -f'_c\cos^2\theta \qquad \sigma_y = -f'_c\sin^2\theta + \rho_{sv}f_y \qquad \tau = f'_c\sin\theta\cos\theta \tag{8.3.23}$$

如果边界条件满足并忽略材料重量，则这个应力场是静力容许的。沿受压带和受拉带边界要求总应力$\sigma_y=0$，根据这个条件，由式（8.3.23）的后两式可得

$$\rho_{sv}f_y = \tau\tan\theta \tag{8.3.24}$$

而由式（8.3.23）的第一和第三式得

$$\sigma_x = -\tau\cot\theta \tag{8.3.25}$$

引入配箍特征值ψ：

$$\psi = \frac{\rho_{sv}f_y}{f'_c} \tag{8.3.26}$$

则由式（8.3.23）的第二式和式（8.3.24）可求出

$$\frac{\tau}{f'_c} = \sqrt{\psi(1-\psi)} \tag{8.3.27}$$

$$\tan\theta = \left(\frac{\psi}{1-\psi}\right)^{1/2} \tag{8.3.28}$$

式（8.3.27）表示$\tau/f'_c-\psi$坐标系中的一个圆，如图8.3.4所示。ψ/f'_c的最大值是0.5，相应的$\psi=0.5$。当$\psi>0.5$时，τ/f'_c保持常数1/2。因此，该梁受剪强度的完整下限解为

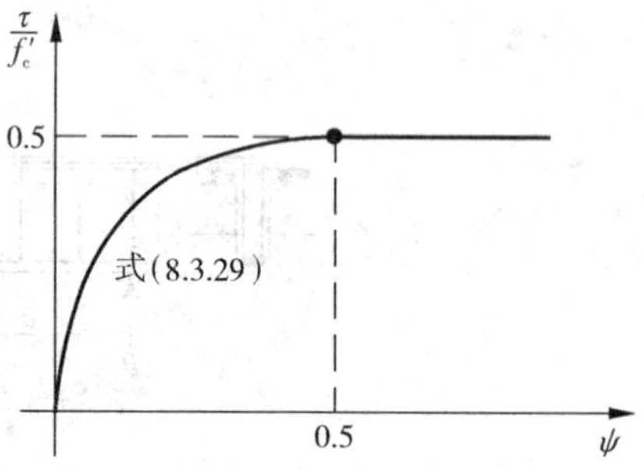

图8.3.4　梁最大受剪强度的下限解

$$\frac{\tau}{f'_c} = \begin{cases} \sqrt{\psi(1-\psi)} & \psi\leqslant 1/2 \\ 1/2 & \psi>1/2 \end{cases} \tag{8.3.29}$$

2. 上限解

选定的位移场如图8.3.5所示。两对称破损线与水平轴的夹角均为β，破损线将梁分为三部分，中间部分Ⅰ相对两边部分Ⅱ产生向下的位移u，u与破损线的夹角为$\alpha=90°-\beta$。

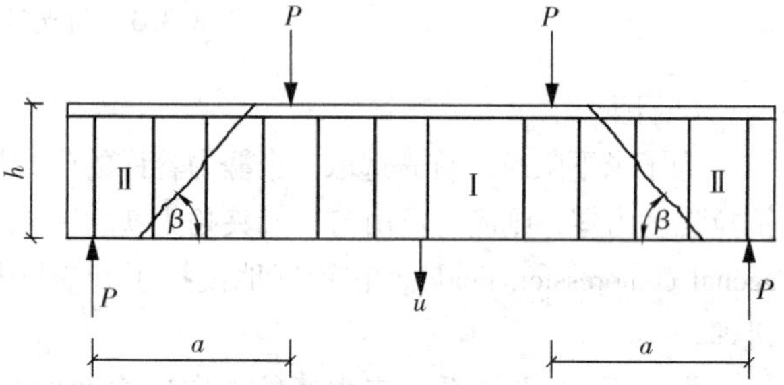

图8.3.5　梁受剪破坏机构

本例中因结构与荷载均对称，故可取半个梁分析。混凝土对内功的贡

献可用式（8.2.10）计算，破损线范围内箍筋的应力按式（8.3.22）确定，破损线的斜长及水平投影长度分别为 $h/\sin\beta$ 和 $h\cot\beta$。由内功与外功相等，得

$$Pu=(\rho_{sv}f_y bh\cot\beta)u+\frac{1}{2}f'_c b(1-\cos\beta)\frac{h}{\sin\beta}u \tag{8.3.30}$$

上式右侧第一项为破损线范围内的箍筋对内功的贡献，第二项为腹板混凝土对内功的贡献。在此忽略了受拉和受压带的作用。

由式（8.3.30）得

$$\frac{\tau}{f'_c}=\frac{P}{bhf'_c}=\psi\cot\beta+\frac{1}{2}(1-\cos\beta)\frac{1}{\sin\beta} \tag{8.3.31}$$

为求得上限解中的最小值，令 $\partial(\tau/f'_c)/\partial\beta=0$，得

$$\tan\beta=\frac{2\sqrt{\psi(1-\psi)}}{1-2\psi} \tag{8.3.32}$$

将上式代入式（8.3.31），则得最小上限解：

$$\frac{\tau}{f'_c}=\sqrt{\psi(1-\psi)} \tag{8.3.33}$$

这个上限解与式（8.3.27）的下限解相同。

上述解法是由丹麦学者 Nielsen[8.2]等人提出的。他们还提出带有抗剪斜筋（弯筋）梁受剪强度的上限解及下限解，其求解过程与上述配箍梁相似，只需考虑斜筋的作用，请读者自行求解。

8.4 钢筋混凝土板的极限分析

8.4.1 上限解法

上限解法仅满足极限分析中的机动条件和平衡条件。一般是选取一种破坏机构，对于板则在板面布置一定形式的塑性铰线，使板成为机动体系。当给出破坏机构后，一般可用两种方法确定极限荷载。一种是机动法，即建立虚功方程来求解；另一种是极限平衡法，即研究由塑性铰线所分割的各板块的平衡，建立平衡方程来求解。

钢筋混凝土板在极限状态下形成若干条塑性铰线，塑性铰线将板分割成若干板块，如图 8.4.1 所示。通过塑性铰线的所有钢筋都已达到屈服，而沿塑性铰线截面的抵抗矩则达到极限弯矩值。承受正弯矩的塑性铰线称为正塑性铰线，其裂缝出现在板的下表面；承受负弯矩的塑性铰线称为负塑性铰线，其裂缝出现在板的上表面。钢筋混凝土板的塑性铰线实际上是一条狭窄的屈服带，因为板的配筋率一般都较低，因而具有良好的塑性。

1. 确定板的破坏机构

根据塑性铰线理论，可按下述原则确定板的破坏机构。

（1）塑性铰线将板分成若干板块，各板块的外形必定是凸形的，如图 8.4.1 所示的各种破坏机构。

（2）板的破坏机构必定是一次几何可变体系，其容许位移场可根据支承条件确定。

（3）各板块沿着支承边旋转，如果板支承于柱上，则旋转轴应经过柱顶，如图 8.4.1（c），（e）所示。

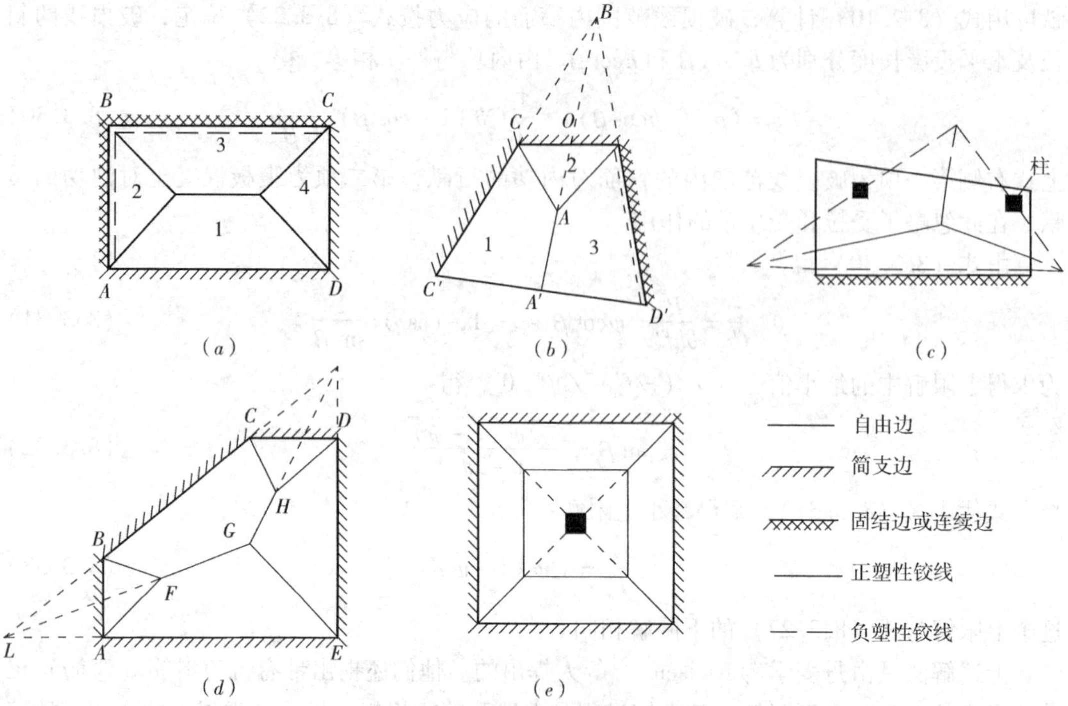

图 8.4.1　板的破坏机构

（4）忽略弹性变形，使各板块为平面刚体，因而两相邻板块之间的塑性铰线必定为直线。

（5）两相邻板块之间的塑性铰线必定经过两板块各自转动轴的交点（图 8.4.1）。当各自的转动轴相互平行时，则平行于转动轴，此时形成瞬时可变机构，如图 8.4.1（*a*）所示。

2. 机动法

用机动法求解板的极限荷载，首先应给定一次几何可变的破坏机构图形，并给破坏机构以虚位移，然后根据机动位移场分别计算内功和外功。按内功与外功相等的条件，可确定在给定破坏机构下的极限荷载。

（1）内功

破坏机构在虚位移下，只有塑性铰线截面的内力才做功，而各板块已被假定为刚体不产生变形，故板块内部的内力不做功。由于塑性铰线两边的板块作相对转动，不发生错动和扭转，所以塑性铰线上的内力只有弯矩才做功，扭矩和剪力不做功，故在机动法中不必计算板的扭转和剪力。

设图 8.4.2 所表示的相邻板块间的塑性铰线长度为 l，该板块沿 x 轴和 y 轴产生转动，其转角用 $\vec{\theta}_x$ 和 $\vec{\theta}_y$ 表示，则塑性铰线上所产生的相对转角为

$$\vec{\theta} = \vec{\theta}_x + \vec{\theta}_y$$

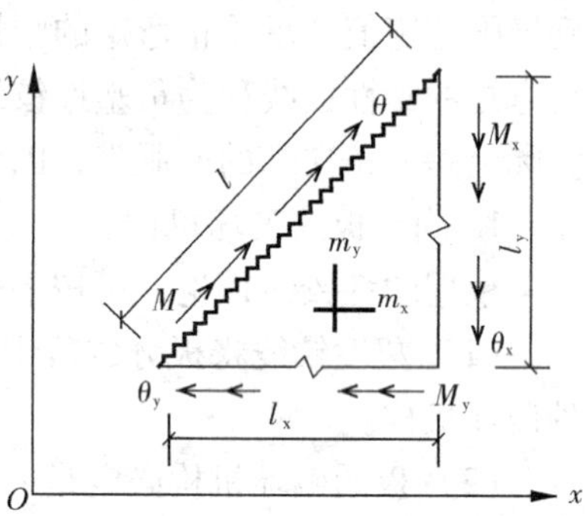

图 8.4.2　塑性铰线上的内功

另外，设板正交配筋，沿 x，y 向单位长度上的极

限弯矩分别为 m_y 和 m_x，总弯矩分别为$M_x = m_x l_y$，$M_y = m_y l_x$，则塑性铰线上的总弯矩为

$$\vec{M} = \vec{M_x} + \vec{M_y}$$

一条正塑性铰线所做内功为

$$W_I' = \vec{M} \cdot \vec{\theta} = (\vec{M_x} + \vec{M_y}) \cdot (\vec{\theta_x} + \vec{\theta_y}) = m_x l_y \theta_x + m_y l_x \theta_y$$

类似地，一条负塑性铰线所做内功为

$$W_I'' = m_x' l_y \theta_x + m_y' l_x \theta_y$$

则板中全部塑性铰线所做总内功为

$$W_I = \sum (m_x l_y \theta_x + m_y l_x \theta_y) + \sum (m_x' l_y \theta_x + m_y' l_x \theta_y) \tag{8.4.1}$$

式中，m_x'，m_y'分别为 y，x 方向上单位长度内板所负担的负极限弯矩值；l_x，l_y分别为塑性铰线在 x，y 方向的投影长度。

（2）外功

板的破坏机构因有虚位移使荷载作用点产生位移而做功。设板的微单元面积 $dxdy$ 上作用有面分布荷载 p，其虚位移为 ν，除分布荷载外，尚作用有集中荷载 P_i，在集中力作用点的虚位移为 ν_i，则总外功为

$$W_E = \iint p\nu \mathrm{d}x\mathrm{d}y + \sum P_i \nu_i \tag{8.4.2}$$

如果板上仅作用有面均布荷载时，则上式第一项的积分可写为

$$W_E = p \iint \nu \mathrm{d}x\mathrm{d}y = p\Omega \tag{8.4.3}$$

式中，Ω 为板下垂位置与原平面之间的体积。

（3）虚功方程

令 $W_E = W_I$，则得到以下虚功方程

$$\iint p\nu \mathrm{d}x\mathrm{d}y + \sum P_i \nu_i = \sum (m_x l_y \theta_x + m_y l_x \theta_y) + \sum (m_x' l_y \theta_x + m_y' l_x \theta_y) \tag{8.4.4}$$

上式中含有与塑性铰线位置有关的 n 个参数 x，y，z，…。为求得最危险的塑性铰线位置或极限荷载的最小值，根据上限定理，应使所求荷载为最小来确定几何参数 x，y，z，…,即

$$\frac{\partial p}{\partial x} = 0, \quad \frac{\partial p}{\partial y} = 0, \quad \frac{\partial p}{\partial z} = 0, \quad \cdots \tag{8.4.5}$$

从上式可得到 n 个联立代数方程组，解此联立方程组就可求出几何参数 x，y，z，…，将求得的 x，y，z，…代回虚功方程（8.4.4）中，就可求得极限荷载值。

3. 机动法应用实例

（1）矩形板在均布荷载作用下的一般公式

图 8.4.3 所示为四边固定矩形板，板单位长度上的极限弯矩 $m_y = \alpha m_x$，$m_y' = \beta_y' m_y$，$m_y'' = \beta_y'' m_y$，$m_x' = \beta_x' m_x$，$m_x'' = \beta_x'' m_x$。求该板所能承担的均布极限荷载 p。

因板各控制截面所采用的配筋量（或极限弯矩值）不同，故塑性铰线的确切位置未知，须用三个待定几何参数 x_1，x_2，y 来表示塑性铰线位置，如图 8.4.3 所示。设板 E，F 两点产生向下的单位虚位移 1，则外功可用式（8.4.3）计算，即

$$W_E = p \frac{l_y}{6} [3l_x - (x_1 + x_2)]$$

内功按式（8.4.1）计算如下

$$W_{\mathrm{I}}=\alpha m_{x}l_{x}\left(\frac{1}{l_{y}-y}+\frac{1}{y}\right)+m_{x}l_{y}\left(\frac{1}{x_{1}}+\frac{1}{x_{2}}\right)+\alpha m_{x}l_{x}\left(\frac{\beta''_{y}}{l_{y}-y}+\frac{\beta'_{y}}{y}\right)+m_{x}l_{y}\left(\frac{\beta'_{x}}{x_{1}}+\frac{\beta''_{x}}{x_{2}}\right)$$

由外功与内功相等的条件可得

$$p=\frac{6\alpha m_{x}}{3l_{x}-(x_{1}+x_{2})}\left(\frac{l_{x}}{l_{y}}\right)\left[\frac{1+\beta'_{y}}{y}+\frac{1+\beta''_{y}}{l_{y}-y}+\frac{l_{y}}{l_{x}}\left(\frac{1+\beta'_{x}}{x_{1}}+\frac{1+\beta''_{x}}{x_{2}}\right)\frac{1}{\alpha}\right] \tag{8.4.6}$$

为求得极限荷载的最小值，由式（8.4.5）及式（8.4.6）得

$$\left.\begin{aligned}\frac{\partial p}{\partial x_{1}}&=\frac{1+\beta'_{y}}{y}+\frac{1+\beta''_{y}}{l_{y}-y}+\left(\frac{l_{y}}{l_{x}}\right)\frac{1}{\alpha}\left[\frac{1+\beta'_{x}}{x_{1}}+\frac{1+\beta''_{x}}{x_{2}}-\frac{1+\beta'_{x}}{x_{1}^{2}}(3l_{x}-x_{1}-x_{2})\right]=0\\\frac{\partial p}{\partial x_{2}}&=\frac{1+\beta'_{y}}{y}+\frac{1+\beta''_{y}}{l_{y}-y}+\left(\frac{l_{y}}{l_{x}}\right)\frac{1}{\alpha}\left[\frac{1+\beta'_{x}}{x_{1}}+\frac{1+\beta''_{x}}{x_{2}}-\frac{1+\beta''_{x}}{x_{2}^{2}}(3l_{x}-x_{1}-x_{2})\right]=0\\\frac{\partial p}{\partial y}&=\frac{1+\beta'_{y}}{y^{2}}+\frac{1+\beta''_{y}}{(l_{y}-y)^{2}}=0\end{aligned}\right\} \tag{8.4.7}$$

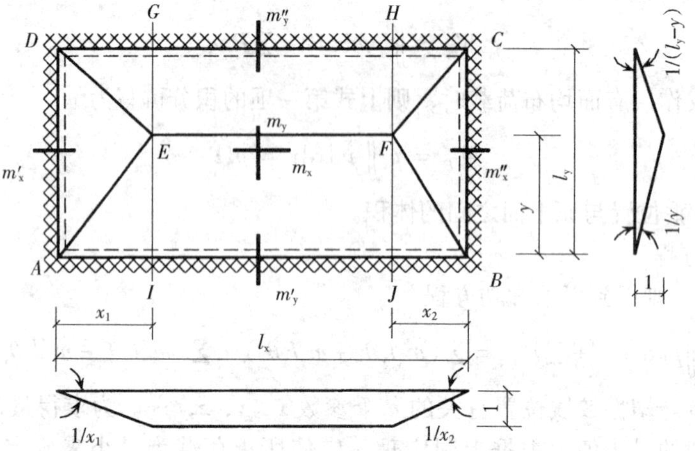

图 8.4.3　四边固定矩形板的破坏机构

由式（8.4.7）可解得待定几何参数 x_1，x_2，y 为

$$x_{1}=\frac{Y^{2}}{2\alpha X}\sqrt{1+\beta'_{x}}\left[\sqrt{\alpha}\left(\frac{X}{Y}\right)\sqrt{\frac{1}{\alpha}\left(\frac{Y}{X}\right)^{2}+3}-1\right]$$

$$x_{2}=\frac{Y^{2}}{2\alpha X}\sqrt{1+\beta''_{x}}\left[\sqrt{\alpha}\left(\frac{X}{Y}\right)\sqrt{\frac{1}{\alpha}\left(\frac{Y}{X}\right)^{2}+3}-1\right]$$

$$y=\frac{Y}{2}\sqrt{1+\beta'_{y}}$$

及

$$l_{y}-y=\frac{Y}{2}\sqrt{1+\beta''_{y}}$$

$$x_{1}+x_{2}=l_{x}\left[\frac{1}{\sqrt{\alpha}}\left(\frac{Y}{X}\right)\sqrt{\frac{1}{\alpha}\left(\frac{Y}{X}\right)^{2}+3}-\frac{1}{\alpha}\left(\frac{Y}{X}\right)^{2}\right]$$

其中　$X=\dfrac{2l_x}{\sqrt{1+\beta'_x}+\sqrt{1+\beta''_x}}$，　$Y=\dfrac{2l_y}{\sqrt{1+\beta'_y}+\sqrt{1+\beta''_y}}$

将上述参数 x_1，x_2，y 代回式（8.4.6），则得

$$p=\frac{24\alpha m_x}{Y^2}\frac{1}{\left[\sqrt{3+\frac{1}{\alpha}\left(\frac{Y}{X}\right)^2}-\frac{1}{\sqrt{\alpha}}\left(\frac{Y}{X}\right)\right]^2} \tag{8.4.8}$$

上式是矩形板在均布荷载作用下的一般公式。对于四边简支板，因 $\beta'_x=\beta''_x=\beta'_y=\beta''_y=0$，$X=l_x, Y=l_y$，则由式（8.4.8）可得

$$p=\frac{24\alpha m_x}{l_y^2}\frac{1}{\left[\sqrt{3+\frac{1}{\alpha}\left(\frac{l_y}{l_x}\right)^2}-\frac{1}{\sqrt{\alpha}}\left(\frac{l_y}{l_x}\right)\right]^2} \tag{8.4.9}$$

（2）三边简支、一边自由的矩形板

图 8.4.4 表示三边简支、一边自由的矩形板。设板沿 x 方向所能承担的单位长度上极限弯矩为 αm，沿 y 方向为 m。根据塑性铰线理论，该板可能产生两种破坏机构，如图 8.4.4 所示。对于破坏机构（a），设 a，b 两点的虚位移为 1，则作用于板上的均布荷载 p 所做的外功为

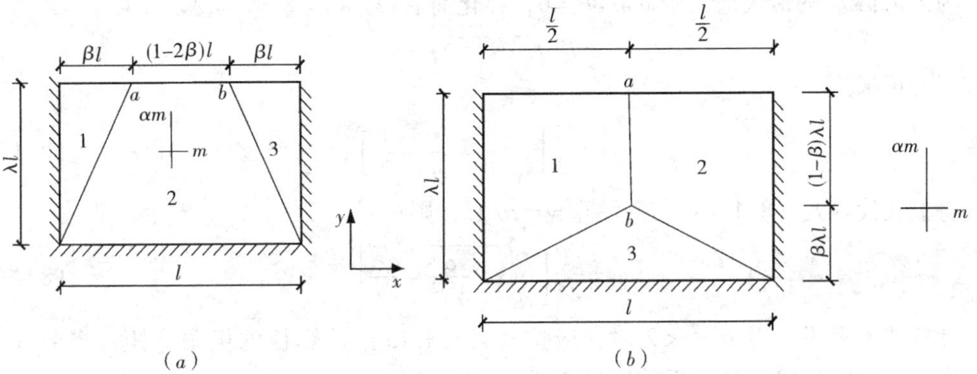

图 8.4.4　三边简支、一边自由矩形板的破坏机构

$$W_E=pl^2\left[\frac{(1-2\beta)\lambda}{2}+\frac{2}{3}\lambda\beta\right]=\frac{1}{6}pl^2\lambda\ (3-2\beta)$$

两条塑性铰线所做的内功为

$$W_I=2\beta l\alpha m\frac{1}{\lambda l}+2\lambda lm\frac{1}{\beta l}=\frac{2\lambda m}{\beta}\left(1+\frac{\alpha\beta^2}{\lambda^2}\right)$$

令 $W_E=W_I$，则得

$$m=\frac{pl^2}{12}\left(\frac{3\beta-2\beta^2}{1+\gamma\beta^2}\right) \tag{8.4.10}$$

式中 $\gamma=\alpha/\lambda^2$。

为了求 m 的最大值，令 $\partial m/\partial\beta=0$，经化简后得

$$3\gamma\beta^2+4\beta-3=0$$

该方程的正根为

$$\beta=\frac{1}{\gamma}\left[\sqrt{\frac{4}{9}+\gamma}-\frac{2}{3}\right] \tag{8.4.11}$$

将式（8.4.11）代回式（8.4.10），并注意 $\gamma=\alpha/\lambda^2$，则得

$$m=\frac{pl^2\lambda^2}{24\alpha}\left[\sqrt{4+9\frac{\alpha}{\lambda^2}}-2\right] \tag{8.4.12}$$

如果按式（8.4.11）求得的β值大于1/2，则该板不会形成破坏机构（a），而应形成破坏机构（b）。对于破坏机构（b），仍假设 a，b 两点的虚位移为1，则作用于板上的均布荷载 p 所做的外功为

$$W_{\mathrm{E}}=pl^2\left[\frac{\lambda\beta}{3}+\frac{\lambda(1-\beta)}{2}\right]=\frac{1}{6}pl^2\lambda(3-\beta)$$

塑性铰线所做的内功为

$$W_{\mathrm{I}}=\frac{\alpha m}{\lambda\beta}+4\lambda m=\lambda m\left(4+\frac{\alpha}{\lambda^2\beta}\right)$$

由内功与外功相等，可得

$$m=\frac{1}{6}pl^2\left(\frac{3\beta-\beta^2}{\gamma+4\beta}\right) \tag{8.4.13}$$

为了求得 m 的最大值，令 $\partial m/\partial\beta=0$，经化简后得

$$4\beta^2+2\gamma\beta-3\gamma=0$$

该方程的正根为

$$\beta=\frac{\gamma}{2}\left[\sqrt{\frac{1}{4}+\frac{3}{\gamma}}-\frac{1}{2}\right] \tag{8.4.14}$$

将上式代入式（8.4.13），并注意 $\gamma=\alpha/\lambda^2$，则得

$$m=\frac{pl^2}{24}\left[\sqrt{3+\frac{\alpha}{4\lambda^2}}-\frac{\sqrt{\alpha}}{2\lambda}\right]^2 \tag{8.4.15}$$

计算结果表明，当$\alpha/\lambda^2<2$ 时，应按式（8.4.15）计算板的极限弯矩；当 $\alpha/\lambda^2>2$ 时，应按式（8.4.12）计算板的极限弯矩。

（3）两边简支、一边自由的三角板

图 8.4.5 表示两边简支、一边自由的三角形板。板内钢筋正交配置，两个方向的极限弯矩相等，均为 m_u（单位宽度上）。求该板所能承担的极限均布荷载。

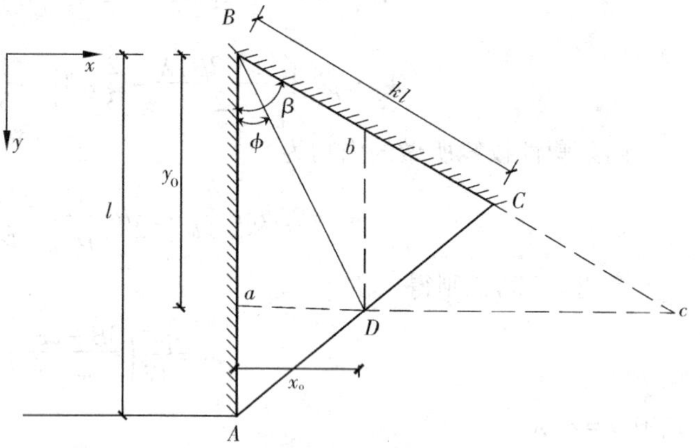

图 8.4.5　三角形板的破坏机构

板的破坏机构如图 8.4.5 所示。对于给定的 k 和 β 值，塑性铰线位置可用角度 ϕ 或塑性铰线在 x，y 轴上的投影长度 x_0，y_0 当中之一来确定，故该板的破坏图

式只有一个未知的几何参数。设板在 D 点产生向下的单位虚位移，则外力所做的功为

$$W_E = p\frac{l\cdot kl\sin\beta}{2}\frac{1}{3} = \frac{1}{6}pl^2k\sin\beta$$

内力所做的功为

ABD 分块 $$\theta_x = \frac{1}{aD} = \frac{1}{y_0\tan\phi},\qquad \theta_y = 0$$

CBD 分块 $$\theta_x = \frac{1}{cD} = \frac{1}{y_0\tan\beta - y_0\tan\phi}$$

$$\theta_y = \frac{1}{bD} = \frac{1}{y_0 - y_0\tan\phi\cot\beta}$$

故 $$W_I = \frac{m_u y_0}{y_0\tan\phi} + \frac{m_u y_0}{y_0(\tan\beta - \tan\phi)} + \frac{m y_0\tan\phi}{y_0(1-\tan\phi\cot\beta)}$$
$$= m_u[\cot\phi + \cot(\beta-\phi)]$$

令外功与内功相等，则得

$$p = \frac{6m_u[\cot\phi + \cot(\beta-\phi)]}{kl^2\sin\beta} = \frac{6m_u}{kl^2\sin\phi\sin(\beta-\phi)} \tag{8.4.16}$$

为求得极限荷载的最小值，令 $\partial p/\partial\phi = 0$，则得

$$\cos\phi\sin(\beta-\phi) - \sin\phi\cos(\beta-\phi) = 0$$

即 $$\tan\phi = \tan(\beta-\phi)$$
$$\phi = \beta/2$$

将 $\phi=\beta/2$ 代入式（8.4.16），得

$$p = \frac{6m_u}{kl^2\sin^2(\beta/2)} \tag{8.4.17}$$

（4）支承在柱上的圆形板

半径为 R 的圆形板，由 n 个对称布置的柱子支承，各柱均位于半径为 r 的圆上，且靠近板边，如图 8.4.6（a）所示。板钢筋正交布置，且两方向单位宽度极限弯矩相等，均为 m_u。假定柱为简支的点支座，求该板所能负担的极限荷载。

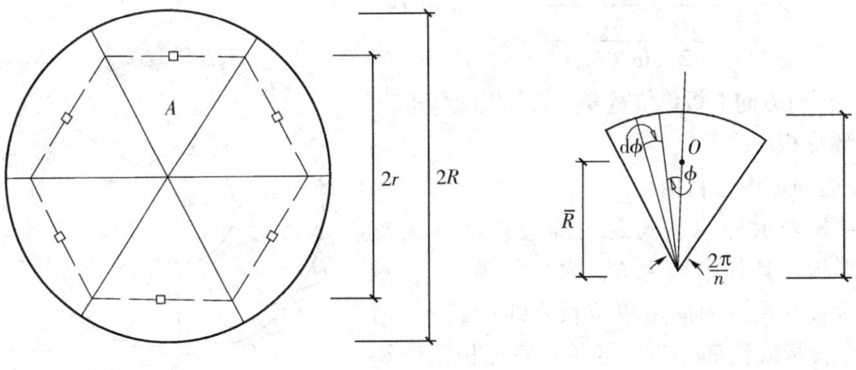

图 8.4.6　柱支承的圆形板（板块形心在柱内侧）

根据塑性铰线理论，板的破坏机构如图 8.4.6（a）所示。现考察由塑性铰线所分割的 A 分块［图 8.4.6（b）］，分块形心离板中心的距离 $\overline{R}$ 可按下式求得

$$\overline{R} = \frac{2\int_0^{\pi/n} \frac{1}{2}R^2 \frac{2}{3}R\cos\phi \mathrm{d}\phi}{2\int_0^{\pi/n} \frac{1}{2}R^2 \mathrm{d}\phi} = \frac{2}{3}R\frac{n}{\pi}\sin\frac{n}{\pi}$$

穿过该分块顶部的弦长为 $2R\sin\left(\frac{\pi}{n}\right)$。设整个板在圆心处产生向下的单位虚位移，则荷载所做外功为

$$W_{\mathrm{E}} = n\left(\frac{\pi R^2}{n}\right)p\left(r - \frac{2}{3}R\frac{n}{\pi}\sin\frac{\pi}{n}\right)\frac{1}{r}$$

板中塑性铰线所做的内功为

$$W_{\mathrm{I}} = n\left(2R\sin\frac{\pi}{n}\cdot m_{\mathrm{u}}\right)\frac{1}{r}$$

令 $W_{\mathrm{E}} = W_{\mathrm{I}}$，则得

$$p = \frac{m_{\mathrm{u}}}{\frac{Rr}{2}\frac{\pi/n}{\sin(\pi/n)} - \frac{R^2}{3}} \tag{8.4.18}$$

式（8.4.18）的适用条件为

$$\frac{Rr}{2}\frac{\pi/n}{\sin(\pi/n)} > \frac{R^2}{3}$$

或 $$\frac{r}{3} > \frac{2}{3}\frac{\sin(\pi/n)}{(\pi/n)}$$

这是因为该式是假定各个分块形心都位于柱的内侧而得出的。如果所有分块的形心位于柱的外侧，则板形成了负塑性铰线（用虚线表示）而不是正塑性铰线，如图 8.4.7 所示。与此破坏机构对应的极限荷载为

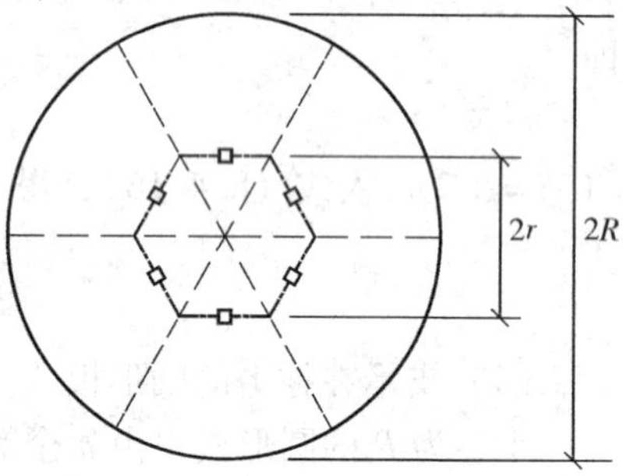

图 8.4.7 柱支承的圆形板（板块形心在柱外）

$$p = \frac{m_{\mathrm{u}}'}{\frac{R^2}{3} - \frac{Rr}{2}\frac{\pi/n}{\sin(\pi/n)}} \tag{8.4.19}$$

式中，m_{u}'为所有方向上板单位宽度上的负极限弯矩。

（5）环形板

1）外边固定内边自由

图 8.4.8 表示外周边固定内周边自由（无支承）的环形板，其外半径为 R，内半径为 r。板承受均布面荷载 p 及沿内周边单位长度线荷载 q。沿圆周方向布置板底钢筋，相应的单位宽度极限弯矩为 m_{u}；沿径向布置板顶钢筋，相应的单位宽度极限弯矩为 m_{u}'。求该板所能负担的极限荷载。

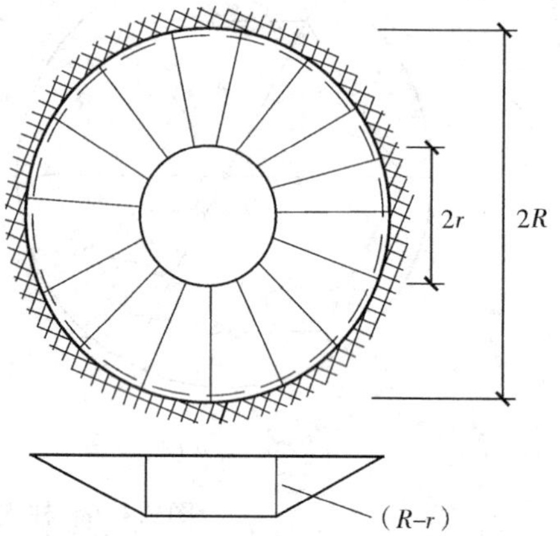

图 8.4.8 外边固定内边自由环形板

板的破坏机构如图 8.4.8 所示，设内周边处向

下的虚位移为（$R-r$），由几何关系得距圆心为 ρ 处的位移为（$R-\rho$），则荷载所做的外功为

$$W_{\mathrm{E}} = p\int_r^R\int_0^{2\pi}(R-\rho)\rho\mathrm{d}\rho\mathrm{d}\alpha + 2\pi rq(R-r)$$

$$= \frac{1}{3}p\pi(R^3-3Rr^2+2r^3)+2\pi r(R-r)q$$

环形板的总内功为

$$W_{\mathrm{I}} = \int_r^R\int_0^{2\pi}m_{\mathrm{u}}\mathrm{d}\alpha\mathrm{d}\rho + 2\pi Rm'_{\mathrm{u}} = 2\pi(R-r)m_{\mathrm{u}} + 2\pi Rm'_{\mathrm{u}}$$

令 $W_{\mathrm{E}}=W_{\mathrm{I}}$，则得

$$m'_{\mathrm{u}}R+m_{\mathrm{u}}(R-r)=\frac{1}{6}p(R^3-3Rr^2+2r^3)+q(R-r)r \tag{8.4.20}$$

上式中含有 p 和 q 两个未知数，通常是根据具体情况给定 q，然后由上式求出 p。

2）内边固定外边自由

图 8.4.9 所示为内边固定外边自由环形板，板承受均布面荷载 p 以及沿外周边单位长度线荷载 q。沿圆周方向和径向分别布置板顶钢筋，相应的单位宽度负极限弯矩分别为 m''_{u} 和 m'_{u}。求该板所能负担极限荷载。

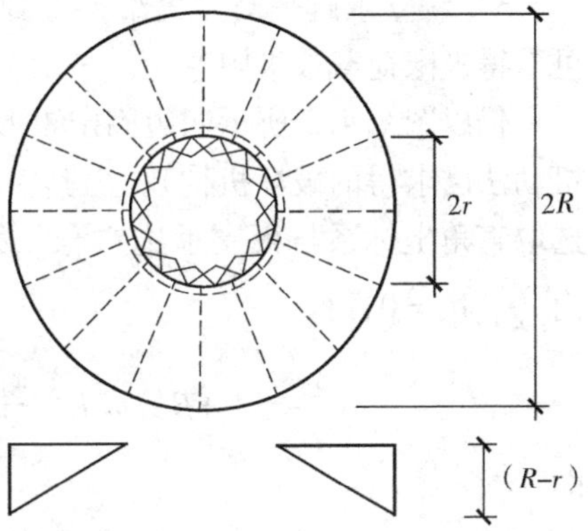

图 8.4.9　内边固定外边自由环形板

板的破坏机构如图所示。设外周边向下的虚位移为（$R-r$），由几何关系得距圆心为 ρ 处的位移为（$\rho-r$），则荷载所做的外功为

$$W_{\mathrm{E}} = p\int_r^R\int_0^{2\pi}(\rho-r)\rho\mathrm{d}\rho\mathrm{d}\alpha + 2\pi R(R-r)q$$

$$=\frac{1}{3}p\pi(2R^3-3R^2r+r^3)+2\pi R(R-r)q$$

塑性铰线所做的总内功为

$$W_{\mathrm{I}} = \int_r^R\int_0^{2\pi}m''_{\mathrm{u}}\mathrm{d}\alpha\mathrm{d}\rho + 2\pi rm'_{\mathrm{u}} = 2\pi(R-r)m''_{\mathrm{u}} + 2\pi rm'_{\mathrm{u}}$$

令 $W_{\mathrm{E}}=W_{\mathrm{I}}$，则得

$$m'_{\mathrm{u}}r+(R-r)m''_{\mathrm{u}}=\frac{1}{6}p(2R^3-3R^2r+r^3)+R(R-r)q \tag{8.4.21}$$

与上述相同，式（8.4.21）中含有 p 和 q 两个未知数，一般根据具体情况给定 q，然后由上式求出 p。

4. 极限平衡法

（1）基本概念

与机动法相类似，用极限平衡法求解板的极限荷载时，首先须假设板的最佳破坏机构图形（即最接近真实情况的破坏机构图形），然后对每个板块建立平衡方程，求解联立方程组即可得极限荷载。显然，极限平衡法与机动法在数学运算上截然不同，但由于这两种方法都假定采用了最佳破坏机构图形，因而二者所得结果应该相同。然而，这两种解法的一致性仅表明，与所假设的破坏机构图形相应的极限荷载已经求得，但并不能排除其他更

接近真实情况的破坏机构图形存在的可能性。只有当上限解与下限解一致时，才证实该破坏机构图形是与极限荷载的完全解相符合的。

在极限平衡法中，须将每一个板块作为隔离体来建立平衡方程。在一般情况下，当外荷载为竖向重力荷载时，其平衡条件可用一个力和两个弯矩的平衡方程来表达，即

$$\sum P_z = 0 \qquad \sum M_x = 0 \qquad \sum M_y = 0$$

对于柱支承的板块，必须有两个弯矩方程；对于直线边支承的板块，若所选取的直角坐标轴与支承边相重合时，则有一个弯矩方程就够了。

（2）极限平衡法应用实例

按极限平衡法计算板的极限荷载的一般步骤为：

1）假定板的破坏机构图形；

2）对每个板块列平衡方程，所需的平衡方程数量比确定破坏机构图形中塑性铰线位置所需的待定参数多一个；

3）联立求解平衡方程组，得到待定参数，将待定参数代入任意板块的平衡方程式，可求得极限荷载或极限弯矩。

仍以图 8.4.3 所示四边固定矩形板为例。当板的最佳破坏机构图形已知时（如前面用机动法已求得的破坏机构），由其中任一板块的平衡可求得极限荷载。如取板块 ADE，且选取直角坐标系与板支承边重合，如图 8.4.10 所示。此时只需一个弯矩平衡方程即可。由 $\sum M_x = 0$，得

$$(1+\beta'_x) m_x l_y = \frac{x_1 l_y}{2} p \frac{x_1}{3}$$

即

$$p = \frac{6(1+\beta'_x) m_x}{x_1^2}$$

将前面由机动法所得的 x_1 代入上式并经整理后得

$$p = \frac{24\alpha m_x}{Y^2} \frac{1}{\left[\sqrt{3+\frac{1}{\alpha}\left(\frac{Y}{X}\right)^2} - \frac{1}{\sqrt{\alpha}}\left(\frac{Y}{X}\right)\right]^2}$$

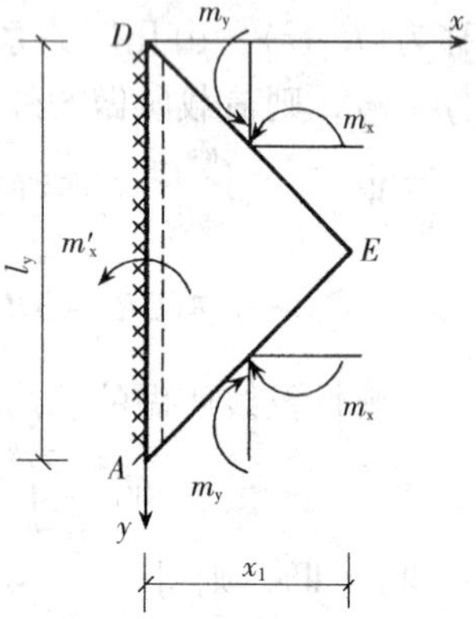

图 8.4.10　板块平衡

上式与机动法所得结果［式（8.4.8）］完全相同。因此，极限平衡法是对机动法所得结果的有效校核。

当板的最佳破坏机构图形未知时，应首先假设一个含有待定几何参数 x_1，x_2，y_1 的破坏机构图形（图 8.4.11），然后对所有板块列平衡方程。例如，由板块①对支座边缘取矩可得

$$m_y l_x + \beta''_y m_y l_x = p\left[\frac{1}{2}(l_x - x_1 - x_2) y_2^2 + \frac{1}{6} x_1 y_2^2 + \frac{1}{6} x_2 y_2^2\right]$$

同理可写出板块②，③，④的平衡方程，经整理后四个板块的平衡方程如下：

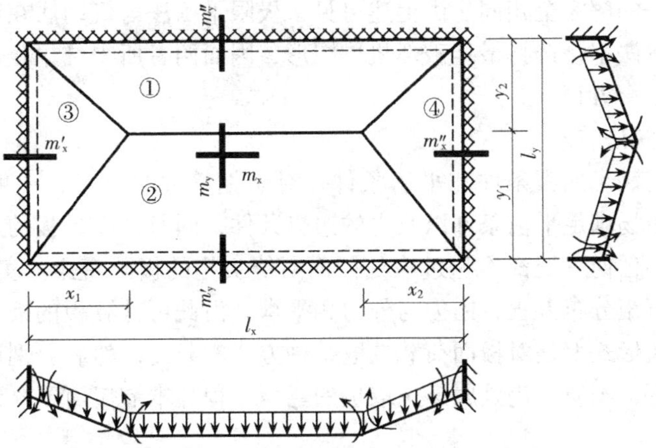

图 8.4.11　四边固定矩形板的极限平衡

$$\left.\begin{aligned}
m_y l_x(1+\beta_y'') &= p y_2^2\left[\frac{1}{2}l_x-\frac{1}{3}(x_1+x_2)\right]\\
m_y l_x(1+\beta_y') &= p y_1^2\left[\frac{1}{2}l_x-\frac{1}{3}(x_1+x_2)\right]\\
m_x l_y(1+\beta_x') &= p\left(\frac{1}{6}x_1^2 l_y\right)\\
m_x l_y(1+\beta_x'') &= p\left(\frac{1}{6}x_2^2 l_y\right)
\end{aligned}\right\}\tag{8.4.22}$$

联立求解上式，可得

$$\left.\begin{aligned}
x_1 &= \sqrt{\frac{6m_x(1+\beta_x')}{p}};\quad & x_2 &= \sqrt{\frac{6m_x(1+\beta_x'')}{p}}\\
y_1 &= \frac{1}{2}Y\sqrt{1+\beta_y'};\quad & y_2 &= \frac{1}{2}Y\sqrt{1+\beta_y''}
\end{aligned}\right\}\tag{8.4.23}$$

式中
$$Y=\frac{2l_y}{\sqrt{1+\beta_y'}+\sqrt{1+\beta_y''}}$$

将式（8.4.23）代入式（8.4.22）中的任一式，即可求得极限荷载。如代入第一式，并取 $m_y=\alpha m_x$，经整理后得

$$m_x^2-\frac{Y^2}{4\alpha}p\left[1+\frac{2}{3}\frac{1}{\alpha}\left(\frac{Y}{X}\right)\right]m_x+\frac{1}{64}\frac{Y^4}{\alpha^2}p^2=0$$

式中
$$X=\frac{2l_x}{\sqrt{1+\beta_x'}+\sqrt{1+\beta_x''}}$$

由上式可解得

$$m_x=\frac{p}{24\alpha}Y^2\left[\sqrt{3+\frac{1}{\alpha}\left(\frac{Y}{X}\right)^2}-\frac{1}{\sqrt{\alpha}}\frac{Y}{X}\right]^2\tag{8.4.24}$$

或
$$p=\frac{24\alpha m_x}{Y^2}\frac{1}{\left[\sqrt{3+\frac{1}{\alpha}\left(\frac{Y}{X}\right)^2}-\frac{1}{\sqrt{\alpha}}\frac{Y}{X}\right]^2}\tag{8.4.24a}$$

上式与机动法的解完全相同。由上述可见，极限平衡法与机动法在数学运算上明显不同，但由于两种解法都是选择最佳破坏机构图形，因而两者所得结果相同。这也表明，功能方程本质上是平衡方程。

8.4.2　下限解法

下限解法只需满足屈服条件和平衡条件。对于钢筋混凝土板，一般是选取弯矩分布场，这种弯矩分布场满足平衡条件以及力的边界条件，同时又满足板的屈服条件，即所选取的弯矩分布场中任何一处都不超过该处截面所能负担的极限弯矩。实用上有两种解法，一种是直接选取弯矩分布方程，内力与外力相平衡，由此可计算板的极限荷载；另一种是条带法，这种方法形式上是对板面荷载选取某种方式的分配，然后分别取板带在相应荷载下列出的平衡方程，本质上仍是属于选取板的弯矩方程。本节仅简要介绍选取弯矩分布方程法。

1. 下限极限分析的控制方程

（1）平衡方程

图 8.4.12 表示边长为 dx 和 dy 的板微元体，其上作用面分布荷载 p；在 x 和 y 方向，作用在单元周边单位宽度上的剪力、弯矩和扭矩分别为 V_x，V_y，m_x，m_y，m_{xy}，m_{yx}，图中所示都是正方向的作用力。根据竖向力的平衡条件以及通过单元中心的 x，y 轴的弯矩平衡条件，可得

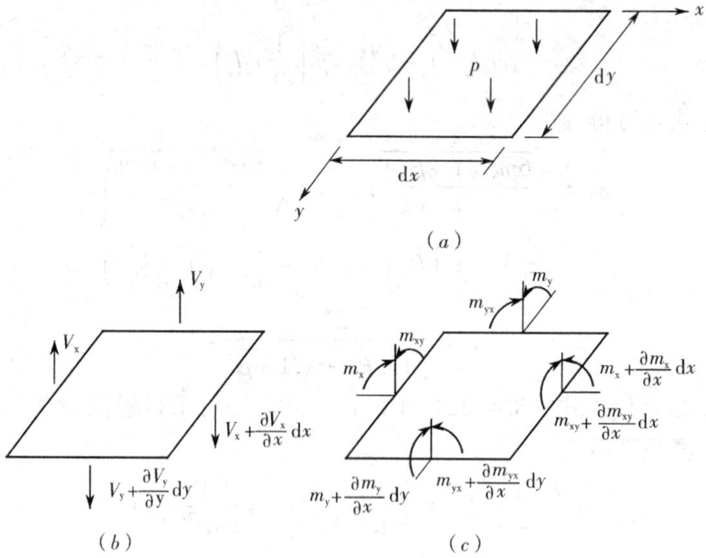

图 8.4.12　作用在板单元上的内力

$$\left.\begin{aligned}\frac{\partial V_x}{\partial x}+\frac{\partial V_y}{\partial y}&=-p\\ \frac{\partial m_x}{\partial x}+\frac{\partial m_{xy}}{\partial y}&=V_x\\ \frac{\partial m_y}{\partial y}+\frac{\partial m_{xy}}{\partial x}&=V_y\end{aligned}\right\}\qquad(8.4.25)$$

将上列方程的第二、三式代入第一式，消去 V_x 和 V_y，得

$$\frac{\partial^2 m_x}{\partial x^2}+2\frac{\partial^2 m_{xy}}{\partial x\partial y}+\frac{\partial^2 m_y}{\partial y^2}=-p \tag{8.4.26}$$

式（8.4.26）就是板的平衡方程，它对板处于弹性状态和塑性状态均适用。对方程（8.4.26）的每个解，只要满足边界条件和屈服条件，则就下限分析而论，都是一种可能的弯矩分布图形。显然，弹性理论解是其中一个可能的下限解，因为它满足平衡条件和边界条件。为了用方程（8.4.26）求得可能的下限解，方程右端的荷载 p 可以任意在 $-\frac{\partial^2 m_x}{\partial x^2}$，$-2\frac{\partial^2 m_{xy}}{\partial x\partial y}$，$-\frac{\partial^2 m_y}{\partial y^2}$ 各项之间分配，亦即荷载 p 可由板的弯矩和（或）扭矩在两个方向上的任何组合来承担。

（2）弯矩变换方程

在下限解中，经常需要将对 $x-y$ 坐标系求得的弯矩变换为 $n-t$ 坐标系的弯矩。这可通过对 m_x，m_y 和 m_{xy} 在 n 和 t 方向上的分量求和得到 n 和 t 方向上弯矩 m_n，m_t 和扭矩 m_{nt} 的方程。图 8.4.13（b）用右手螺旋法则说明了矢量表示的弯矩。由单元体的弯矩平衡方程可得

$$\left.\begin{aligned}m_n&=m_x\cos^2\alpha+m_y\sin^2\alpha+m_{xy}\sin 2\alpha\\ m_t&=m_x\sin^2\alpha+m_y\cos^2\alpha-m_{xy}\cos 2\alpha\\ m_{nt}&=\left(\frac{m_x-m_y}{2}\right)\sin 2\alpha-m_{xy}\cos 2\alpha\end{aligned}\right\} \tag{8.4.27}$$

式中，α 为 x 轴与 n 轴间的夹角，由 x 轴顺时针方向度量，如图 8.4.13（a）所示。

在式（8.4.27）中，令 $m_{nt}=0$，则得

$$\tan 2\alpha=\frac{2m_{xy}}{m_x-m_y} \tag{8.4.28}$$

将上式求得的 α 值代入式（8.4.27）中的 m_n 和 m_t 表达式，可求得主弯矩。

（3）边界条件

参照图 8.4.13 所示坐标系，板的边界条件可表达如下：

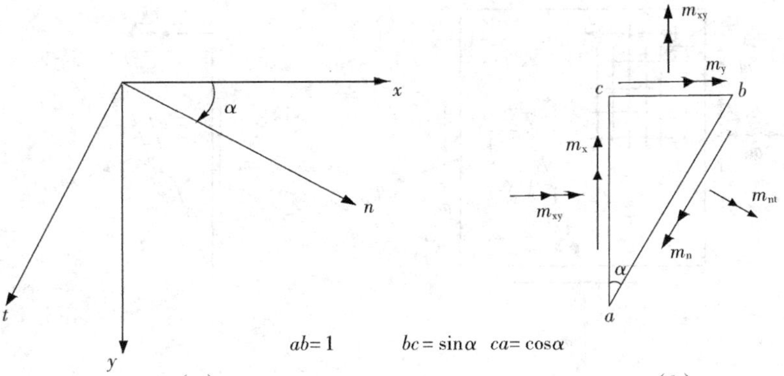

（a）　　（b）

图 8.4.13　坐标变换

在 x 方向简支边上：$m_y=0$；

在 y 方向简支边上：$m_x=0$；

在 x 方向自由（无支承）边上：$m_y=0$；$R_y=0$；

在 y 方向自由（无支承）边上：$m_x=0$ ；$R_x=0$。

在有支承的边上，边界反力可由式（8.4.25）求得如下：

在 y 方向的边上

$$R_x=V_x+\frac{\partial m_{xy}}{\partial y}=\frac{\partial m_x}{\partial x}+2\frac{\partial m_{xy}}{\partial y} \tag{8.4.29}$$

在 x 方向的边上

$$R_y=V_y+\frac{\partial m_{xy}}{\partial x}=\frac{\partial m_y}{\partial y}+2\frac{\partial m_{xy}}{\partial x} \tag{8.4.30}$$

角部反力为

$$R_0=2m_{xy} \tag{8.4.31}$$

式中，m_{xy}为角部内的扭矩。

（4）屈服准则

最常用的屈服准则是由 Johansen[8.7][8.8]提出的。该准则假定，当荷载产生的弯矩 m_x，m_y 和 m_{xy}所引起的法向弯矩 m_n 等于极限法向抵抗弯矩 m_{un}时，板单元就达到了其强度，即

$$m_n\leqslant m_{un} \tag{8.4.32}$$

图 8.4.14（a）表示承受弯矩和扭矩作用的板单元，塑性铰线沿 t 方向，与 y 轴的夹角为 α。假定穿越塑性铰线两个方向上的钢筋都达到屈服强度，相应的极限弯矩为 m_{ux}和 m_{uy}。图 8.4.14（b）表示在极限弯矩作用下塑性铰线上一个微三角形单元 abc，作用在沿塑性铰线 n 方向上的极限法向弯矩 m_{un}和扭矩 m_{unt}，是通过单元体的平衡条件求得的，即

$$\left.\begin{aligned}m_{un}&=m_{ux}\cos^2\alpha+m_{uy}\sin^2\alpha\\ m_{unt}&=(m_{ux}-m_{uy})\sin\alpha\cos\alpha\end{aligned}\right\} \tag{8.4.33}$$

在上式中，如 $m_{ux}=m_{uy}=m_u$，则 $m_{un}=m_u$，$m_{unt}=0$。即在各向同性板中，因所有方向的极

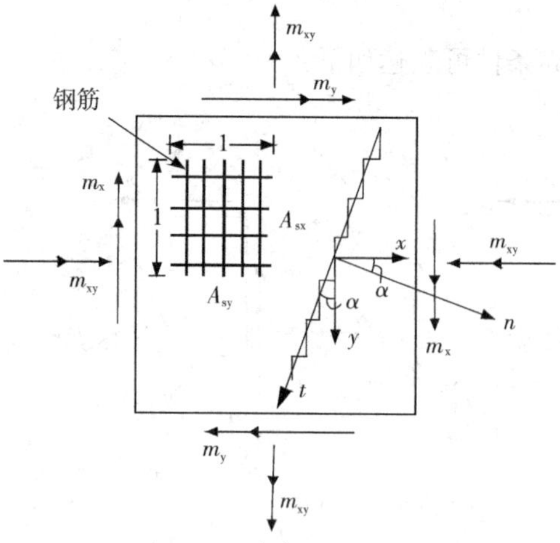

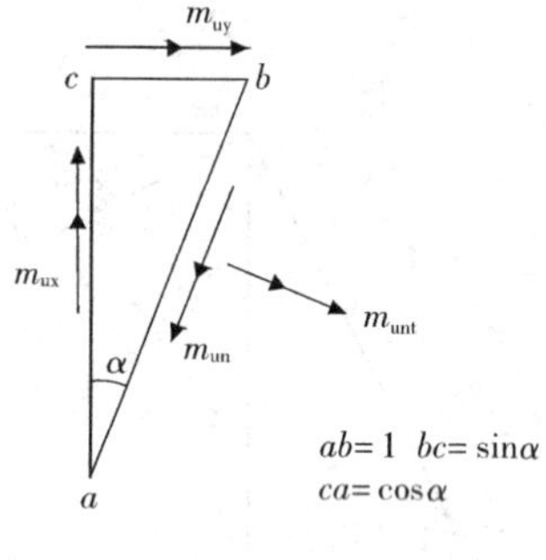

图 8.4.14　钢筋混凝土板的屈服准则

限弯矩相同，故极限扭矩为零。

将式（8.4.27）和式（8.4.33）中的m_n和m_{un}代入式（8.4.32），即得 Johanson 关于钢筋混凝土板的屈服准则

$$m_x\cos^2\alpha+m_y\sin^2\alpha+m_{xy}\sin 2\alpha\leqslant m_{ux}\cos^2\alpha+m_{uy}\sin^2\alpha \tag{8.4.33a}$$

应当指出，屈服准则（8.4.33a）曾引起过争论。其中最主要的是在推导m_{un}时没有考虑扭矩的影响，即假定极限弯矩m_{ux}和m_{uy}是主弯矩，因而图 8.4.14（*b*）中单元的 *ac* 边和 *bc* 边没有扭矩。这种假定简化了方程的推导，而且试验结果也表明，扭矩对屈服准则的影响很小，可以忽略不计。因而，对于一般极限分析或极限设计而言，式（8.4.33*a*）已足够精确。

2. 板的极限分析（下限解）

下限解一般是通过对可能拟定的合适弯矩和扭矩分布场（数学表达式）进行反复试算而求得的，并对它进行检验，以保证满足平衡条件和力的边界条件，且不违反屈服准则。一般来说，用机动法或极限平衡法求板的极限荷载或极限弯矩，比用拟定弯矩分布场来确定极限荷载容易一些，但下限解能够提供有关整块板的弯矩和扭矩分布以及支承反力，并可找到使钢筋减至最少（包括钢筋切断位置）的方法，因而仍得到广泛应用。

下面通过具体例子来说明下限解的分析步骤。

（1）四边简支方形板

图 8.4.15 所示为四边简支方形板，钢筋正交配置且与板边平行。在 *x* 和 *y* 方向单位宽度上的极限正弯矩相等，即$m_{ux}=m_{uy}=m_u$。求该板所能负担的极限均布荷载及各边上的反力。

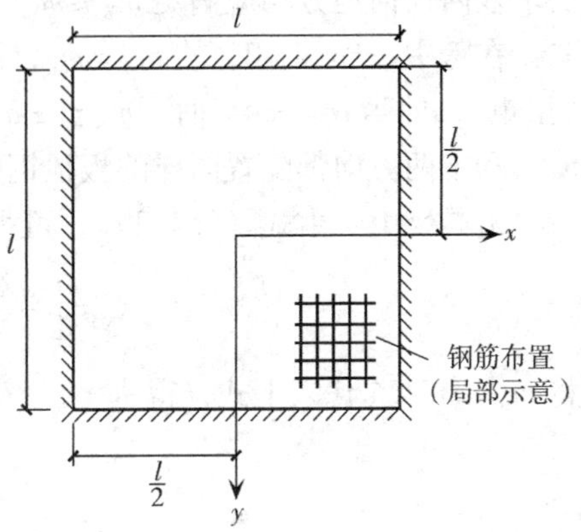

图 8.4.15　四边简支方形板

将坐标原点选在板形心处，如图 8.4.15 所示。拟定的弯矩分布如下

$$m_x=m_u\left(1-\frac{4x^2}{l^2}\right);$$

$$m_y=m_u\left(1-\frac{4y^2}{l^2}\right);\qquad m_{xy}=-4m_u\frac{xy}{l^2}$$

该弯矩分布应满足边界条件：当$x=\pm\dfrac{l}{2}$时，$m_x=0$，满足要求；当$y=\pm\dfrac{l}{2}$，$m_y=0$，满足要求。

将上述弯矩分布代入平衡方程（8.4.26），得

$$\frac{\partial^2 m_x}{\partial x^2}=\frac{\partial}{\partial x^2}\left[m_u\left(1-\frac{4x^2}{l^2}\right)\right]=-\frac{8m_u}{l^2}$$

同理

$$\frac{\partial^2 m_y}{\partial y^2}=-\frac{8m_u}{l^2};\qquad \frac{\partial^2 m_{xy}}{\partial x\partial y}=-\frac{4m_u}{l^2}$$

则

$$-\frac{8m_u}{l^2}-2\times\frac{4m_u}{l^2}-\frac{8m_u}{l^2}=-p$$

$$p=\frac{24m_u}{l^2}$$

这就是该板极限荷载的下限解。在用机动法求得的四边简支矩形板的上限解式（8.4.9）中，令 $l_x=l_y=l$，$\alpha=1$，$m_x=m_y=m_u$，则可得上式。由于上限解与下限解相等，则上式就是四边简支方形板的完全解。

检验屈服准则：根据式（8.4.27）和式（8.4.33）的第一式，可得法向弯矩 m_n 和法向极限弯矩 m_{un} 如下

$$m_n=m_u\left(1-\frac{4x^2}{l^2}\right)\cos^2\alpha+m_u\left(1-\frac{4y^2}{l^2}\right)\sin^2\alpha-4m_u\frac{xy}{l^2}\sin 2\alpha$$

$$m_{un}=m_u\cos^2\alpha+m_u\sin^2\alpha=m_u$$

要求板内任何地方均应满足 $m_n\leqslant m_{un}$。

在跨中，$x=y=0$，故 $m_n=m_u$，满足要求；在板角部，$x=y=\pm l/2$，$m_n=-m_u\sin 2\alpha$（扭矩），即当 $\alpha=\pm45°$时，$m_n=\pm m_u$。此外，这里指出了在板角部有较大扭矩，因此应沿 x 和 y 两方向都配置同样的板顶钢筋，以抵抗板角部的负弯矩。

边界反力：由式（8.4.29），可得沿 $x=l/2$ 边上的反力

$$R_x=\left[-\frac{8m_ux}{l^2}-\frac{8m_ux}{l^2}\right]_{x=l/2}=-\frac{8m_u}{l}$$

将 $m_u=pl^2/24$ 代入上式，得

$$R_x=-\frac{pl}{3}$$

该反力向上作用于板边，因 R_x 不是 y 的函数，故沿板边均匀分布。为了抵抗均匀反力 R_x，应在板角之间设置简支梁，其抗弯能力为$\frac{1}{8}R_xl^2=\frac{pl^2}{24}$。另外，在所有四个边梁上，向上的总反力为 $4R_xl=4pl^2/3$，它比作用在板上的均匀荷载总值 pl^2 大 $pl^2/3$。这是因为在板角部有“下压力”，以防止板角向上翘起。为了平衡，每个角部向下的力必须是 $R_0=pl^2/12$。R_0 也可由式（8.4.31）求得，即

$$R_0=2m_{xy}=-2\times4m_u\frac{xy}{l^2}$$

$$=-8\times\frac{pl^2}{24}\cdot\left(\frac{l}{2}\right)^2\frac{1}{l^2}=-\frac{1}{12}pl^2$$

（2）四边简支矩形板

图8.4.16 表示四边简支矩形板，钢筋正交配置且与板边平行。在 x 和 y 方向单位宽度上极限正抵抗弯矩分别是 m_{ux} 和 m_{uy}。求该板所能负担的极限均布荷载。

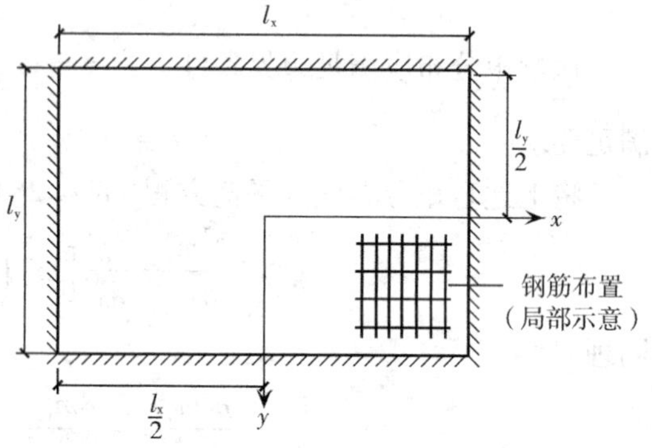

图8.4.16　四边简支矩形板

将坐标原点选在板形心处，拟定弯矩分布为

$$m_x = m_{ux}\left(1 - \frac{4x^2}{l_x^2}\right);$$

$$m_y = m_{uy}\left(1 - \frac{4y^2}{l_y^2}\right); \qquad m_{xy} = -4m_{ux}\frac{xy}{l_x l_y}$$

式中，$l_x \geqslant l_y$，且 $m_{ux} \leqslant m_{uy}$。

检验边界条件：当 $x = \pm\frac{l_x}{2}$时，$m_x = 0$，满足要求；当 $y = \pm\frac{l_y}{2}$时，$m_y = 0$，满足要求。

检验平衡方程：将上述 m_x，m_y 和 m_{xy}代入平衡方程（8.4.26），得

$$\frac{\partial^2 m_x}{\partial x^2} = \frac{\partial}{\partial x^2}\left[m_{ux}\left(1 - \frac{4x^2}{l_x^2}\right)\right] = -\frac{8m_{ux}}{l_x^2}$$

同理可得

$$\frac{\partial^2 m_y}{\partial y^2} = -\frac{8m_{uy}}{l_y^2}; \qquad \frac{\partial^2 m_{xy}}{\partial x \partial y} = -\frac{4m_{ux}}{l_x l_y}$$

则

$$-\frac{8m_{ux}}{l_x^2} - \frac{8m_{ux}}{l_x l_y} - \frac{8m_{uy}}{l_y^2} = -p$$

$$p = \frac{8m_{ux}}{l_x^2}\left[1 + \frac{l_x}{l_y} + \frac{m_{uy}}{m_{ux}}\left(\frac{l_x}{l_y}\right)^2\right]$$

这就是四边简支矩形板的极限荷载表达式。当 $l_x = l_y$，$m_{ux} = m_{uy} = m_u$ 时，就是四边简支正方形板的解。

检验屈服准则：由式（8.4.27）和式（8.4.33）的第一式，可得法向弯矩 m_n 和法向极限弯矩 m_{un}如下：

$$m_n = m_{ux}\left(1 - \frac{4x^2}{l_x^2}\right)\cos^2\alpha + m_{uy}\left(1 - \frac{4y^2}{l_y^2}\right)\sin^2\alpha - 4m_{ux}\frac{xy}{l_x l_y}\sin 2\alpha$$

$$m_{un} = m_{ux}\cos^2\alpha + m_{uy}\sin^2\alpha$$

要求板内的任何地方均应满足式 $m_n \leqslant m_{un}$。

在跨中，$x = y = 0$，故 $m_n = m_{ux}\cos^2\alpha + m_{uy}\sin^2\alpha$，满足要求；在板角部，$x = l_x/2$，$y = l_y/2$，故 $m_n = -m_{ux}\sin 2\alpha$（扭矩），即当 $\alpha = 45°$时，$m_n = \pm m_{ux}$。因此为了避免板角部破坏，板角部应在 x 和 y 两方向配置板顶钢筋。

本例所求得的极限荷载约比上限解（机动法）小 10% 左右，其原因是板仅在 $x = y = 0$ 处达到极限承载力，其余地方均未屈服。

参考文献

[8.1] 沈聚敏，王传志，江见鲸．钢筋混凝土有限元与板壳极限分析［M］．北京：清华大学出版社，1993

[8.2] Nielsen, M. P. Limit Analysis and Concrete Plasticity [M]. Prentic-Hall Inc., Englewood Cliffs, New Jersey, 1984

[8.3] Stuart S. J. Moy. Plastic Methods for Steel and Concrete Structures [M]. The Machillan Press LTD, 1981

[8.4] P. Park, W. L. Gambe. Reinforced Concrete Slals [M]. John Wiley and Sons, 1980

[8.5] Chen, W. F. Plasticity in Reinforced Concrete [M]. McGran-Hill Book Company, 1982

[8.6] 刘永颐，关建兴，王传志．混凝土局部承压强度及破坏机理 [J]. 土木工程学报，1985，18 (2)：53~65

[8.7] K. W. Johansen. Yield Line Theory (English Translation. Cement and Concrete Association, London, 1962)

[8.8] K. W. Johansen. Yield Line Formulae for Slabs (English Translation, Cement and Concrete Association, London, 1972)

[8.9] Hillerborg, A. A Plastic Theory for the Design for Reinforced Concrete Slabs. IABSE, Sixth Congress, Preliminary Publication, Stockholm, 1960

[8.10] Wood, R. M. Plastic and Elastic Design of Slabs and Plates [M]. Thames and Hudson, London, 1961